Reihe
Germanistische
Linguistik

282

Herausgegeben von Armin Burkhardt, Heiko Hausendorf,
Damaris Nübling und Sigurd Wichter

Felix Steiner

Dargestellte Autorschaft

Autorkonzept und Autorsubjekt in wissenschaftlichen Texten

Max Niemeyer Verlag
Tübingen 2009

Reihe Germanistische Linguistik
Begründet und fortgeführt von Helmut Henne, Horst Sitta und Herbert Ernst Wiegand

Die vorliegende Arbeit wurde von der Philosophischen Fakultät der Universität Zürich im Wintersemester 2006/07 auf Antrag von Prof. Dr. Angelika Linke als Dissertation angenommen.

Bibliografische Information der Deutschen Nationalbibliothek

Die Deutsche Nationalbibliothek verzeichnet diese Publikation in der Deutschen Nationalbibliografie; detaillierte bibliografische Daten sind im Internet über *http://dnb.d-nb.de* abrufbar.

ISBN 978-3-484-31282-1 ISSN 0344-6778

Printed in Germany.
Gedruckt auf alterungsbeständigem Papier.
Druck und Bindung: AZ Druck und Datentechnik, Kempten

Vorwort

„Die Vorreden zu manchen Büchern“ seien, so Georg Christoph Lichtenberg, „deswegen öfters so seltsam geschrieben, weil sie gewöhnlich noch im gelehrten Kindbett-Fieber geschrieben sind.“[1] Über die Symptome des „gelehrten Kindbett-Fiebers“ hinaus kommt vielleicht dazu, dass Vorreden, Vorwörter und Dedikationen eine Geschichte erzählen, die sich nicht wirklich erzählen lässt. Sie handelt von Personen, die für die Autorin, den Autor wichtig waren, gleichzeitig von einem Gegenstand, der sich verändert hat, nicht zufällig zu dem geworden ist, was er jetzt ist.

Ein weit verbreiteter Gemeinplatz unter jenen, die Arbeiten wie diese hier schreiben, besagt, dass man so was vor allem für sich selbst tut. Allerdings würde diese Rechnung nicht aufgehen, wenn da nicht jene Personen wären, von denen später gesagt wird, dass es ohne sie nicht gegangen wäre. In meinem Fall ist das vor allem Nadja Ramsauer, die es immer *wichtig* fand, dass ich diese Arbeit schreibe. Die Rechnung würde auch nicht aufgehen, würde man sich nicht beim Schreiben jemanden denken, der auf das Geschriebene reagiert. Manchmal *hört* man diese Personen auch förmlich Einwände formulieren. Das war vor allem Angelika Linke, in deren Freigehege diese Arbeit entstanden ist und deren Einwände für die Entstehung dieser Arbeit in jeder Phase sehr wichtig waren.

Manchmal haben mir Personen unverhofften Rückenwind verschafft – ich erwähne hier stellvertretend: Kirsten Adamzik (Genf), die mir riet, nicht etwas zu Grosses zu schreiben; Gerd Antos (Halle), der mich in die Franckeschen Stiftungen einlud; Dietz Bering (Köln), der mir eine wichtige Frage gestellt hat; Ulla Fix (Leipzig), die mir ein mehr als wohlwollendes Feedback gab; Georg Kohler (Zürich), den das Thema der Reflexivität sehr interessierte; Reinhart Koselleck, der auf einer Taxifahrt in Dresden sehr ansteckend wirkte; Horst Sitta (Zürich), der mich überhaupt dazu angestiftet hat, diese Arbeit zu schreiben.

Was hier vorliegt, ist die überarbeitete und gekürzte Fassung der Dissertation, die im Wintersemester 2006/07 an der Universität Zürich angenommen wurde. Für die Überarbeitung waren mir die Hinweise von Helmut Feilke, der die Dissertation neben Angelika Linke begutachtet hat, besonders wichtig. Für Lektüre, Anregungen und Korrekturen danke ich den KollegInnen vom Deutschen Seminar: Jacqueline Holzer, Noah Bubenhofer und Joachim Scharloth.

---

[1] Georg Christoph Lichtenberg. Sudelbücher. (Schriften und Briefe Bd. 1). Darmstadt 1968. S. 918 [468].

Als ich über das Thema dieser Arbeit in den späten 1990er-Jahren nachzudenken begann, standen vor allem wissenschaftsgeschichtliche und metawissenschaftliche Aspekte im Vordergrund. Diese Untersuchung sollte zwischen allen disziplinären Stühlen und Bänken landen – jedenfalls wollte ich mich damals auf gar keinen Fall an einen bereits etablierten, linguistischen Forschungskanon anschliessen. Mir schien es zentral, inter-, meta- und multidisziplinär zu denken, über den Tellerrand der germanistischen Linguistik hinaus zu den Nachbarsdisziplinen zu schauen, zur Soziologie, zur Philosophie, zur Literatur- und Geschichtswissenschaft. Mit der Jahrhundertwende rückte das Anfangsanliegen etwas in den Hinter- und die Besinnung auf sprachwissenschaftliche Qualitäten in den Vordergrund. Dieser Arbeit ist hoffentlich beides anzumerken: Nicht nur der Gestus des Auszugs, sondern auch die Rückkehr zur germanistischen Linguistik.

Inhaltsverzeichnis

Vorüberlegungen: Autorschaft und Wissenschaft

Wissenschaftliches Wissen wird von wissenschaftlichen Autoren hervorgebracht. In Texten teilen sie dieses Wissen mit. Ihre Autorschaft äussert sich also doppelt, sie bezieht sich in unmittelbarer Weise auf den Text selbst, aber vor allem auch auf den mit dem Text beigebrachten Erkenntnisgewinn. Die vorliegende Arbeit will auf die Frage, wie wissenschaftliche AutorInnen unter den verschriftlichten Bedingungen von Texten *in Erscheinung* treten, eine Antwort finden.

Diese Einleitung wirft einige Schlaglichter auf das Verhältnis von Autorschaft und Wissenschaft. In einer Reihe von teils thesenhaften, teils begriffsproblematisierenden Abschnitten sollen, ohne dass sie dabei schon ausführlich begründet würden, thematische Leit-Motivationen verdeutlicht werden. Es geht darum, die Relevanz und die Tragweite der zentralen Konzepte zu demonstrieren, die sich aus dem Verhältnis von Autorschaft und Wissenschaft ergeben, ohne dass dabei schon allzu ausführlich erklärt würde.

[1] Die Verfassung des Textes

Wenn man wissenschaftliche Texte liest, hinterlässt die Lektüre zuweilen den Eindruck, man habe es nicht *nur* mit wissenschaftlicher Erkenntnis zu tun gehabt, sondern ebenso sehr mit einer bestimmten „Verfassung des Textes", in die man sich mit der Lektüre – mal besser, mal weniger gut – hineinversetzt.[1] Nicht bloss für die wissenschaftliche Textdomäne gilt, dass das Wie, das Wozu und das Was von Texten in vielfacher Weise ineinander verwoben sind. Die Text*einheit* ist weder auf struktureller noch auf der funktionalen Ebene vollständig fassbar.[2] Die „Verfassung des Textes", in die man sich bei der Lek-

[1] Ich deute hier eine kantische Formulierung für die vorliegenden Zwecke um. Kant schreibt 1768 in der Vorrede zu „Gedanken von der wahren Schätzung der lebendigen Kräfte": „Ein Schriftsteller ziehet gemeiniglich seinen Leser unvermerkt mit in diejenige Verfassung, in der er sich bei Verfertigung seiner Schrift selbst befunden hatte." Immanuel Kant. Vorkritische Schriften bis 1768. Wilhelm Weischedel (Hrsg.). (Werkausgabe Bd. 1). Frankfurt am Main 1991. (§ 8). S. 11. – Wenn es in der vorliegenden Arbeit zentralerweise um autorschaftliche Auftrittsformen geht, so sind damit leserseitige Rekonstruktionen angesprochen. Der Begriff des Lesers/der Leserin bleibt aber in den nachfolgenden Überlegungen etwas im Schatten. Ich gehe davon aus, dass das, was Autoren in Texten konstruieren, einem Gegenüber entspricht, das dem Autor (und nicht einem gesetzten Modell-Leser) gleicht.

[2] Ich nenne hier stellvertretend einen der textlinguistischen *Klassiker*, der diese Auf-

türe hineinversetzt, gleicht einem Amalgam aus Textaufführung und gleichzeitiger Verstehensanleitung, einem Amalgam aus thematischer Entfaltung und gleichzeitig damit verfolgter Absicht, aus Textform, Textsemantik und damit verknüpftem Kontext. Das ist nicht neu.[3] Der breite Strom von rhetorischen Überlegungen in der Geschichte belegt, für wie zentral (und gleichzeitig für wie aufregend!) die Verbindung von medialer Gestaltung, Absicht und Gegenstand seit eh und je gehalten wurde.[4]

Im Lektüre-Alltag braucht man die „Verfassung des Textes" nicht auf Schritt und Tritt zu registrieren, und sie zu bemerken heisst nicht, *nur* sie zu bemerken. Den Blick auf die rhetorische Konstruktion *hinter* einem wissenschaftlichen Gegenstand zu richten heisst, einen Teil der wissenschaftlichen Gesamtkonstruktion[5] erkennen zu wollen, ohne damit wissenschaftlichen Erkenntnisgewinn als *blosse Rhetorik* zu desavouieren. Man liest einen Aufsatz und ist angetan von seinem ‚überraschenden Aufbau' oder enttäuscht von seiner ‚bloss additiven Struktur'. Man liest ein Buch und erinnert sich noch nach Jahren an die Brillanz der Beispiele. Man überfliegt ein Inhaltsverzeichnis und bemerkt dahinter eine Präferenz für übertriebene Hierarchien. Solche und ähnliche Wahrnehmungen der Textaufführung belegen zunächst vor allem eines: Offenbar liest man wissenschaftliche Texte nicht *ausschliesslich* als neutrale Emergenz, son-

---

fassung sehr prononciert vertritt: Klaus Brinker. Linguistische Textanalyse: Eine Einführung in Grundbegriffe und Methoden. (1. Aufl. 1985). Berlin 1997.

3 Es ist nahe liegend zu vermuten, dass auch der in der gegenwärtigen linguistischen Diskussion prominent gesetzte Begriff der „Performanz" dazu verleitet, Konzepte und Gegenstände wiederzuentdecken, die eine weit zurückreichende Tradition haben. Die disziplinär und zeitlich sehr heterogene Streuung etwa der Beiträge in dem Sammelband „Performanz" (2002) deutet darauf hin. Vgl. Performanz: Zwischen Sprachphilosophie und Kulturwissenschaften. Uwe Wirth (Hrsg.). Frankfurt am Main 2002.

4 Eine spezielle „Rhetorik der Wissenschaft", die das Verhältnis von medialer Gestaltung und Gegenstand zum pragmatisch fundierten Forschungsthema macht, postuliert Charles Peirce zu Beginn des 20. Jahrhunderts. Er hält das Unterfangen für skandalträchtig. Die an der Wissenschaft Beteiligten seien der Meinung, dass „kaum eine andere rhetorische Regel auf wissenschaftliche Arbeiten anwendbar [sei], ausser der, dass man sich auf die einfachste und klarste Weise ausdrücken sollte, und dass vom Stil einer wissenschaftlichen Abhandlung zu reden in etwa dem Reden vom moralischen Charakter eines Fischs ähnelt." Charles S. Peirce. Einige verstreute oder gestohlene Ideen über das wissenschaftliche Schreiben: Nr. 1. (MS 774, 1904). In: Ders. Semiotische Schriften: Bd. 2: 1903–1906. Christian J. W. Kloesel; Helmut Pape [Hrsg./Übers.]. Frankfurt am Main 2000. S. 238–245. Hier: S. 238. (Zur „Rhetorik der Wissenschaft": S. 244.)

5 Eine gleichzeitig schlichte und überzeugende Aspektualisierung des Konstruktionsbegriffs liefert: Ulrike Felt, Helga Nowotny, Klaus Taschwer. Wissenschaftsforschung: Eine Einführung. Frankfurt am Main, New York 1995. S. 134–148.

dern als Gebilde, welche aus einer ‚autorschaftlichen Küche' stammen. Man liest sie, selbst wenn das trivial klingt, als Texte von Autoren.[6]

Nun scheint aber auch das Gegenteil der Fall zu sein. Wissenschaftliche Texte gelten als *unpersönliche* Texte. Und für diesen Eindruck gibt es gute Gründe. Einer leuchtet vor allen andern ein: Wer einen wissenschaftlichen Text formuliert, verfolgt damit nicht die Absicht den Eindruck zu festigen, die Aussagen darin hätten einen bloss auf den Autor eingeschränkten Geltungsanspruch. Dieser Umstand hat weit reichende Folgen. Mit einem wissenschaftlichen Text spricht nicht nur ein namentlich verbriefter Verfasser, sondern in manchen Passagen auch ein von konkreten Bedingungen wie Raum, Zeit, Gefühl etc. entbundenes „Subjekt der Aussage".[7] Um es mit einem Beispiel Foucaults zu sagen: Wenn man in einer Abhandlung Aussagen begegnet wie „Zwei Grössen, die einer dritten Grösse gleich sind, sind einander gleich", dann ist das „Subjekt der Aussage" die indifferente Position, die man einneh-

---

[6] Wenn ich im Folgenden von einem „Autor" spreche, meine ich die *Instanz* des Textemittenten und nicht eine Person. Wenn ich von einer „Autorfigur" spreche, meine ich die in den Text inferierte und durch autorschaftliche Signale im Text bestätigte *Instanz*. Wenn ich von „AutorInnen" bzw. von „Autorin/Autor" etc. spreche, meine ich *Personen*. Die analytische Trennung von *Instanz/Figur* und *Person* – und die praktische Vermengung dieser Trennung – ist selbst ein zentrales Leitmotiv dieser Arbeit. Die Problematik, welche diese Trennung mit sich bringt, wird ausführlich zur Sprache kommen. Dass aber im zur Diskussion stehenden Zeitraum um 1800 der begriffliche Prototyp des wissenschaftlichen Autors institutionell und sprachlich auf den männlichen Autor festlegt wird, stellt eine historisch ausserordentlich wirkungsmächtige Festlegung dar. Von der Dominanz dieser männlichen Prototypik wird in dieser Arbeit nicht ausführlich die Rede sein. Das heisst aber nicht, dass ich diesen Aspekt nicht für wichtig halte. Die heutige Auffassung vom ‚nur grammatischen' Phänomen des generischen Maskulinums, mit dem (in deklarativen Fussnoten wie dieser hier) weit verbreiteten Verweis, dass beide Gender ‚mitgemeint' seien, entspricht einer vorkritischen Auffassung, wie Josef Klein in einem empirisch orientierten Beitrag (2004) zu dieser Thematik nachweist. Was den Autorbegriff angeht, halte ich das sowohl institutionelle wie sprach-usuelle Problem allerdings auch nicht für einfach lösbar. In der vorliegenden Arbeit kreisen die meisten Probleme um *die* „Autorfigur". Wer möchte, kann also die höhere Frequenz des generischen Femininums (*die* Autorfigur, *die* Autorinstanz, *die* Autorperson etc.) als einen Ausdruck von gewollter ‚ausgleichender Gerechtigkeit' gegen das generische Maskulinum des Autorbegriffs deuten. Vgl. zum angedeuteten Problem „Mann als Prototyp": Josef Klein. Der Mann als Prototyp des Menschen – immer noch? Empirische Studien zum generischen Maskulinum und zur feminin-maskulinen Paarform. In: Karin M. Eichhoff-Cyrus (Hrsg.). Adam, Eva und die Sprache: Beiträge zur Geschlechterforschung. Mannheim, Leipzig, Wien, Zürich 2004. S. 292–307.

[7] Vgl. Michel Foucault. Die Aussagefunktion. In: Ders. Archäologie des Wissens. (5. Aufl.) Frankfurt am Main 1992. S. 128–153.

men kann, um die Aussage zu bestätigen.[8] Die Festlegung der wissenschaftlichen Argumentation auf *Daten* (also auf scheinbar unhintergehbare Tatsachen) erlaubt es vor allem den empirisch orientierten Disziplinen, den unpersönlichen Aussageduktus über weite Textstrecken hinweg als konventionelle „Verfassung des Textes" zu pflegen.

Am Anfang der vorliegenden Arbeit steht diese Divergenz des Eindrucks. In gewisser Weise sind wissenschaftliche Texte *gleichzeitig* unpersönliche *und* persönliche Texte. Daran schliesst sich die zentrale Frage der vorliegenden Arbeit an: Wie überhaupt hat man sich eine Person, die als Autor auftritt, *im* wissenschaftlichen Text vorzustellen? – Wie sind Texte konstruiert, wenn sie offenbar als persönliche *und* unpersönliche empfunden werden?[9] – Welche Beschreibungselemente muss ein Modell enthalten, das der autorschaftlichen Instanz-im-Text gerecht werden will?

[2] Der Text und die „zwei Funktionen von Sprache"

Der Begriff des Autors spielt in der pragmatisch orientierten, deutschsprachigen Textlinguistik keine zentrale Rolle.[10] Die vorliegende Arbeit zielt darauf ab, den Begriff für die pragmatische Diskussion über Text fruchtbar zu machen.

Ich möchte hier kurz erklären, warum der Autorbegriff in der textlinguistischen Diskussion bis jetzt eine nur marginale Bedeutung hat. Die Ursachen liegen meines Erachtens vor allem in kommunikations- und sprachtheoretischen Vorannahmen, die den Begriff des Texts entscheidend konturieren. Andreas Gardt hat 1995 einen sprachtheoretischen Beitrag formuliert, welcher die entsprechenden Axiome präzise auf den Punkt bringt.[11] Der Grundgedanke von Gardts Beitrag ist der, dass sich mögliche Gebrauchsweisen von Sprache in zwei Kategorien aufteilen lassen. Sprache fungiert einerseits als „Organ des

---

[8] Foucault. Archäologie des Wissens. 1992. S. 136f.

[9] Dem ‚Kriterium des Persönlichen' in Texten ist die deutschsprachige Textlinguistik bislang kaum gerecht geworden.

[10] Dem Begriff kommt allerdings in der literaturwissenschaftlich-texttheoretischen Diskussion eine zentrale Bedeutung zu. Durch diese Diskussion ist die vorliegende Arbeit stark beeinflusst. Ich werde diesen Zusammenhang im ersten Kapitel ausführlich darstellen. Vgl. für einen ersten Überblick: Fotis Jannidis, Gerhard Lauer, Matias Martinez, Simone Winko (Hrsg.). Rückkehr des Autors: Zur Erneuerung eines umstrittenen Begriffs. Tübingen 1999. In der pragmalinguistisch-US-amerikanischen Literatur ist der Begriff der Autorschaft ein gebräuchlicher, vergleichsweise gut eingeführter Begriff, vgl. hierzu die Bemerkungen und Überlegungen zur „Rhetoric of Science" Kapitel 1.2.1.

[11] Andreas Gardt. Die zwei Funktionen von Sprache: kommunikativ und sprecherzentriert. In: Zeitschrift für germanistische Linguistik 23/1995. S. 153–171.

inneren Seyns“ (Humboldt), andererseits ermöglicht sie den kommunikativ-zeichenhaften Austausch, die „Mitteilung zwischen Menschen und Menschen“ (Humboldt).[12] Diese Zweiteilung hat, das zeigen die historisch breit gestreuten Belege bei Gardt, eine lange Tradition. Im Zusammenhang mit der pragmatischen Texttheorie richtet Gardt zu Recht das Augenmerk auf die Dominanz des Axioms, dass Texte grundsätzlich dem Austausch, das heisst als „sprachlich-kommunikative Tätigkeit“ gelten. In dieser Modellierung stehen Autor, Geschriebenes und antizipierter Leser in einem „idealiter eindeutig gerichteten, kommunikativen Bezugsverhältnis“ (Gardt 1995, 156). Der Autor agiert als Emittent einer Form der Realisierung eines „kommunikativen Zwecks“ (Gardt 1995, 157),[13] stets im Hinblick auf „eine bestimmte Gruppe von Lesern“ (Gardt 1995, 156). Der Autor hat als Produzent der „Kommunikativität“, das macht der bei Gardt dargestellte Konsens deutlich, seine Schuldigkeit mit Blick auf den Text bereits getan, wenn sein Produkt wahrgenommen wird. Der Autor ist diesem Textprodukt äusserlich und so besehen nicht unbedingt der Rede wert.

Üblicherweise dient Sprache „kommunikativen Zwecken“, nur im „Grenzfall“ (S. 157) dient sie der „Selbstverständigung“. Es gibt also den „introvertierten, noch nicht partnerbezogenen Monolog [...]: Sprache als Mittel des Denkens und des Gedächtnisses“ (Peter von Polenz).[14] – Interessant ist aber gerade in diesem Zusammenhang, und das belegen Gardts Ausführungen zur sprecherzentrierten Sprachfunktion (vgl. Gardt 1995, S. 157–169) auf Schritt und Tritt, dass es in der Konzeptualisierung der „Selbstverständigung“ durch Sprache von Locke und Leibniz über Humboldt bis Freud und Derrida um eine *alternative* Funktion geht, die deutlich abzusetzen ist von der kommunikativen. *Entweder* ist Sprachproduktion nach innen gerichtet *oder* sie ist partnerorientiert, *entweder* funktioniert sie monologisch *oder* dialogisch. An ein Drittes, an eine Integration der beiden Funktionen, das jedenfalls suggeriert die Opposition, ist nicht zu denken.

Die Perspektive auf die wechselseitige Bedingtheit beider Funktionen und auf das Ineinander von ‚Innen‘ und ‚Aussen‘ wird damit verdeckt. Wo, so könnte man naiv fragen, hört denn bei der Textproduktion die Selbstverständi-

---

[12] Vgl. Wilhelm von Humboldt. Über die Verschiedenheit des menschlichen Sprachbaus und ihren Einfluss auf die geistige Entwicklung des Menschengeschlechts (1835). In: Wilhelm von Humboldt. Schriften zur Sprache. M. Böhler (Hrsg.). Stuttgart 1973. S. 30–207. Zit in: Gardt. Funktionen. ZGL 23/1995. S. 160.

[13] Siegfried J. Schmidt spricht 1976 in einer deutlichen Differenz zu den gängigen Topoi von „sozialer Kommunikativität“: Ders. Texttheorie. (2. Aufl.). München 1976. S. 46. Zit. in: Gardt. Funktionen. ZGL 23/1995. S. 155.

[14] Peter von Polenz. Idiolektale und soziolektale Funktionen von Sprache. In: Leuvense Bijdragen 63/1974. S. 97–112. Hier: S. 104. Zit. in: Gardt. Funktionen. ZGL 23/1995. S. 161.

gung im Sinne des Sprachdenkens auf und wo beginnt der Austausch zwischen Partnern? – Einmal angenommen, eine bestimmte Ansammlung von Zeichen[15] wäre ausschliesslich als Selbstverständigung intendiert: Wie könnte Kommunikation als mit dem Gebrauch von Zeichen einhergehende Möglichkeit verunmöglicht werden?

Den Begriff der Autorschaft hier mit Blick auf schriftliche Texte ins Spiel zu bringen heisst, sprecherzentrierte und kommunikative Funktion nicht als Alternativen begreifen zu wollen. Weder *sind* schriftliche Texte in einem unmittelbar illokutiven Sinn Kommunikation,[16] noch ist der Autor dem Text in dem Sinne äusserlich, dass Sprachverwendung darin nicht *auch* ihre sprecherzentrierte Seite hätte. Vielleicht kann man es so sagen: Texte eröffnen die Möglichkeit, „sprecherzentrierte" und „kommunikative" Sprachfunktion in einer Weise zu verbinden, so dass die Verbindung sowohl als eine Verständigung eines Autors *mit sich* als auch mit einem projizierten, mit dem Autor nicht identischen Gegenüber erscheint. Texte entsprechen weder dem Muster des Monologs noch jenem des Dialogs, sie sind weder Selbstgespräch noch Gespräch. Sie enthalten vielmehr die Möglichkeit einer Teilhabe an einer rückgekoppelten Form der Responsivität.[17] Das heisst: Texte geben in gewissem Sinne fortwährend Ant-

---

[15] Zu denken ist hier an einen Zeichenbegriff, wie ihn Wittgenstein in den „Philosophischen Untersuchungen" auf den Punkt bringt: „504. Wenn man aber sagt: ‚Wie soll ich wissen, was er meint, ich sehe ja nur seine Zeichen', so sage ich: ‚Wie soll er wissen, was er meint, er hat ja auch nur seine Zeichen.'" Ludwig Wittgenstein. Philosophische Untersuchungen. Werkausgabe Bd. 1. Frankfurt am Main 1984. S. 434. Vgl. zur Diskussion dieser Stelle auch: Helmut Feilke. Common sense-Kompetenz: Überlegungen zu einer Theorie des ‚sympathischen' und ‚natürlichen' Meinens und Verstehens. Frankfurt am Main 1994. S. 76.

[16] Texte indizieren Illokutionen, um eine sinnvolle Interaktion zu ermöglichen. (Vgl. hierzu die einschlägigen textlinguistischen Einführungen von Brinker, Heinemann/Viehweger u.a.).

[17] Begrifflich ist ‚rückgekoppelte Responsivität' angelehnt an zentrale systemtheoretische Modellierungen, die in unterschiedlichen Akzentuierungen wiederkehren. Zu denken ist etwa an luhmannsche Modelle wie das der „Anschlussfähigkeit" oder jenes der „Reflexivität", „Selbstreferenz", „Tautologie" etc. Mit Blick auf eine Charakterisierung der spezifisch wissenschaftlichen Form von Responsivität ist zu denken an eine Konzeptualisierung von Maturana. Er betont, dass im wissenschaftlichen Kontext erst die Akzeptanz einer Antwort durch einen Zuhörer eine bestimmte Erklärung validiert. Voraussetzung ist also das Zusammenspiel von zwei Akteuren. Mir scheint mit Blick auf die Realität der Lektüre wichtig, dass sich die Eindeutigkeit einer Ablehnung oder einer Annahme für den Leser selten in einem deutlichen Ja oder Nein einstellt und deshalb auch nicht an eine in diesem strengen Sinne deutliche Validierung zu denken ist. Was ein Leser bei der Lektüre mit einem Text anstellt, hat in der Regel viel mit Selbstverständigung und wenig mit Kommunikation zu

worten auf Fragen, die sie zuvor selber aufgeworfen haben. Sie verschmelzen sprecherzentrierte und kommunikative Form. Die im jeweiligen Textexemplar manifeste Responsivität erscheint im Rezeptionsprozess vielleicht als eine Art Teil-Responsivität, als eine unzureichende Antwort, ohne dass man allerdings die in der Lektüre dazugedachten Alternativen, die durch den Text gerade *nicht* gegeben werden, als Kommunikation bezeichnen würde.[18]

Texte bringen, dies ein so offensichtlicher Umstand, dass er leicht ausser Acht fällt, den triftigen Nachteil mit sich, dass AutorInnen die *Aufnahme* eines bestimmten Inhalts (im Sinne der Kommunikation) nur sehr bedingt kontrollieren können.[19] Für eine Überbrückung der Kluft zwischen Autor und Leser gibt es keine Gewähr. Gerade der Umstand aber, dass man mit Texten das „Risiko der Kluft" unausweichlich eingeht und nicht anders kann, als ins „Leere zu sprechen",[20] bringt den Vorteil der „Distanzierung des Autors" mit sich:

> Man glaubt zu wissen, was der Autor eines Textes ist, weil man seinen Begriff von dem des Sprechers der gesprochenen Äusserung ableitet. Das Subjekt des Sprechens, sagt Benveniste, ist dasjenige, das sich selbst bezeichnet, indem es „ich" sagt. Wenn der Text die Stelle des Sprechens einnimmt, gibt es genau genommen keinen Sprecher mehr, zumindest nicht im Sinne einer unmittelbaren und direkten Selbstbezeichnung dessen, der in der Diskursinstanz spricht. An die Stelle dieser Nähe des sprechenden Subjekts zu seinem eigenen Sprechen tritt eine komplexe Beziehung des Autors zum Text, die zu sagen erlaubt, dass der Autor durch den Text eingesetzt wird, dass er sich selbst im Raum der durch die Schrift entworfenen und inskribierten Bedeutung aufhält. Der Text ist der Ort selbst, an dem der Autor ankommt. Aber kommt er dort anders denn als erster Leser an? Die Distanzierung des Autors durch seinen eigenen Text ist bereits ein Phänomen der ersten Lektüre, das auf einen Schlag die Gesamtheit der Probleme [...] aufwirft, mit denen wir nun konfrontiert werden.[21]

---

tun. Vgl. Humberto R. Maturana. Wissenschaft und Alltagsleben. In: Ders. Biologie der Realität. Frankfurt am Main 1998. S. 320–360. Hier: S. 330.).

18 Gerade beim Lesen von *wissenschaftlichen* Texten sucht man häufig Antworten auf Fragen, die durch entsprechende Texte weder aufgeworfen, noch bei der Lektüre beantwortet werden. Ich verdanke diese Einsicht in die Responsivität von wissenschaftlichen Texten einem Gespräch mit Angelika Linke (Zürich, 9.2.2006).

19 Dies der bekannte Vorbehalt in der antiken Philosophie gegenüber der Schrift. Im Gegensatz zu der auf Mündlichkeit verpflichteten Tradition des antiken Philosophierens nimmt moderne Wissenschaft den elementaren Umstand, dass der Schreiber hinter dem Geschriebenen zurücktritt, in Kauf. Vgl. dazu Christian Stetter. Schrift und Sprache. Frankfurt am Main 1999. S. 293–298.

20 Vgl. hier die kommunikationsgeschichtliche Untersuchung von: John Durham Peters. Speaking into the Air: A History of the Idea of Communication. Chicago 1999.

21 Paul Ricœur. Was ist ein Text? (Franz. Orig. 1970). In: Ders. Vom Text zur Person:

Kommunikativität und Selbstverständigung schliessen sich gegenseitig nicht aus, sondern ein. Über die Responsivität von Texten nachzudenken bedeutet wahrscheinlich vor allem, über die Strukturanalogie – nicht die Identität! – von Selbstverständigung (Mit-sich-Reden) und Kommunikativität nachzudenken (Über-etwas-Reden). Gleichzeitig hängt mit dieser Bestimmung von Text/Schrift/Autor konzeptuell sehr viel zusammen, das ich für den Moment nur andeuten kann: Die schwierige Frage nach der Intentionalität von Texten und nach ihrem Handlungscharakter generell hängt damit zusammen. Austin weist nicht zufällig in einer seiner Vorlesungen zu „How to do things with words" darauf hin, dass er sich bei der Beschreibung des Handlungscharakters von Sprache – der „Einfachheit zuliebe" auf „gesprochene Äusserungen" beschränke.[22]

[3] Schrift als Aufzeichnungs- und *Verbreitungsmedium*

Medium der Wissenschaft ist schriftlicher Text.[23] Die Vorteile des Schriftmediums für die Vergegenwärtigung komplex Bezug nehmender, gedanklicher Architekturen liegen auf der Hand.[24] Ein Darstellungssystem, das die Unmittelbarkeit von Hören und Sehen vergehen lässt,[25] kommt jenen mentalen Bedürfnissen sehr entgegen, die auf die sukzessive Verarbeitung von Erkenntnis

---

Hermeneutische Aufsätze (1970–1999). Peter Welsen [Übers./Hrsg.]. Hamburg 2005. S. 79–108. Hier: S. 85.

22 John Langshaw Austin. Zur Theorie der Sprechakte (How to do things with Words). (1. Ausg. 1972). Stuttgart 1994. S. 130. An diesen blinden Fleck der Sprechakttheorie, das heisst an die Frage, wie denn der Zusammenhang von Intentionalität und Schrift, bzw. indirekt auch die Frage, wie ein Autor in der Schrift vorzustellen sei, schliesst sich die nicht ohne Polemik geführte Debatte zwischen Derrida und Searle an. (Derrida nimmt das Austin-Zitat zum Ausgangspunkt seiner Überlegungen zum geschriebenen Diskurs, der, so Derrida, einen „Bruch mit den Intentionen des Autors" impliziere. Vgl. hierzu: Jacques Derrida. Limited Inc. [Franz. Orig. 1990]. Wien 2001. S. 48.)

23 Ehlich spricht von „offensichtlicher Konkomitanz von Schrift und Wissenschaft": Konrad Ehlich. Funktion und Struktur schriftlicher Kommunikation. In: Hartmut Günther, Otto Ludwig (Hrsg.). Schrift und Schriftlichkeit/Writing and Its Use: Ein interdisziplinäres Handbuch internationaler Forschung. (=HSK 10.1). Berlin, New York 1994. S. 18–41. Hier: S. 36. Vgl. auch: Christian Stetter. Schrift und Sprache. Frankfurt am Main 1999. S. 362.

24 Vgl. hierzu die überzeugende Argumentation von: Ludwig Jäger. Medialität und Mentalität: Die Sprache als Medium des Geistes. In: Sybille Krämer, Ekkehard König (Hrsg.). Gibt es eine Sprache hinter dem Sprechen? Frankfurt am Main 2002. S. 45–75.

25 Jochen Hörisch. Eine Geschichte der Medien: Von der Oblate zum Internet. Frankfurt am Main 2004. S. 88.

gerichtet sind. Bei allen Fragen, welche die Verbindung von Wissenschaft und Schrift aufwirft, soll an dieser Stelle eine ausgeleuchtet werden: Was heisst es, Schrift im wissenschaftlichen Kontext gleichzeitig als Aufzeichnungsmedium und als Verbreitungsmedium zu verstehen?

Auf den ersten Blick bedeutet Schriftgebrauch im wissenschaftlichen Kontext vor allem, dass mit der Aufzeichnung von Erkenntnis, von Forschungshandlungen und Forschungsergebnissen wesentliche Möglichkeiten eröffnet werden, Erkenntnis über den Moment hinaus zu speichern und für eine orts- und zeitunabhängige Rezeption bereitzuhalten. Ohne ihre Aufzeichnung und ohne ihre Erklärung im Medium der Schrift bliebe Forschung mehr oder weniger unvalidierbar.

Diese Bedeutung des Mediums ist für den wissenschaftlichen Alltag zentral. „Erkenntnis aufzuzeichnen" bedeutet in diesem Kontext vor allem, Hintergründe und Bedingungen für die Erkenntnisgenerierung Schritt für Schritt einsehbar, verstehbar und damit für eine Validierung zugänglich zu machen. Wenn man üblicherweise davon ausgeht, dass die Wissenschaftlichkeit einer Erkenntnis konventionalisierten Kriterien wie Beweisfähigkeit, Theoriegelenktheit und Modellhaftigkeit unterliegt, dann spricht man einen wichtigen Teil jener Bedingungen an. Das heisst allerdings für den Einsatz des Schriftmediums Entscheidendes. Schrift als blosses Aufzeichnungsmittel einer Erkenntnis zu begreifen, die vollständig ausserhalb dieses Mediums stattfindet, wirkt unbefriedigend. Was in einem bestimmten disziplinären Kontext als wissenschaftliche Erkenntnis gilt, wird in einem qua Text offerierten Angebot zur Verständigung über diese Erkenntnis erst hergestellt. Dieses mediale Setting bringt den Vorteil mit sich, dass die Erzeugung des Verständigungsangebots gleichzeitig mit der Reflexion über seine Bedingungen möglich wird.[26] Mit andern Worten: Bei der Produktion von Text stellt der Einbau genau dieser Reflexion ein wesentliches Verständigungselement dar.[27] Dass das Textmedium gleichzeitig auch im Sinne der blossen Aufzeichnung als *Speicher* rangiert, entspricht einer wesentlichen, sozusagen obligatorischen Nebenwirkung einer verschriftlichten Wissensproduktion.

---

[26] Reflexion findet auf zwei Ebenen statt, sie richtet sich auf die „Konstruktion" von Verständigung und auf die „Konstruktion" von Erkenntnis. Vgl. zum Zusammenhang von Reflexion und Konstruktion: Niklas Luhmann. Reflexion. In: Ders. Die Wissenschaft der Gesellschaft. 1994. S. 469–548.

[27] Ich werde weiter unten – unter dem Stichwort Durchsichtigkeit – ausführlich auf einen dieser Reflexion angepassten, wissenschaftstypischen Mediengebrauch zurückkommen.

Einen Gegenstand wissenschaftlich zu beforschen kann alles Mögliche heissen: Es kann heissen, geplant und methodisch vorzugehen, es kann aber auch heissen, autonom und unsystematisch vorzugehen, auf Instrumente und Quantifizierungen zu verzichten etc.[28] Die ‚Einsehbarkeit' von Forschungshandlungen ergibt sich erst dadurch, dass wissenschaftliche Autoren Forschungs- und Erklärungshandlungen in einem Textkommunikat verschränken. Im Gegensatz zu all dem, was im Prozess des Forschens möglich ist, legt der Text Erkenntnis verbindlich und um der intendierten Verstehbarkeit willen in einer geglätteten Form[29] fest. Die Verbindlichkeit wird erreicht in Textproduktionen, die einer Verständigung mit indefinitem, symmetrisch gedachtem Gegenüber gleichen.[30] Ein zentrales Merkmal dieser Verständigungsform ist Reflexivität. Unter Reflexivität ist die durch Sprachgebrauch (und durch schriftlichen Sprachgebrauch überdeutlich!) prononcierte Möglichkeit zu verstehen, sich in Prozessen der „Selbstlektüre" (Jäger) auf eigene Vorgaben, Regeln und Ergebnisse zurückzubeziehen. Sich auf einmal aufgestellte Regeln zu beziehen heisst dabei nicht, diese in einem schlichten Sinn zu repetieren und ausschliesslich zu bestätigen. Wenn ‚Sachverhalte erklären' auch nach dem Alltagsverständnis bedeutet, Begründungen anzugeben, dann gehen diese ‚Gründe' in wissenschaftlichen Kontexten den Sachverhalten nicht in einem strikten Sinn voraus, sondern sie unterliegen selbst wieder dem Gebot der Kritik, dem Gebot der Differenzierung, der Revision oder der Entkräftung.[31] Für die Produktion von wissenschaftlicher Erkenntnis ist genau dieser durch schriftlichen Zeichengebrauch ermöglichte Mechanismus von ungeheurer Wirkungsmacht: Jedes bereits formulierte Wis-

---

[28] Stichweh. Wissenschaft. 1994. S. 74.

[29] Zur Thematik des ‚Glättens' müsste man viel sagen. Hier nur das: Von Irr- und Abwegen etwa ist in wissenschaftlichen Texten auffallend wenig die Rede, obschon sie im Bereich des Forschens üblich sind. Wissenschaftliche Texte gehorchen einer redaktionellen Ausblendungsregel: Dargestellt werden Ergebnisse und Erkenntniswege. Irrwege werden den Adressaten grosso modo erspart. Es ist allerdings ein auffallendes Merkmal propädeutischer Wissenschaftstexte, dass diese Ausblendungsregel nicht adäquat eingehalten wird.

[30] Luhmann spricht von einer unterstellten Ich-Analogie, von Ego und Alter Ego. Vgl. Niklas Luhmann. Soziale Systeme: Grundriss einer allgemeinen Theorie. Frankfurt am Main 1987. S. 119f.

[31] Vgl. hier zum Begriff der Reflexivität: Bruno Latour. The Politics of Explanation. In: Steve Woolgar (Hrsg.). Knowledge and Reflexivity: New Frontiers in the Sociology of Knowledge. London 1988. S. 155–176. Und: Niklas Luhmann. Die Wissenschaft der Gesellschaft. Frankfurt am Main 1992. S. 333–336. Vgl. auch: Niklas Luhmann. Soziale Systeme: Grundriss einer allgemeinen Theorie. Frankfurt am Main 1984. S. 210f. Vgl. zur Funktion der Schriftlichkeit in diesem Zusammenhang: Charles Bazerman. Rhetorical Self-Consciousness and the Invention of Science. In: Ders. Shaping Written Knowledge: The Genre and Activity of the Experimental Article in Science. Madison, Wisconsin 1988. S. 320–321.

senselement lässt sich auf seine intuitiven Anteile hin prüfen. Auf der Grundlage dieser Obligation des Erklärens wird Wissen erweiterbar. Der kollektiv organisierte, disziplinäre Prozess der Infragestellung von Begründungen und Erklärungen lässt sich dabei in tendenziell unendlichem Regress fortsetzen.[32]

Für die wissenschaftlichen Disziplinen ist Erkenntnis immer vorläufige Erkenntnis. Für eine einzelne Autorin, einen einzelnen Autor besteht aber die Aufgabe gerade darin, sich mit einer Textproduktion auf Aussagen festzulegen, den autorschaftlichen Prozess der Erkenntnisgenerierung als abgeschlossen und beigebrachte Begründungen als zureichend zu apostrophieren. Speicher- und Mitteilungsfunktion von Text stehen in einer Art Strukturanalogie zur Fixiertheit und der gleichzeitigen Vorläufigkeit wissenschaftlicher Erkenntnis.

Etwas wissen zu wollen heisst mit Blick auf die Verbreitung von Erkenntnis, das Wagnis einzugehen es als Wissen zu behaupten (Kant). Dieser Vorgang setzt – unabhängig von der Grösse des Beitrags – eine autorschaftliche Passion voraus. Jede wissenschaftliche Wissensproduktion unterliegt seit jener basalen Obligation, die Kant in der formelhaft gewordenen Formulierung als einen „Ausgang“,[33] das heisst als eine transitorische Bewegung bezeichnet, ausdrücklich der autorschaftlichen Verantwortung. Autoren reagieren auf diese Verantwortung, indem sie Texte als Lösungen für das generelle Problem konzipieren, dass ein behauptetes Wissen in disziplinären Kontexten nur dann Aussicht auf Resonanz hat, wenn es zureichende Anzeichen der Selbstvalidierung aufweist.[34]

---

32 Ludwig Fleck (1935), der vielleicht wichtigste Begründer metawissenschaftlicher Forschung, weist in diesem Zusammenhang vor allem darauf hin, dass weniger eine ‚abschliessende Validierung‘ eines Forschungsresultats dazu führt den Regress zu unterbrechen als die ‚modische‘ Hinwendung zu einem neuen Forschungsgegenstand. Vgl. Ludwig Fleck. Entstehung und Entwicklung einer wissenschaftlichen Tatsache: Einführung in die Lehre vom Denkstil und Denkkollektiv. (1. Ausg. 1935). Frankfurt am Main 1994.

33 Für den hier fokussierten Zusammenhang ist wesentlich, dass ‚Aufklärung‘ gleichzeitig als kollektiver Prozess *und* als eine individuelle, das heisst autorschaftlich zu erbringende Leistung im Sinne des kantischen Wagnisses verstanden werden kann. Vgl. hierzu: Michel Foucault. Was ist Aufklärung? In: Eva Erdmann, Rainer Forst, Axel Honneth (Hrsg.). Ethos der Moderne: Foucaults Kritik der Aufklärung. Frankfurt am Main 1990. S. 35–54. Hier vor allem: S. 38.

34 Ich verstehe hier unter Selbstvalidierung den einfachen, in wissenschaftlichen Texten emergenten Umstand, die Lösung für ein bestimmtes Forschungsproblem *als Lösung* zu apostrophieren und nicht etwa als eine Art Multiplikation eines Problems darzustellen. Jedenfalls fällt mir kein Beispiel für einen wissenschaftlichen Text ein, der das Muster der Selbstvalidierung nicht in diesem Sinne befolgen würde. Das soll nicht heissen, dass umgekehrt diese Strategie für Resonanz garantieren würde. Strategien werden ja gewählt, ohne dass damit ein Versprechen auf Resonanz

Das Schema, das in diesem Zusammenhang in wissenschaftlichen Aufsätzen übergreifend angewendet wird, gleicht selbst einer transitorischen und gleichzeitig rekurrenten Bewegung: In einem bestimmten disziplinären Feld wird eine Forschungslücke diagnostiziert, die mit den im Text beigebrachten Evidenzen geschlossen wird. Was zunächst als thesenhaft, unsicher, fraglich oder problematisch erscheint, wird in ausführlichen, fachlichen Argumentationen in eine Lösung überführt, die dann unter den Vorzeichen der beigebrachten Argumente als *evidente* und *passende* Lösung attribuiert wird und die sich in ihrem genau *dieses* Problem *auf*lösenden Charakter – „es hat sich gezeigt" – auf genau *dieses* Problem, *diese* Lücke und *diese* These zurückbezieht.

Die offensichtliche „Konkomitanz von Schrift und Wissenschaft" (Ehlich) und die weitreichende Analogie von wissenschaftlichem Text und wissenschaftlichem Erkenntnisgewinn führen möglicherweise zu einer Art Verwechslung: Man neigt dazu, die *Darstellung* von Wissen mit dem Wissen selbst gleichzusetzen. Die Gleichzeitigkeit von Schrift als Aufzeichnungs-/Speichermedium und als Verbreitungsmedium kann vor diesem Hintergrund auch als eine Oppositionsstellung von Wissensbewahrung und Wissensfortschritt interpretiert werden. Der vielleicht wichtigste Wegbereiter der Wissenschaftsforschung, Ludwig Fleck (1935/1994), unterscheidet zwischen „Handbuch-" und „Zeitschriftenwissenschaft". Er schreibt: „Im geordneten System einer Wissenschaft, wie ein Handbuch es darstellt, erscheint eine Aussage eo ipso viel gewisser, viel bewiesener als in der fragmentarischen Zeitschriften-Darstellung. Sie wird zu einem bestimmten Denkzwang."[35] – Das Zusammengehen von Wissenschaft und Schrift ist also auch als ein Zusammengehen von Aussagekonsistenz und Textsorte zu begreifen. Darauf wird noch zurückzukommen sein. Hier genügt es vorläufig im Anschluss an Fleck zu sagen: Als prototypische Form des *wissenschaftlichen* Textes versteht man nicht zufälligerweise die „fragmentarische Zeitschriften-Darstellung".

---

verbunden wäre. Institutionen wie der naturwissenschaftliche SCI (Science Citation Index) oder der sozialwissenschaftliche SSCI (Social Science Citation Index), die Zitationsfrequenzen ermitteln, lassen über die qualitative Seite der Resonanz und über die Frage, wer (im Sinne des disziplinären Gewichts) wen zitiert, keine Aussage zu. Mit Blick auf die quantitative Seite sind damit auch keine Aussagen über die effektiven Lektüren, sondern nur über die in Texten manifesten Zitationen verbunden. Vgl. dazu: Eva-Maria Jakobs. Textvernetzung in den Wissenschaften: Zitat und Verweis als Ergebnis rezeptiven, reproduktiven und produktiven Handelns. Tübingen 1999. S. 65–67.

[35] Ludwig Fleck. Entstehung und Entwicklung einer wissenschaftlichen Tatsache: Einführung in die Lehre vom Denkstil und Denkkollektiv. Lothar Schäfer, Thomas Schnelle (Hrsg.). Textidentisch mit der Erstausgabe von 1935. (3. Aufl.). Frankfurt am Main 1994. S. 160.

[4] Ermittlung und Vermittlung

Wissenschaftliche Untersuchungs*objekte* sind eigenartige Objekte. Man braucht gar nicht erst an so entlegene wie Neutrinos, monoklonale Antikörper oder Raumzeit zu denken. Es reichen auch (scheinbar) näher liegende wie syntaktische Strukturen, chemische Elemente oder Blutgruppen, um ihre zweigeteilte Gestalt zu erkennen: Der eine Teil *ist* ganz zweifellos *da draussen* irgendwo, als Phänomen in der Welt. Der andere Teil ist Phänomen im Kopf, besteht aus Erklärungen, Abstrahierungen und Modellen, aus Differenzierungen, Argumenten, Beweisen, Vermutungen. „Nur so viel scheint zur Einleitung, oder Vorerinnerung, nötig zu sein," schreibt Kant , „dass es zwei Stämme der menschlichen Erkenntnis gebe, [...] nämlich Sinnlichkeit und Verstand, durch deren ersteren uns Gegenstände g e g e b e n , durch den zweiten aber g e d a c h t werden."[36]

Wissenschaftliche Gegenstände sind als Erkenntnisobjekte „gegeben" *und* „gedacht" – weder im Sinne eines bloss naiven, sinnlichen Realismus, noch im Sinne einer nur verstandesmässigen Projektion. Naiver Realismus würde bedeuten, dass man zu nahe an den empirischen „Gegebenheiten" kleben bleibt und dass man nicht dazu durchdringt, auf der Grundlage des „Gegebenen" eine Gesetzmässigkeit abzuleiten. Eine Projektion ohne jede Bodenhaftung in einem ‚subjektunabhängigen Raum' entspräche einem phantastischen oder fiktionalen Diskurs. Das soll nicht heissen, dass im Erkenntnisprozess Imagination nicht eine sehr zentrale Rolle spielen würde, sondern es heisst vor allem, dass die *Mischung* aus vor-gegebenen und dazu-gedachten Phänomenanteilen sowohl die Produktion wie die Repräsentation von wissenschaftlichen Erkenntnissen von Grund auf prägt. Die Frage: Was ist der Fall? lässt sich im Kontext der wissenschaftlichen Erkenntnisproduktion nicht abkoppeln von den Fragen: *Warum* und *wie* ist es der Fall?

Was der Fall sein soll, muss zuerst ermittelt und mittels Indizien bewiesen werden. Das vielleicht prototypischste und einflussreichste Vorbild für eine solche Ermittlung, *was*, *wie* und *warum* der Fall sei, stellt Newtons Gravitationsgesetz dar. (Und irgendwie scheint das Prestige der Naturwissenschaften seither ungebrochen.) Auch vor Newton konnte man vorhersehen, dass Äpfel herunterfallen. Newtons Gesetz bringt den entscheidenden Vorteil mit sich, das Feld der Erfahrung verlassen und allgemeine Aussagen über die Anziehung von Körpern machen zu können.[37] Die Vorbildlichkeit von Newton liegt im

---

[36] Immanuel Kant. Kritik der reinen Vernunft. Einleitung. [B 30 |A 16]. (Werkausgabe Bd. 3). Frankfurt am Main 1995. S. 66.

[37] Isabelle Stengers. Wissenschaft als Passion: Gesetze und Erklärungen, Geschichten

Hervorbringen einer *echten* Problemlösung. Die vor-gegebenen Fälle werden durch das dazu-gedachte Gesetz gelöst. Auch für Newton sind lediglich Spuren vor-gegeben von etwas, was der Fall sein *könnte*, dazu-gedacht sind die Erklärungen, Kausalitäten, Vereinfachungen des Gesetzes.[38]

Was der Fall sein soll, bedarf der Ermittlung. Was nicht nur kognitiv, wenn man so will: in einem „grossen Kopf" wie jenem von Newton[39] der Fall sein soll, sondern in einer mitgeteilten Form, wenn man will: in einer sozialisierbaren Konstruktion, bedarf der *Vermittlung*. Im wissenschaftlichen Kontext heisst vermitteln, die Deutung eines bestimmten Phänomens der Rezeption in einer Weise zugänglich zu machen, welche die Ermittlung dieser Deutung nachvollziehbar erscheinen lässt. Die Figur des Autors spielt eine Doppelrolle. Sie führt als Detektiv eine Ermittlung durch und bringt diese mit ihrer Mitteilung vor ein öffentliches Tribunal.

Als im Jahr 1798 der Hirnphysiologe Franz Joseph Gall in Wielands „Teutschem Merkur" in einem kurzen Aufsatz sein Forschungsprogramm umreisst, formuliert er das Ziel seiner Unternehmung so:[40]

> [...] die Verrichtungen des Hirns überhaupt, und seine Bestandteile insbesondere zu bestimmen; dass man in der That mehrere Fähigkeiten und Neigungen aus Erhabenheiten und Vertiefungen am Kopfe oder Schedel erkennen kann, und die wichtigsten Wahrheiten und Folgerungen, welche sich hieraus für die Arzneywissenschaft, für die Sittenlehre, Erziehung, Gesetzgebung u. s. w. und überhaupt für die nähere Menschenkenntnis ergeben, einleuchtend vorzutragen.[41]

---

und Zeit. (Interview, die Fragen stammen von Sergio Benvenuto). Lettre International 27/1994. S. 72–76.

38 Als zusammenfassende Pointe erzählt Clifford Geertz am Schluss von „After the Fact" (1995) ein indisches Gleichnis, das die titelgebende Behauptung – in der deutschen Übersetzung unter Verlust der Doppeldeutigkeit des Originals: „Spurenlesen" – auf den Punkt bringt: Ein Weiser hockt vor einem Elefanten. Der Weise sagt: „Dies ist kein Elefant." Später, als sich der Elefant davongemacht hat, beginnt der Weise zu zweifeln. Als der Elefant völlig ausser Sichtweite ist, blickt der Weise auf die Fussabdrücke und erklärt mit Bestimmtheit: „Ein Elefant war hier." – Clifford Geertz. Spurenlesen: Der Ethnologe und das Entgleiten der Fakten. München 1997. S. 189f. (Jerome Bruner erzählt diese Legende in „Acts of Meaning" (1990): Vgl. Jerome Bruner. Sinn, Kultur und Ich-Identität: Zur Kulturpsychologie des Sinns. Heidelberg 1997.)

39 Kant. Urteilskraft. § 47. Reclamausgabe S. 238.

40 Michael Hagner. Die Innenseite des Geistes und die Aussenseite des Schädels. In: Ders. Homo cerebralis: Der Wandel vom Seelenorgan zum Gehirn. Darmstadt 1997. S. 99–104.

41 Franz Joseph Gall. Des Herrn Dr. F. J. Gall Schreiben über seinen geendigten Prodromus über die Verrichtungen des Gehirns der Menschen und der Thiere, an Herrn Jos. Fr. von Retzer (1798). In: Erna Lesky (Hrsg.). Franz Joseph Gall: Naturforscher

Gall äussert hier eine programmatische Idee für das, was er durch Forschung ermitteln will.[42] Die inhaltliche Seite einer solchen Unternehmung zu kommentieren ist Aufgabe der Wissenschafts*geschichte*. Aus einer linguistisch-pragmatischen, die „Verfassung des Textes" fokussierenden Perspektive ist hier interessant, dass Gall auch einen um 1800 weit verbreiteten, rhetorischen Topos für den Mitteilungsteil seiner Unternehmung formuliert. Er steckt sich das Ziel, die „wichtigsten Wahrheiten und Folgerungen [...] einleuchtend vorzutragen." – Das mediale Programm, das er damit anspricht, thematisiert eine im Grunde paradoxe Eigenart der Mitteilung: Was zuerst noch „einleuchtend vorzutragen" ist, kann nicht gleichzeitig schon als „Wahrheit" gelten. Etwas „einleuchtend vorzutragen" heisst, einen entsprechenden Geltungsanspruch mit fachlichen Argumenten zu verbinden, in der Hoffnung, der Anspruch werde auf zustimmende *Anerkennung* stossen.

[5] Das Ich-Problem

Wer einen wissenschaftlichen Text schreibt, ist vertraut mit der Schwierigkeit. Wie kann, wie darf, wie soll in einer Situation, die auf die Mitteilung fachlicher Erkenntnis gerichtet ist, ‚ich' gesagt und der autorschaftlichen Rolle im Text Ausdruck verliehen werden? – Soll möglichst jeder Hinweis auf die Sphäre des Hervorbringens, des Konstruierens und des Evident-Machens vermieden werden, weil damit unweigerlich angesprochen würde, was mit der Wissenschaftlichkeit des Textes unvereinbar erschiene? Wie kann man in einem Text den Platz des forschenden und erkennenden Wissenschaftlers einnehmen und gleichzeitig den Ansprüchen an eine subjektunabhängige Aussagekonsistenz gerecht werden?

Das Ich-Problem wird unterschiedlich gelöst. Im englisch-amerikanischen Raum wird traditionellerweise persönlicher formuliert als etwa im französisch-

---

und Anthropologe. Bern 1979. S. 47–59. Zit. in: Hagner. Homo cerebralis. 1997. S. 99.

[42] Dieser nicht gerade bescheidene Anspruch trägt wie manches um 1800 eine schillernde Signatur. Es geht in der vorliegenden Arbeit nicht darum, den wissenschafts*geschichtlichen* Stellenwert von Aussagen zu qualifizieren. Nur soviel sei hier mit Blick auf die Sattelzeit um 1800 (Koselleck) gesagt: Meines Erachtens zeigt sich hier wie an vielen anderen Stellen eine im Prozess der Erkenntnisproduktion praktisch vorprogrammierte Gleichzeitigkeit von Ausschuss und voraus greifender Entdeckung. Die physiologische Idee der Hirnareale, die Bestimmung des Gehirns als zentralem Forschungsgegenstand und die nüchterne Auffassung, dass es sich beim Hirn um ein Werkzeug handle, wirkt – aus heutiger Sicht – unglaublich modern, während die hier gleichzeitig geäusserte Konzeption einer physiognomischen „Ablesbarkeit" von „Fähigkeiten und Neigungen aus Erhabenheiten und Vertiefungen am Kopfe" schon um 1798 an das überkommene, lavatersche Paradigma erinnert.

sprachigen. Geisteswissenschaftliche Texte klingen ich-haltiger als naturwissenschaftliche, alte Texte wiederum befolgen in dieser Hinsicht andere Konventionen als heutige. Die einzelnen Disziplinen und ihre Subdisziplinen pflegen eigene Lösungsmuster. StudienanfängerInnen andere als gestandene Autoritäten.[43] Das heisst zunächst nichts anderes, als dass für das Ich-Problem konventionelle Lösungsstrategien befolgt werden, dass aber das, was man als Konvention in dem Bereich bezeichnen könnte, an eine vergleichsweise überschaubare Gruppe gebunden bleibt, und dass die Entscheidung für eine bestimmte Strategie nicht nur durch die Orientierung an Musterlösungen erfolgt, sondern weitgehend korreliert mit einem zugrunde liegenden Begriff des Kontexts und der Textfunktion, das heisst in diesem Fall einem Begriff von Wissenschaft, der seine spezifische Konsistenz durch disziplinäre, sprachräumliche und individuell-lebensgeschichtliche Vorprägungen erhält. Bei der Textproduktion wird eine bestimmte Vermittlungs*form* in der Erwartung realisiert, dass die mit dem Text korrespondierende Intention verstanden werde.

Ich will das Ich-Problem an zwei Textpassagen kontrastierend illustrieren. Die beiden Texte liegen zeitlich fast zweihundert Jahre auseinander, sie folgen sehr verschiedenen Formulierungskonventionen und sie stammen aus komplementären disziplinären Kontexten. Gemeinsam ist beiden Texten die funktionale Einbettung, beide sind als Forschungsbeiträge in der Form von Zeitschriftenaufsätzen konzipiert. Beide Ausschnitte thematisieren den Vorgang der Erkenntnisgewinnung reflexiv. Das heisst, in beiden Ausschnitten wird mit Blick auf den Kotext eine Selbstvalidierung vorgenommen, beide Ausschnitte thematisieren den Zugewinn an Erkenntnis als eine mit dem Text erbrachte Leistung, indem sie das mit dem Text zur Disposition Gestellte als eine bestätigte Lösung apostrophieren.

Der erste Ausschnitt stammt vom Anatomen August Gottfried Ferdinand Emmert (1809). Emmert untersucht in seinem Forschungsbeitrag den Einfluss der Nerven auf das „Athmungsgeschäft". Nach einer kurzen Erörterung der Problemlage schreibt er:

> Diese Betrachtungen machten mir die angegebne Behauptung von D u p u y t r e n , die ich zuerst durch einen meiner Freunde erfuhr, sehr zweifelhaft, und liessen mich vermuthen, dass er aus den Beobachtungen, auf die er sie gründet, mehr möchte gefolgert haben, als eigentlich daraus resultirt. Meine Vermuthung wurde auch

---

43 Vgl. zur Thematik der Ontogenese von Textkompetenz den Beitrag von Helmut Feilke/Torsten Steinhoff. Zur Modellierung der Entwicklung wissenschaftlicher Schreibfähigkeiten. In: Konrad Ehlich/Angelika Steets (Hrsg.). Wissenschaftlich schreiben – lehren und lernen. Berlin 2003. S. 112–128. Vgl. auch: Torsten Steinhoff. Wie entwickelt sich die wissenschaftliche Textkompetenz? In: Der Deutschunterricht 3/2003. S. 38–47.

> wirklich durch das Lesen von den Versuchen des Herrn D u p u y t r e n , so wie sie in dem Bericht angegeben sind, welche die Herren R i n e l und H a l é als Berichterstatter über die Arbeit des Herrn D u p u y t r e n dem Nationalinstitut vorgelegt haben, und durch die Experimente bestätiget, die ich mit meinem Freunde Dr. H o c h s t e t t e r über diesen Gegenstand vor mehreren Monaten angestellt habe. Ehe ich aber diese Versuche und Resultate, die sich daraus ergeben, hier anführe, halte ich es für zweckmässig, eine kurze Angabe der Beobachtungen und Behauptungen des Herrn Dupuytren, so wie sie in dem genannten Bericht enthalten sind, vorauszuschicken [...].[44]

In dieser Passage wird das, was ich bis jetzt als Ich-Problem bezeichnet habe, gelöst, indem eine Autorfigur als Ich-Erzähler auftritt. Der Ich-Erzähler fungiert als erzählende und als erzählte Figur, von ihr geht das Geschehen aus und gleichzeitig steht sie im Zentrum des rapportierten Geschehens. Wissenschaft findet in dem Ausschnitt grosso modo in einer erzählten Welt statt.[45] Der Vorsatz, eine aktuelle Forschungsmeinung zu revidieren, ist auf einem persönlichen Schauplatz lokalisiert. Implizite und explizite Handlungsstereotypen wie Beobachten, Vermuten, Zweifeln, Lesen, Experimentieren, Berichten erscheinen hier als *erzählte* Handlungen. Erkenntnis hat eine chronologische Ordnung – zuerst wird vermutet, was sich *dann* „wirklich" bestätigt. Dieses Nacheinander bei der Generierung von Erkenntnis soll, so die Ankündigung für den folgenden Kotext, reinszeniert werden. Eine Evidenz, die sich für den Autor als solche präsentiert, soll sich auch als eine Evidenz für den Leser präsentieren: Mit der Erzählung von der „Vermuthung" bis zum „Resultat" setzt sich der Autor sozusagen als Identifikationsfigur ins Bild. Damit, dass die Ich-Autorfigur auch als Mitteilungsfigur die performative Gegenwart des Textes dirigiert („Ich führe hier an", „ich halte es für zweckmässig"), konvergieren erzählte und besprochene Welt als *eine* Welt, die autorzentriert zu funktionieren scheint.

Ich will diese Textstelle einer zweiten gegenüberstellen, die auf den ersten Blick die Welt der Wissenschaft weit weniger autorzentriert darstellt. Der zweite Ausschnitt ist übertitelt als „Zusammenfassung", er ist dem „Berliner Journal für Soziologie" entnommen.[46] Er soll exemplarisch für einige typische Merkmale gegenwärtiger Formulierungskonventionen stehen.[47] Ich verbinde mit dem Ver-

---

[44] August Gottfried Ferdinand Emmert. Ueber den Einfluss der herumschweifenden Nerven auf das Athmen. In: Archiv für die Physiologie. D. Joh. Christ. Reil/D. J. H. F. Autenrieth (Hrsg.). Halle 1809. S. 380–420.Hier: S. 383.

[45] Harald Weinrich. Tempus: Besprochene und erzählte Welt. (1. Aufl. 1964). (6., neu bearb. Aufl.). München 2001.

[46] Der Beitrag ist zufällig gewählt: Christine Weinbach. Europäische Konvergenzen: Zur Restitution von Staatsangehörigkeit in Deutschland, Frankreich und Grossbritannien. In: Berliner Journal für die Soziologie. 15/2005. S. 199–218.

[47] Ich betone, dass eine stilkritische Bewertung dieser Konventionen hier ausser Frage

gleich zwischen der historischen und der aktuellen Textpassage eine für die vorliegende Arbeit zentrale Behauptung: Die Indizierung der Autorfigur unterliegt an der Textoberfläche zwar absolut gegensätzlichen Formulierungskonventionen. Das ändert aber nichts an der überzeitlichen Bedeutung der Figur selbst. Die generelle Differenz zum ersten Textbeispiel liegt darin, dass die Referenz auf die Figur durchgängig indirekt, das heisst lexikalisiert erfolgt. Ich zitiere hier, um das Augenmerk nicht auf die Komplexität des propositionalen Gehalts zu lenken, eine stark zusammengekürzte Textversion, welche die thematischen Kerninformationen durch X und Y substituiert:

> Für alle inklusionsrelevanten Bereiche [...] lassen sich [...] Veränderungen konstatieren. Im Falle von X ist auffällig, dass sich Xe jeweils an Y orientieren. [...] Angesichts dieser Entwicklung lässt sich die These von einer Konvergenz [...] zumindest für die drei untersuchten Xe bestätigen. Miriam Feldblums Bezeichnung aktueller X als Y ging bereits in dieselbe Richtung. Dagegen hat sich die These Brubakers (1989: 14) [...] als falsch erwiesen (vgl. Hagedorn 2001: 53). Welche Gründe könnte es für diese Konvergenz geben? Es liegt nahe, den Blick auf X zu lenken.[48]

Dieser Textpassage fehlen unmittelbare Verweise auf ein Ich. Das heisst nicht, dass die reflexive Thematisierung des Erkenntnisgewinns hier ohne die Repräsentation einer Autorfigur auskäme. Sie wird inferierbar in Ausdrücken, die wissenschaftstypische Handlungsstereotype und entsprechende Handlungsträger präsupponieren: Zum Beispiel „lässt sich“ etwas, was zunächst unsicher und thesenhaft war, offenbar im einen Fall (unter dem impliziten Verweis auf eine als Evidenz apostrophierte Argumentation im Kotext) „bestätigen“, eine andere „These erweist sich als falsch“ etc. Die sowohl der Bestätigung/Negierung von „Thesen“ als auch so etwas wie einer „These“ selbst zugrunde liegenden Handlungsstereotypen sind nicht sinnvoll *ohne* ein handelndes, bewusstseinsfähiges Ich zu denken. Allerdings verbindet sich mit dieser Art der Ausdruckssemantik – eine „These *lässt sich* bestätigen“ – *nicht* die Vorstellung von einem individuellen Bewusstsein hinter dem Text im Sinne einer Bewusstseinsauthentizität. Vielmehr „bestätigt *sich*“ hier etwas, was „angesichts“ einer *mit dem Text* beigebrachten Evidenz als eine epistemische Position erscheint. Was in der zitierten Textstelle thematisch wird, gleicht einem Koordinatensystem von ins Epistem projizierten, autorschaftlichen Standpunkten in einer disziplinären Öffentlichkeit, in der sich die Autorin durch Allianzbildung und Abgrenzung verortet. Die hinter diesem Formulierungsstil aufscheinende Autorfigur entspricht eher einer institutionellen Text*rolle* als einer Referenz auf so etwas wie ein ‚tatsächliches‘ oder ‚vollständiges Subjekt‘.

---

steht, nicht zuletzt auch, weil es sich ja hier um eine gewollte Textfragmentierung handelt und nicht um ein Zitat.

48 Weinbach. Konvergenzen. 2005. S. 208.

Während der Autor der ersten Textstelle seine Leser über eine bestimmte Ordnung im Text orientiert, indem er „ich halte es für zweckmässig" sagt, schreibt die Autorin in einer vergleichbaren Anweisung rund zweihundert Jahre später: „Es liegt nahe, den Blick auf X zu lenken". Die Unmittelbarkeit des Schauplatzes, auf dem sich Wissenschaft abspielt – die direkte Beteiligung der Akteure an der Unternehmung – ist in der Darstellung und mit dem Wandel der Ausdruckskonventionen einer Art Mittelbarkeit und Indirektheit gewichen. Die Perspektive auf den wissenschaftlichen Gegenstand gleicht aber im einen wie im andern Fall einem disziplinär koordinierten Tribunal, wo sein Fall diskutiert wird.[49] Weil die Erwahrung des Urteils in beiden Fällen dem mit dem Text adressierten Fachpublikum obliegt, bleibt die persuasive Funktion des Textes darauf beschränkt, das Urteil durch entsprechende Blicklenkungen vorzubereiten. Im ersten Textausschnitt wird diese Aufgabe sehr individuell aufgefasst, im zweiten institutionell.

[6] Die Kontextualität des Verstehens

Wenn hier von wissenschaftlicher Autorschaft, von Autorfiguren und von wissenschaftlicher Textaufführung die Rede sein soll, so schliessen diese Überlegungen an eine mit den 60er-Jahren und der so genannten „pragmatischen Wende" eingeläutete Tradition an, die man mit Blick auf die Textlinguistik vor allem mit dem Handlungscharakter von Texten assoziiert.[50] Dass wissenschaftliche Texte in hohem Masse *organisierte* Texte sind und dass in dieser Organisiertheit sich die Text*einheit* stark selber zum Ausdruck bringt, dass durch Fussnoten, Einleitungen, Abstracts, Kommentare etc. dazu angeleitet wird, wissenschaftliche Erklärungen in einer ganz *bestimmten* Weise zu verstehen – dass Adressaten deiktisch, para- und kryptodeiktisch geleitet werden in ihrer Lektüre,[51] mit einer zum Beispiel durch Indexe und Inhaltsverzeichnisse nachvollziehbar gemachten Textarchitektur auch in der Selektivlektüre unterstützt werden – all das hat sicher mit dem Handlungscharakter dieser Texte zu tun.

---

[49] Isabelle Stengers. Das Subjekt und das Objekt. In: Dies. Die Erfindung der modernen Wissenschaften. Frankfurt am Main/New York/Paris 1997. S. 201–231. Hier: S. 204.

[50] Vgl. zur begriffs- und problemgeschichtlichen Bedeutung dieses ‚Turns' für die Textlinguistik den Überblick von Helmut Feilke. Die pragmatische Wende in der Textlinguistik. In: Klaus Brinker et. al. (Hrsg.). Text- und Gesprächslinguistik: Ein internationales Handbuch zeitgenössischer Forschung. (HSK 16.1). Berlin, New York 2000. S. 64–82.

[51] Vgl. hier stellvertretend: Konrad Ehlich. Scientific texts and deictic structures. In: Cooperating with Written Texts: The Pragmatics and Comprehension of Written Texts. Dieter Stein (Hrsg.). Berlin, New York 1992. S. 201–229.

Nur: Wozu die ganze Performativität, wenn nicht um Aussagen, um Konstativität zu realisieren? Die meines Erachtens zentralste Erkenntnis, die mit der „ordinary language philosophy" und ihrer sprachwissenschaftlichen Rezeption mit Blick auf Texte in den Vordergrund rückt, liegt darin, dass mit Texten *gleichzeitig beides* vollzogen wird – das Performative *und* das Konstative, das Illokutionäre *und* das Propositionale, die Aufführung von Aussagewirklichkeit *und* Aussagen. Textaufführung und Aussagen sind nicht abtrennbare Einheiten, sie stehen in unauflöslicher Verbindung. Der Geltungsanspruch von Aussagen, könnte man zusammenfassend sagen, ist auf eine Aufführung im Text angewiesen, die den Aussagekontext verdeutlicht. Meines Erachtens liegt die Hauptschwierigkeit bei einer solchen Textbestimmung darin, dass man das Problem verschiebt – der blosse Verweis auf den Kontext, die Aussagedomäne etc. bedeutet keineswegs, dass nur annährend klar wäre, was genau der Kontext sei.

Ich möchte diesen Gedanken an einem Beispiel zuspitzen. Im Sommer des Jahres 1970 führten drei Wissenschaftler der „University of Southern California School of Medicine" ein Experiment durch, das seinem Ergebnis nach als „Dr.-Fox-Effekt" eine etwas zweifelhafte Bekanntheit erlangte.[52] Fox war ein von den Wissenschaftlern engagierter Schauspieler, der vor einem Expertengremium einen klug klingenden Nonsense-Vortrag hielt, von dessen inhaltlicher Plausibilität die Anwesenden *unisono* überzeugt waren. – Wer es sich mit dem „Dr.-Fox-Effekt" besonders leicht machen will, wird die Versuchsbedingungen anzweifeln. (Die Probanden wurden mit dem Referats*thema* – mathematische Spieltheorie – auf ein Terrain geführt, das ausserhalb ihrer fachlich-medizinischen Kompetenz liegt etc.) Allerdings bleiben selbst, wenn man die Ergebnisse aus dem Experiment ablehnt, Fragen auf dem Tisch: Erzeugt die ‚effektreiche Aufführung' einer bestimmten sozialen Konstellation – ein Experte referiert vor seinesgleichen – unter Inszenierung eines entsprechenden Habitus' eine Form der vorauseilenden Verstehensroutine? Soll die hörerseitige Verknüpfung von *Aussagen* zu einem kohärenten Aussage*zusammenhang* gerade *nicht* für Zustimmung oder Ablehnung verantwortlich sein? – Wem oder was stimmt man zu, wenn man dem *Referat von Dr. Fox* zustimmt: Dem Vortragenden? Dem Vorgetragenen? Beidem?

Vielleicht muss man auch, um die Implikationen dieses Experiments zu verstehen, den Blick zunächst von der Manipulation durch die gekonnte Vorführung lösen. Eine wichtige Frage in diesem Zusammenhang müsste doch sein: Welche Gestalt hat eine Aussage *ohne jede Substanz*? – Ist das eine in

---

52 Vgl. Reto U. Schneider. Das Buch der verrückten Experimente. München 2004. S. 209–211.

ihr Gegenteil verdrehte Parodie einer tatsächlich *gemeinten* Aussage?[53] Allerdings müsste man dann fragen: Ist eine *nicht* als Aussage gemeinte Äusserung überhaupt auf wahr und falsch hin beurteilbar? – Und wenn man von Texten ausgeht und nicht von Aussagen: Was heisst es, einem *Text* zuzustimmen oder ihn abzulehnen?[54] – Entsprechen Texte nicht einem komplizierten Geflecht von Aussagen, welches die Reduktion auf schlichtes ja/nein ohnehin schwierig macht? – Lässt sich, um diese reduktionistische Entscheidung trotzdem zu erlauben, das Geflecht auf eine autorschaftliche Position festlegen, eine Art „Makroproposition",[55] die selbst im Falle einer Parodie *nicht* als Nicht-Position erschiene?

Ich will an dieser Stelle weder das Dr.-Fox-Problem auf einen allzu einfachen Nenner bringen, geschweige denn lösen. Die beiden springendsten Punkte mit Blick auf die Thematik der Autorschaft scheinen mir folgende: Was ich mit Dr. Fox als Textaufführung bezeichnet habe, ist nicht *blosse* rhetorische Verpackung, *nur* Form, Oberfläche, mediales Vehikel etc., sondern selbst aussagehaltig. Die Textaufführung lässt Textverstehen selbst thematisch werden, indem sie Aussagen dazu macht, wie andere Aussagen zu verstehen seien. Das ist der eine Punkt. Der zweite betrifft die Verstehens*situation*: Der Entscheid darüber, wie die Position von Dr. Fox zu qualifizieren sei, findet in Abhängigkeit von Kontextualitätsvorstellungen statt, die mit der Textaufführung bestätigt wer-

---

53 Die ‚Textproduktion' von Fox wird so beschrieben: Er habe aus einem Fachartikel über Spieltheorie einen Vortrag entwickelt, der „ausschliesslich aus unklarem Gerede, erfundenen Wörtern und widersprüchlichen Feststellungen bestand, die er mit Humor und sinnlosen Verweisen auf andere Arbeiten" vortrug. Schneider. Experimente. 2004. S. 210.

54 Für das vielleicht berühmteste Beispiel für eine solche Parodie und die damit losgetretene Debatte hat Alan Sokal 1996 gesorgt. Ein nicht zu übersehendes Problem im Zusammenhang mit dem sokalschen Parodiebegriff liegt darin, dass die Einheit von *Meinen und Sagen* nicht durchgängig dissoziiert wird – manche Textteile scheinen (etwa die ausführlichen und unverändert belassenen Zitate) so gemeint, wie sie in ihrem ursprünglichen Kontext gemeint waren, andere gerade wieder nicht. Das heisst der ‚Nonsense-Charakter' ist selbst wieder maskiert. Vgl. Alan Sokal. Die Grenzen überschreiten: Auf dem Weg zu einer transformativen Hermeneutik der Quantengravitation. In: Ders./Jean Bricmont. Eleganter Unsinn: Wie die Denker der Postmoderne die Wissenschaften missbrauchen. München 1999. S. 262–309.

55 Der Begriff der „Makroproposition" wurde von Teun A. van Dijk in den späten 70er-Jahren in die Textwissenschaft eingeführt: Er versteht darunter eine Zusammenfassung der Propositionen des sog. Oberflächentextes. Einen Text zu verstehen heisst auf dem Hintergrund dieses Begriffs vor allem, eine zusammenfassende Vorstellung davon zu rekonstruieren, worauf der Text als Ganzes hinaus will. Vgl. Teun A. van Dijk. Psychologie der Textverarbeitung: In: Ders. Textwissenschaft: Eine interdisziplinäre Einführung. Tübingen 1980. S. 160–220.

den. Als Rezipient stimmt man nicht unmittelbar einer geäusserten Makroproposition zu, sondern der Position von Dr. Fox (die sich in einem Epistem lokalisieren lässt). Aussagen bleiben im wissenschaftlichen Kontext in gewisser Weise immer *Aussagen von Autoren in einem Epistem.*

Ich möchte diese beiden Punkte an einem Textkonstrukt illustrieren, das einer gerafften Rekonstruktion eines ‚echten' Textes gleicht und vor allem selbstthematisierende Elemente enthält.[56]

> Der Beitrag entfaltet die These, dass... Xe ein prekäres Y bilden. Aufgezeigt wird dies in den Dimensionen A, B und C. Der Gang der Argumentation beginnt mit einer begrifflichen Definition und Auflistung prekärer Merkmale. Hierbei wird an drei Typen... die wechselvolle Stellung von Xen herausgearbeitet. Xe gehören aus verschiedenen Gründen zu Y... Die Stellung von X ist dabei eine prekäre... Es ist weniger die X, die interessiert, als die Y...
> [...]
> Wir haben argumentiert, dass X den Y zugehören. Gemessen daran ist die X eine prekäre, und zwar deshalb, weil sie, zusammengefasst, eine ungesicherte ist, folglich eine Ausnahmestellung einnimmt.

Dass man (unabhängig vom propositionalen Kern!) weiss, dass dieser Beitrag die „Prekarität von X" aufzeigen will, hat in erster Linie mit der Aussagehaltigkeit der Textaufführung zu tun: Mit domänentypischen Ausdrücken wie „eine These entfalten" wird nicht nur konventionelle Textarchitektur erfahrbar gemacht – die These wird schrittweise in eine „bestätigte These" überführt – sondern damit, dass etwas als These, als Argumentation, als bestätigte These etc. bezeichnet wird, wird eine Aussage *über* eine Aussage realisiert. Die Aussage-Konsistenz wird so thematisch: Eine „These" als etwas Unsicheres, eine „bestätigte These" als etwas weniger Unsicheres, eine fachliche Argumentation als etwas, was dazu dient, die Differenz dazwischen zu realisieren. Einem solchen Beitrag zuzustimmen würde heissen, einer mit der Argumentation einhergehenden Abnahme von Unsicherheit vor dem Hintergrund der Behauptung, dass sich „diese These bestätigt hat", zuzustimmen.

Dr. Fox realisiert nicht einen Beitrag ‚ohne *jede* Substanz', er realisiert vielmehr einen Beitrag, bei dem die „Prekarität von X" in erster Linie darin besteht, dass für X etwas eingesetzt werden muss, was Nonsense ist.

---

[56] Der Text-Zusammenschnitt orientiert sich an einem soziologischen Originaltext: Vgl. Walter Müller-Jentsch. Künstler und Künstlergruppen: Soziologische Ansichten einer prekären Profession. In: Berliner Journal für Soziologie 15/2005. S. 159–177.

[7] *Überblick über die Arbeit*

Die empirische Basis dieser Arbeit bilden naturwissenschaftliche Texte aus dem Zeitraum um 1800. Viele der eher theoretisch orientierten Überlegungen in dieser Arbeit sind beim Nachdenken über diese historischen Texte entstanden, wie sie im 4. Kapitel zur Sprache kommen. Man erwartet von einer Arbeit, die sich nicht auf aktuelle Texte stützt, eine entsprechend historische Perspektive und sprach- oder textgeschichtliche Ergebnisse. Das leistet die vorliegende Arbeit nur zum Teil. Im Grunde versucht sie eine *ahistorische* Perspektive auf alte Texte zu entwerfen. Nicht der textgeschichtliche Wandel und nicht eine historioempirische Analyse der Texte steht im Zentrum der Analyse, sondern die zeitlich nicht fixierte Frage: Wie lässt sich das *Autorkonzept* in wissenschaftlichen Texten überhaupt beschreiben? Es geht also darum, ein entsprechendes Modell zu entwerfen, das Konstruktionsmerkmale des *Autors im wissenschaftlichen Text* beschreibt.

Die Untersuchung ist in vier Kapitel gegliedert, die sich als Schritte in eine ähnliche Richtung verstehen. Kapitel 1 stellt die konzeptionelle Differenzierung des wissenschaftlichen Autor- und Autorschaftsbegriffs ins Zentrum. Während die in erster Linie theoretisch orientierte Diskussion um die begriffliche Konzeption des Autors in der Literaturwissenschaft seit den späten 60er-Jahren, angeregt vor allem durch die französischen Einwände von Barthes, Foucault, Ricœur und anderen, mit Blick auf literaturtypische Verhältnisse auch im deutschsprachigen Raum unter den dekonstruktivistischen Vorzeichen der 1990er-Jahre ein hohes Niveau erreicht haben, scheint die Domäne der Sachtexte und die pragmatische Textlinguistik, die sich vorwiegend in diesem Bereich verdient gemacht hat, von einer ähnlichen Diskussion um die Autorbegrifflichkeit weit entfernt. Das erste Kapitel formuliert mögliche Prämissen zu einer solchen Diskussion: Die in Analogie zur angesprochenen Diskussion um den literaturtypischen Autorbegriff für die Sachtextdomäne reklamierte Trennung von Verfasserautor und Textinstanz ist in Kapitel 1 vor allem Anlass zur Differenzierung dieser Instanz. Ausgangspunkt ist die Idee, dass das Autorkonzept über die bloss deiktische Markierung hinaus mehrschichtig repräsentiert wird. (Im dritten Kapitel wird diese Kernidee in theoretischer Absicht wieder aufgenommen.)

Kapitel 2 setzt die Überlegungen des ersten Kapitels auf der begriffsgeschichtlichen Ebene fort: Der Begriff des Autors weist zwar eine sehr lange Tradition auf, aber er wird im Kontext der Ausdifferenzierung von modernen, wissenschaftlichen Disziplinen um 1800 und vor dem Hintergrund einer begrifflichen Neubestimmung des Wissenschaftsbegriffs neu geprägt. Ausdruck dafür sind auch die Neologismen der „Wissenschafter"/der „Wissenschaftler". Textgattungen wie der forschungsbasierte Journal-Aufsatz befinden sich im Status nascendi. Die wesentliche Implikation des 2. Kapitels liegt darin zu sagen:

Die Konzeptualisierung des Autorschaftsbegriffs prägt die Textauffassung im Sinne der Textgestalt und der Textproduktion.

Das dritte Kapitel setzt die Überlegungen in nochmals veränderter Blickrichtung fort. Hier wird auf dem Hintergrund von text- und sprachtheoretischen Überlegungen ein mehrschichtiges Modell der *Autorfigur* im wissenschaftlichen Text entwickelt. Diese theoretische Modellierung bildet die Grundlage für die konkretisierenden Beschreibungen der Autorfigur des vierten Kapitels. Im Zentrum der Überlegungen stehen hier naturwissenschaftliche Text aus der Zeit um 1800. (Insofern korrespondiert das vierte Kapitel auch unmittelbar mit den Überlegungen des zweitens Kapitels.) Die Texte des vierten Kapitels bilden einerseits die Basis für eine exemplarische Erprobung der in den vorangehenden Kapiteln aufgebauten Begrifflichkeit, andererseits gilt die Auswahl der Texte – im Wesentlichen werden die Texte *eines* Autors vorgestellt – dem Versuch, einen Autortypus vorzustellen, der aus der ‚normalen Wissenschaft' seines Fachs *nicht* besonders herausragt.

1 Autor und Autorschaft

Die nachfolgenden beiden Unterkapitel gelten dem Versuch, den Begriff des wissenschaftlichen Autors (1.1) und jenen der wissenschaftlichen Autorschaft (1.2) zu differenzieren. Während der Autorbegriff Zurechnungen von Aussagen auf einen personalen, namentlich referenzialisierbaren Herstellungskontext erlaubt, wird der Autorschaftsbegriff hier auf einer textlichen Ebene als Möglichkeit konzeptualisiert, Aussagen vor dem Hintergrund einer an die Aussagedomäne angepassten ‚Hervorbringe-Instanz' zu verstehen. Die Überlegungen zum Autorbegriff richten sich grob gesagt auf die kohärenzstiftende Vorstellung einer Einheit von Autor und Text,[1] jene zum Autorschaftskonzept zielen auf eine Loslösung von einer hypostasierten Vorstellung des Autors zugunsten einer textlichen Konstruktion, welche die Autorinstanz – und damit verbunden: die Aufführung des Geltungsanspruchs von Aussagen – im Text thematisiert. Die begriffliche Differenzierung von Autor und Autorschaft berührt die grundsätzliche Frage nach der Konstitution wissenschaftstypischer Aussageverhältnisse im Text. Damit ist indirekt auch die philosophische Problematik des Subjekt-Objekt-Verhältnisses angesprochen.[2] Es soll aber im Folgenden nicht um eine Annäherung an diese Thematik gehen. Die zentrale Frage ist vielmehr die nach der Performativität von Texten, die das ‚So-und-so-Sein'

---

1 Die forschungsgeschichtlich einflussreiche Frage, was ein Autor sei, geht auf den Vortrag Michel Foucaults zurück: Michel Foucault. Qu'est-ce qu'un auteur? In: Bulletin de la Société française de Philosophie, Juli–September 1969. S. 73–104. (Übers: Ders. Was ist ein Autor? In: Fotis Jannidis/Gerhard Lauer/Matias Martinez/Simone Winko (Hrsg.). Texte zur Theorie der Autorschaft. Stuttgart 2000. S. 198–229.)

2 Die historioempirische Ausgangsbasis dieser Arbeit bilden Beobachtungen an ‚persönlich' formulierten, naturwissenschaftlichen Texten um 1800 (vgl. v. a. Kapitel 2 und 4). Auf dem Hintergrund dieser Beobachtungen sind zweifellos weit reichende Korrespondenzen festmachbar zwischen den zeitgenössisch-subjektphilosophischen Konzepten, wie sie etwa Johann Gottlieb Fichte in der „Wissenschaftslehre" (ab 1794) niederlegt, und jenen Emergenzen des ‚Persönlichen' und ‚Autorschaftlichen', wie sie sich in den untersuchten Texten konkretisieren. Man kann das gleiche Phänomen sozusagen auf unterschiedlichen Ebenen ausgedrückt finden. Fichtes berühmten Satz: „Ich setzt Ich und Nicht-Ich", kann so gesehen sowohl als Versuch beschrieben werden, (unabhängig von Texten) Realitätsstrukturen auf Konstruktionshandlungen des Subjekts zurückzuführen, als auch (auf der Ebene der wissenschaftlichen Texte) als ein ablesbares rhetorisches Prinzip zur Konstruktion einer bestimmten Aussagewirklichkeit. Ich will mich hier vor allem auf die zweite Ebene beschränken.

eines Sachverhalts *und* das die Sache begleitende Cogito eines Autors mittels Zeichen repräsentieren.[3]

1.1 Das Autorprinzip

Wenn man im Alltag den Begriff des Autors verwendet, versteht man darunter den geistigen Urheber von typischerweise gedruckten, mehr oder weniger umfangreichen und in der Regel auch mehr oder weniger anspruchsvollen Texten.[4] Der Autor gilt als jene Person, die im Wesentlichen gedacht und geschrieben hat. Man bezieht üblicherweise den Alltagsbegriff vor allem auf zwei Textdomänen, in denen es wimmelt von Autoren – die literarische und die wissenschaftliche. Jedenfalls hat man bei diesem Begriffsgebrauch wenig Ursache, vom Autor einer Speisekarte oder vom Autor einer Einkaufsnotiz zu sprechen. Das alltägliche Verständnis des Autorbegriffs deutet interessanterweise zwischen jener typischen, ‚autorbevölkerten' und der peripheren, ‚autorlosen' Textsphäre einen Zwischenbereich der Unsicherheit an: Welche Bedingungen müssen etwa erfüllt sein, dass die Schreiber eines Privatbriefs, eines Vertrags, eines anonymen Pamphlets als Autoren ihrer Texte gelten?[5] – Es ist zu ver-

---

[3] Niklas Luhmann hat im Zusammenhang mit dem Problem, dass mit wissenschaftlichen Texten LeserInnen überzeugt werden sollen, darauf hingewiesen, dass die „Welt der Schrift […] zur Welt der Ontologie" werde. Die wesentliche Implikation der luhmannschen „Welt der Ontologie" für die hier folgenden Argumentationen besteht darin, dass die Darstellung der „Sache selbst" in Texten die Darstellung des Autors nicht auschliesst: Grob gesagt wird man als Leser nicht von der „Sache selbst" überzeugt, sondern von Autoren. Vorausgreifend auf das Kapitel 1.2 der vorliegenden Arbeit kann man sagen: Der Autor gehört selbst zur ‚Textontologie'. Vgl. Niklas Luhmann. Die Wissenschaft der Gesellschaft. Frankfurt am Main 1992. S. 597–607. Hier: S. 600.

[4] Vgl. einleitend zur Bestimmung des Autorbegriffs: Uwe Japp. Der Ort des Autors in der Ordnung des Diskurses. In: Jürgen Fohrmann/Harro Müller (Hrsg.). Diskurstheorien und Literaturwissenschaft. Frankfurt am Main 1988. S. 223–234. Und: Erich Kleinschmidt. Autor. In: Klaus Weimar (Hrsg.). Reallexikon der deutschen Literaturwissenschaft: Neubearbeitung des Reallexikons der deutschen Literaturgeschichte. Berlin, New York 1997. S. 176–180. Und: Ansgar Nünning. Autor, historischer. In: Ansgar Nünning (Hrsg.). Metzler Lexikon Literatur- und Kulturtheorie: Ansätze – Personen – Grundbegriffe. Stuttgart, Weimar 2001. S. 35–37.

[5] Für Michel Foucault im Frankreich der späten 60er-Jahre besteht allerdings kein Zweifel: „Ein Privatbrief kann einen Schreiber haben, er hat aber keinen Autor; ein Vertrag kann einen Bürgen haben, aber keinen Autor. Ein anonymer Text, den man

muten, dass weniger die qualitativen oder professionellen Ansprüche, mit denen eine Textproduktion betrieben wird, die Attributsverleihung Autor begründen. Man spricht nicht vom Autor, sondern vom Texter eines Werbetextes.[6] Umgekehrt wird man kaum vom Texter eines Gedichts sprechen. Die Trennlinie zwischen jener Domäne, die auf eine autorschaftliche Instanz angewiesen ist und jener, die offenbar ohne sie auskommt, verläuft allerdings keineswegs in einem schlichten Sinn entlang einer kulturellen Tradition, die arbiträre Bewertungskriterien der auratisierenden oder der marginalisierenden Art auf Texte projiziert. Die Linie verläuft vielmehr entlang den konventionellen Erwartungen im Hinblick auf die Konstruktion von ‚Aussagewirklichkeiten', die in den jeweiligen Textdomänen enunziert werden. [7] Je nachdem, in welcher Interaktionsdomäne man sich gerade befindet, legt man für die Textrezeption ein anderes Erwartungsmodell an den Autor zugrunde. Siegfried J. Schmidt und Guido Zurstiege (2000) sprechen im Zusammenhang mit der Abgrenzungsproblematik verschiedener Aussagedomänen (Literatur, Journalismus, Werbung, PR) von einem „komplizierten Netz von Optionen möglicher Wirklichkeits- und Wahrheitsverhältnisse [...]",[8] die in Texten – immer *auch* vor dem Hintergrund von sozialen Konstellationen – zum Ausdruck gebracht werden. Die an die basale Vorstellung von diskursgeschichtlich geprägten, domänenspezifischen „Wirklichkeits- und Wahrheitsverhältnissen" anschliessende Frage lautet mit Blick auf die hier angepeilte Bestimmung des Autorbegriffs zuallererst:

---

an einer Hauswand liest, wird einen Verfasser haben, aber keinen Autor." Foucault. Autor. 2000. S. 211.

6 In der Regel werden allerdings solche Texte nicht vor dem Hintergrund eines ‚Autorschemas' gelesen, was Roland Barthes in seinen einflussreichen Diagnosen anspricht, wenn er in diesem Zusammenhang von „mythischen Aussagen" ausgeht. Vgl. hier: Roland Barthes. Mythen des Alltags. (Franz. Orig. 1964). Frankfurt am Main 1981. S. 93.

7 Der Begriff der ‚Wirklichkeitskonstruktion' berührt einen wesentlichen Aspekt der axiomatischen Annahmen im Zusammenhang mit Sprachgebrauch: Man geht mit einiger Selbstverständlichkeit davon aus, dass es so etwas wie einen auf die Spezifik der Interaktionsdomänen festgelegten Sprachgebrauch gibt, mit dem entsprechende ‚Sprach- oder Aussagewirklichkeiten' mehr oder weniger eng korrespondieren. Jedenfalls scheinen Begriffe wie „Fachsprache", „Werbesprache", „Sprache der Massenmedien" etc. von einer solchen Axiomatik zu zeugen. Vgl. für die nachfolgenden Ausführungen zur Wirklichkeitskonstruktion: Niklas Luhmann. Die Konstruktion der Realität. Und: Die Realität der Konstruktion. In: Ders. Die Realität der Massenmedien. (2., erw. Aufl.). Opladen 1995. S. 138–168. Vgl. auch: Siegfried J. Schmidt, Guido Zurstiege. Institutionalisierte Makroformen der Kommunikation. In: Dies. Orientierung Kommunikationswissenschaft: Was sie kann, was sie will. Reinbek bei Hamburg 2000. S. 170–192.

8 Schmidt, Zurstiege. Kommunikationswissenschaft. 2000. S. 179.

Welche Wirklichkeitsverhältnisse in Texten sind angewiesen auf einen Autor und welche nicht?

Die pauschale Erwartung etwa, in literarischen Texten Erdachtes vorzufinden, weist dem Autor die zentrale Funktion der Generierung einer entsprechenden Textwelt zu. Erdachte Wirklichkeit ist aber im Hinblick auf eine Rezeption nicht zwingend angewiesen auf die Vorstellung, dass hinter ihr ein Autor steckt. Für die Lektüre literarischer Texte ist die Instanz des Autors dann eine brauchbare Konstruktion, wenn eine Verbindung von Informationen im Text mit einem unmittelbar damit ‚synchronisierbaren' Kontext hergestellt werden soll.[9] Eine solche Verbindung eröffnet für die Lektüre die wesentliche Möglichkeit, Textwirklichkeit als autorschaftlich gewollte, in gewisser Hinsicht auch als autoreigene Wirklichkeit aufzufassen. Mit der Verknüpfung von Autorkontext und Text lassen sich bei der Lektüre literaturtypische Verhältnisse herstellen: Es ist dann etwa möglich zwischen den Zeilen eine bestimmte Aussage, eine ‚Psychologie' oder eine ‚Kritik' an den Verhältnissen, aber auch generelle historisch-lebensweltliche Implikationen etc. zu erkennen, die von einem Autor ausgehen.[10] Die Vorstellung, dass ein Text über die unmittelbare Emergenz von Textwirklichkeit hinaus auch noch ‚etwas anderes sagen will', ist keine absolut obligatorische Vorstellung. Wenn allerdings ein Text etwa im Fall einer Erzählung mehr sein soll als ein unbewertetes Geschehen im Sinne einer unmittelbaren ‚Wirklichkeit des Plots' und Lesen auch heissen soll: Bedeutungsschichten, Anspielungen, Bewertungen etc. im Text als Möglichkeiten zu erkennen, mit dem Gesagten eine *Aussage* zu verbinden, so ist die Vorstellung einer Aussageinstanz zwingend. Man kann also sagen: Wirklichkeitsverhältnisse in Texten, die mit dem Anspruch aufgeführt werden, damit Aussagen hervorzubringen, sind angewiesen auf einen Autor. Ich werde bei

---

[9] Man hat für sehr lange Zeit diesen Kontext vor allem als autor-biographischen Kontext verstanden. In der zweiten Hälfte des 20. Jahrhunderts wird in der literaturtheoretischen Diskussion das auf biographischen Konstruktionen aufbauende Autorkonzept grob gesagt für unbrauchbar erklärt. Allerdings aufersteht das Modell unter dem Vorbehalt der leserseitigen Konstruktion seit den 90er-Jahren zu neuem Leben. Eine exzellente Darstellung dieser Diskussion liefert Fotis Jannidis. Figur und Person: Beitrag zu einer historischen Narratologie. Berlin, New York 2004. S. 20–28.

[10] Auf den dogmatischen Kern in einer literaturwissenschaftlichen Autorkonzeption, welche den Autor als ausschliesslich textexterne Grösse veranschlagt, weist der Beitrag von Jannidis (2001) zu Recht hin: Vgl. Fotis Jannidis. Zwischen Autor und Erzähler. In: Heinrich Detering (Hrsg.). Autorschaft: Positionen und Revisionen. Stuttgart 2002. S. 540–556. Zur linguistischen Konzeption des „Zwischen-den-Zeilen-Lesens" vgl. die klassische Arbeit von: Peter von Polenz. Deutsche Satzsemantik: Grundbegriffe des Zwischen-den-Zeilen-Lesens. (2., durchges. Aufl.). Berlin, New York 1988.

der Diskussion um das literaturtheoretische Modell des impliziten Autors auf diesen Punkt zurückkommen.

In der Domäne der Sachtexte erwartet man keine *er*dachte Wirklichkeit, man erwartet vielmehr eine *durch*dachte Wirklichkeit, man erwartet am Faktischen Orientiertes. Man erwartet keine ‚indirekte Aussagewirklichkeit' und schliesst deshalb phantasievolle Erfindung oder Mehrdeutigkeit aus.

Der „Textkosmos"[11] ist geteilt in zwei Hemisphären, denen komplementäre Auffassungen der Wirklichkeitsverhältnisse zugrunde liegen. Der Bedarf nach einer Autorinstanz ist dabei allerdings gerade nicht gekoppelt an die für die Hemisphärenscheidung zentrale Frage, ob ein Text erfundene oder nicht-erfundene Wirklichkeit enunziere. Zwei kurze Illustrationen dazu. Im Bereich der erfundenen Wirklichkeiten kann man Witze als üblicherweise ‚autorfrei' konzipierte Texte verstehen. Die Witzwirklichkeit steht in einer Fundamentalopposition zur Instanz des Autors. Witze müssen erzählt werden, und der Erzähler fungiert als deren ‚Aufführer'. Als ‚Autor des Witzes' müsste man sich, wenn es denn etwas in die Richtung gäbe, die paradoxe Instanz denken, welche für die (notabene auf dem Kopf stehenden) Wirklichkeits- und Wahrheitsverhältnisse des Witzes oder für die mit dem Witz realisierten Aussagen bürgen würde etc. – alles Akte, die der Zerstörung einer Pointe gleichkämen. Zweites Beispiel: Im Bereich der nicht-erfundenen Wirklichkeiten bauen so genannte Nachrichten auf einer Textwirklichkeit auf, die auf die Instanz des Autors verzichtet. Der Vorsatz, ein bestimmtes Ereignis möglichst tatsachengetreu mitzuteilen, verbietet den Einbau einer Ebene der autoreigenen Wirklichkeit oder den Einbau einer mit dem Ereignis verbundenen Autor-Aussage, wie sie in Reportagen, in Kommentaren oder in Essays üblich ist. Der vorläufige Schluss daraus: Die Aussageverhältnisse der jeweiligen Textdomänen erfordern den Einbau von Textelementen, welche die *Rolle des Autors* im Hinblick auf diese Verhältnisse als eigene Wirklichkeitsebene darstellen oder – wie im Fall der Witze und der ‚authentischen' Nachricht – die Unmarkiertheit dieser Ebene mit einer entsprechenden Nicht-Repräsentation belegen.[12]

---

[11] Den Begriff des „Textkosmos" hat Roland Harweg in seiner Habilitationsschrift von 1968 geprägt. Vgl. Roland Harweg. Pronomina und Textkonstitution. München 1968. S. 143ff. Historisch scheint die Trennung von literarischer und wissenschaftlicher Sphäre seit dem frühen 16. Jahrhundert zunehmend strenger zu verlaufen: Vgl. hierzu Lorraine Daston. Wunder, Beweise und Tatsachen: Zur Geschichte der Rationalität. Gerhard Herrgott, Christa Krüger und Susanne Scharnowski [Übers.]. Frankfurt am Main 2001.

[12] Die im Alltag gebräuchliche Unterscheidung zwischen ‚persönlichen' und ‚unpersönlichen' Texten konvergiert mit der hier skizzierten Scheidung der ‚Aussagewirklichkeiten' nur zum Teil. Man ist geneigt, einen ausführlichen und freundschaftlichen Brief als ‚persönlichen Text' zu attribuieren, und vielleicht erkennt man in den ‚rituellen Formulierungen' einer Ferienpostkarte etwas ‚Unpersönliches'. Bis dahin

Für spezifisch wissenschaftliche Wirklichkeitsverhältnisse ist die *Rolle des Autors* von zentraler Bedeutung. Anders als in andern Textdomänen erwächst hier eine bestimmte Problemstellung nicht aus dem Lauf der Welt, die partizipierenden Akteure bestimmen selbst, welche Probleme behandelt werden, welche Methoden zu ihrer Lösung akzeptabel und welche Ergebnisse für relevant gehalten werden.[13] Die primäre Aufgabe, die einem Textproduzenten daraus erwächst, besteht grob gesagt darin, wissenschaftliche Aussageverhältnisse als durch den Autor hervorgebrachte Verhältnisse darzustellen.

Während literarische Texte ein Spiel mit imaginierten Figuren wie dem Erzähler oder dem Lyrischen Ich[14] vorsehen, die bekanntlich nur mit einiger Vorsicht auf einen Texturheber zu beziehen sind, denkt man sich den Sachtextautor in einem trivialen Realismus, das heisst als mit dem Verfasser in jeder Beziehung identisch.[15] Während im literarischen Text immer mit Maskierungen gerechnet werden muss und gerade die Verwischung von Indizien, die indirekt auf das Versteck des Urhebers hindeuten, einen elementaren Reiz des literarischen Gesamtkonstrukts ausmacht, wird der Autor des Sachtextes als gänzlich unmaskiert gedacht.

Der Autor-Realismus hat allerdings im wissenschaftlichen Kontext nicht nur eine naive Seite. Das Spiel mit Maskierungen widerspricht hier einer sehr grundlegenden Erwartung, die man an den Autor knüpft. Wissenschaftliche Aussagen sind angewiesen auf die Vorstellung einer Identitätskonstanz. Das

---

konvergiert die offenbar an Textoberflächenmerkmalen orientierte Unterscheidung von ‚persönlichen‘ und ‚unpersönlichen‘ Texten mit jener auf die mit dem Text ‚gemeinten‘, dem Text zugrunde liegenden Verhältnisse einer ‚autorbesetzten Brief-‘ und einer ‚autorlosen Postkarten-Wirklichkeit‘. Man wird aber vermutlich weder literarische noch wissenschaftliche Texte generell als ‚persönliche‘ Texte bezeichnen wollen, weil die Textoberflächenmerkmale und die ‚unpersönliche‘ Adressierung einer solchen Attribuierung widersprechen würden.

13 Niklas Luhmann. Die Wissenschaft der Gesellschaft. Frankfurt am Main 1992. S. 255. Und: Siegfried J. Schmidt. Die Selbstorganisation des Sozialsystems Literatur im 18. Jahrhundert. Frankfurt am Main 1989. S. 219–254. S. 250.

14 Vgl. Käte Hamburger. Die Beschaffenheit des lyrischen Ich. In: Dies. Die Logik der Dichtung. (1. Ausg. 1957). Stuttgart 1994. S. 217–232. Vgl. auch Maximilian Scherner. Sprache als Text: Ansätze zu einer sprachwissenschaftlich begründeten Theorie des Textverstehens: Forschungsgeschichte – Problemstellung – Beschreibung. (=Reihe Germanistische Linguistik 48). Tübingen 1984.

15 Bei einer rigorosen Festlegung auf einen solchen ‚Gleichsetzungsrealismus‘ erübrigt sich das Nachdenken über eine Differenz zwischen dem textlichen und dem lebensweltlichen Autorkonstrukt. Gemäss den Prämissen dieser Auffassung verbietet sich im Grunde auch die Reflexion über rhetorische ‚Wirklichkeitskonstruktion‘. Darauf hebt Peirce in der bereits in der Einleitung zitierten Stelle ab, wenn er unterstellt, dass gemäss dieser Auffassung „vom Stil einer wissenschaftlichen Abhandlung zu reden in etwa dem Reden vom moralischen Charakter eines Fischs ähnelt.“

schliesst etwa aus, dass ein Verfasser bewusst Widersprüche in den Text einbaut oder das Gegenteil von dem sagt, was er für richtig und wahr hält.[16] Die Vorstellung der Identitätskonstanz schliesst in der wissenschaftlichen Domäne auch aus, dass eine undurchschaubare Pluralität von Verfassern die Textwirklichkeit hervorbringt, obschon das der Produktionswirklichkeit von Texten möglicherweise recht nahe kommt.[17] Erving Goffman hat im Zusammenhang

---

[16] Was ich mit der Domänenspezifik von Aussageverhältnissen anzusprechen versuche, soll auch auf eine Kritik der griceschen bzw. levinsonschen Kooperativitätskonzeption hinauslaufen. Die Bedeutung von Sätzen wie der bei Levinson ausführlich diskutierte Beispielsatz: „There's a blue pyramid on the red cube", ist nicht sinnvoll ohne eine entsprechende Vorstellung vom autorschaftlichen Kontext zu eruieren – Kooperativität findet ja nicht im luftleeren Raum statt, sondern vor dem Hintergrund eines domänenspezifischen Anspruchs einer entsprechenden Aussageinstanz. Ich kooperiere nicht mit Sätzen und auch nicht mit Referenzwirklichkeiten, sondern mit Autoren. Am Beispiel: Spricht hier ein Sciencefiction-Autor von blauen Pyramiden, nimmt meine Kooperation andere Züge an, als unter der Voraussetzung eines esoterischen Autors. Zur Diskussion der griceschen Implikatur bei Levinson: Stephen C. Levinson. Presumptive meanings: The theory of generalized conversational implicature. Cambridge MA/London 2000. S. 11–72.

[17] Damit ist auf der einen Seite ein dekonstruktivistisch geprägter Intertextualitätstopos französischer Provenienz angesprochen – Text als ein subjektentbundener Artikulationsstrom: Angelika Linke und Markus Nussbaumer weisen in ihrer Kritik an entsprechenden Intertextualitätskonzepten darauf hin, wie ausschliesslich in dieser Denktradition das Subjekt als nur der Naturgesetzlichkeit und Gesellschaftlichkeit seines Symbolsystems unterworfen gesehen wird und wie damit das Moment der Aushandelbarkeit, die Möglichkeiten der Wahl und der Veränderung unbetont bleibt: Angelika Linke/Markus Nussbaumer. Intertextualität: Linguistische Bemerkungen zu einem literaturwissenschaftlichen Textkonzept. In: Gerd Antos/Heike Tietz (Hrsg.). Die Zukunft der Textlinguistik: Traditionen, Transformationen, Trends. Tübingen 1997. S. 109–126. Auf der andern Seite ist damit auch ‚tatsächliche' Kollektivautorschaft angesprochen. Ich gehe davon aus, dass wissenschaftliche Autorkollektive den gleichen Prinzipien der autorschaftlichen Identitätskonstanz unterliegen wie Einzelautoren. (Mehrere Autoren treten mit ‚einer Stimme' auf.) Andernfalls hat man es mit nicht-referenzialisierbarer Wissensrepräsentation zu tun. Im Zusammenhang mit der wissenschaftlich institutionalisierten Kollektivautorschaft fällt auf, dass die *Zahl* der Autoren auch bei grossen naturwissenschaftlichen Teamarbeiten vergleichsweise klein gehalten wird. Es scheint nahe liegend, diesen Umstand nicht nur auf organisatorische Kriterien wie die pyramidale Struktur von Teams zurückzuführen, sondern vor allem darauf, dass die ‚Aussagewirklichkeit' auf ‚Autorkonstanz' angewiesen ist. Gross, Harmon und Reidy kommen über ihr umfangreiches Sample auf einen Durchschnitt von unter zwei Autoren pro Artikel. Sie halten zu den „big science"-Projekten fest: „The evidence from our entire sample of authors per article [...] makes it appear that scientific communication has been for several centuries, and remains today, largely the product of an individual or very small group trying to solve a limited problem within a larger research field." Alan Gross, Jo-

mit dem Texttypus „Vorlesung“ darauf hingewiesen, dass sich hier drei Erwartungsebenen unterscheiden lassen.

> In the case of a lecture, one person can be identified as the talking machine, the thing that sound comes out of, the „animator“. Typically in lectures, that person is also seen as having „authored“ the text, that is, as having formulated and scripted the statements that get made. And he is seen as the „principal“, namely, someone who believes personally in what is being said and takes the position that is implied in the remarks.[18]

Goffman weist auf einen wesentlichen, den Kontext einer „Lecture“ (auch eines wissenschaftlichen Textes) grundsätzlich definierenden Umstand hin: Die spezifische Aussagewirklichkeit, die ein solcher Text enunziert, hängt nahe zusammen mit der *präsupponierten* Beziehung zwischen „Sprecher“ und „Hörer“. Der Begriff des „Sprechers“ allerdings ist alles andere als einfach oder problemlos.[19] Mit Blick auf den Aufbau einer sinnvollen, rezeptiven Erwartungshaltung bedarf es der modellhaften Vorstellung, dass Textproduktion, Texturheberschaft und Textverantwortung durch ein und dieselbe Person realisiert worden sind, weil sonst auf Zuverlässigkeit angewiesene Rollenzuschreibungen wie die der Expertenschaft an die vortragende Instanz praktisch verunmöglicht würden. Mit Blick auf das Autorprinzip verstehe ich also Textproduktion, Texturheberschaft und Textverantwortung als obligatorische, ineinander verschachtelte Teilrollen.[20]

---

seph Harmon und Michael Reidy. Communicating Science: The Scientific Article from the 17th Century to the Present. New York 2002. S. 175. Vgl. zur Thematik der Kollektiv-Autorschaft: Lisa Ede, Andrea A. Lunsford. Singular texts, plural authors: Perspectives on Collaborative Writing. Carbondale 1990. Vgl. auch: Lisa Ede, Andrea A. Lunsford.. Collaborative Authorship and the Teaching of Writing. In: Martha Woodmansee/Peter Jaszi (Hrsg.). The Construction of Authorship: Textual Appropriation in Law and Literature. Durham, London 1994. S. 417–438.

18 Erving Goffman. The Lecture. In: Ders. Forms of Talk. Oxford 1981. S. 162–196. Hier: S. 167.

19 „But in fact the term ‚speaker‘ is very troublesome. It can be shown to have variable and separable functions, and the word itself seems to demand that we use it because of these ambiguities, not in spite of them.“ Goffman. Lecture. 1981. S. 167.

20 Der Begriff des „Speakers“ erlaubt auch – im Gegensatz zum synthetisierenden Begriff des Autors – die ‚Autonomie‘ von Teilrollen: Goffman weist zu Recht darauf hin, dass der „Speaker“ auch in der Funktion des Sprachrohrs-für-andere auftritt, also als blosser „Animator“. Durch diese vollständige Abtrennbarkeit von Teilrollen im Sinne von selbständigen sozialen Rollen unterscheidet sich meines Erachtens die goffmansche Triade „Animator“ – „Author“ – „Principal“ auch von einer sprechakttheoretischen Konzeption searlscher oder austinscher Prägung. Ein „Principal“ kann etwa im rechtlichen Sinne Dinge vertreten, die er nicht formuliert hat. Goffman. Lecture. 1981. S. 167. Und: Erving Goffman. Footing. In: Ders. Forms

Die Vorstellung der Autorkonstanz gleicht einem wesentlichen Apriori für die Rezeption. Das gilt für den „Vortrag", wie ihn Goffman konzipiert, wie auch für eine auf die Überzeugungskraft der (körperlichen) Anwesenheit ganz verzichtende Aussagewirklichkeit, wie sie in wissenschaftlichen Texten aufscheint. In einem Interaktionssetting, wie es die „Lecture" vorsieht, hilft möglicherweise die sichtbare Präsenz der Partner, die Identität von Sprecher, Urheber und Verantwortlichem als eine körperlich vorgeführte wahrzunehmen.[21] Bei der Lektüre einer schriftlichen Fassung des gleichen Vortrags entspricht die Konstanz dieser Dreier-Einheit einer Kontextinferenz. Das goffmansche Konzept einer konstanten Aussageinstanz bietet für die hier angestellten Überlegungen zum Begriff des Autors eine erste Handhabe, den Begriff einfach zu definieren: Als Autor soll die im Sinne der Aussagekonstanz gedachte Einheit von Textproduktions-, Urheber- und Verantwortungsinstanz verstanden werden. Nicht Text-an-sich ist auf einen Autor angewiesen, sondern *bestimmte* Aussagewirklichkeiten. Nicht Textwirklichkeiten überhaupt, sondern *bestimmte* Wirklichkeiten sind auf Autorkonstanz angewiesen.[22]

Die begriffliche Bestimmung des wissenschaftlichen Autors als der ontologisch zu denkenden Person (oder Gruppe), die für ein bestimmtes wissenschaftliches Wissen im Sinne der Verfasserschaft und der Urheberschaft

---

of Talk. Oxford 1981. S. 124–159. Eine Übersetzung dieses Beitrags findet sich in: Erving Goffman. Redestatus. In: Ders. Rede-Weisen: Formen der Kommunikation in sozialen Situationen. Hubert Knoblauch/Christine Leuenberger/Bernt Schnettler (Hrsg.). Konstanz 2005. S. 37–72. Hier S. 59.

21 Interessant scheint mir, dass in der pragmatischen Diskussion über Phänomene wie dem des ‚Rollenwechsels', welcher in der Realisierung von Entschuldigungen und Rechtfertigungen eine zentrale Funktion zukommt, Vorannahmen über ‚Identitätskonstanz' eine wesentliche Bezugsebene darstellen. Die Beschreibung einer entsprechenden kommunikativen Struktur kommt hier nicht ohne eine Konzeptualisierung der beteiligten personalen Instanzen (‚Kommunikationspartner') aus. Allerdings: Dieses Berührungsverhältnis von kommunikativer Handlung und handelnder Person wird im pragmatischen Kontext häufig vorschnell ausgeblendet. Interessieren sollen nur die Handlungen, nicht die Handelnden. Vgl. zur Thematik des „Identity-Switching" den Beitrag von Hans Joas/Anton Leist. Performative Tiefenstruktur und interaktionistischer Rollenbegriff – Ein Ansatz zu einer soziolinguistischen Pragmatik. In: Münchener Papiere zur Linguistik 1/1971. S. 31–53. Hier: S. 47–49.

22 Die ‚Aussagewirklichkeit' von Werbetexten erscheint etwa als eine ‚Wirklichkeit', die grundsätzlich nicht auf konstante Autorverhältnisse abstellt. Während die „Fiktion" eines Slogans wie „Vorsprung durch Technik" notwendigerweise ohne eine „Beglaubigungsinstanz" auskommt, liegen die „Wahrheitsverhältnisse" im eigentlichen Anzeigentext, der (im Beispiel Audi) technische Informationen aufbereitet, komplementär dazu. Diese ‚Aussageebene' entspricht einer verbindlicheren Referenzialisierung und – zumindest in der Tendenz – einem damit einhergehenden Akt der Beglaubigung durch den institutionellen Autor, der Firma.

verantwortlich zeichnet, bedarf einer weiteren Differenzierung. Eine begriffliche Konzeptualisierung, welche den Autor als kontextuelle Entität und das zugrunde liegende Verhältnis zwischen Autor und Aussagen des Textes als eindeutig referenzialisierbar definiert, erweist sich nicht nur in urheberschaftlichen Streitfällen als problematisch. Ich bin bereits weiter oben davon ausgegangen, dass die Textrezeption auf einen im Text repräsentierten Autor angewiesen ist. Es soll also zunächst darum gehen, das zugrunde liegende, literaturwissenschaftliche Modell in knappen Umrissen zu erläutern. In einem nächsten Schritt scheint es nahe liegend, den literaturtheoretischen Begriff des Autors auf die Sphäre der Sachtexte zu übertragen und für eine pragmatische Sicht auf Text umzudeuten.

Grob gesagt sind es drei ähnlich gerichtete, klassische Konzeptionen der 60er-Jahre, die mit Blick auf die hier angepeilte Komplizierung eines realistischen Autorverständnisses belangvoll sind.[23]

1. Der über die Grenzen der Literaturwissenschaft hinaus bekannte, 1961 vom amerikanischen Literaturwissenschaftler Wayne C. Booth eingeführte Begriff des „implied author"[24]: Die von Booth angeregte Vorstellung argu-

---

[23] Vgl. hier für das Folgende die Textsammlung (vgl. auch die Einführungen zu den Texten!): Texte zur Theorie der Autorschaft. Fotis Jannidis, Gerhard Lauer, Matias Martinez und Simone Winko (Hrsg.). Stuttgart 2000. Ich verzichte hier der Einfachheit halber auf den Versuch, die Diskussion um den ‚Autor' in ihrer ganzen Breite darzustellen. Zwei wichtige ‚Theoriestationen' sollen hier nicht unerwähnt bleiben: Die radikale Position Jacques Derridas, die vielleicht am deutlichsten in „Signatur Ereignis Kontext" zum Ausdruck kommt. Und die Position Umberto Ecos, der in „Die Grenzen der Interpretation" Derridas Textkonzeption aufgreift, um sie in ihrer Radikalität zu kritisieren. Vgl. Jacques Derrida. Signatur Ereignis Kontext. In: Ders. Randgänge der Philosophie. Wien 1988. S. 291–314. Und: Umberto Eco. Die Grenzen der Interpretation. München/Wien 1992.

[24] Der Begriff des „implied author" bezeichnet eine nicht trennscharf definierte Instanz, die sowohl vom fiktiven Erzähler als auch vom realen Autor des literarischen Werks unterschieden ist. Der „implied author" ist, wie die Herausgeber der zitierten Textsammlung schreiben, als „Gesamtbedeutung eines literarischen Werkes, als moralischer oder emotionaler Gehalt der dargestellten Handlung, als Summe der künstlerischen Entscheidungen des Verfassers und als Inbegriff des künstlerischen Textganzen, also im Sinne eines abstrakten Sachverhaltes beschrieben; der Begriff wird aber auch als zweites Selbst (‚the author's second self') und als Bild des Autors im Text personifiziert." Wayne Clayson Booth. Der implizite Autor. In: Fotis Jannidis/Gerhard Lauer/Matias Martinez/Simone Winko (Hrsg.). Texte zur Theorie der Autorschaft. Stuttgart 2000. S. 138–152. Hier aus der Einleitung S. 138.Vgl. auch: Ders. Die Rhetorik der Erzählkunst. Bd. 1. Heidelberg 1974. S. 77–84. Zum Begriff des „impliziten Autors" vgl. Tom Kindt und Hans-Harald Müller. Der ‚im-

mentiert in die Richtung, dass sich der Eindruck einer Gesamtintention eines literarischen Werkes bei der Lektüre über die Konstruktion eines diese Intention dirigierenden, bei der Rezeption in den Text inferierten, eben „impliziten Autors" einstellt. Diese abstrakte Figur muss man sich dabei als Einheit gleichzeitig vager und ausgedehnter vorstellen als eine vergleichsweise konkrete Figur wie den Erzähler.[25]

2. Das viel diskutierte, 1968 von Roland Barthes eingeführte Diktum vom „Tod des Autors"[26]: Ausgehend von trivialen rhetorischen Vorstellungen vom Autor als einer Instanz, welche über den Text zu herrschen vermag und seine Bedeutung kontrolliert, stellt Barthes den Autor als dem Text immanent hin.[27] Der Rezipient tritt jetzt gewissermassen die freigewordene Stelle des Autors an.
3. Der 1969 von Michel Foucault im Anschluss an Barthes in die Diskussion gebrachte Begriff der Autorfunktion:[28] Die Autorfunktion ist Ergebnis einer rezeptionsseitigen Operation innerhalb bestimmter Diskurse; bei dieser Operation wird ein Vernunftwesen konstruiert und auf die Texte rückprojiziert.

Die alltägliche Vorstellung, dass mit Texten „kommuniziert" werde, dass also zwei Akteure miteinander im Sinne eines Austauschs interagieren oder – wie es das kybernetische Modell (jedenfalls in der landläufigen, holzschnittartigen Verknappung) vorsieht – ein Sender einem Empfänger Informationen „übermittelt",[29] bedarf gemäss der hier nur knapp skizzierten Klassiker der Autorbegriffsreflexion einer grundlegenden Revision: Unter dem impliziten

---

plizite Autor': Zur Explikation und Verwendung eines umstrittenen Begriffs. In: Jannidis et al. (Hrsg.). Rückkehr des Autors: Zur Erneuerung eines umstrittenen Begriffs. Tübingen 1999. S. 273–288.

[25] „The speaker in the work is after all only one of the elements created by the implied author and may be separated from him by large ironies": Wayne Clayson Booth. The Rhetoric of Fiction. Chicago 1961. S. 75.

[26] Roland Barthes. The Death of the Author (1968). In: Ders. Image – Music – Text. London 1977. S. 142–148.

[27] Der Autor und der Erzähler sind blosse „être de papier": „Qui parle (dans le récit) n'est pas qui écrit (dans la vie) et qui écrit n'est pas qui est": Roland Barthes. Introduction à l'analyse structurale du récit. In: Communications 8/1966. S. 1–27. Hier S. 19f. Vgl. hierzu auch: Rainer Warning. Formen narrativer Identitätskonstitution im höfischen Roman. In: Identität. Odo Marquard, Karlheinz Stierle (Hrsg.). München 1979. S. 553–589.

[28] Foucault. Autor. 1969/2000. S. 211–229.

[29] Die Konzeption des Modells orientierte sich ursprünglich an technischen Problemen der Signalübertragung: Claude E. Shannon, Warren Weaver. The Mathematical Theory of Communication. Urbana 1949.

Autor eines bestimmten Textes sind die konstruktiven Operationen im Rezeptionsprozess hinsichtlich einer unbestreitbar anzunehmenden Verfasserinstanz hinter dem Text zu verstehen.[30] Das schliesst die Behauptung mit ein, dass bei der Lektüre *keine* „Übertragung" von Information stattfindet,[31] sondern dass die Konstruktion von Sinn im Prozess der Rezeption die Konstruktion einer im Text vermittelten Autorfigur voraussetzt. Die Aussagewirklichkeit im Text wird mitsamt der Frage, was der „Text sagen will", auf die darin repräsentierte Autorinstanz bezogen. Dieser Vorgang ist deshalb nicht anders zu denken, weil die im Text in Anschlag gebrachten Denkfiguren, Behauptungen, Sachverhalte, Vermutungen, Thesen, Antithesen etc. eines Handlungsträgers bedürfen, der mit dem Leser selbst nicht identisch sein darf.

Unter dem Autor ist mit den zitierten literaturtheoretischen Positionen der 60er-Jahre nicht mehr eine dem Text äusserliche Person zu verstehen, Autor ist vielmehr der werkhervorbringende Aspekt einer personartig zu denkenden Instanz. Man braucht nicht unbedingt so weit zu gehen wie Paul Ricœur, der Lektüre als einen Vorgang sieht, bei dem der Autor in der Tendenz als bereits verstorbener und der Text als posthum gesetzt wird,[32] nur ist tatsächlich der grösste Teil der bekannten Autoren bereits tot, was bei der Rezeption nicht davon abhält, von ihnen überzeugt, verunsichert, erleuchtet etc. zu werden. Bei der Rezeption von Texten ist der Autor, unabhängig von konkreten, lebensweltlichen Kontexten, immer gleichzeitig eine historische und eine aktuelle Erfahrung.[33]

---

30 Klaus Weimar spricht in diesem Zusammenhang von „Doppelter Autorschaft", einer tatsächlichen und einer zugerechneten: „Was man gewohnheitsmässig als Aneignung von Fremdem (Sprache und Textwelt) betrachtet, ist vielmehr eine Zueignung von Eigenem durch einen Sprach- und Textweltautor an einen fremden Schriftautor." Klaus Weimar. Doppelte Autorschaft. In: Fotis Jannidis/Gerhard Lauer/Matias Martinez/Simone Winko (Hrsg.). Rückkehr des Autors: Zur Erneuerung eines umstrittenen Begriffs. Tübingen 1999. S. 123–133. Hier: S. 133.

31 Vgl. hierzu Ansgar Nünning. Informationsübertragung oder Informationskonstruktion? In: Grundlagenstudien aus Kybernetik und Geisteswissenschaften: Internationale Zeitschrift für Modellierung und Mathematisierung in den Humanwissenschaften 30/1989. S. 127–139.

32 Ricœur. Was ist ein Text? 1970/2005. S. 82.

33 „When my friend reads my letter, I may be in a entirely different frame of mind from when I wrote it. Indeed, I may very well be dead. For a text to convey its message it does not matter, whether the author is dead or alive": Walter J. Ong. Orality and Literacy: The Technologizing of the Word. London, New York 1985. S. 102. (Dt. Oralität und Literalität: Die Technologisierung des Wortes. Opladen 1987.) Vgl. Zit. in: Helmuth Feilke. Ordnung und Unordnung in argumentativen Texten: Zur Entwicklung der Fähigkeit, Texte zu strukturieren. In: Der Deutschunterricht 40/1988: Theorie des Schreibens. S. 65–81.

Die Erkenntnis, dass der Autor als textinhärente Instanz gedacht werden muss, wäre für sich genommen gar nicht so aufregend, wären damit nicht weit reichende theoretische Implikationen über grundbegriffliche wissenschaftliche Konzepte verbunden, die die Fundamente aller mit Text befassten Disziplinen berühren: Die Konzeptualisierungen von Grundbegriffen wie Text, Domäne, Information, Sprache, Kommunikation, wie sie in den Textwissenschaften geläufig sind, werden durch den zugrunde liegenden Autorbegriff mitbestimmt. Ich begnüge mich an dieser Stelle damit, einige grobe, vorausgreifende Anmerkungen zum Zusammenhang dieser Begriffe zu machen:

- Die Erwartungen an den Autor-im-Text richten sich nach domänenspezifischen Autor-Vorstellungen. Damit ist der „Geltungsmodus" (Joseph Klein) von Texten angesprochen. Mit dieser Kategorie können die „mit der Textemittierung [...] verbundenen Ansprüche, Obligationen und Rechte institutionen- und textsortenspezifisch"[34] gefasst werden.
- Wenn durch Texte Wissensdefizite über bestimmte Sachverhalte ausgeglichen werden und der Autor jene Instanz darstellt, die zu diesem Zweck Aussagen realisiert und die Wirklichkeitsbedingungen für Aussagen durch den Gebrauch von Sprache festlegt, dann ist Information nie ohne Kontamination durch den Autor zu denken.[35]

---

[34] Es ist ein gleichzeitig trivialer, aber in der textsortenlinguistischen Literatur wenig beachteter Umstand, dass der Geltungsmodus von Texten sowohl produktions- wie rezeptionsseitig abhängig ist von einer domänenspezifischen Autorvorstellung. Der Geltungsmodus etwa von Wahlkampfreden ist, wie Joseph Klein schreibt, geprägt durch die „Differenz zwischen dem Emittentengestus [...] und einer verbreiteten adressatenseitigen Skepsis gegenüber diesem Gestus." Eine solche Bestimmung der ‚Aussagewirklichkeit' lässt sich über alltagsweltliche Autorvorstellungen mit Blick auf alle möglichen Textsorten vornehmen – mit Blick auf Gesetzestexte, auf Wetterberichte etc. Allerdings ist mit Blick auf die weiter oben angesprochenen ‚autorlosen' Texte die Einschränkung wichtig: Das sind Texte, die keine Geltung im Sinne der Aussage anstreben. Vgl. zum Begriff des Geltungsmodus: Joseph Klein. Intertextualität, Geltungsmodus, Texthandlungsmuster: Drei vernachlässigte Kategorien der Textsortenforschung – exemplifiziert an politischen und medialen Textsorten. In: Kirsten Adamzik (Hrsg.). Textsorten: Reflexionen und Analysen. (= Textsorten Bd. 1). Tübingen 2000. S. 31–44. Hier: S. 36–38. Zum Begriff des Geltungsmodus vgl. auch: Kirsten Adamzik. Was ist pragmatisch orientierte Textsortenforschung? In: Textsorten: Reflexionen und Analysen. (= Textsorten Bd. 1). Dies. (Hrsg.). Tübingen 2000. S. 91–112. Hier: S. 106–109.

[35] Dass Sachverhalte durch Personen bzw. durch Texte ‚kontaminiert' werden, ist in mündlichen Situationen augenfälliger oder: greifbarer als in schriftlichen. Man kann dieses Kontiguitätsverhältnis, das Sachverhalte mit Aussageinstanzen eingehen, in bestimmter Hinsicht als Kontamination durch Emotionen bezeichnen. In meinen Augen trifft das aber die schriftlichen Verhältnisse nur ungenügend. Ich ziehe es

– Die grundlegende Annahme einer Instanz, die im und durch den Text spricht determiniert weit reichende Restriktionen im Hinblick auf den zugrunde liegenden Sprachgebrauchs- und Referenzbegriff. Es ist so gesehen nicht sinnvoll, überhaupt von *einer* Sprache auszugehen. Jedem Zeichengebrauch und jeder Zeichenbedeutung geht eine einerseits präsuppositionelle, andererseits im Text konkretisierte, in gewisser Hinsicht auch dargestellte soziale Konstellation voraus, ohne die „gleichsinniger Zeichengebrauch" (Luhmann) nicht sinnvoll herstellbar wäre.[36]

Dass der Autor als eine Art abstrakte Schablone erscheint, die konkreten Texten vorgeordnet ist, gleichzeitig aber auf Bestätigung durch eine entsprechende Repräsentation durch Zeichen angewiesen ist, bringt eine relative Offenheit des Konzepts und damit einhergehende Vorteile mit sich. Gerade weil der Autor nicht als Person, sondern als personale Instanz gefasst werden muss, kann sie problemlos als Institution auftreten, ein als eine Person verstandenes Personen-Kollektiv (im Sinne einer Einheit) oder eine Gruppe mehrerer, am Produktionsprozess beteiligter Individuen (im Sinne einer Vielheit), die als Kollektiv operieren.[37]

Die für diese Konzeption zentral wichtigen Überlegungen Foucaults (1969) zum Autorbegriff gehen von der These aus, dass die Abwesenheit eines sinn-

---

vor, in diesem Zusammenhang von Einstellungen zu sprechen. (Vgl. Kapitel 3.3.2). Vgl. zur theoretischen Bedeutung von Emotion in der Interaktion: Reinhard Fiehler. Kommunikation, Information und Sprache: Alltagsweltliche und wissenschaftliche Konzeptualisierungen und der Kampf um die Begriffe. In: Rüdiger Weingarten (Hrsg.). Information ohne Kommunikation? Die Loslösung der Sprache vom Sprecher. Frankfurt am Main 1990. S. 99–128. Hier: S. 115–118.

36 Wissenschaftlichen Aufsätzen etwa geht die Konstellation ‚Vom-Experten-an-Experten' voraus. Um diese Konstellation zu konkretisieren ist es unumgänglich Expertenschaft zu enunzieren. Vgl. hierzu: Gerd Antos. Sprachliche Inszenierung von „Expertenschaft" am Beispiel wissenschaftlicher Abstracts: Vorüberlegungen zu einer systemtheoretischen Textproduktionsforschung. In: Wissenschaftliche Textproduktion: Mit und ohne Computer. Eva-Maria Jakobs, Dagmar Knorr, Sylvie Molitor-Lübbert (Hrsg.). Frankfurt am Main u. a. 1995. S. 113–127. Zu den sprachgeschichtlichen Aspekten der Expertenkommunikation vgl. Peter von Polenz. Sprache in Institutionen und von Fachexperten. In: Ders. Deutsche Sprachgeschichte vom Spätmittelalter bis zur Gegenwart. Band III: 19. und 20. Jahrhundert. Berlin, New York 1999. S. 485–503. Zum „gleichsinnigen Zeichengebrauch": Niklas Luhmann. Soziale Systeme: Grundriss einer allgemeinen Theorie. Frankfurt am Main 1987. S. 220f.

37 Die umgekehrte Optik ist in meinen Augen fast noch wichtiger: Das Bewusstsein eines ‚Einzelautors' ist immer auch das Bewusstsein eines ‚kollektiven Autors'. Vgl. hierzu das auf fleckschen und durkheimschen Konzeptionen aufbauende Buch von Mary Douglas. Wie Institutionen denken. (Amerikanisches Orig. 1986). Frankfurt am Main 1991.

stiftenden Subjekts im Medium der Schrift kompensiert werde. Die Abwesenheit wird kompensiert durch eine Rezeption, welche den Autor in Diskursen wie dem wissenschaftlichen zum Urheber stilisiert.[38] Bei dieser Konstruktion gibt es grosse Differenzen, man konstruiert einen „philosophischen Autor“ nicht wie einen „Dichter“, sagt Foucault.[39] – Woran liegt das? – Es liegt meines Erachtens gerade nicht daran, dass man eine Verbindung zwischen einer im Text dargestellten und einer als einmalig aufgefassten Welt des Autors herstellt. Vielmehr ist davon auszugehen, dass man bei der Rezeption auf ein bewusstseins-, denk- und äusserungsfähiges Gegenüber angewisen ist. In wissenschaftlichen Texten ist der Träger von zentralen kognitiven und sprachlichen Operationen wie Fragen, Erklären, Analysieren, Beschreiben, Argumentieren etc. der Autor. Um zu verhindern, dass die Lektüre als ausschliesslich monologisches Prozessieren mit diesen Operationen aufgefasst wird, denkt man sich den Autor als dem Werk äusserlich und organisiert die Lektüre als eine Zurechnung auf diese Instanz hin. Ich will im Folgenden in diesem Zusammenhang vier Aspekte speziell herausleuchten, die im Hinblick auf die Diskussion des hier vertretenen Autorkonzepts zentral erscheinen: 1. die Frage nach dem Zuschreibungsverhältnis (Foucault), 2. die Frage nach der sprachlichen Beschaffenheit des Textgebildes, welches einen Autor erfordert (Bühler), 3. die Frage nach präfigurierten Autortypen im Zusammenhang mit „kommunikativen Gattungen“ (Luckmann) und 4. die Frage nach der „kommunikativen Anschliessbarkeit“ (Luhmann) an Autoren.

1.1.1 Zuschreibungsverhältnis

Die zentrale These in Foucaults Erörterung „Was ist ein Autor?“ geht vor allem dahin, das konstruierte Vernunftwesen Autor als eine gleichzeitig diskursspezifische und kulturtypische Projektion zu verstehen. Es ist das forschungsgeschichtlich fruchtbare Verdienst Foucaults auf die Operation der Zuschreibung hingewiesen zu haben. Die Zuschreibung von Texten zu einem Autor erfolgt nicht zwangsläufig – dies Foucaults zentrale Behauptung – und nicht in jedem Diskursbereich gleich.[40] Seit der Wende zur Neuzeit erfolgt sie in den Sphären der Kunst und der Wissenschaft zunehmend rigide. Wenn die Identität zwischen

---

[38] Michael Wetzel. „Geschmack an Zeichen“: Johann Georg Hamann als der letzte Denker des Buches und der erste Denker der Schrift. In: Bernhard Gajek (Hrsg.). Johann Georg Hamann: Autor und Autorschaft: Acta des sechsten Internationalen Hamann-Kolloquiums im Herder-Institut zu Marburg/Lahn 1992. Frankfurt am Main, Berlin, Bern, New York, Paris, Wien 1996. S. 13–24.

[39] Foucault. Autor. 1969/2000. S. 212ff.

[40] Vgl. für das Nachfolgende Foucault. Autor. 1969/2000.

Schöpferautor und Emittent in diesen Bereichen nicht nachgewiesen werden kann, wird der Vorgang als Betrug sanktioniert.[41] Die rigide Zuschreibung von Werken an Autoren hat in der wissenschaftlichen und der künstlerischen Diskurssphäre auch die Funktion, den ökonomischen und den symbolischen Ertrag, der aus Werken resultieren kann, für ihre Produzenten im Sinne des Prioritätsanspruchs zu sichern. Der Autorname steht dabei als Garant für das von ihm produzierte Artefakt, ähnlich wie das ein Firmensignet für sein Produkt tut. Die grundlegende Schwierigkeit im Bereich des intellektuellen Eigentums besteht dabei darin, dass der Akt der Zuschreibung auf ein Produkt referiert, das sich einem nicht direkt einsehbaren Produktionsprozess verdankt.

Die Zuschreibung einer Identität zwischen dem Autor und dem Emittenten eines Werks nimmt Bezug auf eine – zumindest minimale – biographische Konstruktion. Die Eigenleistung des Schöpferautors, die sich im Werk äussert, ist zwingend mit dem gelebten Leben der personalen Instanz während des Produktionsprozesses verknüpft. Die Verbindung zwischen Leben und Werk wird aber seit dem Beginn der Neuzeit nicht mehr als so untrennbar verstanden wie zuvor. Es gilt nicht mehr diese unmittelbare Kausalität, wie sie noch die „sprechenden" Künstlersignaturen des Mittelalters für den jeweiligen Gegenstand ausdrückten.[42] Die Einheit von Werk und Produktionskraft eines Autors wird auf eine neue gesetzliche Basis gestellt, indem Fragmenten der individuellen Lebensgeschichte des Autors in Bezug auf die Werkentstehung erklärenden Charakter zukommen.[43] Dabei verweist der Autorname als kürzeste Formel auf die „biographische Illusion",[44] welche die Lebensgeschichte und den Produktionsprozess in eine komplex zu denkende Relation bringt. Ein Hinweis darauf, wie wichtig diese Verbindung für die Rezeption von Werken ist,

---

41 In andern diskursiven Sphären ist dem überhaupt nicht so. Selten schreiben Politiker ihre Reden selber und doch treten sie in einem umfassenden Sinne als deren Autoren auf. In wissenschaftlichen oder literarisch-künstlerischen Bereichen gilt es als ein unentschuldbares Vergehen, sich einen Text zu kaufen und als dessen Autor aufzutreten. Je mehr in der Politik oder in der Werbung dagegen eine Institution die (ökonomische) Rolle der Instanz einnimmt, die ein Werk produzieren lässt, desto mehr nimmt sie in diesen Diskursen die Rolle der Autorin wahr, und das ist in diesen Bereichen legitim. Man kann diesen Umstand, wenn man will, auf einen komplementären Autorbegriff zurückführen oder auf Wirklichkeits- und Wahrheitsverhältnisse, welche die Kultur der Maskierung standardmässig programmieren.

42 Vgl. hierzu etwa Peter Cornelius Claussen. Kölner Künstler romanischer Zeit nach Schriftquellen. In: Anton Legner (Hrsg.). Ornamenta Ecclesiae: Kunst und Künstler der Romanik in Köln. Ausstellungskatalog Bd. 2. Köln 1985. S. 369ff.

43 Vgl. Ernst Kris/Otto Kurz. Die Legende vom Künstler: Ein geschichtlicher Versuch. (1. Ausg.1934.) Frankfurt am Main 1980.

44 Vgl. Pierre Bourdieu. Die biographische Illusion. In: Ders. Praktische Vernunft: Zur Theorie des Handelns. Frankfurt am Main 1998. S. 75–83.

liefern vor allem Beispiele aus der Kunst- und Literaturgeschichte, bei denen ein Autorname im Dunkeln liegt, die Biographie im Nebulösen oder ein Werk in intendierter Weise anonym erschienen ist.[45] Die Irritation über ein völliges Vakuum im Wissen um Autorbiographien und die detektivische, bzw. mythologisierende Suche nach ihrer Rekonstruktion sind moderne Phänomene, die zuweilen recht eigenwillige Blüten treiben.[46]

Die mythisch aufgeladene Analogie zwischen Lebensgeschichte und Werkentstehung – die Autorkonstruktion, die man einem Werk vor allem in Bezug auf seine Genese angedeihen lässt – ist darin gegründet, dass keine empirischen Einblicke in die wirklich stattfindenden Produktionsprozesse eines Werks möglich sind, weil sie im geschlossenen, psychischen System (Luhmann) eines Produzenten geschehen. Werkentstehung ist ein unbeobachtbarer Vorgang. Die Übergänge zwischen Kognition und dem zeichenhaften Ausdruck des Werks bleiben uneinsehbar, auch dann, wenn man selbst Autor eines Textes ist. Als Textrezipient ist man mit einer finiten Menge von Zeichen in der Textform konfrontiert. Die Möglichkeit der direkten Einsicht in Gedankengänge ist verwehrt, auch dann, wenn sie protokolliert werden. Die Verbindung zwischen Leben und Werk ist vielleicht gar nicht anders zu beschreiben als mythisch. Und in diesem Sinne ist es auch gar nicht unbedingt belangvoll, wie wahr oder wie falsch eine bestimmte biographische Konstruktion ist. Sie gehören zu einem kulturell tief verankerten Angebot, das Autoren damit, dass sie ihr Werk signieren und in Vorworten und Danksagungen auf die biographische Dimension ihres Werks verweisen, den Rezipienten unterbreiten.[47]

In der literaturwissenschaftlichen Tradition biographischer Textdeutung geht man davon aus, dass sich Erhellendes aus der Kenntnis der Autorbiographie für das interpretierende Verständnis eines Werks beibringen lässt. Wis-

---

[45] Das wissenschaftliche Teilgebiet der Biographik gibt über solche Fälle Auskunft. Der *Klassiker* in diesem Zusammenhang ist immer noch Ernst Kris, Otto Kurz. Die Legende vom Künstler: Ein geschichtlicher Versuch. (1. Ausg. Wien 1934). Frankfurt am Main 1980.

[46] Ein beachtlicher Teil der Forschung im Zusammenhang mit Literatur und Kunst ist biographische Forschung. Besonders schlagende Beispiele sind jene „Fälle" an der Schwelle zur Neuzeit, bei denen besonders grosse Lücken im biographischen Wissen klaffen: William Shakespeare, Hieronymus Bosch, Hans Holbein. Die Titelformulierung von John Michell. Who wrote Shakespeare? London 1996 bringt dieses die Forschung eminent anstachelnde Dilemma auf eine originelle Formel.

[47] Der Literaturwissenschaftler Philippe Lejeune hat in diesem Zusammenhang den Begriff des Vertrags zwischen Autor und Leser geprägt. Vgl. Philippe Lejeune. Der autobiographische Pakt. Frankfurt am Main 1994. S. 49–51. „Vertrag" oder „Pakt" setzen aber meines Erachtens ein aktives Bewusstsein für eine gemeinsame Abmachung voraus, deshalb scheint mir der bourdieusche Begriff der „Biographischen Illusion" passender.

senschaftliche Texte erfordern keine solchen Interpretationen und bedürfen entsprechende keiner biographischen Konstruktionen. Trotzdem fällt auf, dass ‚grosse Wissenschaftler' ebenso intensiv mit Biographien ausstaffiert werden wie die Klassiker der belletristischen Literatur. Die Funktion der autor-biographischen Konstruktion ist aber eine gänzlich andere. Nicht so sehr die Möglichkeit einer psychologisierenden Übertragung einer speziellen Lebenswelt auf Werkzusammenhänge steht im Vordergrund, sondern vielmehr der Einblick in Kontexte, welche wissenschaftliche Erkenntnisproduktion als exklusive oder geniale Sphäre honorieren. Die an Rationalität gebundene, professionelle Rolle des Wissenschaftlers ist dabei weitgehend abgetrennt von seiner ausserprofessionellen Rolle. Die Generierung von wissenschaftlicher Erkenntnis ist nicht gebunden an die Attribute dieser zweiten Identität.[48] Für die Wirklichkeitskonstruktion im Textmedium bildet die professionelle Identität den ausschlaggebenden Hintergrund.

Ganz allgemein gehören die Trennung von Werk und Autor und der entsprechende Bedarf nach einem Zuschreibungsverhältnis seiner Erscheinung nach zu einer Kultur, die ihren Ausdruck weitgehend in Medien sucht, welche die mehrfache Reproduktion des Ausdrucks ermöglichen. Die Erfindung der Schrift selbst stellt hier kulturgeschichtlich den wichtigsten Angelpunkt dar.[49] In einer mündlichen Kultur ist die Distanz zwischen dem Wissen vermittelnden oder Geschichten erzählenden Autor und seinem Text weniger stark wahrzunehmen als in einer schriftlichen Kultur. In mündlichen Kulturen, muss man annehmen, stehen Werk und Autor in einer endogeneren Relation zueinander, das Gedächtnis des Erzählers, das Erzählte und deren Adressaten stehen in ein und demselben räumlich-zeitlichen Kontinuum, während durch Distanz-Medien wie dem neuzeitlichen Gemälde oder den gedruckten Texten der Neuzeit ein exogener Zusammenhang zwischen Autor und Werk entsteht. Diese exogene Relation ist bestimmt durch die grundsätzliche, qua Gebrauch von ‚Distanzmedien' realisierte Befreiung aus der ‚Vorführsituation' von Werken. Durch die technische Möglichkeit ihrer massenweisen und relativ kostengünstigen Vervielfältigung durch den Druck ist die Rezeption von gedruckten Texten nicht problemlos einschränkbar auf eine kleine Elite. Dass alles, was in einem einmal verabschiedeten Werk ausgedrückt wird, einer prinzipiell unabsehbaren Rezeption offensteht, ist erst mit der sprunghaft steigenden Publikationsfrequenz in der zweiten Hälfte des 18. Jahrhunderts einigermassen gewährleistet. Bis weit ins 17. Jahrhundert werden Bücher trotz der Möglichkeit ihrer technischen Reproduktion immer noch abgeschrieben.[50] Die Verabschiedung eines Werks

---

[48] Vgl. Stichweh. Wissenschaft. 1994. S. 318.

[49] Vgl. Christian Stetter. Schrift und Sprache. Frankfurt am Main 1999. Vgl. darin v. a. „Sprechen, reden, schreiben": S. 287–293.

[50] Vgl. zum Zusammenhang von Buchdruck und Wissensproduktion: Niklas Luhmann.

in seine nicht kontrollierbare Rezeption führt überhaupt erst zu einem Begriff des Autors, wie ich ihn hier verstehen will, als einer zugeschriebenen, personalen Instanz, welche das nicht mehr endogen an die Lebenswelt geknüpfte Werk exogen kontextualisiert. Dass sich gerade im 18. Jahrhundert die Bräuche hinsichtlich der Anonymität oder hinsichtlich der Verwendung von Pseudonymen grundlegend wandeln und dass man, wie Foucault sagt, wissenschaftliche Erkenntnisse um ihrer selbst zu akzeptieren beginnt, ändert nichts daran, dass das Zuschreibungsverhältnis zwischen personaler Autorinstanz und Werk die gesamte Lektüre steuert.[51]

Foucault scheint mit seiner These vom Autor als konstruiertem Vernunftwesen zu unterstellen, dass die „Projektion […], die man Texten angedeihen lässt" den Blick auf ein eigentlicheres und authentischeres Modell der Kommunikation verwehren würde.[52] Die Ausführungen von Fotis Jannidis (1999) unterstreichen in diesem Zusammenhang, dass die Zuschreibung an die Autorinstanz von im Text indizierten Funktionen des Autorkonzepts ausgeht, das heisst weit weniger arbiträr und psychologisierend verläuft, als dies Foucault insinuiert. Die Operation der Zuschreibung ist den Indizierungen in einer bestimmten Textart entsprechend ohne jede Alternative. Jannidis unterscheidet mit Blick auf literarische Texte und die Praxis historischer Textinterpretation fünf Funktionen des Autorkonzepts, die hier kurz referiert seien. 1. Die Zuschreibung von Selektionen: Texte bestehen aus einer Reihe von Textmerkmalen, die eine selektionierte Untermenge von *möglichen* Textmerkmalen darstellt. Selektion ist dabei nicht gleichzusetzen mit Wahl, welche die bewusste gegenüber der unbewussten Selektion vorschnell favorisiert. 2. Die Zuschreibung von Gestaltung: Texte bestehen aus einer einzigartigen Ordnung von Textmerkmalen, die singulär sein muss, da eine identische Ordnung nur einen bereits vorliegenden Text wiederholen würde. 3. Die Zuschreibung von Bedeutung: Bei der Rezeption von Texten wird eine Bedeutungskonstruktion einer unterstellten „tatsächlichen" oder intendierten Bedeutung angenähert. Bedeutung ist dabei das, was erlaubt, eine solche Annäherung zu betreiben, d.h. eine interpretierte Bedeutung zuzuschreiben, und nicht die Intention selbst.[53] 4. Die Zuschreibung von Erkenntnis: Die Erkenntnisfunktion kann in vielem als Spezialfall

---

Die Wissenschaft der Gesellschaft. Frankfurt am Main 1992. S. 597–606.

[51] Die Überlegungen zum historischen Wandel des Autorbegriffs sind Gegenstand von Kapitel 2.

[52] Fotis Jannidis. Der nützliche Autor: Möglichkeiten eines Begriffs zwischen Text und historischem Kontext. In: Jannidis et al. (Hrsg.). Rückkehr des Autors: Zur Erneuerung eines umstrittenen Begriffs. Tübingen 1999. S. 353–389. Hier: S. 356.

[53] „Die Bedeutung ist das, was mir erlaubt zu ‚erraten', was der andere von mir möchte, nicht das, was er von mir möchte. Was einer von mir möchte, ist kein Aspekt der deutschen Sprache und kann somit nicht zur Bedeutung ihrer Zeichen gehören."

der Bedeutungsfunktion gelten. Die in der Rezeption ermittelte Bedeutung eines Textes deckt sich nur partiell mit dem Wissen eines Rezipienten. Dieses Plus gilt als Erkenntnis. Die Instanz, welche für das Wissensplus verantwortlich gemacht wird, bedarf vor allem der Eigenschaft, etwas zu erkennen zu geben, was ein Rezipient selber noch nicht weiss und was ihn selbst als erkenntnisgenerierende Instanz deshalb ausschliesst. 5. Die Zuschreibung von Innovation: Die Innovationsfunktion dient der Verortung eines Textes in einem historischen Modell, welches Altes und Neues unterscheidet. Texte produzieren innovative Lösungen im Sinne einer situativ immer wieder neu zu definierenden Problemstellung. Ein Textbeitrag ist im Sinne seiner qua Selektion gegebenen Neuheit innovativ, weil der Vorschlag zur Problemlösung nur zu Teilen auf einem bereits vorliegenden Lösungsmuster basiert.

Die Beschreibung voneinander geschiedener Zuschreibungsebenen, wie sie Jannidis für literarische Texte vorschlägt, wie sie aber auch für wissenschaftliche Texte in Frage kommen, macht deutlich, dass das Zuschreibungsprinzip sich nicht einfach aus einer arbiträren, historisch-diskursiven Institution des Autors herleiten lässt, wie Foucault es veranschlagt. Vielmehr wird durch die Gesamtheit von formalen, inhaltlichen und funktionalen Strukturmerkmalen deutlich, wie unabdingbar die konstruktiven Indizierungen im Medium der Schrift im Hinblick auf die grundlegende Möglichkeit des Funktionierens von Kommunikation überhaupt sind. Die personale Instanz des Autors erscheint im Kontext von Aussagen als alternativelos.

Versteht man Text aus rezeptiver Sicht als fortlaufenden Konstruktionsprozess eines Rezipienten, so ist Zuschreibung des Autors eine Konstruktionshandlung unter vielen, der für die Rezeption und die Produktion von vor allem literarischen und wissenschaftlichen Texten eine zentrale Bedeutung zukommt. Versteht man Text aus produktiver Sicht als fortlaufende Konstruktionshandlung eines Textproduzenten, so sind die Indizierungen der von Jannidis beschriebenen Basishandlungen (Selektion, Gestaltung, Bedeutung, Erkenntnis, Innovation) nicht zu verhindern, es sei denn, die Intention eines Zusammenhangs im Sinne von Text wäre gar nicht gegeben. Die ontologisch gedachte Zuschreibung einer Identität zwischen dem Autor und dem Emittenten/Textproduzenten eines Werks ist nicht zwingend für die Lektüre. Auf diesen Punkt weisen Foucault und Barthes zu Recht hin. Obligatorisch ist vielmehr die Vorstellung einer Identität zwischen Autor und dem, was Erving Goffman in dem bereits zitierten Beitrag „The Lecture" das „textual self" nennt.[54] Ich werde in Kapitel 3 auf diesen Aspekt detailliert zurückkommen.

Rudi Keller. Zeichentheorie. Tübingen, Basel 1995. S. 129. Zit. in: Jannidis. Autor. 1999. S. 382.

[54] Goffman. The Lecture. 1981. S. 162–196. Hier: S. 173–186.

1.1.2 „Sprachwerk“

Im Zusammenhang mit dem Zuschreibungsprinzip war bis dahin relativ unkonzis von Texten, Werken oder von Publikationen die Rede. Ich will im Folgenden zu präzisieren versuchen, wie der Werkcharakter einer sprachlichen Einheit zustande kommt. Im Zentrum der Überlegungen steht dabei Karl Bühlers Begriff des „Sprachwerks“[55]. Bühler unterscheidet in der Gesamtheit der denkbaren Einsatzmöglichkeiten von Sprache kategoriell zwei Funktionstypen: Zum einen die in eine bestimmte Situation eingebundene „Sprechhandlung“ und zum andern das situationsenthobene „Sprachwerk“.[56] „Sprechhandlungen“ sind für Bühler an augenblickliche, praktische Problemlösung gebundene Äusserungsakte. Eine „Sprechhandlung“ zu vollbringen heisst, eine Aufgabe „aus der Lebenslage“ heraus für den Moment sprechend zu lösen. Bei einer „Sprechhandlung“ wird nicht darüber reflektiert, „was sie sprachlich hervorbringt“[57], während sich das „Sprachwerk“ in systematischer Weise dem ergebnisorientierten und reflexiven Sprachgebrauch verdankt. Die grundlegende Möglichkeit, sich gedanklich im Sinne der Reflexivität auf Sprachliches zu beziehen, setzt eine zumindest minimale Distanz zu etwas bereits Manifestem voraus. Prototypisch verwirklicht ist diese Distanz im „Sprachwerk“, welches von der Ich-Hier-Jetzt-Origo entbunden ist. „Sprachwerk“, sagt Bühler,

> will entbunden aus dem Standort im individuellen Leben und Erleben seines Erzeugers betrachtbar und betrachtet sein.[58]

Bühler geht es dabei nicht um die Entgegensetzung von mündlichem und schriftlichem Sprachgebrauch, sondern es geht ihm um die Frage nach dem Gestaltungs- und Entbindbarkeitsgrad von Äusserungen. „Sprechhandlungen“ sind spontan und relativ anstrengungslos zu produzieren. Das „Problem“, das die „Sprechhandlung“ löst, kann man sich unter Umständen auch vergleichsweise unproblematisch vorstellen, prototypisch etwa im Sinne des konversationellen Smalltalks. „Sprachwerke“ sind dagegen Resultate eines planenden,

---

[55] Karl Bühler. Sprachtheorie: Die Darstellungsfunktion der Sprache. (1. Aufl. Jena 1934). Stuttgart 1999. S. 51–55 und S. 168. Vgl. hierzu auch Gabriele Graefen. Der wissenschaftliche Artikel: Textart und Textorganisation. Frankfurt am Main, Berlin, Bern, New York, Paris, Wien 1997. S. 29f.

[56] Vgl. Helmut Feilke. Dritter Exkurs: Anmerkungen zu Karl Bühlers Unterscheidung zwischen Sprechhandlung und Sprachwerk. In: Ders. Common sense-Kompetenz. 1994. S. 300–304. Und vgl.: Markus Nussbaumer. Was Texte sind und wie sie sein sollen: Ansätze zu einer sprachwissenschaftlichen Begründung eines Kriterienrasters zur Beurteilung von schriftlichen Schülertexten. Tübingen 1991. S. 266.

[57] Bühler. Sprachtheorie. 1934/1999. S. 53.

[58] Bühler. Sprachtheorie. 1934/1999. S. 53f.

tendenziell anstrengenden, vor- und zurückschauenden Prozesses, welcher die Möglichkeit einer Korrektur des eigenen sprachlichen Tuns im Sinne einer nicht ausschliesslich intuitiven Gestaltung miteinschliesst. Das heisst nun aber nicht automatisch, dass „Sprechhandlungen" einfach per se einen niedrigeren Gestaltungsgrad haben müssen als „Sprachwerk". Zentral wichtig ist, dass „Sprechhandlungen" selbst keine Hinweise darauf enthalten, dass ihre Gestaltetheit Beachtung erfordern würde. Eine eilends geschriebene Einkaufsnotiz ähnelt auf den ersten Blick vielleicht einem eilends geschriebenen Gedicht. Es sind thematische und funktionale Indizierungen im Text, die das eine zu einer „Sprechhandlung" und das andere zum „Sprachwerk" machen. Der Einkaufszettel ist kaum aus seiner Eingebundenheit in die spezifische Situation des gegebenen Kontexts herauszulösen. Ein Gedicht verschmilzt nicht in dieser problemlösenden Weise mit seinem Kontext: So hermetisch sich die inhaltlichen Bezüge in einem Gedicht auch präsentieren mögen – es „will entbunden aus dem Standort im individuellen Leben und Erleben seines Erzeugers betrachtbar und betrachtet sein".

Die bühlerschen Kategorien „Sprechhandlung" und „Sprachwerk" beschreiben nicht einen Sachverhalt, der sprachsystematisch vorgegeben wäre oder als eine empirische Alternative zu verstehen ist,[59] die beiden Kategorien zielen vielmehr auf zwei fundamental verschiedene Funktionstendenzen des medialen Einsatzes von Sprache. „Sprachwerk" hat den Charakter eines Erzeugnisses, das auch in seiner mündlichen Form für das Gedächtnis produziert wird. Die „Sprechhandlung" ist dagegen ihrer Intention nach flüchtig, weil der rituellen Bestätigung und Bewältigung von Situationen verschrieben.

Die wichtige Frage nach der kategoriellen Scheidung zwischen diesen beiden Grundtendenzen des medialen Einsatzes von Sprache hat Bronislaw Malinowski rund zehn Jahre vor Bühler mit dem Begriff der „phatischen Kommunion" [sic!] erörtert. Sein Fazit aus ethnolinguistischen Überlegungen zu Beobachtungen der aktionsbegleitenden, sozialen Funktion von Sprache in stammeskulurellen Kontexten geht dahin, die „Sprechhandlung" als den funktionalen Standardfall des Sprachgebrauchs zu verstehen:

> Sprache in ihrer primitiven Funktion und ihrer ursprünglichen Form hat einen wesentlich pragmatischen Charakter; sie ist ein Verhaltensmodus, ein unerlässliches Element einvernehmlicher menschlicher Aktion. Und negativ: sie als ein Mittel zur Verkörperung und zum Ausdruck von Gedanken zu betrachten, heisst eine ihrer abgeleitetsten und spezialisiertesten Funktionen einseitig in den Vordergrund zu rücken.[60]

[59] Vgl. Feilke. Common sense-Kompetenz. 1994. S. 300.

[60] Bronislaw Malinowski. Das Problem der Bedeutung in primitiven Sprachen. In: Charles Kay Ogden/Ivor Armstrong Richards. Die Bedeutung der Bedeutung (The Meaning of Meaning): Eine Untersuchung über den Einfluss der Sprache auf das

Der mediale Einsatz von Sprache in ihrer phatischen Funktion als „Bindeglied konzentrierter, einvernehmlicher menschlicher Tätigkeit, als ein Stück menschlichen Verhaltens“ darf nicht als Ausbleiben von komplexen Strukturen missverstanden werden. Die Art der kontextuellen Einbindung erlaubt es, auf die Selbstsetzung eines Autors zu verzichten, weil die Träger der jeweiligen Handlungszusammenhänge als evident erscheinen und weil es nicht darum geht, Aussagen zu formulieren, die über die Situation hinaus Geltung anstreben. Die handlungsbegleitend vollzogenen Sprachrituale haben dabei keinen originären Status, selbst wenn sie kreativ umgesetzt sind. Der reflexive Gebrauch von Sprache, das heisst Sprache „in ihrer höher entwickelten literarischen und wissenschaftlichen Funktion“ (Malinowski) dagegen zeichnet sich aber genau dadurch aus. Sprachgebrauch ist hier gleichzeitig Instrument des Denkens und Instrument zur Herstellung von gedanklicher Geltung, wobei das eine nicht so richtig vom andern zu trennen ist, wie noch ausführlicher zu zeigen sein wird.

Mit der Scheidung von „Sprechhandlung“ und „Sprachwerk“ ist auch das schwierig zu fassende Verhältnis von Sprachgebrauch und Wirklichkeitskonstruktion angesprochen. Es erscheint plausibel anzunehmen, dass „Sprechhandlungen“ tendenziell auf vortheoretischem, wenig reflektiertem Alltagswissen beruhen, welches durch die sozial eingespielte Praxis des Sprachgebrauchs konventionalisiert ist, das heisst: Common-Sense-Wissen muss selbst als Resultat einer Prägung durch Sprachwissen verstanden werden.[61] Zentral scheint mir, dass im Zusammenhang mit „Sprechhandlungen“ gar keine anderen Aussage-Ansprüche in Frage kommen. Berger/Luckmann bezeichnen diesen Umstand so:

> Nur die wenigsten Gespräche drehen sich mit vielen Worten um das Wesen der Welt. Unsere Wirklichkeitsbestimmung vollzieht sich vielmehr vor dem Hintergrund einer Welt, die stillschweigend für gewiss gehalten wird. Der Austausch von ein paar Worten [...] setzt eine ganze Welt voraus, innerhalb deren die anscheinend so einfachen Aussagen Sinn haben.[62]

Während „Sprechhandlungen“ eine für gewiss gehaltene Welt voraussetzen, diese Welt mittels Sprachgebrauch widerspiegeln, bestätigen, variieren etc. – neigen „Sprachwerke“ zum genauen Gegenstück: Sie schaffen eine in ihrer

---

Denken und über die Wissenschaft des Symbolismus. (Engl. Orig. London 1923). Frankfurt am Main 1974. S. 323–384.

[61] Vgl. hierzu ausführlich: Feilke. Common sense-Kompetenz. 1994.

[62] Peter L. Berger, Thomas Luckmann. Die gesellschaftliche Konstruktion der Wirklichkeit: Eine Theorie der Wissenssoziologie. (1. Auflage 1969). Frankfurt am Main 1980. S. 163.

situationsentbundenen Künstlichkeit ungewisse, weil systematisch reflexive Sprachwelt. Die Ungewissheit dieser Welt ist auf den basalen Kontext einer Autorinstanz angewiesen, weil andernfalls die Aussagewirklichkeit im Sprachmedium zu stark auf sich selbst bezogen wäre. Neben den oben bereits angesprochenen Zuschreibungsindizien ist in Bezug auf die Wirklichkeitskonstruktion im „Sprachwerk" der Umstand zentral, dass der Gebrauch von Sprache es erlaubt, den Status eines Wissenselements metadiskursiv zu kommentieren. Der Auftritt einer Autorinstanz im „Sprachwerk" verankert die Aussagewirklichkeit sozusagen ontologisch, sodass die Angreifbarkeit von Aussagen gewährleistet bleibt. Deutlich wird dieser eristische Zusammenhang von Aussage und Autor in wissenschaftlichen Texten an der Tendenz zur metadiskursiven Kommentierung.[63] Neben eine assertive Aussage treten in der „ungewissen Welt" ausführliche Thematisierungen der Hervorbringung dieser Welt (z. B. Erzählungen von Experimenten, Erklärungen von Zweifeln etc.). Nicht Aussagen an sich sind angreifbar, sondern Autoren *mit* ihren Aussagen und *mit* ihren Argumenten. Allerdings: Nicht allein der Werkcharakter des „Sprachwerks" erlaubt den Dissens, auch „Sprechhandlungen" sind angreifbar, nur wendet sich hier der Dissens gegen etwas, was in die Unmittelbarkeit der situativen Bindung verstrickt bleibt.

Aus dem eben Gesagten zu schliessen, dass eine „Sprechhandlung" wie der alltägliche Smalltalk in seiner Tendenz, die Welt für gewiss vorauszusetzen, nicht genauso wie irgendein „Sprachwerk" sprachliche Realität stiftet, wäre voreilig. „Sprechhandlungen" haben eine wichtige Funktion bei der Konturierung von Wirklichkeit. Berger/Luckmann schreiben:

> Diese wirklichkeitsstiftende Macht des Gesprächs ist mit der Tatsache der Objektivation durch die Sprache bereits vorgegeben. Wir hatten zu zeigen versucht, wie Sprache die Welt objektiviert, indem sie das „Panta Rhei" der Erfahrung in eine kohärente Ordnung transformiert. Durch die Errichtung dieser Ordnung verwirklicht die Sprache eine Welt in doppeltem Sinne: sie begreift sie und sie erzeugt sie.[64]

Der sich so abzeichnende, kontinuierliche Übergang zwischen „Sprechhandlung" und „Sprachwerk" macht deutlich, dass die Beschaffenheit der sprachlichen Wirklichkeit, wie sie durch den Sprachgebrauch im einen und im andern Fall produziert wird, auf unterschiedlichen Qualitätslagen des zugrunde liegenden Reflexivitätsbedarfs basiert. Die Wirklichkeitskonstruktion in der „Sprech-

---

[63] Vgl. Avon Crismore/Rodney Farnsworth. Metadiscourse in Popular and Professional Science Discourse. In: Walter Nash (Hrsg.). The writing Scholar: Studies in Academic Discourse. (=Written Communication Annual: An International Survey of Research and Theory 3). Newbury Park/London/New Dehli 1990. S. 118–136.

[64] Berger/Luckmann. Konstruktion. 1969/1980. S. 164.

handlung" setzt eine Reflexivität voraus, die ich in Anlehnung an Helmut Feilke „absichtslose Reflexivität"[65] nennen möchte. Im Sprechen findet hier ein Rückbezug auf intersubjektiv bereits bestätigten Ausdruck, bestätigte Themen und bestätigte Denkmodelle statt. Wirklichkeit wird hier, wie Berger/Luckmann es formulieren, „unterhalten" und modifiziert: Bestimmte Themen werden fallengelassen, andere aufgenommen.[66] Nicht der systematische Rückbezug aufs Sprachmedium oder der Rückbezug auf eine das Medium dirigierende Autorinstanz bewirkt die Modifikation der Wirklichkeitskonstruktion, sondern die kollektive Mode bestimmter Themen, konventionalisierter Ausdrucksgebärden und konventionalisierter Denkmodelle.

„Sprachwerk" verdankt sich im Gegensatz dazu gerade auch dem intersubjektiv nicht bestätigten, weil neuen, bzw. einmaligen Ausdruck, neuen, einmaligen Themen und nicht bestätigten, weil einmaligen Denkmodellen. Zusammenfassend könnte man „Sprachwerke" von der Tendenz des Sprachgebrauchs her gedacht als „absichtsvoll reflexive Neuformulierungen" bezeichnen, wenn die darin enthaltene „Neuheit" eine ohne weiteres identifizierbare, gegen usuellen Sprachgebrauch abgrenzbare Grösse darstellen würde. Gerd Antos (1981/1982) hat auf der Differenz zwischen reproduzierendem und neuformulierendem Verbalisieren aufbauend den Begriff des „Formulierens" in diese Richtung definiert. [67] Texte im Sinne der bühlerschen „Sprachwerke" sind nicht nur nach „Konventionen, Regeln oder Mustern reproduziert" – sie reagieren vielmehr auf „wechselnde Erfordernisse sprachlicher Kommunikation" und werden damit zur Quelle „textueller Innovation".[68] Das ist sicher ebenso richtig, wie „textuelle Innovation" eine texthistorisch schwer bestimmbare Grösse darstellt, genauso wie „reproduziert", „konventionell" oder „vorfabriziert" (Antos) im Grunde Tendenzen bezeichnen, der „Sprechhandlung" zugeschrieben werden, ohne dass die Kriterien für diese Zuschreibung ausführlich präzisiert würden. In meinen Augen stellt der Begriff des Autors eine sinnvolle Lösung für dieses Problem dar. Es sind, zumindest was wissenschaftliche Texte angeht, die mittels auktorialer Invektiven realisierten Thematisierungen von „Innovation" im „Sprachwerk", es ist die Thematisierung der Neuheit einer bestimmten „Erkenntnis" und die Thematisierung von „Bedeutung" (Jannidis), welche

---

[65] Feilke. Common sense-Kompetenz. 1994. S. 304.

[66] Berger, Luckmann. Konstruktion. 1969/1980. S. 164.

[67] Gerd Antos. Formulieren als sprachliches Handeln: Ein Plädoyer für eine produktionsorientierte Textpragmatik. In: Amsterdamer Beiträge zur neueren Germanistik 13/1981. S. 403–440. Und: Gerd Antos. Grundlagen einer Theorie des Formulierens. Textherstellung in geschriebener und gesprochener Sprache. Tübingen 1982. Vgl. zum Begriff des Formulierens bei Antos auch: Feilke. Common sense-Kompetenz. 1994. S. 346–348.

[68] Antos. Formulieren. 1981. S. 419.

das „Sprachwerk“ zum „Sprachwerk“ macht. Nicht: Der Autor ist jene Instanz, die beim Formulieren „absichtsvoll reflexive“ Neuformulierungen hervorbringt, ohne dass man wüsste, wer über den Neuheitsgrad urteilt, sondern: Der Autor ist jene Instanz, die im Text als „Innovator“, als „Erkenntnis- und Bedeutungsgenerator“ etc. thematisch wird.

Jürgen Habermas hat in einer frühen Formulierung (1971), die mit der bühlerschen Trennung von „Sprechhandlung“ und „Sprachwerk“ weitgehend kongruiert, vorgeschlagen, „kommunikatives Handeln“, welches ausschliesslich auf eingelebte Sprache abstellt, von „Diskurs“ analytisch zu trennen:

> In Gesprächen, die als kommunikatives Handeln fungieren (z.B. bei einem ‚Gespräch über den Gartenzaun‘), [...] sind Äusserungen als kommunikatives Handeln gerade daran zu erkennen, dass sie in den Kontext aussersprachlicher Äusserungen eingelassen sind. In Diskursen hingegen sind nur sprachliche Äusserungen thematisch zugelassen;[69]

„Diskurse“, so verstehe ich diese habermassche Definition, sind auf die sprachliche Thematisierung von Kontexten stärker angewiesen als „kommunikatives Handeln“. Dieses setzt die „Geltung von Sinnzusammenhängen naiv voraus, um Informationen (handlungsbezogene Erfahrungen) auszutauschen“, während auf der anderen Seite in „Diskursen“ ein „problematisiertes Einverständnis, das im kommunikativen Handeln bestanden hat, durch Begründung“ wieder hergestellt wird. Der springende Punkt einer Verständigung liegt also darin, dass jederzeit Zweifel an dem im „kommunikativen Handeln“ erzeugten Einverständnis durch den Eintritt in den „Diskurs“ angemeldet und, so die idealisierte Vorstellung, in „begründetem Einverständnis“ überwunden werden können:

> In Diskursen suchen wir ein problematisiertes Einverständnis, das im kommunikativen Handeln bestanden hat, durch Begründung wiederherzustellen: in diesem Sinne spreche ich fortan von (diskursiver) Verständigung.[70]

Formulieren als problemlösende Tätigkeit (Antos) lebt von „absichtsvoller Reflexivität“ in genau dieser Hinsicht, wobei hier allerdings Verständigung einer Rückkoppelung des „zurechnungsfähigen Subjekts“ (Habermas) an die Bedeutung seiner eigenen Äusserung gleichkommt. Es ist für jeden Sprecher jederzeit möglich sich in die Hörerrolle zum Gesagten zu begeben und einen Diskurs aufzunehmen, um ein Einverständnis mit der geäusserten Sinn-Einheit wiederherzustellen. Die Formulierungen des habermasschen „Diskurses“

---

[69] Jürgen Habermas. Vorbereitende Bemerkungen zu einer Theorie der kommunikativen Kompetenz. In: Jürgen Habermas/Niklas Luhmann. Theorie der Gesellschaft oder Sozialtechnologie – Was leistet die Systemforschung? Frankfurt am Main 1971. S. 101–141. Hier: S. 114f.

[70] Habermas. Kommunikative Kompetenz. 1971. S. 115.

bzw. des bühlerschen „Sprachwerks" tragen deshalb grundsätzlich reflexive Züge, weil sich Sprecher nicht in einer exklusiven, sondern inklusiven Position zur eigenen Formulierung befinden – die Entbundenheit aus der Ich-Hier-Jetzt-Origo ist nicht irgendein Merkmal der Formulierung, die Entbundenheit erzwingt gewissermassen die „Selbstlektüre" (Ludwig Jäger).

Die Figur des sprachlichen ‚Heraustretens' aus der Verstricktheit des „Handelns" und des ‚Eintretens' in den „Diskurs", auf die Habermas hinweist, bringt meines Erachtens den entscheidenden Vorteil mit sich, dass nicht der Zeichengebrauch an sich die Fähigkeit des Individuums mit sich bringt, zur gleichen Zeit „es selbst" und „ein anderes" zu sein (Jäger/Mead) – sondern es ist die mit der diskursiven Zeichenverwendung einhergehende Tendenz, eine „semiologische Selbstbegegnung" und damit zusammenhängend: die Entwicklung reflexiven Bewusstseins systematisch zu provozieren, weil „es selbst" bei der diskursiven Zeichenverwendung gar nicht unmittelbar (und verstrickt in ein situatives Problem) anwesend ist, sondern als thematisierbarer Kontext erscheint.[71]

1.1.3 Autor und kommunikative Gattung

An die bühlersche Unterscheidung von „Sprechhandlung" und „Sprachwerk" und einer entsprechenden Divergenz von ‚Sprachgebrauchsrichtungen' schliesst sich die Frage nach dem Verhältnis von Autor und kommunikativer Gattung an.[72] Es soll an dieser Stelle weder darum gehen, konkurrierende begriffliche Konzepte wie „Genre", „Textart", „Speech Events" (Hymes), „Textsorte" oder „kommunikative Gattung" gegeneinander abzugrenzen oder ausführlich zu

---

[71] Ludwig Jäger. Medialität und Mentalität: Die Sprache als Medium des Geistes. In: Sybille Krämer/Ekkehard König (Hrsg.). Gibt es eine Sprache hinter dem Sprechen? Frankfurt am Main 2002. S. 45–75. (Vgl. vor allem: 3.4 Semiosis und personale Attribution. S. 62–66.) Auf die produktive Funktion der Externalisierung beim Schreiben weist auch Wolfgang Raible hin: Wolfgang Raible. Über das Entstehen der Gedanken beim Schreiben. In: Sybille Krämer (Hrsg.). Performativität und Medialität. München 2004. S. 191–214.

[72] Ich beziehe mich für das Nachfolgende in erster Linie auf zwei Beiträge, in denen der Begriff der „kommunikativen Gattung" ausführlich begründet und problematisiert wird: Thomas Luckmann. Grundformen der gesellschaftlichen Vermittlung des Wissens: Kommunikative Gattungen. In: Friedhelm Neidhardt et al. (Hrsg.). Kultur und Gesellschaft. Kölner Zeitschrift für Soziologie und Sozialpsychologie. Sonderheft 27/1986. S. 191–211. Susanne Günthner. Gattungen in der sozialen Praxis: Die Analyse „kommunikativer Gattungen" als Textsorten mündlicher Kommunikation. In: Deutsche Sprache 1995/3. S. 193–218.

problematisieren,[73] noch soll der Eindruck erweckt werden, der Zusammenhang von Autor und kommunikativer Gattung liesse sich auf einen einfachen Nenner bringen. Es geht vielmehr darum, die mit Bühler vorgenommene Trennung zwischen autorfreien Sprechhandlungen und autorhaltigen Sprachwerken hinsichtlich spezifischer, gattungsmässig präfigurierter Autortypen zu konkretisieren und in einen Zusammenhang mit einfachen Gattungsregeln zu bringen.

Ich bin bereits weiter oben von der Annahme ausgegangen, nicht Texte, sondern bestimmte Aussagewirklichkeiten seien auf Autoren angewiesen. Die angesprochene Trennbarkeit des Textkosmos' in eine Sphäre, die auf eine Autorinstanz angewiesen ist, und eine, die ohne sie auskommt, basiert auf der Einhaltung von konventionellen Regeln, welche die *Art* der Aussagewirklichkeiten laufend bestätigen. Aus diesem Blickwinkel erscheint allerdings die Hemisphärenscheidung nicht als eine strikte oder absolute, das heisst, die Notwendigkeit des Autors gleicht mit Blick auf Gattungen einer graduellen Bestätigung von Erwartungen.

Luckmann (1986) betont im Zusammenhang mit dem Begriff der „kommunikativen Gattungen" vor allem das wirklichkeits*re*konstruierende Moment von kommunikativen Vorgängen.[74] Kommunikation ist für Luckmann wesentlich *Wirklichkeitsfestlegung*. Er unterscheidet „spontane kommunikative Handlungen" von „Handlungen", die an einem „Gesamtmuster orientiert" sind.[75] Diese Unterscheidung kongruiert weitgehend mit der bühlerschen Opposition von „Sprechhandlung" und „Sprachwerk". „Kommunikative Gattungen" bringen im Zusammenhang mit Wirklichkeitsfestlegungen die Eigenschaft mit sich, dass sie „Vorkodierungen", „Muster", bestimmte „Codes", wie zum Beispiel Register, Formeln, Handlungs- und Ablaufsschemen etc., das heisst textuelle Präfigurierungen zur Verfügung stellen.

Susanne Günthner betont im Anschluss an die luckmannsche Gattungsdefinition die „voraussagbare Typik" durch eine Ausrichtung an „vorgefertigten Mustern".[76] Luckmann wie Günthner weisen auf das Phänomen einer gattungsmässigen Verfestigungen hin, ohne allerdings Hinweise darauf zu machen, in welcher Weise die soziale „Aussenstruktur" und die kommunikative „Binnenstruktur" miteinander verbunden werden. – Wenn man von den Beispielen

---

[73] Zur aktuellen Diskussion um den Begriff der Textsorte verweise ich auf die Beiträge in der von Kirsten Adamzik, Gerd Antos und Wolfgang Heinemann herausgegebenen Reihe „Textsorten". Zur Konzeption der „Speech Events" bei Dell Hymes verweise ich auf die Darstellung bei Peter Auer. Sprachliche Interaktion. Eine Einführung anhand von 22 Klassikern. Tübingen 1999. S. 175–186.

[74] Luckmann. Grundformen. 1986. S. 200.

[75] Luckmann. Grundformen. 1986. S. 201.

[76] Günthner. Gattungen. 1995. S. 197.

bei Günthner ausgeht, ergibt sich der Eindruck einer binnenstrukturellen Verfestigung von Gesamtmustern durch Indizierungen, denen keine gemeinsamen Generierungslogik zugrunde liegt: Bei Prüfungsgesprächen bestimme das konstante Rollenverhältnis („Aussenstruktur") zwischen prüfender und geprüfter Person den Eindruck einer voraussagbaren Typik; bei Witzen deute vor allem das syntaktische Muster der Verbspitzenstellung[77] („Binnenstruktur") in den Anfangssequenzen auf einen hohen Verfestigungsgrad hin („Sitzen zwei Schwaben auf einer Parkbank. Sagt der eine [...]").[78]

Ich möchte im Folgenden einige Hinweise auf den Zusammenhang von gattungsmässiger Verfestigung und Autorkonzept anführen. Ein zunächst trivialer Umstand scheint zentral: Unabhängig von der schwierigen Frage nach den *Begründungskriterien* für Verfestigung, unabhängig von der Frage, was ein „Muster" genau sei und unabhängig von der Frage, wie *eindeutig* Textexemplare einem bestimmten Gattungsmuster überhaupt zuweisbar sind, scheint es zwei einfache, übergreifende Regeln zu geben, die mit Blick auf den Autorbegriff relevant sind: 1. Auffallend viele Texte enthalten eindeutige Gattungs*trigger*. Mit diesen Triggern verbinden sich Vorstellungen eines *inferierbaren* Autors, der mit einem typischen Geltungsanspruch auftritt. 2. Mit der „Aussenstruktur", die sich binnenstrukturell in der Vermittlung eines bestimmten Autortyps äussert, gehen vor allem weitreichende *Restriktionen* einher, weil weitreichende Erwartungen an Autortypen gebunden werden. In einem Text ‚spricht' nur ein Autor auf einmal.

Einige Beispiele zur Illustration: Eine für Wetterberichte ausdruckstypische Wendung wie „zunehmende Gewitterneigung am Nachmittag" impliziert einen

---

[77] Günthner. Gattungen. 1995. S. 211. (Vgl. hierzu die Untersuchung von Peter Auer. Zur Verbspitzenstellung im gesprochenen Deutsch. In: Deutsche Sprache 3/1993. S. 193–222.)

[78] Zur Problematik der ‚Verfestigung' hat Ulla Fix in ihrem Beitrag „Zitier-, Reproduzier- und Mustertextsorten" an der Tagung „Oberfläche und Performanz: Untersuchungen zur Sprache als dynamische Gestalt" (Monte Verità, 29.03.–02.04.2005) einen überzeugenden Kategorisierungsvorschlag vorgelegt, der unterschiedliche Arten und Grade der Oberflächentypik zum Ausgangspunkt nimmt. Ulla Fix unterscheidet vier Erscheinungsformen von Textsorten: Erstens *Zitiertexte*, d. h. Texte, die in jeder Hinsicht einer festgelegten Form entsprechen und unverändert tradiert werden (z. B. religiöse oder politische Sprüche), zweitens *Reproduziertexte*, d. h. Texte, die an der Textoberfläche offener, d. h. stärker „individuell" zu produzieren sind als Zitiertexte (z. B. Volksmärchen), drittens *Mustertexte*, die mit Textsorten indizierenden Merkmalen operieren, in der Ausführung aber große Freiräume ermöglichen (z. B. wissenschaftliche Texte) sowie viertens *Abweichungstexte*, die vor dem Hintergrund prototypischer Textmuster intendierte Abweichungen mit einem Mehrwert aufweisen (z. B. Satiren).

Autor, der sich prognostisch äussert, eine ‚professionelle Vorsicht' an den Tag legt, was mit der Gradierbarkeit von „zunehmend" und „-neigung" doppelt indiziert wird. Komplementär zu diesem Autortypus wäre ein ‚wankelmütiger' oder ‚sicherer' Typus. Restriktionen zielen darauf ab, entsprechend paradoxe Trigger zu vermeiden.

In der Regel enthalten die Textanfänge, Überschriften, Anreden Gattungstrigger. Nina Janich weist im Zusammenhang mit E-Mails aus dem universitären Kontext darauf hin, dass Anreden und „Subject"-Zeile deshalb neuralgische Elemente für die Kommunikation darstellen, weil sie entsprechende Autortypen/Geltungsansprüche inferierbar machen: „Hallihallo" als Anrede oder „eine kleine Notiz zwischendurch" als Hinweis in der „Subject"-Zeile legen für den gesamten Text den Autortypus bzw. ein erwartbares Muster für die entsprechende Kommunikation fest.

Inferenzen über den Autortypus werden häufig bereits am Textanfang im Sinne einer pragmatischen Ökonomie für das Textganze festgelegt. Um auf ein extremes Beispiel hinzuweisen, wird in Verfassungstexten eine Präambel formuliert, um das entsprechende Konzept der Aussageinstanz zu indizieren. Im Falle der Schweizer Verfassung lautet der Präambel-Text verkürzt so: „Im Namen Gottes des Allmächtigen! Das Schweizervolk und die Kantone, [...] geben sich folgende Verfassung".[79] Die Präambel hat die Funktion, mit dieser formelhaften Wendung den hypostasierten Autor dieses Textes darzustellen.

Vor dem Hintergrund dieser Beispiele erscheint es wenig sinnvoll, „Gattungsmuster" ohne entsprechenden Autortyp bestimmen zu wollen. „Aussen-" und „Binnenstruktur" von kommunikativen Gattungen korrespondieren vor dem Hintergrund von autortypischen Codes.

1.1.4 Anschliessbarkeit

Eine der zentralen Fragen der luhmannschen Systemtheorie ist die nach der „Anschliessbarkeit von Kommunikation an Kommunikation".[80] Die folgende Überlegung zum luhmannschen Begriff peilt nicht eine Erörterung seiner systemtheoretischen Verortung an, es geht vielmehr darum, die begriffliche Model-

---

[79] „Stand am 8. August 2006", http://www.admin.ch/ch/d/sr/101/ani1.html.

[80] Niklas Luhmann. Soziale Systeme: Grundriss einer allgemeinen Theorie. Frankfurt am Main 1987. S. 204ff. Vgl. zum Begriff der Anschliessbarkeit auch den Aufsatz von Gerd Antos. Sprachliche Inszenierung von „Expertenschaft" am Beispiel wissenschaftlicher Abstracts: Vorüberlegungen zu einer systemtheoretischen Textproduktionsforschung. In: Eva-Maria Jakobs (Hrsg.). Wissenschaftliche Textproduktion: Mit und ohne Computer. Frankfurt am Main, Berlin, Bern, New York, Paris, Wien 1995. S. 113–127.

lierung der „Anschliessbarkeit“ mit Blick auf die Autorbegriffsproblematik zu differenzieren.

Luhmanns Konzeptualisierung der „Anschliessbarkeit“ leuchtet meines Erachtens vor allem auf der thematischen Ebene schnell ein.[81] Um zu verhindern, dass konversationelle Beiträge sich in der Wiederholung bereits stattgefundener Beiträge thematisch im Kreis drehen, sind soziale Einheiten wie Gruppen etc. auf die Anschliessbarkeit von Themen an bereits besprochene Themen angewiesen. Solange man sich in einem Feld der ununterbrochenen, rituellen Kommunikation bewegt, sind in erster Linie Serien von leicht wiedererkennbaren, leicht „anschlussfähigen“ Themen erwartbar.[82] Das heisst, der semantische Wert von Beiträgen bemisst sich dann auch primär an der Anschliessbarkeit des Beitrags an vorgängige Kommunikation und nicht an seinen denotativen Funktionen.[83] Sobald man aber ein bestimmtes kommunikatives Geschehen unterbricht und einen Beitrag im Sinne des angesprochenen habermasschen „Diskurses“ für annehmbar oder ablehnbar qualifiziert, verlässt man das ritualisierte Geschehen zugunsten von Anschlussakten, welche die denotativen Funktionen von Beiträgen mit grösserer Aufmerksamkeit belegen.

Anschlüsse sind im Grunde zunächst einfach als Alternativen zu Wiederholungen, das heisst als Neuformulierungen zu verstehen. Luhmann betont in diesem Zusammenhang die Einschränkungen möglicher Sinnproduktion durch sozial eingespielte Kontingenzreduktion.[84] Verweise auf vorgängige Verständigung erlauben es etwa, nicht andauernd in langwierige Definitionsexkurse zu verfallen, die dann nötig wären, wenn wir immer davon ausgingen, dass wir nicht sehr viel voraussetzen könnten bei unserem Gegenüber. Gleichzeitig lassen sich Neuformulierungen durch diese Bezugnahmen auch in Richtung Annahme vorbereiten.[85]

Die Annahme oder Ablehnung eines Beitrags ist bei Luhmann nicht Teil des kommunikativen Geschehens: Der Einzelbeitrag erregt zwar einen Gegensinn, dieser Gegensinn selbst ist aber nur latent mitgegeben und es bedarf des Anschlussaktes, um die Differenz von Annehmen und Ablehnen im Hinblick auf ein weiteres Geschehen zu entscheiden.[86] Warum ist das so? – Mir

---

[81] Ich klammere damit vorläufig (vor allem der Einfachheit halber) die Anschliessbarkeit an einen bestimmten kommunikativen Habitus aus der Diskussion aus.

[82] Luhmann. Soziale Systeme. 1987. S. 62.

[83] Feilke. Common sense-Kompetenz.1994. S. 102.

[84] Vgl. Feilke. Common sense-Kompetenz.1994. S. 101. Und: Antos. Inszenierung. 1995. S. 114.

[85] Vgl. Niklas Luhmann. Soziale Systeme: Grundriss einer allgemeinen Theorie. Frankfurt am Main 1987. S. 204f.

[86] Luhmann. Soziale Systeme. 1987. S. 204f.

scheint mit Blick auf luhmannsche „Einzelbeiträge", etwa in der Form von Existenzaussagen, zentral, dass nicht die Beiträge selbst – unmittelbar – angenommen oder abgelehnt werden, sondern eine ontologisierende Amalgamierung von Aussage und Autor. Anders gesagt: Eine Diskussion über richtig und falsch setzt bei der Kommunikativität des Beitrags an, auf den sich die Qualifizierung bezieht.

Ich will das auf dem Hintergrund von spezifisch wissenschaftlichem Anschliessen zu präzisieren versuchen. Wissenschaftliche Erklärungen sind Erklärungen, die auf bereits vorliegende Erklärungen Bezug nehmen, indem sie Validierungen mit den Erklärungen verbinden. Das heisst: Typische Adressaten von wissenschaftlichen Anschlüssen sind nicht zustimmende oder ablehnende Leser/Hörer, sondern Autoren, die sich mit Validierungen von Erklärungen wieder zu Wort melden. Anschlüsse haben die Form von Diskussionsbeiträgen. Einfache Zustimmung ist ein unzureichendes Mittel, um einer wissenschaftlichen Erklärung als solcher Geltung zu verschaffen. Das Gleiche gilt umgekehrt auch für einfache Ablehnung. Die „Leidenschaft für das Erklären"[87], welche Wissenschaftler auszeichnet, wäre empfindlich gebremst, wenn Erklärungen nicht in diesem Sinne permanente Anschlussprovokationen bleiben würden.

Erklärungen zu validieren heisst für einen Autor, Gründe und Gegengründe für deren Annahme oder Ablehnung zu erklären. Der Erfolg eines Beitrags verdankt sich dabei nicht der Ordnung der referierten Welt.[88] Erst die sprachlich-rhetorische gestiftete Ordnung des Beitrags lässt seine Validierung zu. Erklärungen können deshalb, wie Maturana schreibt, nicht als direkte „Erfahrungen des Beobachters [...]" verstanden werden, „die sich einstellen, während er oder sie in seinem/ihrem Erfahrungsbereich operiert [...]",[89] sondern vielmehr als Interpretationen von Repräsentationen, die von einem Autor im Hinblick auf eine Validierung durch andere Autoren bereitgestellt werden.

Die in wissenschaftlichen Beiträgen repräsentierten Operationen des Behauptens, des Fragens, Schliessens und Erklärens werden durch ihre Mitteilung überhaupt erst thematisch und damit anschlussfähig. Bei der Validierung von Operationen bezieht man sich auch auf die präsupponierten Handlungsträger. Das heisst, man rekurriert auf etwas Verstandenes im Sinne einer durch Rezeption gewonnenen Einsicht, die mit dem Gemeinten nicht völlig kongruieren muss, sondern einer zusammenfassend-interpretierenden Askription gleich-

---

87 Humberto R. Maturana. Biologie der Realität. Frankfurt am Main 2000. S. 330.
88 Vgl. Feilke. Common sense-Kompetenz. 1994. S. 76–80.
89 Maturana. Biologie der Realität. 2000. S. 330.

kommt. Konkret äussert sich das in Ausdrücken wie „in der Argumentation des Autors X bleibt unberücksichtigt, dass...“, „Y betont vor allem“ etc. – Würde man sich beim Schreiben direkt auf Propositionen im Sinne ontologischer Existenzaussagen (Luhmann) beziehen, so würde Zustimmung oder Ablehnung schwierig, um nicht zu sagen obsolet, weil der Aussage selbst die Interaktionsfähigkeit fehlt. Wenn Assertionen ausschliesslich die Form „*etwas ist* so und so“ hätten und dem nicht ein präsupponierter Kontext vorausginge, der obligatorischerweise zu inferieren ist, dass „ein Autor behauptet/beweist/argumentiert etc., dass *etwas* so und so *sei*“, dann würde es sich im Grunde ebenso wenig aufdrängen zu widersprechen oder zuzustimmen, wie das bei der deskriptiven Struktur eines Auktionskatalogs der Fall ist.

Wenn man das Autorprinzip, wie das die Überlegungen hier nahe legen wollen, generell als ein Kontext aufbauendes Prinzip versteht, das es erlaubt, bei der Rezeption die Konstruktion einer behaupteten, erklärten, erzählten oder begründeten Wirklichkeit im Text mit einer sozialen, bzw. einer den Auftritt der Aussageinstanz darstellenden Wirklichkeit in Beziehung zu bringen, so fasst man letztlich die Einheit Text als Parallelkonstruktion zweier korrespondierender Textwirklichkeiten auf. Die Wirklichkeit der sozialen Konstellation und die Aussagewirklichkeit sind so gesehen im Text enunzierte, aufeinander bezogene Teilwirklichkeiten. Zusammenfassend lässt sich mit Blick auf die Ablehnung oder Zustimmung von Beiträgen sagen: Die enge Korrespondenz beider Wirklichkeiten verbietet im Grunde, die „Freiheit anzunehmen oder abzulehnen“ (Luhmann) abspalterisch auf die ausschliesslich eine der beiden Wirklichkeiten zu richten.

Die Unauflöslichkeit der Korrespondenz zwischen Autorkontext- und Aussagewirklichkeit präziser zu definieren ist Gegenstand des folgenden Kapitels.

1.2 Was ist Autorschaft?

Die bisherigen Ausführungen dieses Kapitels dienten dem Zweck, den Begriff des Autors auf dem Hintergrund der Domänenspezifik wissenschaftlicher Wirklichkeits- bzw. Aussageverhältnisse (auch in der Abgrenzung zu andern Domänen) zu verdeutlichen. Auch wenn der Autorbegriff keine einfache Bestimmung zulässt, so scheint doch die Alltagssemantik eine wenn auch vage, so doch irgendwie verlässliche Basis für eine darauf aufbauende Differenzierung zu gewährleisten. Diese alltagsweltliche Semantik fehlt dem Autorschaftsbegriff weitgehend. Wenn es hier einen identifizierbaren Nenner gäbe, dann einen bereits fachlich imprägnierten. Sollte im Alltag je von Autorschaft die Rede sein, dann in Kontexten, wo ein aus urheberschaftsrechtlichen oder aus philologischen Zusammenhängen ‚abgesunkener' Begriff zur Anwendung kommt.[90]

Ich will hier unter Autorschaft grob gesagt das die Autorinstanz bestätigende, rhetorisch-performative Prinzip im Text verstehen. Der Autor soll als personale Instanz, nicht als Person begriffen werden. Es geht also um das in Texten dargestellte Verhältnis von Aussage und Autorinstanz. Mit Blick auf die Lektüre entspricht das der Behauptung, dass bei der Rezeption von wissenschaftlichen Texten nicht nur Vorstellungen vom Textinhalt, sondern auch Vorstellungen von der Autorinstanz aufgebaut werden.[91]

Es sind zwei zusammenhängende Problemkreise, welche eine einfache Bestimmung des Autorschaftsbegriffs schwierig machen. Zum einen lassen sich die unter dem Begriff summierten Phänomene nur schwer abgrenzen. Zum andern liegen die Phänomene auf disparaten Beschreibungsebenen, ohne dass nur annähernd klar wäre, wie etwa eine empirisch in sich uneinheitliche Ebene wie ‚Aussagestil' mit einer vergleichsweise konkreten Ebene wie jener der deiktischen Verweise korrespondiert. Ein Vorschlag zur Lösung dieser Problematik ist an dieser Stelle noch nicht beabsichtigt. Es stellt sich zunächst die allgemeine Frage, ob mit dem Autorschaftsbegriff überhaupt etwas Einheitliches bezeichnet wird. Die in den nachfolgenden Unterkapiteln angestellten Überlegungen zur Definition des Begriffs gelten dem Versuch, diese Probleme aus verschiedenen Blickrichtungen zu aspektualisieren, nicht sie zu lösen.

---

[90] In einer Fügung wie „jemandes Autorschaft anzweifeln" klingt diese juristische oder philologische Konnotation an. Das damit verbundene Konzept ist eines, das auf die Rekonstruktion ontologischer Verfasserverhältnisse setzt. Vgl. hierzu die Erörterungen zum autorschaftlichen „Fingerabdruck" (Kapitel 1.2.6) und die Arbeit von Heinrich Bosse. Autorschaft ist Werkherrschaft. Über die Entstehung des Urheberrechts aus dem Geist der Goethezeit. Paderborn 1981.

[91] Das Nebeneinander von Inhalt und Autor wird in der Literatur sehr verschieden aufgefasst. Eva-Maria Jakobs etwa weist zwar in ihrer Untersuchung zur Textvernetzung darauf hin, dass die Wahrnehmung der Autorperson die Aufnahme von Inhalten beeinflusst. Jakobs interessiert aber vor allem die Frage, wie sich Sympathie und Antipathie auf das Zitierverhalten auswirken. Sie geht von bereits institutionalisierten Beziehungen und nicht von primär ‚verschriftlichten Instanzen' im Text aus. Sie verweist in diesem Zusammenhang auch auf den Beitrag von Hayes, der die Steuerung der Inhaltsaufnahme über die Vorstellung der ‚Persönlichkeit' des Autors aus kognitionspsychologischer Perspektive ebenfalls betont. Vgl. Eva-Maria Jakobs. Textvernetzung in den Wissenschaften: Zitat und Verweis als Ergebnis rezeptiven, reproduktiven und produktiven Handelns. Tübingen 1999. S. 322–324. („Einstellung des Textproduzenten zur Textquelle und zu ihrem Verfasser"). Und: John R. Hayes. A New Framework for Understanding Cognition and Affect in Writing. In: Michael C. Levy, Sarah Ransdell (Hrsg.). The Science of Writing: Theories, Methods, Individual Differences and Applications. Mahwah, NJ 1996. S. 1–27.

Jedes der folgenden Unterkapitel pointiert Möglichkeiten für ein Verständnis des Autorschaftsbegriffs. Das Problemfeld Autorschaft im wissenschaftlichen Text wird hier vor allem hinsichtlich einer rhetorischen Auffassung von Text eingekreist. Die definitorischen Schwierigkeiten sind sowohl vor dem Hintergrund divergierender Forschungstraditionen zu sehen als auch vor dem Hintergrund einer weitgehend fehlenden Reflexion des Autorschaftsbegriffs in der deutschsprachigen, pragmatisch orientierten Textlinguistik. Das Kapitel 1.2.1 diskutiert einen für die vorliegende Arbeit wichtigen Strang der vorwiegend US-amerikanischen Forschung, der den Untersuchungsgegenstand wissenschaftlicher Text aus einer gleichzeitig metawissenschaftlichen und rhetorischen Perspektive beleuchtet. Die Tradition, auf die sich eine solche Gegenstandsbegründung berufen kann, reicht viel weiter zurück, als es der erste Anschein glauben macht. Kapitel 1.2.2 setzt sich im Anschluss an diesen rhetorisch-pragmatischen Begriff von Text (und Autorschaft) mit dem im deutschsprachigen Raum intensiv diskutierten „Ich-Tabu" auseinander. Eine zentrale Voraussetzung für das, was man pauschalisierend als wissenschaftlichen Aussagestil bezeichnen kann, bilden die zugrunde liegenden (meist impliziten) Schreibnormen: Das Kapitel 1.2.3 thematisiert die in diesem Zusammenhang vor allem für das naturwissenschaftliche Selbstverständnis zentralen, schreibpraktischen Implikationen des Modells der „Durchsichtigkeit". Während bei der Diskussion um die „Durchsichtigkeit" Autorschaft unter dem Aspekt der ‚medialen Norm' sozusagen indirekt zur Sprache kommt, will Kapitel 1.2.4 Autorschaft aus der direkten Perspektive und dem Phänomen der Instanzierung bei der Textproduktion heraus beschreiben. Kapitel 1.2.5 geht von der Pseudoetymologie von „Persona" aus. Der Begriff der Autorschaft wird so vor dem Hintergrund der Differenz von ‚spielender' und ‚gespielter' Person konturierbar. Kapitel 1.2.6 pointiert den Autorschaftsbegriff vom Begriff des Individualstils her und widmet sich damit nochmals unter ganz anderen Vorzeichen der Frage nach der Rückführbarkeit von Texten auf Personen.

1.2.1 „Rhetoric of Science"

Die interessanteste Auseinandersetzung mit der Frage nach der *rhetorischen* Konsistenz von wissenschaftlichen Aussagesystemen wurde in den vergangenen zwanzig Jahren innerhalb eines kaum institutionalisierten, metawissenschaftlichen Forschungszweigs geführt. Die Titelformulierung „Rhetoric of Science"[92]

---

[92] Alan G. Gross. The Rhetoric of Science. Cambridge MA 1990. Vgl. hierzu auch die für diese Forschungsfeld zentralen Arbeiten: Charles Bazerman. Shaping Written Knowledge: Genre and Activity of the Experimental Article in Science. Madison (WI) 1988. Herbert W. Simons. The Rhetorical Turn: Invention and Persuasion in the Conduct of Inquiry. Chicago 1990. Steve Woolgar [ed.]. Knowledge and Re-

von Alan Gross bringt den gemeinsamen Nenner dieser zum grössten Teil im englisch-amerikanischen Sprachraum beheimateten Disziplin auf eine knappe Formel. Wie bei andern jungen Forschungsrichtungen gelten die meisten Beiträge dem, was man als Grundlagenforschung bezeichnen könnte. Den wesentlichsten Beitrag liefert die Disziplin mit der Einsicht, dass wissenschaftliche Texte – darunter werden in aller Regel naturwissenschaftliche Aufsätze verstanden – nicht ‚fertige' Erkenntnis medial ‚übersetzen' und dass die Funktion des Textes auch gar nicht primär in der Darstellung einer präexistenten Welt der Erkenntnis und der Tatsachen bestehen kann, sondern dass Erkenntnis- und Tatsachenkonstruktion im Text hergestellt werden. Die Textauffassung der „Rhetoric of Science" divergiert damit vor allem mit der alltagsweltlichen und ‚normalwissenschaftlichen' Vorstellung von einer ‚Referenz-Mimesis'.[93]

In deutlichem Gegensatz zu anderen metawissenschaftlichen Forschungsfeldern wie etwa der Wissenschaftsgeschichte interessiert sich die „Rhetoric of Science" nicht für die konstativen Aspekte wissenschaftlicher Aussagesysteme. Die Idee, dass wissenschaftliches Handeln wesentlich als sprachlich-rhetorisches Handeln zu begreifen ist und das Resultat dieses Handelns in der Form von wissenschaftlichem Wissen untrennbar mit seinem rhetorisch-performativen Charakter verbunden ist, impliziert nicht zwingend eine qualitative Bewertung dieses Wissens. Ob (oder vielleicht besser: wie) eine bestimmte Erkenntnis wahr sei, interessiert aus dieser Optik gar nicht. Die Begriffsbildung „Rhetoric of Science" impliziert einerseits, dass sich Wissenschaft rhetorischer Mittel bediene, um sich mitzuteilen und sich als solche zu inszenieren, andererseits, dass wissenschaftliches Wissen seiner Natur nach rhetorisch sei. Damit wird aber die Validierung wissenschaftlicher Wahrheit nicht zum Gegenstand der rhetorischen Forschung erklärt.[94]

---

flexivity: New Frontiers in the Sociology of Knowledge. London 1988. Vgl. auch die Beiträge der Aufsatzsammlung: The Rhetoric of the Human Sciences: Language and Argument in Scholarship and Public Affairs. John S. Nelson, Allen Megill, Donald N. McCloskey [eds.]. Madison (WI) 1987. Und die Beiträge in: Peter Dear (Hrsg.). The Literary Structure of Scientific Argument: Historical Studies. Philadelphia 1991.

93 Vgl. hier vor allem: Gross. Epilogue: Reference without Reality. In: Ders. The Rhetoric of Science. 1990. S. 193–207.

94 Vgl. Alan G. Gross. Rhetoric of Science. In: Encyclopedia of Rhetoric and Composition: Communication from Ancient Times to the Information Age. Theresa Enos (Hrsg.) New York, London 1996. S. 622–627. Hier S. 622f. – Während Alan Gross die Opposition von ‚radikalem' und ‚traditionellem Rhetorikbegriff' sehr stark betont, richtet Leah Ceccarelli in ihrem sehr lesbaren Überblick (2005) über die „Rhetoric of Science" das Augenmerk auf die verbindenden Aspekte innerhalb der jungen Disziplin: Vgl. Leah Ceccarelli. Rhetoric of Science and Technology. In:

Die unter dem Label „Rhetoric of Science" versammelten Forschungsanstrengungen kreisen indirekt auch um die Frage nach einer Definition wissenschaftlicher Autorschaft. Die Konzeptualisierungen gehen in zwei Richtungen auseinander. Dieser Umstand hängt ursächlich direkt mit den zugrunde liegenden Rhetorik- bzw. Textbegriffen zusammen. Die eine Richtung basiert, wie Alan Gross (1990) skizziert, auf einem tendenziell traditionellen Rhetorikbegriff, die andere auf einem radikalen.[95] Unter traditionellen Prämissen *dienen* rhetorische Mittel der Überzeugung von Adressaten. Unter dieser Voraussetzung setzen Untersuchungen bei Elementen im Text an, die dezisionistisch mit der Funktion des Überzeugens in Verbindung gebracht werden. Charles Bazerman schreibt etwa in seinem Kapitel über die unterschiedlichen Versionen von Newtons „Opticks" den schliesslichen Erfolg des Buches einer zunehmenden Anpassung der rhetorischen Strategien an sein Publikum zu.[96] Für Bazerman entsprechen die vier Versionen der newtonschen Theorie Reformulierungsstadien mit unterschiedlich effektiven Persuasionsstrategien. Dass sich das beigebrachte Wissen selbst bei der Reformulierung als unstabil erweist, erklärt Bazerman kontextualistisch.[97] In die gleiche Richtung geht Greg Myers bei der Analyse von Überarbeitungen von naturwissenschaftichen Zeitschriftenaufsätzen und Proposals – auch er betont die unterschiedliche Effektivität rhetorischer Strategien.[98] Sowohl für Myers wie für Bazerman gleicht die Art und Weise, wie sich der Textproduzent als autorschaftliche Instanz im Text präsentiert, einer Verkleidung. So, wie sich die Inhalte unterschiedlich geschickt ‚verkau-

---

Carl Mitcham (Hrsg.). Encyclopedia of Science, Technology and Ethics. Farmington Hills 2005. S. 1625–1629.

95 Gross weist sich selbst dabei einen prominenten Platz unter den Radikalen zu. Vgl. Gross. Rhetoric of Science. 1996. S. 622–627. Hier S. 624–627.

96 Charles Bazerman. Between Books and Articles: Newton Faces Controversy. In: Ders. Shaping Written Knowledge: The Genre and Activity of the Experimental Article in Science. Madison (WI) 1988. S. 80–127.

97 Bazerman scheint Newton für seine Änderungen zu entschuldigen, wenn er schreibt: „What is clear is that much of Newton's account of his investigation in the „New Theory" article differs from details of his earlier accounts. In viewing these differences we need to keep in mind that Newton was writing a number of years after the event when memory of dates and sequence may have faded and more significantly after his memory may have been restructured around later meanings. [...] ebd. S. 92.

98 Greg Myers. Writing Biology: Texts in the Social Construction of Scientific Knowledge. Madison (WI) 1990. Vgl. auch: Ders. Stories and Styles in Two Molecular Biology Review Articles. In: Charles Bazerman/James Paradis (Hrsg.). Textual Dynamics of the Professions. Historical and Contemporary Studies of Writing in Professional Communities. Madison (WI) 1991. S. 45–75. Vgl. auch: Ders. Text as Knowledge Claims: The Social Construction of Two Biologists' Articles. In: Social Studies of Science 15/1985. S. 593–630.

fen' lassen, kann sich auch die Autorperson im Text rhetorisch unterschiedlich vorteilhaft präsentieren. Das im Text vermittelte Selbstbild wird, wie Myers sehr eindrücklich aufzeigt, von Version zu Version eigentlich rhetorisch ‚aufgemöbelt' und ‚zurechtfrisiert'. Wenn Text unter diesen Prämissen die Funktion hat, eine adressatengerechte Persuasionsstrategie zu vermitteln, dann wird Autorschaft vor allem verstanden als Aufbau von klassischen autorschaftlichen Eigenschaften wie Innovationskraft, Glaubhaftigkeit und Autorität.[99]

Eine auch mit Blick auf die Konzeption des Autorschaftsbegriffs radikalere Begriffskonzeption geht dahin, den Verbrämungs- oder wenn man so will: den Manipulationsaspekt der Rhetorik nicht speziell zu betonen. Für Alan Gross etwa sind die verschiedenen Versionen von Newtons „Opticks" nicht wie für Bazerman Ausdruck unterschiedlich erfolgreicher rhetorischer Strategien, sondern für ihn sind sie Ausdruck für die Instabilität und für die durchgängig *rhetorische* Konsistenz der beigebrachten Erkenntnis, in diesem Fall der physikalischen Theorie der Lichtbrechung.[100] Unter diesen Prämissen verschiebt sich die Gewichtung des Autorschaftsbegriffs diametral.

Bei Gross findet wissenschaftliche Rhetorik nicht primär auf einem strategischen, sondern auf einem ‚unverschleierten' Niveau statt. In dieser Konzeption sucht man ein Hinter-den-Kulissen der Repräsentation in mehrfacher Hinsicht vergeblich. Newtons Gebrauch von Fragen kann bei Gross nicht einem adressatengerechten Trick gleichen,[101] weil die Fragen als Teil der wissenschaftlichen Problemlösung begriffen werden. Die Fragen gelten einem Verfahren zur ‚Destabilisierung' von Annahmen, einem quasi-dialogischen Prozedere. Die so vorgeführte Reflexivität des Textes ermöglicht es einem Leser, die Figur einer mit sich streitenden Autorinstanz als mentale Repräsentation eines klassischen Schemas im Zusammenhang mit der Generierung von Erkenntnis durchzuspielen. Autorschaft ist hier also nicht an die Idee einer Abbildung des Autors gebunden. Der Autor gleicht unter radikalen Prämissen auch nicht der deutlich umrissenen Instanz, die als Anwältin ihrer Ideen vor Gericht zieht, um das Gericht in austarierten Strategien von der Richtigkeit einer Argumentation zu überzeugen, von deren Richtigkeit sie selbst bereits fest überzeugt ist – der Autor gleicht eher einer Instanz, die in der rhetorischen Ontologie des Textes selbst als wandelbare Figur präsent ist, um Akte der Selbstüber-

---

99 Vgl. hier: Bazerman. Shaping Written Knowledge. 1988. S. 140f.

100 Vgl. Gross. Rhetoric of Science. 1990. Vgl. auch ders. Rhetoric of Science. In: Encyclopedia of Rhetoric and Composition. 1996. S. 625. Und vgl. auch ders. Does Rhetoric of Science Matter? The Case of the Floppy-Eared Rabbits. In: College English 53/1991. S. 933–943.

101 Vgl. Alan G. Gross. Newton's Rhetorical Conversion. In: Ders. Rhetoric of Science. 1990. S. 111–128.

zeugung an einen Adressaten zu richten, der bereit sein muss, dieser instabilen Figur zu folgen.[102]

Einen wissenschaftlichen Text zu lesen heisst unter diesen Voraussetzungen, sich an die enunzierte Autorschaft im Text zu akkomodieren. Nicht: Newton manipuliert mich geschickt mit seiner Fragestrategie, sondern: In der Lektüreprozedur ist Newtons Frage sowohl Newtons wie *meine Frage*, bzw. eine von der Vorstellung der Instanzierung ablösbare Frage. Eine radikale Bestimmung des Autorschaftsbegriffs sieht vor allem vor, sich von einem rhetorischen Modell der Mimesis zu lösen, das den ‚eigentlichen Autor' hinter dem Text sieht und seinem sprachlich-rhetorischen Abbild im Text einen strategischen Charakter zuschreibt.

Die Konzeption einer nicht-mimetischen Rhetorik und damit das, was Alan Gross als „Reference without Reality" bezeichnet,[103] schliesst ideell an eine lange, rhetorik-theoretische Tradition an. Innerhalb dieser Konzeption nimmt die Frage, wie die Abwesenheit des Autors kompensiert werden soll, eine wichtige Stellung ein. Über die Idee wird nicht zufälligerweise in der Aufklärungszeit erstmals intensiv nachgedacht. Das 18. Jahrhundert, Albrecht Koschorke weist in seiner Untersuchung sehr eindrücklich darauf hin,[104] modelliert in unterschiedlichen Ansätzen eine Lektürevorstellung, der ein Kontiguitätsverhältnis zwischen Autor, Aussage und Rezipient in der Figur des „Lesens als Hören" zugrunde liegt. Koschorke schreibt: „Kaum eine emphatische Lektürebeschreibung in der zweiten Hälfte des 18. Jahrhunderts, in der nicht die Schrift des Autors als seine Stimme vernehmbar, der nicht ein halluzinativer Beiklang mündlicher Gegenwart zugemischt wäre."[105] Das Berührungsverhältnis von Autor, Aussage und Leser über das metaphorische Modell der autorschaftlichen „Stimme" erlaubt einerseits wie bereits angedeutet eine Konzeptualisierung von leserseitiger Kooperation mit dem Autor. Die Formel „Lesen als Hören" bedeutet, dass die Differenzierung zwischen graphematischer und akustischer Sprachrepräsentation zugunsten einer Anwesenheitsvorstellung ausgeblendet wird:

> Nun kan in einer geschriebenen Rede, die Handlung des Redenden, nur auf eine versteckte Art bezeichnet werden, ja manchmal kan sie kaum oder gar nicht bezeichnet

---

[102] Zur Thematik der rhetorischen ‚Selbstüberzeugung' vgl. Gross. Rhetoric of Science. 1990. S. 144–159.

[103] Vgl. v.a. Gross. Epilogue: Reference without Reality. In: Ders. The Rhetoric of Science. 1990. S. 193–207.

[104] Albrecht Koschorke. Körperströme und Schriftverkehr: Mediologie des 18. Jahrhunderts. München 1999. (Hier vor allem: Imaginationen: Theorie der Abwesenheit. S. 263–321.)

[105] Koschorke. Körperströme. 1999. S. 300.

> werden. […] Wer also einen geschriebenen Text auslegen will, der muss die ganze Handlung der Rede, so viel als möglich ist, zu entdecken suchen.[106]

Der autorschaftlichen ‚Anwesenheit' im Text, wie sie Alan Gross im Zusammenhang mit Newtons „Opticks" beschreibt, kommt die Funktion zu, auch jene Leser, die nicht einverstanden sein werden, dazu zu bringen, nachzuvollziehen, was gemeint ist.[107]

Autorschaft unter den Voraussetzungen eines Kontiguitätsverhältnisses zu definieren bringt den zentralen Vorteil mit sich, dass die Konturierung dessen, was überhaupt noch im Rahmen einer „manifestness" als Repräsentation der autorschaftlichen Instanz verstanden werden soll, grundsätzlich stärker oder weniger stark manifest sein kann.[108] Autorschaft wird so gewissermassen skalierbar. Wie stark ein bestimmter Leser die ‚Autorstimme hört', bzw. ‚hören will', ist über eine entsprechende Inferenz von Autorschaft steuerbar. Der Prozess des leserseitgen Inferierens führt dabei nicht zu einer Art von Schluss, die man in jedem Fall als Wissen bezeichnen könnte. Wenn Newton etwa die Frage stellt, „Are not the Rays of Light very small Bodies emitted from shining Substancies?" (Gross 1990, 125), so ist mit der Handlung des Fragens auch einem aktuellen Status von Autorschaft Ausdruck verliehen, den man mit Blick auf den zugrunde liegenden Sachverhalt als unsicher bezeichnen kann. Damit verbindet sich aber nicht ein Wissen *über* den Autor, weil dem Leser klar sein wird, dass es im Text eher um eine Alterisierung[109] von Unsicherheit als um die unmittelbare „Unsicherheit *von* Newton" geht. Die „manifestness" des Autors ist mit Blick auf diesen Ausschnitt, mit Sperber/Wilson gesprochen „mutual".[110]

Es ist nahe liegend anzunehmen, dass sich bei der Lektüre über die Darstellung von methodischem Verhalten (Handlungen wie: Messen, Beobachten, aber auch: Fragen, Erklären, Demonstrieren, Beweisen etc.) ein „Bild" des Autors

---

106 Georg Friedrich Meier. Versuch einer allgemeinen Auslegungskunst. Halle 1757. S. 72f. Zit. in: Koschorke. Körperströme. 1999. S. 299.

107 Vgl. hier vor allem: Alan Gross. „The Use of Presence". In: Gross. Rhetoric of Science. 1990. S. 124f.

108 Der Begriff der „manifestness" ist ein Begriff, den Sperber/Wilson in kommunikationstheoretischer Absicht ins Spiel gebracht haben: Man kann sich darunter – stark vereinfacht – inferiertes Weltwissen, Anspielungen etc. vorstellen, was man in Äusserungen mit Blick auf das, was man beim Gegenüber an Horizont voraussetzt, in unterschiedlicher Gradierung (eben in unterschiedlicher „manifestness"!) realisiert. Vgl. zur Definition des Begriffs: Dan Sperber/Deirdre Wilson. Relevance: Communication and Cognition. (1. Aufl. 1986). Oxford 1995. S. 39–46.

109 Vgl. zum Begriff der Alterisierung: Brigitte Schlieben-Lange. Traditionen des Sprechens: Elemente einer pragmatischen Sprachgeschichtsschreibung. Stuttgart 1983. S. 14ff.

110 Sperber/Wilson. Relevance. 1995. S. 39.

einstellt. Darauf ist noch zurückzukommen. Die Vorstellung autorschaftlicher Anwesenheit im Text ermöglicht Vorstellungen von Alterisierungsprozessen. Kant betont das im Zusammenhang mit den Schriften von Newton:

> Die Ursache ist, dass Newton alle seine Schritte, die er von den ersten Elementen der Geometrie an, bis zu seinen grossen und tiefen Erfindungen, zu tun hatte, nicht allein sich selbst, sondern jedem andern, ganz anschaulich und zur Nachfolge bestimmt vormachen könnte;[111]

Für diese schrittweise Erörterung spielt die Funktion der Alterisierung in einem doppelten Sinne eine fundamental wichtige Rolle: Die „tiefen Erfindungen" wollen nicht nur „sich selbst" erklärt sein, sondern auch einer unabsehbaren Zahl – „jedem andern" – von virtuellen Gegenübern. Und: Das im Text repräsentierte methodische Verhalten bildet die Vorlage für analoges methodisches Anschlussverhalten.

Wenn es also bei verschiedenen Theoretikern des 18. Jahrhunderts heisst, das Ziel der Lektüre sei der Gleichklang mit dem Autor,[112] so wird im Grunde Rhetorik als Lehre der Suggestionstechniken bereits hier obsolet, sie wird vielmehr zur Lehre der medialen Unmittelbarkeit. Autorschaft wird damit als unmittelbar vernehmliche Stimme, als Verbindung von Aussage und Autor im Text gedacht, also als grundsätzlich unverschleierte Verbindung, wie sie Alan Gross gewissermassen für die Metaebene, welche die „Rhetoric of Science" darstellt, postuliert.

1.2.2 Das Ich-Tabu

Eine der vielleicht bekanntesten Kritiken, die in fachtextpragmatischen Kontexten an unterschiedlichen Stellen geäussert wurde, betrifft den Begriff der wissenschaftlichen Autorschaft im Kern. Die Kritik besagt, dass man in der persuasiven Praxis wissenschaftlicher Texte die Geltung von Aussagen dadurch anstrebe, dass Hinweise auf die subjektive Dimension der Erkenntnisproduktion systematisch ausgeblendet würden. Auch in dieser pragma-linguistischen Diskussion geht es also um die Frage nach der Verschleierung. Indem man

---

[111] Immanuel Kant. Erläuterung und Bestätigung obiger Erklärung vom Genie. (§47). In: Kritik der Urteilskraft. Stuttgart 1963. S. 238.

[112] Herder etwa schreibt emphatisch: „Das Feuer der Phantasie, in dem der Verfasser dachte und schrieb [...], glüht jeden Leser an, der es versteht, ein Buch in eine Person, und todte Buchstaben in Sprache zu verwandeln; alsdenn hört man und denkt und fühlt mit dem Autor." Johann Gottfried Herder. Ueber die neuere Deutsche Litteratur. (Sämtliche Werke Bd. 1. S. 222.) Zit. in: Koschorke.Körperströme. 1999. S. 301.

praktisch ‚die Sache selbst' sprechen lasse, würde das ‚eigentliche' Subjekt der Aussage, das Agens der Forschung, der wissenschaftliche Autor, in seiner Rolle verunklärt. Wenn man die Kritik – vor allem am naturwissenschaftlichen Sprachgebrauch – auf einen einfachen Nenner bringen will: Es ist die Untermarkiertheit der Sprecherdeixis, die in wissenschaftlichen Publikationen auffällt und auch im Alltag zum Klischee des unpersönlichen Wissenschaftstextes führt. Diese Kritik aus linguistischer Warte prominent untermauert und differenziert vorgetragen hat Peter von Polenz (1981), der darauf hinweist, wie im typischen Wissenschaftssprachstil Handlungsprädikate deagentiviert und Abstrakta – wie auch in diesem Text hier – in die Subjekt-Stelle verschoben werden.[113] Diese hypostasierende Tendenz führt zum Eindruck, die beschriebenen Sachverhalte seien nicht nur für ihr „So-Sein" selber verantwortlich, sondern auch für „Handlungen", die von ihnen ausgehen würden.[114] Harald Weinrich

[113] Peter von Polenz. Jargonisierung der Wissenschaftssprache und wider die Deagentivierung. In: Theo Bungarten (Hrsg.). Wissenschaftssprache: Beiträge zur Methodologie, theoretische Fundierung und Deskription. München 1981. S. 85–110.

[114] Allerdings ist möglicherweise die Annahme, die Subjekt-Prädikat-Verbindung würde zwingend die Agensrolle (im Sinne einer aussersprachlichen Referenz) an das Subjekt binden, in einer zu starren Art grammatisch oder vielleicht besser: in einer zu starren Art sprachlich-ontologisch gedacht. Zwei alltagssprachliche Beispiele dazu. Der harmlose Satz etwa „Kaffee hält wach", setzt genau genommen bei einem Gegenüber recht hohe Erwartungen an die Fähigkeit entsprechend zu inferieren voraus – es ist ja nicht der Kaffee selber, der „wach hält", sondern der Umstand, dass *ich* gelöstes Koffein in mich hineinschütte in der Erwartung eine entsprechende Reaktion zu erzeugen. (Zur Inferenz-Thematik und zu dieser Art der alltagssprachlichen Beispielsätze ausführlich: Sperber/Wilson. Inference. In: Dies. Relevance. 1995. S. 65–117.) Zweites Beispiel: Der appellative Satz „Die Kinder gehen jetzt ins Bett", beschreibt genau genommen eine Agensrolle in der Zukunft, die nicht selten die kontextuelle ‚Passivität der Angesprochenen' in einer Art Prophetie zu kompensieren versucht und im Grunde die ‚eigentliche' Agensrolle verunklärt. Der Verdacht, dass mit der Verschleierung der ‚eigentlichen' Agensrolle eine (auch moralisch zu verurteilende) Manipulation des Adressaten stattfindet, kann weder generell bestätigt, noch pauschal von der Hand gewiesen werden. Interessant scheint vielmehr, dass wissenschaftssprachliche Beispiele wie jenes bei Peter von Polenz (Jargonisierung. 1981. S. 101) „Diese Regel erzeugt korrekte Sätze", im Grunde genauso vor dem Hintergrund entsprechender Kontextinferenzen zu lesen sind wie die angeführten Alltagsbeispiele. Eine meines Erachtens sehr einleuchtende Begründung dafür, warum beim Sprechen/Schreiben unabhängig von der Sprachverwendungsdomäne permanent auf das Prinzip der Inferenz abgestellt wird, liefert Levinson: Aussagesätze wie „Kaffee hält wach", gehorchen dem Prinzip der Ausdrucksökonomie. (Genau genommen wird das Problem beschrieben als relative Langsamkeit der artikulatorischen Sprachproduktion gegenüber andern Sprachverarbeitungsprozessen wie dem Verstehen.) Müssten Kaffee-hält-wach-Aussagen hinsichtlich ihrer ‚Konstruktionsvoraussetzungen' expliziert werden, wäre ständig ein sehr grosser, auch metakommu-

(1989) spricht in einem viel zitierten Beitrag von einem „Ich-Verbot“[115] und im Anschluss an Weinrich in einer begrifflich etwas abgeschwächten Variante Heinz Kretzenbacher (1994) von einem „Ich-Tabu“[116]. Als Indiz für das „Tabu“ oder das „Verbot“ wird die hohe Frequenz von Passivsätzen in wissenschaftlichen Texten genannt. Diese Frequenz sei in den einzelnen Disziplinen zwar unterschiedlich hoch, aber in allen Disziplinen und allen Fachsprachen deutlich erhöht gegenüber der Gemeinsprache.[117]

Gabriele Graefen (1997) hat in Opposition zu Weinrich und Kretzenbacher darauf hingewiesen, dass der primäre Zweck wissenschaftlicher Publikationen in der *Weitergabe* wissenschaftlichen Wissens bestünde und dass der Charakter der Mitteilung deshalb der „Selbstthematisierung des Autors als Agens der Wissensgewinnung“ (S. 201) entgegenstünde.[118] Gabriele Graefen schreibt: „So sehr auch der Prozess der Erarbeitung von Forschungsresultaten an individuelle Leistungen, vielleicht auch an Ideen eines Forschers gebunden sein mag, in der Veröffentlichung ist – zumindest idealiter – unterstellt, dass ein *allgemein* gültiges und wichtiges Ergebnis erzielt wurde, das von der Individualität des Forschers unabhängig ist. [...] Die geringe Quantität von Ich-Formen in wissenschaftlichen Texten ist daher nicht erstaunlich.“[119] Damit ist zwar die im Subtext *moralische* Bewertung der Deagentivierungstendenz aus dem Spiel, wie sie im Begriff des „Ich-Verbots“ anklingt, und das Problem gelöst, dass vor allem der Begriff des „Tabus“ mit Blick auf die Formulierungskonventionen unterstellt, dass man *eigentlich* anders wollte, wenn man nur dürfte, aber im Grunde kehrt Graefen das Dilemma der sprachlichen „Abbildung“ einfach um: Etwas salopp gesagt: Weil die *Individualität* von Forscherinnen und Forscher für ein Forschungsergebnis keine Rolle spielt, muss sie sprachlich auch nicht markiert werden. In einem wissenschaftlichen Werk, sagt Johann Gottlieb Fichte rund zweihundert Jahre vor dieser Diskussion um das „Ich-Tabu“, muss die „Idee selber reden“, nicht der „Schriftsteller“.[120] Das eine ist offenbar, so jedenfalls ist das Zitat zu verstehen, nicht identisch mit dem andern.

---

nikativer Aufwand zu betreiben. (Zur These der ökonomisch begründeten Inferenz: Stephen C. Levinson. Presumptive meanings: The theory of generalized conversational implicature. Cambridge MA, London 2000. Vgl. v. a. Kapitel 1. S. 11–72.

[115] Harald Weinrich. Formen der Wissenschaftssprache. In: Akademie der Wissenschaften zu Berlin (Hrsg.). Jahrbuch 1988. Berlin, New York 1989. S. 119–158.

[116] Heinz L. Kretzenbacher. Wie durchsichtig ist die Sprache der Wissenschaften? In: Ders./Harald Weinrich (Hrsg.). Linguistik der Wissenschaftssprache. Berlin, New York 1994. S. 15–39.

[117] Weinrich. Wissenschaftssprache. 1989. S. 133.

[118] Gabriele Graefen. Der Wissenschaftliche Artikel – Textart und Textorganisation. Frankfurt am Main, Berlin, Bern, New York, Paris, Wien 1997. S. 200–203.

[119] Graefen. Wissenschaftliche Artikel. 1997. S. 201f.

[120] Johann Gottlieb Fichte. Ueber das Wesen des Gelehrten, und seine Erscheinungen

In meinen Augen sind mehrere grundsätzliche Einwände angezeigt gegen die hier skizzierten, fachtextpragmatischen Erwartungen an den wissenschaftlichen Text, was seine deiktische Markiertheit angeht.

1. Die Ich-Frequenz ist möglicherweise zwar ein einfacher, aber deshalb nicht unbedingt stichhaltiger Index für autorschaftliche Anwesenheit. Die Häufigkeit, mit der bestimmte Referenzträger in Texten thematisch wieder aufgenommen werden, kann zwar einen Hinweis auf ihre Wichtigkeit geben,[121] im Grunde weiss man aber sehr wenig darüber, für ‚wie lange' eine bestimmte Thematisierung im Text nachwirkt. Im Fall von wissenschaftlichen Texten liegt die Annahme nahe, dass die einmalige Nennung des Autornamens in der Verbindung mit der Textüberschrift ausreicht, um das „Agens der Wissensgewinnung" definitiv festzulegen. (So gesehen spricht ohnehin der „Schriftsteller" und nicht die „Idee".) Anders wäre nicht erklärbar, weshalb auch vollständig deagentivierte Aussagen problemlos auf Autoren rückführbar und entsprechend zitierbar sind. Was mit der sprachkritischen Invektive der Fachtextpragmatik als Problem beschrieben wird, gleicht im Alltag der Textproduktion und -rezeption möglicherweise einer besonders funktionalen Form der Verständigung. Der quantitative Befund einer bestimmten (deiktischen o. a.) Frequenz erlaubt jedenfalls keine unmittelbaren Rückschlüsse auf die funktionale *Qualität* dieser Frequenz.
2. Die Ich-Frequenz ist möglicherweise auch deshalb kein guter Index für autorschaftliche Markiertheit wissenschaftlicher Texte, weil der Autor als „Agens der Wissensgewinnung" (Graefen) zwar den zentralsten Kontext für den Text, aber kein (als solches ausgezeichnetes) Thema darstellt.[122] Das heisst nicht, dass Thematisierungen unmöglich oder „verboten" wären.

---

im Gebiete der Freiheit: In öffentlichen Vorlesungen, gehalten zu Erlangen, im Sommer-Halbjahre 1805. In: Ders. Werke (Band VI): Zur Politik und Moral. Immanuel Hermann Fichte (Hrsg.). Berlin 1971. S. 349–447. Hier 444.

[121] Vgl. hierzu Brinker. Thematische Bedingungen der Textkohärenz. In: Ders. Linguistische Textanalyse. 1997. S. 44–63. Hier: S. 46.

[122] Mit der Ausnahme selbstverständlich von Dedikationen, Vorreden, persönlichen Invektiven etc. – die in wissenschaftlichen Texten eine Art „Rahmenerzählung" bilden, wovon noch ausführlich die Rede sein soll. Der „Rahmen" bezieht sich auf die Mitteilungswirklichkeit. Diese Trennung von „Rahmenerzählung" und „Erzählung" hilft zu verstehen, warum in naturwissenschaftlichen Texten auch bei der Schilderung von Experimenten, wo praktisch Handlungen von Akteuren beschrieben werden, insgesamt Passivkonstruktionen favorisiert werden – man will einfach die thematische Perspektive nicht mehr als nötig auf die erste Person lenken. Prädikate wie: „were prepared", „were obtained", „was denatured", „was followed" sind im Kontext von Experimenten ohne weiteres auf das experimentierende Agens rückführbar. Zur Thematik der „passive voice" im Experiment: Alan G. Gross/Joseph

Aber: Sie sind sozusagen im Aussagevollzug zu suchen, ohne dass die Performativität der Aussagehandlung (ich behaupte/ich argumentiere/ich erkläre etc.) *doppelt* ausgedrückt werden müsste.[123] Grundsätzlich gilt für die Darstellung von wissenschaftlicher Erkenntnis nichts anderes als für andere Wirklichkeitsaussagen. Das heisst, wissenschaftliche Aussagen werden zwingend auf ein Aussagesubjekt bezogen, das als „wirklich" angenommen wird. Käte Hamburger hat im sprachtheoretischen Teil der „Logik der Dichtung" (1957) sehr eindrücklich nachgewiesen, dass es für die Konstitution eines „Aussagesubjekts" genügt, die „Frage nach dem Ort in der Zeit" stellen zu können, selbst dann, wenn keine Antwort auf diese Frage erwartet werden kann. Die Struktur der Aussage, so Hamburger, ist nicht angewiesen auf eine Markierung der Sprecherdeixis, um zwingend auf ein „Aussagesubjekt" bezogen zu werden. Der Begriff der Realität, den Käte Hamburger in diesem Zusammenhang extrapoliert, ist in dem Aussagesubjekt selbst begründet.[124]

3. Die sprachtheoretische Feststellung Käte Hamburgers, dass jede Aussage im Sinne einer obligatorischen Präsupposition auf ein „Aussagesubjekt" beziehbar ist, schliesst grundsätzlich die Möglichkeit nicht aus, dass Aussagen sprecherdeiktisch demarkiert werden. Im Kontext von (wissenschaftlichen) Aussagen ist aber diese Explizierung problematisch. Rudi Keller (1977) hat in einem frühen Beitrag darauf hingewiesen.[125] Grundsätzlich gilt für Aussagen, dass sie einen Wahrheitsanspruch geltend machen. Eine Behauptung zu äussern, eine Erklärung abzugeben, auch: eine Aussage in der Form einer Erzählung vorzubringen bedeutet (gemäss der ersten griceschen Maxime) für ihre Qualität im Sinne der Aufrichtigkeit einzustehen. Wer den *Vollzug* einer Aussage selbst thematisiert, indem er sagt: „ich behaupte/ich versichere/ich bin überzeugt davon etc.", gerät möglicherweise in den Verdacht, für seine Aussage keine echten, das heisst ausserhalb seines eigenen Wirkungskreises liegenden Wahrheitsbedingungen ausweisen zu

---

E. Harmon/Michael Reidy. Communicating Science: The Scientific Article from the 17th Century to the Present. New York 2002. S. 23–26. Hier: S. 23.

[123] In der an fiktionalen Texten orientierten Narratologie in der Tradition von Stanzel wird gerade in der so genannt „neutralen Erzählsituation" eine Grundmöglichkeit der auktorialen Perspektivierung von Texten gesehen. Das heisst mit Blick auf die Lektüre nicht, dass damit die ‚Autorstimme' untermarkiert wäre, sondern es heisst im Gegensatz etwa zur so genannten Ich-Erzählung, dass sie in eine tendenziell nicht-thematische Form gegossen wird.

[124] Käte Hamburger. Die Logik der Dichtung. (1. Ausg. 1957). Stuttgart 1994. S. 35–52.

[125] Rudi Keller. Verstehen wir, was ein Sprecher meint, oder was ein Ausdruck bedeutet? Zu einer Hermeneutik des Handelns. In: Klaus Baumgärtner (Hrsg.). Sprachliches Handeln. Heidelberg 1977. S. 1–27.

können, weil der explizite Verweis auf das Subjekt der Aussage eine Art Uneinsehbarkeit der Bedingungen durch andere unterstellt.[126] Im Grunde *muss* der Vollzug des Aussagens nur dann (doppelt) ausgedrückt werden, wenn der zum Ausdruck gebrachte Geltungs*anspruch* unmittelbar mit dem Aussagesubjekt zusammenhängt.[127] Der Geltungsanspruch von Erkenntnisgewinn *ist* ja bereits problematisch, nur geht diese Problematik nicht vom äussernden Subjekt aus, sondern vom Gegenstand. Ein vor allem in der gegenwärtigen wissenschaftlichen Formulierungspraxis auffällig intensiv befolgtes Lösungsmuster für dieses Dilemma thematisiert den Aussagevollzug in der Form von formelhaften Hypostasierungen – nicht: „ich differenziere hier die These", sondern: „dieser Beitrag differenziert die These"; nicht: „ich sehe das so", sondern: „es zeigt sich". Mit domänentypischen Ausdrücken wie diesen wird die Versetzung des Aussagesubjekts *in den Text* thematisiert. Darauf wird im 3. Kapitel noch ausführlich zurückzukommen sein.

4. Darstellungsmuster, einschliesslich jener von wissenschaftlichen Aussagen, unterliegen Konventionen. Die Ich-Frequenz ist ein unmittelbarer Index für eine bestimmte Ausprägung der Musterkonventionalität. Wissenschaftliche Texte sind unmittelbar an „Denkkollektive" gerichtet, die gleichzeitig das autorschaftliche Sprechverhalten mitbestimmen.[128] Naturwissenschaftliche Texte – dies aufzuzeigen ist zentrales Anliegen der vorliegenden Untersuchung – waren in der Zeit um 1800 sehr expressive Texte mit einer vergleichsweise hohen Ich-Frequenz. Autorschaftliche Einstellungen und „Erkenntnis als Erlebnis" finden darin einen sehr unmittelbaren Ausdruck. Allerdings geht die Binnendifferenzierung dieser Texte, was historio-empirisch zu belegen sein wird, in die Richtung zu trennen zwischen Passagen des Aufzeigens und Registrierens (ein Problem benennen, ein Experiment beschreiben, ein Forschungsresultat mitteilen) und Passagen des Begründens (fachliche Argumente beibringen), die einen expressiven Duktus verbieten.[129] Vorläufig bleibt deshalb die Vermutung festzuhalten: Darstel-

---

[126] In alltäglichen Kontexten wird das deutlich, wenn jemand versucht, eine bestimmte Wirklichkeitsaussage in der Funktion etwa einer Entschuldigung zu bekräftigen, indem man sagt: „Der Zug hatte Verspätung, ehrlich." Das Aufrichtigkeitsversprechen ist in der Aussage (vgl. Grice) bereits enthalten. Zusätzliche Thematisierung problematisiert den Behauptungsanspruch.

[127] Keller. Verstehen. 1977. S. 18.

[128] Vgl. zum Begriff des „Denkkollektivs": Ludwig Fleck. Entstehung und Entwicklung einer wissenschaftlichen Tatsache: Einführung in die Lehre vom Denkstil und Denkkollektiv. (1. Ausg. 1935). Frankfurt am Main 1994. (Vgl. v. a. S. 54). Zur sozialen Determiniertheit des Sprachstils: Greg Myers.Writing Biology: Texts in the Social Construction of Scientific Knowledge. Madison (WI) 1990. (Vgl. v. a. S. 213).

[129] Zur Unterscheidung von „zeigen" und „begründen" in diesem Zusammenhang: Jür-

lungsmuster variieren hinsichtlich der Darstellung von Autorschaft, weil Geltungsansprüche im Text variieren.

Trotz dieser Einwände bleibt etwas von der fachsprachen- bzw. fachtextkritisch motivierten Invektive des „Ich-Tabus" haften. Das Verhältnis von wissenschaftlicher Durchsichtigkeitsnorm auf der einen und Autorschaftsmarkierung auf der andern Seite ist ein neuralgisches Verhältnis. Für Kretzenbacher ist der wissenschaftliche Durchsichtigkeitsstil selbst verantwortlich für die Verunklärung der Verhältnisse. Er schreibt zusammenfassend:

> Die Durchsichtigkeit erschwert uns als Lesern oder Hörern eines Wissenschaftstextes die Einsicht, dass Texte in der Wissenschaft eben nicht nur Vehikel zur Übermittlung von Erkenntnissen sind, sondern in sich selbst Formen, Ausprägungen dieser Erkenntnisse.[130]

Der Konsens in der hier angesprochenen linguistischen Literatur (mit Ausnahme von Graefen 1997) geht in die Richtung zu sagen: Die Sachorientierung im wissenschaftlichen Text verbietet eine ausführliche Thematisierung der zugrunde liegenden Mitteilungssituation, vor deren Hintergrund Aussagen zu verstehen sind. Das heisst der Gewinn aus diesen Beiträgen liegt meines Erachtens vor allem darin, dass sie das Verhältnis von Aussagesituation und Aussagen überhaupt als grundsätzlich disponibles Verhältnis bezeichnen.

1.2.3 Die Rhetorik der Durchsichtigkeit

Die nachfolgenden Überlegungen zur wissenschaftlich-rhetorischen Norm der Durchsichtigkeit setzen sich mit der leitenden These von Kretzenbacher auseinander, dass die wissenschaftlichen Darstellungskonventionen mit dem Stilideal der Durchsichtigkeit die Einsicht erschweren würden, dass Texte „in sich selbst Formen, Ausprägungen" der Erkenntnis seien.[131] Der primär persuasive Charakter wissenschaftlicher Texte, das heisst das mit ihnen angepeilte Handlungsziel, Adressaten zu überzeugen, soll die Autorinstanz durch eine auf „Ichhaltigkeit" verzichtende Behandlung des Textmediums aus dem „Bewusstsein der Hörer oder Leser" verbannen.[132]

---

gen Habermas. Theorie des kommunikativen Handelns. Bd. 1: Handlungsrationalität und gesellschaftliche Rationalisierung. Frankfurt am Main 1981. S. 69.

[130] Kretzenbacher. Wie durchsichtig ist die Sprache der Wissenschaften? 1994. S. 34.

[131] Ebd.

[132] Ebd. S. 15–39. Hier: S. 35.

Ich möchte hier nachfolgend zuerst den rhetorischen Begriff der „Durchsichtigkeit" vor allem aus einem rhetorikgeschichtlichen Blickwinkel problematisieren. Im Anschluss daran will ich in Abgrenzung zu Kretzenbacher die Frage differenzieren, inwiefern es sinnvoll ist, sich auch unter den Vorzeichen des Deagentivierungsstils (Peter von Polenz 1981) wissenschaftlichen Text als ‚in sich erkenntnishaltig' vorzustellen.

Wenn man nach einer allgemeinen Norm fragt, an der sich die wissenschaftliche Produktion von Texten orientiert, so wird an erster Stelle gesagt: „Texte müssen durchsichtig sein". Durch ein Medium hindurchsehen auf ein Objekt dahinter – das metaphorische Modell, das im Begriff der „Durchsichtigkeit" präsupponiert ist, deutet auf eine geradezu mythisch-allgemeine Möglichkeit allen Schreibens. Wer schreibt, will sich in der Regel jemandem verständlich machen, der selbst abwesend ist. Eine wichtige Ausnahme dazu schliesst den Fall mit ein, dass dieser Jemand zuweilen auch man selbst ist und als solcher auch anwesend gewesen ist beim Schreiben eines Textes. Schreiben heisst aber auch in diesem Fall: Ich will etwas Gedachtem, etwas Unsichtbarem eine im Text imaginierte Gestalt geben, etwas Zerstreutem eine kohäsive Einheit.[133] Durchsichtigkeit als zugrunde liegender gedanklicher und sprachstilistischer Anspruch an Texte bezeichnet in der allgemeinsten Bedeutung eine vage, weil sehr allgemeine Möglichkeit des Textmediums.

In der antiken Rhetorik bezieht sich der Begriff der *elocutio* ausschliesslich auf die sprachliche Gestaltung der durch die *inventio* gefundenen und in der *dispositio* geordneten Gedanken.[134] Der Vorstellung einer Abgetrenntheit von Gedanken und entsprechender sprachlicher Gestaltung bei der Formulierung liegt in der antiken Rhetorik ein Textproduktionsschema zugrunde, welches gedankliche Prozesse und Verbalisierungsvorgänge mit je eigenen Methodiken versieht, die als solche lehr- und lernbar sind und getrennten Phasen im Textproduktionsverlauf entsprechen.[135] Die *perspicuitas* bezeichnet dabei

---

[133] Nach Sokrates hat der Redner die Aufgabe, „das vielfach Zerstreute zusammenschauend überzuführen in *eine* Gestalt, um jedes genau zu bestimmen und deutlich zu machen[...]". (Platon. Phaidros, 265 d [Hervorhebung in der Übersetzung]: Sämtliche Werke Bd. 2. Lysis, Symposion, Phaidon, Kleitophon, Politeia, Phaidros. Friedrich Schleiermacher [Übers.]. Reinbeck bei Hamburg 1994. S. 591. Zit. in: Hanspeter Ortner. Sprache und Denken. (RGL 214). Tübingen 2000. S. 146.

[134] Vgl. „Elocutio" in: Gert Ueding (Hrsg.). Historisches Wörterbuch der Rhetorik. (Bd. 2). Tübingen 1994. S. 1022–1083.

[135] Die Vorstellung, dass wir zuerst denken, in einer vorsprachlichen Sphäre der Ideenfindung gewissermassen, und dann Formulierungen für die Gedanken suchen, ist in allen heutigen Schreibprozessmodellen als geradezu universelle Vorstellung gegenwärtig. Im Unterschied zu den antiken Phasenmodellen, die einen relativ starren Fünfphasenablauf vorsehen, wird aber die Dynamik und Gleichzeitigkeit des Pha-

für die klassische Rhetorik lediglich eine anzustrebende stilistische Qualität der Rede – ein Stilideal auf der Ebene der sprachlich-formalen Gestaltung eines vorgängig schon gefassten Gedankengangs, im Rahmen der elokutionären Regeln. In der neuzeitlichen und speziell in der aufklärerischen Rhetorik bricht der Konsens darüber, was sich regelstilistisch als Gestaltungsnorm generell festhalten lässt, und gleichzeitig verschwindet damit auch die Vorstellung von einer gänzlich separierbaren Methodik für die Auffindung der Gedanken (Themen) und deren Formulierung (strukturelle Verknüpfung). Als Grundstein der aufklärerischen Rhetorik, obschon noch stark in der normativen Tradition der Regelstilistik verhaftet, kann man Buffons vielzitierte Definition „Le style, c'est l'homme même" (1753) sehen. Dieses Diktum betont vor allem die Untrennbarkeit von intellektuellen und sprachstilistischen Fähigkeiten, es behauptet einen unauflösbaren Zusammenhang von inhaltlich-gedanklichen und formal-stilistischen Aspekten eines geschriebenen (oder gesprochenen) Textes. Auf eine andere, sehr kurze, ebenfalls diesen *Zusammenhang* betonende Formel hat dies Johann Christoph Adelung gebracht: „Gedanke und Ausdruck sind nicht zu trennen."[136] Begreift man diese Auffassung auch als Fundament für einen entsprechenden Sprachbegriff, findet man eine Art Fortsetzung dieses Zusammengehörigkeitsdenkens in der für die Sprachwissenschaft zentralen Formel Wilhelm von Humboldts „Sprache ist das bildende Organ des Gedanken." Das Untrennbarkeitsdenken führt nicht zu einer Ineinssetzung von Sprache und Denken, das in dieser Formel metaphorisch gefasste Modell betont vielmehr die Abhängigkeit, das ‚organologische' Zusammenspiel von Sprache und Denken.

---

senverlaufs betont. Dass wir erst *allmählich ...beim Reden* unsere *Gedanken* fassen können, ist die eine wichtige Beobachtung im Hinblick auf einen als zyklischen oder eben dynamischen Prozess verstandenen Textproduktionsverlauf. Die andere ist die umgekehrte Perspektive auf den gleichen Antagonismus: Wir können nach der Formulierung eines Gedankens sagen: „Das war jetzt aber nicht das, was ich sagen wollte." – das heisst, im vorgängig gefassten Gedanken ist eine angedeutete Formulierung offenbar schon präfiguriert, ihr kann ich entsprechen oder eben nicht. Als Klassiker in der kognitiv orientierten Schreibprozessliteratur, der die Dynamik des Prozesses betont, gilt Flower/Hayes: Linda S. Flower, John R. Hayes. The Dynamics of Composing – Making Plans and Juggling Constraints. In: Lee W. Gregg/Edwin R. Steinberg (Hrsg.).Cognitive Process in Writing. Hillsdale NJ 1980. S. 31–50. Vgl. auch den Forschungsüberblick von: Gerd Antos, Hans Peter Krings (Hrsg.). Textproduktion: Ein interdisziplinärer Forschungsüberblick. Tübingen 1989. Zur Thematik von Sprache und Denken vgl. (op. cit.) Hanspeter Ortner. Sprache und Denken. (RGL 214). Tübingen 2000.

136 Johann Christoph Adelung. Über den deutschen Styl. Erster Theil. Berlin 1785. (Reprint: Hildesheim 1974). S. 26.

Mit der Aufklärung bekommt auch die *perspicuitas* begrifflich einen gänzlich neuen Status zugeschrieben. Durchsichtigkeit ist nicht mehr etwas, was sozusagen als ‚Einkleidungskunst' an der Oberfläche einem Stilideal angenähert werden soll, sondern Durchsichtigkeit bezeichnet jetzt einen umfassenden Anspruch an die gleichzeitig gedanklichen und sprachlich-stilistischen Qualitäten eines Textes. *Durchsichtigkeit* hat nicht mehr den Status einer blossen Requisite, sondern avanciert zur Protagonistin der Textaufführung. Der schottische Aufklärer und Rhetoriker George Campbell widmet der „Perspicuity" ein eigenes Kapitel seiner „Philosophy of Rhetoric" (1776).[137] Er sieht als ersten Grund für Undurchsichtigkeit und Unverständlichkeit *gedankliche* Unschärfe.

> Language, as hath been already observed, is the medium through which the sentiments of the writer are perceived by the reader. And though the impurity or the grossness of the medium will render the image obscure or indistinct, yet no purity in the medium will suffice for exhibiting a distinct and unvarying image of a confused and unsteady object.[138]

Wo, kann mit diesem Zitat gefragt werden, setzt die Bedeutung des Mediums ein? Die Metapher des „Vehikels" passt offenbar nur für den Fall, dass etwas ‚eigentlich Klares' medial verunklärt wird und der sprachliche Transport gewissermassen scheitert. Das Bild des „Vehikels" passt für diesen Fall ausgesprochen schlecht. Umgekehrt ist das perfekte „Vehikel" für den gegenteiligen Fall nicht zu haben. Es sei die erste Pflicht eines Autors, sagt auch Adelung, „über eine schwere Sache nicht eher zu sprechen oder zu schreiben, als bis man das möglichste Licht in seine Begriffe gebracht hat, und ist dieses einmahl geschehen, so folgt die Klarheit des Ausdrucks von selbst."[139] – Der aufklärerische Glaube in die Wirkkraft der menschlichen Vernunft gilt auch im Hinblick auf die medialen Prozesse der Ausdrucksfindung. Klare Einsichten sind Voraussetzung für einen klaren Ausdruck. Mit den aufklärerischen Metaphern „Einsicht", „einleuchten", „Klarheit des Ausdrucks", „Erhellung", „Licht in seine Begriffe bringen", „Aufklärung" etc. verbindet sich ein genereller Primat des Sehsinns, der sowohl mit Blick auf die bezeichneten Erkenntnisvorgänge als auch mit Blick auf die mediale Darstellung zwar nicht sehr scharfe Konturen aufweist, aber die Differenz von Textmedium als „Vehikel" und dem Medium als „Erkenntnisform" einebnet.

---

137 George Campbell. The Philosophy of Rhetoric. Lloyd F. Bitzer [ed.]. (1. Ausg. London 1776). Nachdruck der Ausg. von 1850. Carbondale 1988. Das erste Buch wurde 1791 ins Deutsche übersetzt: Ders. Die Philosophie der Rhetorik. Aus dem Englischen von D. Jenisch. Berlin 1791.

138 Campbell. Philosophy of Rhetoric. 1988. S. 244.

139 Johann Christoph Adelung. Über den deutschen Styl. Erster Theil. Berlin 1785. (Reprint: Hildesheim 1974). S. 155.

Wie hat man sich das Zusammenspiel von „Erkenntnisform" und „Vehikel" in wissenschaftlichen Texten konkret vorzustellen? – Eine ihrer vielleicht wesentlichsten Eigenschaften besteht darin, dass der Gegenstand nicht anders als in einem linearen Nacheinander darzustellen ist. Einen wissenschaftlichen Erkenntnisgewinn mitzuteilen heisst konkret, ihn in eine sukzessive, das heisst der Struktur nach didaktische Abfolge von Teilerkenntnissen zu giessen. Etwas Schritt für Schritt zu erklären gleicht einer medialen Form, die den rezeptiv-kognitiven Bedürfnissen geradezu ideal zu entsprechen scheint. Im Unterschied etwa zum literarischen Einsatz des Textmediums, wo Anleitungen zur Interpretation von Aussagen vermieden werden, ist in wissenschaftlichen Texten die sukzessive Abfolge von Aussagen begleitet von Erklärungen zur Rekonstruktion ihres Aussagestatus. Eine so hergestellte Durchsichtigkeit ist für Kant der Grund dafür, weshalb ihm Newton keinesfalls als Genie gelten kann. Das ist eine Frage des Mediengebrauchs. Es war zwar für das, was Newton an Erkenntnissen geliefert hat, ein „grosser Kopf" erforderlich, aber das, was er in seinen Texten tut, ist selbsterläuternd. Jeder, der nur wollte, könnte die Texte von Newton als eine Rezeptur für Anschlusstexte gebrauchen.

> [...] So kann man alles, was Newton in seinem unsterblichen Werke [...], so ein grosser Kopf auch erforderlich war, dergleichen zu erfinden, vorgetragen hat, gar wohl lernen; aber man kann nicht geistreich dichten lernen, so ausführlich auch alle Vorschriften für die Dichtkunst, und so vortrefflich auch die Muster derselben sein mögen. [...][140]

Newton hat, so kann man diese Textstelle verstehen, die gesamte Möglichkeit der medialen Struktur ausgeschöpft, um seine Erfindungen durchsichtig zu machen. Das heisst, der geschriebene Text ist nicht untergeordnete Ebene der blossen Simulation von etwas, was von der Kommunikationsituation des Erklärens unabhängig sein will, sondern im Text entsteht schrittweise Anschaulichkeit für beide: für den Autor und den Rezipienten. Ein „grosser Kopf" hin oder her, „Newton" ist mit seinen Aussagen ein Didaktiker.

Zur Selbsterklärung/Durchsichtigkeit und damit zum Zusammenspiel von „Vehikel" und „Erkenntnisform" (Kretzenbacher 1995) von wissenschaftlichen Texten trägt aber nicht nur die *schrittweise* Aufeinanderfolge von Elementen zu einem Ganzen bei. Die umgekehrte Richtung unterliegt genauso einem Thematisierungsgebot. Worauf ein Text seiner Makroproposition nach (van Dijk 1980) d. h. im Ganzen hinauslaufen soll, wird, wenn man so will, auf redundante Weise angekündigt, durch Titel, Abstracts, Zusammenfassungen, Inhaltsverzeichnisse etc. Gleichzeitig wird mit dem Versuch, die Aussagearchitektur und -konsistenz ‚sichtbar' zu machen auch der Spielraum für Interpre-

---

[140] Immanuel Kant. § 47. In: Kritik der Urteilskraft. (1. Ausg. 1781, 2. Ausg. 1787). Stuttgart 1963. S. 238.

tation verengt. Das wird besonders deutlich am Beispiel der konventionellen Form von (natur-) wissenschaftlichen Abstracts. Ich möchte das an einem (vor allem um Fachlexik gekürzten) Textbeispiel aus der Chemie illustrieren:

> Die vierstufige Synthese der X wird beschrieben. Die Ringverbindungen werden durch Y-Methoden auf Vorzugskonformationen untersucht. Aus den A lassen sich Hinweise auf B ableiten, die mit C vereinbar sind. Für beide beschriebenen X wird eine schnelle Ringinversion beobachtet. Kraftfeldmethoden (XY) und quantenmechanische Rechnungen (XZ) dienen zur Unterstützung der Konformationsvorschläge.

Diesem Abstract kommt mit Blick auf den Haupttext nicht nur zusammenfassende, sondern auch ankündigende Funktion zu. Der Text selbst wird nicht nur als „Vehikel", sondern als Erkenntnis- bzw. Aussagewirklichkeit begriffen. Der Beitrag, sozusagen die Lektüregegenwart „untersucht", wenn man die verwendeten Ausdrücke beim Namen nimmt, „Ringverbindungen auf Vorzugskonformationen". Die ‚Sichtbarmachung' dieses Untersuchungsprozederes ist die Voraussetzung für die angekündigten Problemlösungs*vorschläge* („Konformationsvorschläge"). Angekündigt wird hier nicht nur der Rückgriff auf die Darstellung von methodischem Verhalten, sondern auch die damit verbundene schrittweise ‚Erhärtung' der Aussagekonsistenz. Angekündigt werden im zitierten Textbeispiel ausdrücklich „Konformations*vorschläge*", also verhandelbare Erkenntnis. ‚Erhärtung' von Aussagekonsistenz heisst hier also: etwas, was „untersucht", „beobachtet", „beschrieben" wird, wird mit im Text beigebrachten Evidenzen überführt in „-vorschläge".

Die Reichweite der wissenschaftlichen Durchsichtigkeitsmetapher geht aber noch in eine andere Richtung. Erkenntnis wird ja gewissermassen nach aussen, auf den Gegenstand ‚da draussen' projiziert. Die beigebrachte Erkenntnis, die Hypothesen, die mentalen Modelle, die ‚Wahrheit' der wissenschaftlichen Gesetzmässigkeiten werden über die ontologische Sphäre der Objekte begründet.[141] Für die fachliche Argumentation ist es deshalb zentral, mit der Darstellung des *Gegenstandes* den Eindruck zu festigen, das Textmedium eigne sich für seine ‚realistische' Repräsentation. Der Gegenstand muss im Sinne Kants als „gegeben", das heisst unabhängig von denkerischen Einflüssen erscheinen.[142]

---

[141] Vgl. Umberto Eco. Kant und das Schnabeltier. München 2000. S. 86ff. Vgl. auch den dort zitierten Richard Rorty. Philosophy and the Mirror of Nature. Princeton 1979. (Deutsche Übersetzung: Der Spiegel der Natur. Frankfurt am Main 1981.) Vgl. auch: Steven Shapin. Pump and Circumstance: Robert Boyle's Literary Technology. In: Social Studies of Science: An International Review of Research in the Social Dimensions of Science and Technology 14/1984. S. 481–520.

[142] Luhmann nennt das in einer offensichtlichen Bezugnahme auf die mit Kant begrün-

Das grosse Dilemma für die (in erster Linie exakten) Wissenschaften liegt darin, dass die Gegenstände nicht selber sprechen und sich auch nicht selber abbilden können, das heisst, man muss sie in Form von Daten projizieren. Die in der zweiten Hälfte des 19. Jahrhunderts in die Physiologie eingeführten selbstschreibenden Geräte allegorisieren diesen Wunsch nach (auch medialer) ‚Selbstdurchsichtigkeit' der Gegenstände auf ihre Weise. Die Aufzeichnungsmaschinen erlauben es, natürliche Phänomene wie Pulsschlag, Muskelkontraktionen oder menschliche Stimmen unabhängig vom ‚subjektiven Zutun' und in direkter Umzeichnung mittels automatischer Darstellung zu übersetzen, in eine Form des selbsteinschreibenden Texts.[143] Sie zeugen als ein Indiz unter vielen davon, wie sehr eine direkte Umschrift aus dem Bereich der Objekte selbst einer wissenschaftlichen Wunschvorstellung gleichkommt, welche die in den natürlichsprachlichen Vermittlungen unterstellte Veruntreuung gegenüber dem darzustellenden Gegenstand scheinbar ausschliesst.

Nun konstituiert aber eine wie auch immer automatisierte Umschrift noch keineswegs irgendeine „Einsicht", geschweige denn einen wissenschaftlichen Text. Ein selbstschreibendes Gerät produziert Daten in der Form von Zeichen. Der Wissenschaftshistoriker Michael Hagner nennt Messapparaturen, graphische Aufzeichnungsgeräte etc. unter Verweis auf Bruno Latour „Einschreibesysteme". Diese Geräte produzieren, wie Hagner, Latour, Cahn und andere nachweisen, „spärliche oder disparate Zeichen" (Hagner), die in mehreren Schritten in ein „wissenschaftsfähiges Bild" übersetzt werden.[144] Abbildungen, Dia-

dete Problembeschreibung die Differenz von „Sein" und „Denken": Vgl. Niklas Luhmann. Die Wissenschaft der Gesellschaft. Frankfurt am Main 1992. S. 317: „Nach all dem muss auch das Problem des Realitätsbezugs der Erkenntnis, das als Folge der alteuropäischen Unterscheidung von Sein und Denken und ihrer Verschärfung zur Unterscheidung von Objekt und Subjekt aufgetaucht war, neu formuliert werden. Die Realität lässt sich innerhalb solcher Unterscheidungen nicht auf der einen oder der andern Seite verorten. Wenn nur das Objekt real wäre, wäre das Subjekt irreal, könnte also auch nicht erkennen. Im umgekehrten Fall wäre die Erkenntnis, obwohl real, ebenfalls keine Erkenntnis, sondern eine blosse Illusion, weil es gar keine erkennbare Realität gibt." – Damit wird mit Blick auf wissenschaftliche Realität und ihrer Repräsentation im Text deutlich, dass die mit Kant eingeführte Differenz von „Gegeben" und „Gedacht" als Differenz aufrecht zu erhalten ist.

[143] Vgl. Michael Cahn (Hrsg.). Der Druck des Wissens: Geschichte und Medium der wissenschaftlichen Publikation. Wiesbaden 1991. (Hier vor allem S. 21: „Die Handschrift der Natur. Selbstschreibende Geräte in der Physiologie des 19. Jahrhunderts.").

[144] Michael Hagner. Der Geist bei der Arbeit: Überlegungen zur visuellen Repräsentation cerebraler Prozesse. In: Cornelius Borck (Hrsg.). Anatomien medizinischen Wissens: Medizin Macht Moleküle. Frankfurt am Main 1996. S. 259–286. Hier:

gramme, Tabellen etc. sind Beispiele für solche Umschriften. Hagner weist zu Recht darauf hin, dass solche „Inskriptionen" keineswegs harmlosen Umschreibungsvorgängen gleichen, sondern, wie Hagner es nennt, zentrale „Aktanten" der Wissenschaft darstellen, das heisst Interpretation und Rekonstruktion von Zeichen voraussetzen.[145]

Ich möchte zu der eingangs mit Kretzenbacher (1995) gestellten Frage zurückkommen, inwiefern der wissenschaftlich-deagentivierte Mediengebrauch durch das Stilideal der Durchsichtigkeit die Einsicht in die ‚tatsächlichen' Verhältnisse der Erkenntniskonstruktion verhindert: Vor dem Hintergrund der hier angestellten Überlegungen erscheint die Frage, *wo* Erkenntnis stattfindet, als zentrale Frage. Allerdings ist möglicherweise mit der Thematisierung der Erkenntnishaltigkeit des Mediums und einer stärkeren Thematisierung des Agens der Wissensgewinnung das zugrunde liegende Problem der „Durchsichtigkeit" gar nicht lösbar. Ich möchte hier abschliessend zwei Vorschläge zu dieser weitläufigen Problematik einbringen:

- Für Kretzenbacher (1995) ist der durch Texte erweckte Eindruck, dass Gegenstände für ihre Eigenschaften selbst verantwortlich seien und nicht die Instanz, die sie ihnen zuschreibt, problematisch. Meines Erachtens entspricht das aber nicht in erster Linie einem darstellerischen und möglicherweise auch nicht einem spezifisch wissenschaftlichen Problem. Das Problem liegt meines Erachtens nicht in erster Linie darin, dass man Gegenstände in dieser Art *repräsentiert*, sondern dass man bei Daten, Quantifizierungen, Messergebnissen effektiv von subjektunabhängigen, externalen Referenzen ausgeht.[146]

S. 261f. Vgl. auch: Bruno Latour. Drawing things together. In: Michael Lynch/Steve Woolgar (Hrsg.). Representation in Scientific Practice. Cambridge MA. S. 19–68.

[145] Für die Konstruktionsproblematik gibt es zwar in vielen Disziplinen ein ausdifferenziertes Bewusstsein. Davon, dass Gegenstände nicht unmittelbar gegeben sind, zeugen meines Erachtens auch naturwissenschaftliche Metaphern wie jene des „Kodierens", „Entschlüsselns" und „Lesens" im Zusammenhang mit der molekularbiologischen Erforschung von Genen, wobei allerdings zu vermuten ist, dass bei dieser Metaphorik in aller Regel ein mit Eindeutigkeit operierender, das heisst Code-basierter und nicht ein inferentieller Begriff von Lektüre zugrunde gelegt wird. Zur Kritik des metaphorologischen Denkens – „kluge Gene", „Gene als Akteure" etc. – vgl. Evelyn Fox Keller. Sprache und Naturwissenschaft: Genetik, Embryologie und der Gen-Diskurs. In: Dies. Das Leben neu denken: Metaphern der Biologie im 20. Jahrhundert. München 1998. S. 19–63.

[146] Diese Problematik ist in nuce in vielen alltagssprachlichen Aussagesätzen („Kaffee hält wach": vgl. Anm. 108!) enthalten. Die Inferenztheoretiker begründen diese Art des ‚verkürzenden Ausdrucks' mit dem Ökonomieprinzip. In eine vergleichbare Richtung argumentiert Niklas Luhmann aus systemtheoretischer Warte: Im Kommu-

- Das heisst nicht, dass man im wissenschaftlichen Kontext kein Bewusstsein für die Konstruktionsproblematik hätte. Der Gegensatz von ‚gegeben' und ‚gedacht' wird aber aufrechterhalten. Die angestrebte Lösung liegt darin, vor allem das Gedachte, die Erkenntnisgenerierung, etwa durch die Erklärung von methodischem Verhalten, durch die schrittweise Explizierung von Erkenntnisteilschritten etc. zu thematisieren. So gesehen äussert sich wissenschaftliche Autorschaft nicht darin, dass die ‚Konstruktionsverhältnisse' des Gegenstandes bis ins einzelne geklärt würden, sondern dass mittels Textbinnendifferenzierung in der Form von Abstracts, Inhaltsverzeichnissen, Zusammenfassungen etc. die Konstruiertheit der *Aussage*verhältnisse transparent gemacht wird.

1.2.4 Reflexivität und Textproduktion

Die antike Rhetorik antwortet auf die Frage, wie beim Fertigen einer Rede eine Einheit herzustellen sei, wie bereits erwähnt mit einem idealisierten Etappenmodell. Mit mehr oder weniger analog sequenzierenden Modellen wartete in den 80er Jahren des 20. Jahrhunderts die Textproduktionsforschung auf. Für Robert-Alain de Beaugrande und Wolfgang Dressler (1981) verläuft Textproduktion in fünf Phasen, die stark an das rhetorische Modell erinnern: Planung, Ideation, Entwicklung, Ausdruck und grammatische Synthese. Für Flower/Hayes (1980) verläuft Textproduktion als zielgerichtetes Problemlösen in drei ineinander greifenden Teilprozessen. Der diesen Ansätzen gemeinsame Nenner liegt darin, die ineinander greifende Dynamik, bzw. die Synergien zwischen den askribierten Sequenzen zu betonen.[147] Die gravierendste Differenz zum Etappenmodell der klassischen Rhetorik besteht darin, dass die linguistischen Modelle dem Versprachlichungsprozess von Gedanken ein ganz anderes Gewicht beimessen. Gedanken sind in Bezug auf ihre Versprachli-

---

nikationsprozess wird ganz allgemein der Eindruck externaler Referenzen gefestigt, weil es zu verhindern gilt, dass aufwändige Metakommunikation über die Konstruktionslogik eines ‚internen' Referenzsystems geführt werden muss. (Vgl. Luhmann. Erkenntnisgewinn. 1981. S. 110.) Meines Erachtens liegt das Problem für den spezifisch wissenschaftlichen Kontext wie gesagt primär darin, ob man bei einem Satz wie: „Die Regel erzeugt korrekte Sätze", effektiv von Verhältnissen ausgeht, welche die „Aktanten der Wissenschaft" (Hagner) mit Akteueren gleichsetzt.

147 Robert-Alain de Beaugrande, Wolfgang Ulrich Dressler. Einführung in die Textlinguistik. Tübingen 1981. S. 45: „[...] die Phasen [sollten] nicht so aufgefasst werden, als ob sie innerhalb klar gesteckter Grenzen linear hintereinander abliefen. Es wäre durchaus vorstellbar, dass alle fünf Phasen mit schnell wechselnden Schwerpunkten zugleich ineinander wirken."

chung nicht gänzlich präexistent, man verfertigt sie häufig erst allmählich, beim Sprechen oder beim Schreiben.[148] Der Status, welcher den Prozessen der Versprachlichung in diesen neueren Ansätzen zugeschrieben wird, ist als sehr viel zentraler und eigentlicher zu veranschlagen denn als blosse ‚Einkleidung von Gedanken'. Diese Tradition ‚textförmige Sprache' als ‚artikuliertes Denken' zu begreifen, geht, wie ich weiter oben ausgeführt habe, auf die aufklärerische Rhetorik und für die Linguistik vor allem auf Humboldt zurück. Ein zirkuläres Modell der Textproduktion, wie es Flower/Hayes konzipieren, setzt voraus, dass zwischen sprachlichem und gedanklichem System eine Trennlinie gezogen wird. Die Betonung der Parallelität und des dynamischen Hin und Hers zwischen Denken und Ausdruck führt nicht dazu, den Vorgang des Denkens einfach einem inneren Reden gleichzusetzen.

Eine der vielleicht grundlegendsten Differenzen zwischen dem, was man Denken, und dem, was man Gedankenausdruck nennt, liegt darin, dass Denken nicht zwingend auf ein Gegenüber gerichtet sein muss, während Sprechen und Schreiben als grundsätzlich adressierter Gedankenausdruck zu verstehen ist. Einem weiten Teil des so genannten Bewusstseins fehlt der „innere Adressat".[149] Im Moment, wo Gedanken eine ausdrückliche Form annehmen, richtet ein Ego sie an ein Alter, das man zunächst gezwungenermassen und sozusagen in erster Instanz selbst verkörpert. Das Bewusstsein, das zuvor nicht unbedingt angewiesen war auf ein „zweites Ich", projiziert ein solches Gegenüber. Versprachlichung – und vor allem Versprachlichung im Schriftmedium – lässt eine Prüfung von Gedanken im Sinne der Annahme oder der Ablehnung viel einfacher zu als Gedachtes in einer (hier einfach hypothetisch angenommenen) vorzeichenhaften Konsistenz. Reflexion erhält durch den Widerstand des Versprachlichungsprozesses – die Frage: was will ich überhaupt sagen? – eine greifbare Form und durch die Festlegungen mittels Zeichengebrauch wird Distanzierung möglich. In der Adressierung von Gedachtem wird der Vorgang des Denkens systematisch alterisiert. Die zweite (kritische) Ich-Instanz kann man sich in der Gestalt eines projizierten Adressaten vorstellen, der in der Rolle von Alter auftritt und Ego bestätigt, relativiert, differenziert oder ablehnt – die Frage: war es das, was ich sagen wollte?

---

[148] Vgl. den viel zitierten Titel Heinrich von Kleists. Über die allmähliche Verfertigung der Gedanken beim Reden. In: Sämtliche Werke und Briefe in zwei Bänden. München 1952. S. 321–326. Vgl. dazu die sehr erhellenden Überlegungen zu Kleists Konzeption im Beitrag von Wolfgang Raible. Über das Entstehen der Gedanken beim Schreiben. In: Sybille Krämer (Hrsg.). Performativität und Medialität. München 2004. S. 191–214.

[149] Vgl. Niklas Luhmann. Soziale Systeme: Grundriss einer allgemeinen Theorie. Frankfurt am Main 1987. S. 367f.

Auf diesem Hintergrund ist es möglich, sich die in wissenschaftlichen Texten vermittelten Erkenntnisse überhaupt als sprachförmige Bewegung von Aussage zu Aussage vorzustellen.[150] Die Verkettung von Vorstellungen ist als kommunikativ gedachte Entsprechung (nicht als Abbild!) des autorschaftlichen Gedankenstroms zu lesen. Hinweise auf die reflexiven Distanzierungsprozeduren sind dabei allgegenwärtig. Sie tauchen etwa in der Form implizit personhaltiger Markierungen vom Typ der so genannten Satzadverbien wie z. B. „vielleicht" auf.[151] Die intellektualistische Tendenz zur Vorsicht, der Hang zur Relativierung und zur Differenzierung befördert den Antagonismus zwischen Ego und Alter und greift der Prozedur der Validierung von Erklärungen durch ein kommunikatives Gegenüber zumindest in seinem Charakter immer schon vor.

Die im Medium des „Sprachwerks" strukturell offerierte Möglichkeit zur Distanzierung wirkt auf die Struktur des Bewusstseins zurück. Wie anders sind sonst Phraseologismen wie: „Ich traue meinen Augen nicht" zu verstehen? Der basale Vorgang der Verunsicherung verdankt sich dem Zeichengebrauch selbst, aber er verdankt sich vor allem der durch die Verschränkung von Denk- und Ausdruckssystem gegebenen Scheidung der Instanzen in ein und demselben Subjekt. Die Annahme des „Subjekts als Vielheit", wie sie Nietzsche in den „Nachgelassenen Fragmenten" entwirft, hilft, reflexive Vorgänge – etwa: „Ich bin mir nicht sicher" zu verstehen:

> Die Annahme des Einen Subjekts ist vielleicht nicht nothwendig; vielleicht ist es ebensogut erlaubt, eine Vielheit von Subjekten anzunehmen, deren Zusammenspiel und Kampf unserem Denken und überhaupt unserem Bewusstsein zu Grunde liegt? Eine Art Aristokratie von „Zellen", in denen die Herrschaft ruht? Gewiss von pares, welche mit einander an's Regieren gewöhnt sind und zu befehlen verstehen?[152]

In wissenschaftlichen Aussagen wird in auffallender Weise die Distanz markiert zwischen unterschiedlichen Instanzen. Nicht die Distanz zwischen reflektierendem und äusserndem Subjekt, sondern häufig die bereits weiter oben angeprochene kantische Distanz zwischen „gegeben" und „gedacht": Eine Beobachterinstanz beobachtet einen Sachverhalt, eine Interpretationsinstanz interpretiert ihn. Eine reflektierende Instanz beobachtet beide Vorgänge und qualifiziert sie

---

150 Luhmann. Soziale Systeme. 1987. S. 368.

151 Maximilian Scherner. Sprachkategoriale Ausprägungen einer textorientierten Personkonzeption. In: Ders. Sprache als Text: Ansätze zu einer sprachwissenschaftlich begründeten Theorie des Textverstehens: Forschungsgeschichte – Problemstellung – Beschreibung. (RGL 48). Tübingen 1984. S. 108–114.

152 Friedrich Nietzsche. Nachgelassene Fragmente: Herbst 1884 bis Herbst 1885. Berlin, New York 1974. S. 382. Zit. in: Gert Mattenklott. Der mythische Leib: Physiognomisches Denken bei Nietzsche, Simmel und Kassner. In: Karl Heinz Bohrer (Hrsg.). Mythos und Moderne. Frankfurt am Main 1983. S. 138–156. Hier: S. 140.

(die „Ausgangsthese lässt sich bestätigen"). Als Modell ist diese Trennung leicht einzusehen an alltagssprachlichen Sätzen wie: „Ich habe ein schlechtes Gewissen."[153] Das Personalpronomen verweist auf eine Person. Das „schlechte Gewissen" dagegen, das dieser Person dem Vernehmen nach anhaftet, setzt eine zweite (nicht in einem freudianischen Sinn zu verstehende) Ich-Instanz voraus, die von der ersten zumindest teilweise unabhängig zu sein scheint. Das „Gewissen" gleicht dabei einer „inneren, kollektiven Stimme", auf die hin ein selbstreflexiver Dialog unter Verweis auf etwas Gegebenes möglich zu sein scheint, bei dem kein selbstaffirmierendes Ergebnis herausschaut. Die Semantik der Kollokation *gutes/schlechtes Gewissen* ist dabei nur ein Beispiel unter vielen, wie in festen Fügungen auf diese Teilung der Instanzen referiert wird.

Denkprozessen wie Überlegen und Begründen liegen, wie Tugendhat im Anschluss an seine Lektüre von George Herbert Meads „Mind, Self and Society" (1934) sagt, Formen des „Mitsichredens" zugrunde, das heisst: Der Überlegende bezieht, indem er „mitsichredet", seine Perspektive auf die Perspektive eines generalisierten Partners und geht in dieser Weise „mit sich zurate".[154] Die sehr fundamentale Einsicht Meads geht dahin, dass das „Selbst" in dieser Art reflexiv strukturiert sei:

> It is the characteristic of the self as an object to itself that I want to bring out. This characteristic is represented in the word ‚self', which is a reflexive, and indicates that which can be both subject and object.[155]

Der innere Dialog des meadschen/tugendhatschen „Mitsichredens" – dies ist zentral – ist nicht zu verwechseln mit dem heideggerschen „Sichzusichverhalten": Der innere Dialog, das innere gedankliche Prozessieren verläuft unabhängig von einer direkten Bezüglichkeit auf das Selbst. Gedanklich Probleme zu lösen heisst keinesfalls an ‚sich selbst' zu denken oder sie auf ‚sich selbst' zu beziehen: „Deshalb kommt auch normalerweise nicht einmal das Wort ‚ich' vor, […] und wenn es vorkommt, indem wir etwa sagen ‚ich glaube, dass p', hat es keinen über das epistemische Selbstbewusstsein hinausreichenden

[153] Zur philosophischen Diskussion um die „Vielheit" des Subjekts und zu Phänomenen wie Selbstbetrug, Handeln wider besseres Wissen etc. vgl. den Band: Jon Elster (Hrsg.). The multiple self: Studies in Rationality and social change. Cambridge MA 1985.

[154] Ernst Tugendhat. Selbstbewusstsein und Selbstbestimmung: Sprachanalytische Interpretationen. Frankfurt am Main 1979. S. 245–292. Hier: S. 245.

[155] George Herbert Mead. Mind, Self and Society from the Standpoint of a Social Behaviorist. Chicago 1934. S. 136f. Zit. in: Tugendhat. Selbstbewusstsein. 1979. S. 247.

Sinn."[156] Mit Blick auf die sprachliche und speziell die schriftliche Performanz könnte man aus pragmalinguistischer Sicht sagen, dass Autoren sehr genau wissen, dass für erfolgreiche Kommunikation ein epistemisches Selbstbewusstsein praktisch bedeutungslos ist, weil sich Verständigung abgelöst von dieser ontologischen Unmittelbarkeit des Meinens vollzieht, das heisst über die Performanz des Gesagten. Die Produktion des Gesagten trägt reflexive Züge, weil ein Autor ja auch nur „seine Zeichen" hat (Wittgenstein, PU 504). Die Verständigung mit einem Gegenüber geht mit einer Selbstverständigung einher. Erfolgreiche Kommunikation ist abhängig von der ständigen Vertauschbarkeit der Autor-Rezipienten-Rollen bei der Textproduktion.

1.2.5 Persona – spielende und gespielte Person

Das lateinische Wort „Persona" ist die Bezeichnung für die Maske, die von einem Schauspieler im antiken Theater getragen wird. Im angloamerikanischen Sprachraum war Charles Bazerman einer der ersten Linguisten, der sich in der Bezugnahme auf das unscharfe rhetorische Konzept der „Persona" ausführlich mit der Frage auseinandergesetzt hat, wie autorschaftliche Präsenz im wissenschaftlichen Text beschaffen sei.[157] Ich habe bereits in 1.2.1 auf Bazerman und sein disziplinäres Umfeld hingewiesen. Bazerman geht davon aus, dass es in naturwissenschaftlichen Aufsätzen vor allem um die Anstrengungen von Autoren geht, Ergebnisse so zu präsentieren, dass sie in einen zum gegebenen Zeitpunkt gängigen thematischen und methodischen Rahmen passen. Bazerman kongruiert in diesem Punkt durchaus mit den Klassikern der Wissenschaftsforschung wie Ludwig Fleck und Thomas S. Kuhn. Um nicht aus dem Rahmen zu fallen müssen Autoren die Probleme, die Ideale und Argumente ihres Feldes in einer Art und Weise kennen, dass ihre eigene Leistung als passende Fortsetzung bereits bestehender Forschung erscheint.[158] Im Anschluss an Bazerman hat der Amerikaner Greg Myers in „Writing Biology" die Wichtigkeit der Konstruktion einer autorschaftlichen Persona im akademischen Text noch deutlicher

---

[156] Tugendhat. Selbstbewusstsein. 1979. S. 260.

[157] Charles Bazerman. Shaping Written Knowledge: The Genre and Activity of the Experimental Article in Science. Madison (WI) 1988. Vgl. auch: Ders. What Written Knowledge Does: Three Examples of Academic Discourse. In: Philosophy and Social Science 11/1981. S. 361–387.

[158] Charles Bazerman. Scientific Writing as Social Act: A Review of the Literature of the Sociology of Science. In: P. Anderson, R. J. Brockman und C. Miller (Hrsg.). New Essays in Technical and Scientific Communication: Research, Theory and Practice. New York 1983. S. 156–184. Hier: S. 161.

betont und differenziert.[159] Greg Myers weist nach, dass die Art und Weise, wie die Persona selbst konstruiert wird, entscheidend ist für den Erfolg oder Misserfolg eines Textes innerhalb eines disziplinären Gefüges. Myers weist diesen Sachverhalt an textredaktionellen Eingriffen nach, welche Autoren an abgelehnten Proposals für naturwissenschaftliche Zeitschriftenartikel vornehmen. Auf der Ebene des propositionalen Gehalts verändern die Autoren wenig bis gar nichts. Im Grunde versuchen sie einfach sich selbst und ihre Leistung in ein besseres Licht zu rücken.

Schon in der römischen Antike gehen die Beutungen von *persona* weit auseinander.[160] Zwei grundlegend differierende Bedeutungen sind dabei von der Schauspielermaske hergeleitet, die aufgrund der vorhandenen Quellentexte als ursprüngliche gedacht wird. Das Wort *persona* wird einerseits auf den Träger der Maske bezogen und heisst dann so etwas wie Schauspieler. Andererseits heisst es aber auch schon sehr früh „Person" im Sinne des gespielten Charakters.[161] In diesem Zusammenhang entsteht auch eine plausible, in der Spätantike schon angelegte und bis heute verbreitete Volksetymologie. Die Idee nämlich, „persona" komme von „personare"= hindurchklingen.[162] Eigenartigerweise ist gerade diese Pseudoetymologie im Stande, dem Komplex von Bedeutungen, die vom Theater und den unterschiedlichen Perspektiven der Zuschauer auf die „persona" herrühren, ein gemeinsames semantisches Merkmal zu Grunde zu legen. Hans Rheinfelder (1928) fasst fürs klassische Latein folgende Bedeutungen von *persona*:[163] 1) Sowohl die Maske, die ein Darsteller trägt, um eine Rolle zu spielen als auch die Maske, deren sich der Dargestellte bedient, um sich adäquat zu präsentieren. 2) Die Maske übertragen sowohl auf den darstellenden Schauspieler wie auch auf die dargestellte Person im Drama. 3) *Persona* als dargestellte (kritisch gedachte) Rolle wie auch das Wesentliche des Dargestellten im Sinne seiner hervorstechenden Charaktermerkmale. Und ausserhalb des Theaters: 4) *Persona* als Attribut einer Person: das „Wesentliche", das „Ureigenste" des Menschen im Hinblick auf so etwas wie seine Individualität: seine „Aufgabe", seine „Würde", sein „Stand",

---

[159] Greg Myers. Writing Biology: Texts in the Social Construction of Scientific Knowledge. Madison (WI) 1990.

[160] Vgl. für das Nachfolgende die ausgezeichnete wortgeschichtliche Arbeit von Hans Rheinfelder. Das Wort „persona": Geschichte seiner Bedeutungen mit besonderer Berücksichtigung des französischen und italienischen Mittelalters. In: Alfons Hilka (Hrsg.). Beihefte zur Zeitschrift für romanische Philologie 77/1928.

[161] Vgl. Rheinfelder. Das Wort „persona". 1928. S. 6–17.

[162] Vgl. ebd. 1928. S. 18–26. Offenbar wird die Pseudoetymologie auch gestützt durch eine präsupponierte technische Komponente der Maske: Sie soll so beschaffen sein, dass sie die vom Schauspieler produzierten Klänge verstärke.

[163] Vgl. Rheinfelder. Das Wort „persona". 1928. S. 17.

sein „Beruf". Aber auch *persona* als Synonym zu *homo*. Die wesentlichste Bedeutungsdifferenz über alle Bedeutungsmöglichkeiten hinweg liegt darin, dass das, was aus der Maske „herausklingt", sowohl der spielenden Person als auch der gespielten zugerechnet werden kann. Diese beiden semantischen Tendenzen werden in der Regel in Bezug auf die autorschaftliche Instanz im wissenschaftlichen Text wie bereits angedeutet nicht differenziert, sondern in eins gesetzt. Wissenschaftliche Erkenntnis, obschon andauernder Revisionen durch das Kollektiv unterworfen, wird so behandelt, als ob sie ihren Entdeckern, Erfindern und Konstrukteuren zu verdanken sei.[164] Dass aber Erkenntnis in einem hohen Masse abhängig ist von Vorgaben, die unbeeinflusst von autorschaftlicher Bemächtigung erscheinen, ändert nichts daran, dass die Leistung bei der Übermittlung nicht der bloss gespielten Rolle, sondern dem spielenden Schauspieler zugerechnet wird. Die spielende, das heisst schreibende Person weiss um die Wirkungsmacht der gespielten Person im geschriebenen Text. Es ist das Verdienst der fachsprachlich-wissenschaftskritisch orientierten Linguistik seit den 1980er Jahren auf die Phänomene wissenschaftlichen Ausdrucks in „sekundärer Funktion"[165] hingewiesen zu haben.[166]

Es sind ja auch nicht die ideellen Kerne von Texten, die im Sinne des Urheberrechts einem Schutz unterliegen, sondern es sind die jeweiligen *parole*-Texte in ihrer Ausformulierung, die nicht kopiert oder widerrechtlich aufgeführt werden dürfen. Um innerhalb der Community zu versuchen, Themen und Ideen einer Art autorschaftlichem Schutz zu unterstellen, wird im Text der Eindruck einer die Schauspieler- und die Rollen-Person vereinigenden *persona* gefestigt. Obschon es schwierig ist zu sagen, wie insgesamt dieser Eindruck in einer Textlektüre zustande kommt, gibt es dafür Anhaltspunkte. Ein sehr allgemeiner

[164] Niklas Luhmann. Die Wissenschaft der Gesellschaft. Frankfurt am Main 1992. S. 245.

[165] Vgl. Walther Dieckmann. Ausdrucksformen wissenschaftlicher Autorität. In: Zeitschrift für germanistische Linguistik (ZGL): Deutsche Sprache in Gegenwart und Geschichte 26/1998. S. 177–194.

[166] Vgl. etwa Claus Gnutzmann. Fachsprache und Jargon. In: Ders./John Turner (Hrsg.). In: Fachsprachen und ihre Anwendung. Tübingen 1980. S. 49–59. Peter von Polenz. Jargonisierung der Wissenschaftssprache und wider die Deagentivierung. In: Theo Bungarten (Hrsg.). Wissenschaftssprache: Beiträge zur Methodologie, theoretischen Fundierung und Deskription. München 1981. S. 85–110. Clemens Knobloch. Esoterik und Exoterik: Über Begriffsmoden in den Humanwissenschaften. In: Ders. (Hrsg.). Fachsprache und Wissenschaftssprache. Essen 1987. S. 55–70. Gerd Antos. Sprachliche Inszenierung von „Expertenschaft" am Beispiel wissenschaftlicher Abstracts: Vorüberlegungen zu einer systemtheoretischen Textproduktionsforschung. In: Eva-Maria Jakobs/Dagmar Knorr/Sylvie Molitor-Lübbert (Hrsg.). Wissenschaftliche Textproduktion: Mit und ohne Computer. Frankfurt am Main, Berlin, Bern, New York, Paris, Wien 1995. S. 113–127.

Hinweis liegt meines Erachtens in reflexiven Formulierungen, die gleichzeitig eine Trennung und eine Ineinssetzung zweier Instanzen erlauben:

Das implizite Ziel wissenschaftlicher Texte lässt sich vor allem in dem Eindruck beschreiben, dass eine wissenschaftliche Erkenntnis modellgestützt erklärt, beschrieben, auf ihren Status hin definiert erscheint, und zwar nicht in dauernder Abhängigkeit von der Person, welche diese Beschreibung, Erläuterung, Modellierung vornimmt, sondern in Abhängigkeit von methodischem Vorgehen, von der Einsehbarkeit von Gründen im Sinne von Evidenzen. Eine prototypische Formulierung in diesem Zusammenhang scheint mir: *es zeigt sich (bzw. es hat sich gezeigt).* Ein wissenschaftlicher Autor versteht die Rolle, welche in einer solchen Formulierung aufscheint, nicht als individuelle, sondern als eine überindividuelle. *Es* kann dabei auf alles Mögliche rekurrieren: auf eine argumentative Evidenz, auf die Erörterung von autorschaftlichen Positionen etc. Der springende Punkt bei solchen Formulierungen ist aber, dass sie bloss scheinbar darauf verzichten, den Autor ins Spiel zu bringen. In der idiomatischen Spiegelung von Rollenauffassungen sind ja auch Formulierungs*moden* möglich. Die Konventionen, wie das in geisteswissenschaftlichen Texten der vergangenen zehn Jahren vermehrt geschieht, können sich ändern, so dass man gewissermassen zu direkt die Sprecherrolle markierenden Formulierungen zurückkehrt. Direkte deiktische Wendungen wie *ich bin mir nicht sicher* betonen vermehrt eine Autorschaftskonzeptualisierung, die im Willen um Transparenz gewissermassen den Blick hinter die Maske öffnet und das Schauspieler-Subjekt gewahr werden lässt.

1.2.6 Autorschaftlicher „Fingerabdruck“

Wenn man Texte zu verstehen versucht, stellt sich gelegentlich die Frage, warum sich ein Autor bei einem bestimmten Gegenstand gerade so und nicht anders ausdrückt – warum gerade diese Präferenz für eine hermetische Lexik – warum diese umständliche Syntax – warum gerade diese entlegenen Argumente und nicht nahe liegendere? Jeder Text, so sehr er auch Ausdruck einer kollektiv koordinierten Sprech- und Denkweise sein mag, spiegelt immer auch individuelle Kognitionsleistungen und individuelles Ausdrucksvermögen. Im „normalen“ Verstehensprozess wird dieser Umstand latent wahrgenommen und in der Rekurrenz auf die Instanz, die etwas zu verstehen gibt, ist man geneigt, ähnliche Toleranzen walten zu lassen, wie sie das übergeordnete Ziel einer sozialen Kommunikation erfordert. Bei gehäuften Verständigungsschwierigkeiten gerät die Balance zwischen koordinativer Erwartung und performativer Erwartungseinlösung aus dem Gleichgewicht. Das heisst, wir lesen und verstehen dann (und nicht nur dann) Texte nicht nur auf einen intendierten Sinn hin, sondern wir lesen sie auch als Index einer idiosynkratischen Performanz, die sich „so und nicht anders" präsentiert und intuitiv mit einer autorschaftlich-individuellen Instanz identifiziert wird. Bei dem Berührungsverhältnis, das mündliche Rede mit der Sprecherinstanz teilt, verwundert es nicht allzu sehr, dass sie intuitiv als Index eines *persönlichen* Ausdrucks verstanden wird. Die basale Schwierigkeit liegt aber bei mündlichen *und* schriftlichen Texten darin, dass das, was man unter „persönlichem Ausdruck" versteht, sich nicht als einheitliches Phänomen beschreiben lässt.

Interessanterweise wird die Individualität in der Performanz, die zusammenfassend auch als „Stil eines Autors" wahrgenommen werden kann, erst seit der zweiten Hälfte des 18. Jahrhunderts als Ausdruck von zugrunde liegenden kognitiven Fähigkeiten unter dem Schlagwort des „Genies" speziell pointiert. Mit der Radikalisierung dieser Konzeptualisierung setzt sich in der Folge die Vorstellung durch, dass kollektiv verbindliche Stilregeln im apodiktischen Sinne gar nicht haltbar seien. Die Tradition der normativen Stilistik beginnt mit Werken wie jenem von Karl Philipp Moritz: „Vorlesungen über den Styl" in sich zusammenzufallen. Moritz wendet sich gegen den noch virulenten Stilbegriff:

> So abweichend von dem gewöhnlichen Begriffe dies auch klingen mag, so gibt es doch im strengen Sinne gar keine Regeln des Stils. Man denkt sich doch unter Stil das Eigentümliche, woran man die Schreibart eines jeden wiedererkennet und wodurch sie eigentlich erst zur Schreibart wird; nun aber finden ja über das Eigentümliche keine Regeln statt. Alles, was sich darüber sagen lässt, beschränkt sich auf einzelne Beobachtungen, welche zur Selbstbeobachtung und Selbstprüfung Veranlassung geben können.[167]

Das „Eigentümliche", das sich – geht man beim Begriff des „Stils" von der individuellen sprachlichen Äusserungsdimension aus – als Individualstil im Text wiedererkennen lässt, ist bei Moritz insgesamt begründet in einer „Eigentümlichkeit der Vorstellungsart". Die Uneinheitlichkeit des Phänomens „Individualstil" ist dadurch mit einer elementaren Aspektualisierung belegt, welche auch in modernen Begriffsbestimmungen einhellige Zustimmung erfährt:

> Die Individuen geben ihrem Sprachgebrauch einen persönlichen Charakter, der Gesprächsstil und der Zeichengebrauch ist persönlich, ein Ausdruck individueller Weltsicht.[168]

Man könnte Moritz und Sandig in der Richtung (miss-)verstehen, dass Sprachgebrauch nicht einfach nur die „Eigentümlichkeit der Vorstellungsart" – als

---

[167] Karl Philipp Moritz. Werke. Horst Günther (Hrsg.). Dritter Band: Erfahrung, Sprache, Denken. Frankfurt am Main 1981. S. 591.

[168] Barbara Sandig. Stilistik der deutschen Sprache. Berlin, New York 1986. S. 216.

zwingendes Nebenprodukt individueller Kognition – zum Ausdruck bringt, sondern dass „Eigentümlichkeit“ eigentliches Ausdrucks*ziel* kommunikativer Bemühungen sei. Die Einheit von individueller Weltsicht und individuellem Zeichengebrauch, die sich als „Eigentümliches“ im Grunde begrifflich nur als Differenz zu einer stillschweigend angenommenen, kollektiven Weltsicht und einem kollektiven Zeichengebrauch fassen lässt, träte dann – wie Moritz es fordert – an die Stelle vormaliger Stildefinitionen, welche die soziale Verbindlichkeit übergreifender Äusserungsnormen ins Zentrum gestellt haben.

Gerade für die Wahrnehmung des „Eigentümlichen“ ist der Spielraum zwischen sozial verbindlich konventionalisierten Formen sprachlicher Koordination und individuellen Selektionsmöglichkeiten entscheidend. Die kategorielle Unterordnung des Individualstilbegriffs unter einen allgemeinen Stilbegriff entspricht denn auch einem Konsens in der nicht normativ orientierten, stiltheoretischen Literatur der zweiten Hälfte des 20. Jahrhunderts bei der Begriffsbestimmung von „Individualstil“:

> ‚Stil‘ im allgemeinen ist Ausdruck für die ganze Komplexität stilistischer Möglichkeiten. Der aktuelle Stil eines Individuums realisiert von diesem Potential eine charakteristische Auswahl; die komplexe Form des Einzelstils stellt daher der ‚Individualstil‘, auch ‚Personal- oder Persönlichkeitsstil‘, dar. Er ist stiltypisch nach Art, Frequenz, Distribution und Kombination der jeweils verwendeten neutralen Stilelemente [...].[169]

Ohne diesen individuell-charakteristischen Zugriff auf die stilistisch präfigurierten, weil sozial eingespielten Möglichkeiten wäre, das nur nebenbei, stilistischer Wandel ausgeschlossen.

Auf der Ebene der abstrakten begrifflichen Bestimmung des so genannten „Individualstils“ erweist sich die empirische Uneinheitlichkeit des Phänomens, die sich relativ offen als die individuell-charakteristische Auswahl aus einem Arsenal von Möglichkeiten formaler, inhaltlicher und funktionaler Art definieren lässt, als unproblematisch. Die phänomenale Uneinheitlichkeit erweist sich aber auf der Ebene der praktischen Bestimmung als sehr problematisch. Das praktische Problem deutet sich bereits im Parallelbegriff zum „Individualstil“ an: Die im Begriff des „Persönlichkeitsstils“ anklingende Umkehrung der Perspektive in die Richtung einer Zurechnung empirisch evidenter, individueller Selektion auf die Kognition eines bestimmten Individuums, bzw. Pars toto auf eine bestimmte Person unter der Prämisse eines theoretisch kaum unterfütterten Umkehrschluss: Weil die Individualität kognitiver Konstruktionsprozesse in der Form individueller sprachlicher Performanz greifbar wird, lässt sich vom „Sprachwerk“ auf das produktive Individuum mittels Verkettung von Indizien

---

[169] Willy Sanders. Linguistische Stiltheorie: Probleme, Prinzipien und moderne Perspektiven des Sprachstils. Göttingen 1973. S. 109.

– vergleichbar mit eindeutig individuell-physiologischen Merkmalen wie der menschlichen Stimme – rückschliessen. In der langen philologischen Tradition der Autorschaftsnachweise wird dieses Konzept seit eh und je zur Anwendung gebracht und in den letzten zwei Jahrzehnten in der forensischen Linguistik unter dem Schlagwort des „sprachlichen Fingerabdrucks"[170] kontrovers diskutiert.

Edward Sapir hat in einer Erörterung der späten 1920er-Jahre mit Blick auf mündliche Rede fünf Aspekte des sprachlichen Verhaltens unterschieden, die er zusammen als „Spur" einer Persönlichkeit interpretiert.[171] Drei Aspekte betreffen das paraverbale Verhalten, zwei das verbale: Die Stimmqualität selbst, Sprechdynamik (suprasegmentale Merkmale) und Aussprache (segmentale Merkmale) als physikalisch messbare, persongebundene, individuelle Charakterzüge beim Sprechvorgang als paraverbale „Persönlichkeitsspur"; bemerkbare Präferenzen bei der Wortwahl und individuelle Präferenzen für bestimmte Syntagmen als verbale Indizierung. Das der sapirschen Überlegung zugrunde liegende Bild der „Spur" ist dabei sehr viel konservativer orientiert als die des „Fingerabdrucks". Das Grundproblem, welches sich im Zusammenhang mit schriftlichen Zeugnissen stellt, liegt im Umstand, dass die Zeichenqualität des „Sprachwerks" keine unmittelbare Analogie zu jenen die Sprecherperson indizierenden, physiologischen Merkmale zulässt. Die in der Metaphorik des „sprachlichen Fingerabdrucks" modellhaft gefasste Gleichsetzung von physiologischer Identifizierung der Individualität mit der schriftsprachlichen Indizie-

[170] Vgl. hierzu: Christa Dern. Sprachwissenschaft und Kriminalistik. In: Zeitschrift für germanistische Linguistik (ZGL). 31/2003. S. 44–77. Hannes Kniffka (Hrsg.). Texte zur Theorie und Praxis forensischer Linguistik. (=Linguistische Arbeiten 249). Tübingen 1990. Vgl. auch: Tobias Brückner. Verrät der Text den Verfasser? Die Frage nach dem „philologischen Fingerabdruck" – Textvergleich als Beweismittel. In: Kriminalistik: Zeitschrift für die gesamte kriminalistische Wissenschaft und Praxis 44/1990. S. 13–38. Vgl. die Reaktionen auf Brückners Beitrag in: Kriminalistik: Zeitschrift für die gesamte kriminalistische Wissenschaft und Praxis. 44/1990. S. 467–495. Und: 44/1990. S. 604–610. Vgl. auch: Günther Grewendorf (Hrsg.). Rechtskultur als Sprachkultur: Zur forensischen Funktion der Sprachanalyse. Frankfurt am Main 1992. Norbert Richard Wolf. Erfahrungen mit Individualstil oder Stilistik im Strafprozess. In: Klaus Matzel und Hans-Gert Roloff (Hrsg.). Festschrift für Herbert Kolb zu seinem 65. Geburtstag. Bern, Frankfurt am Main, New York, Paris 1989. S. 781–789. Günter Lipold. „...denn deine Sprache verrät dich": Zur Autorenbestimmung in der forensischen Linguistik. In: Maria Klanska/Peter Wiesinger (Hrsg.). Vielfalt der Sprachen: Festschrift für Aleksander Szulc zum 75. Geburtstag. Wien 1999. S. 241–258. Vgl. auch Ulrich Engel. Möglichkeiten und Grenzen der forensischen Linguistik. In: Kriminalistik und forensische Wissenschaften. 81/1993. S. 59–66.

[171] Edward Sapir. Speech as Personality Trait. In: The American Journal of Sociology 32/1926/27. S. 892–905.

rung (Wortfrequenzanalysen, Fehleranalysen usw.) ist in mehrerlei Hinsicht problematisch:[172]

1. Der Fingerabdruck gilt forensisch als zeit- und situationsunabhängiges, also konstantes Charakteristikum: Individueller Sprachgebrauch ist in vielerlei Hinsicht unkonstant. Individuen drücken sich in Abhängigkeit ihrer (status-, alters- und rollenabhängigen) Eingebundenheit in soziale Konstellationen aus. Sprachgebrauch geschieht immer in Anpassung an bestimmte Verhaltenskoordinationsvorgaben zwischen anpassungs-, das heisst lernfähigen Individuen. Etwas zugespitzt kann man sagen: Ein grosser Teil der sprachlich-performativen Kompetenz ist sozial gerichtete Anpassungs- und Verstellungskompetenz – nicht im Sinne der Unaufrichtigkeit, sondern im Sinne der Vermittlung sozialer Äquivalenz. Wenn die Anpassungsfähigkeit an eine bestimmte soziale Konstellation zu den Grundkompetenzen von Schreibern gehört und wenn diese Anpassung vor allem durch Anschluss an mustergültige Lösungen im Sinne einer Imitation stattfindet, dann wird die Frage schwierig, wo genau die Grenze zu ziehen ist zwischen dem einen sich sprachlich äussernden Individuum und seinem jeweiligen sprachlichen Vorläufer.
2. Der Fingerabdruck ist insofern individuelles Merkmal eines Menschen, als sich dieser von jenen aller andern Menschen unterscheiden lässt: Jeder im Sinne des bühlerschen „Sprachwerks“ verfasste Text ist eine eigene Individualität. Sie unterscheidet sich von jedem anderen Text. Aber die Zuschreibung dieser individuellen Performanz an einen Autor, der absolut zwingend Autor dieses Textes sei, ist nicht in einer eindeutigen Art und Weise vornehmbar, weil dieser Autor keine „Anzeichen“ seines Textes verkörpert, welche die Zuschreibung so unmissverständlich machen würde, wie es die Hautstruktur an den Fingerkuppen von Individuen im Zusammenhang mit dem Fingerabdruck tun. Wollte man sich eine (kognitive) Verkörperung der erwartbaren individuell-charakteristischen Selektionen abstrakt vorstellen, so müsste man einen physiologisch beschreibbaren „Generator“ veranschlagen, der eine exakte Prognose über individuelle Selektionen zuliesse.
3. Der Fingerabdruck ist relativ leicht zu bestimmen. In der Fachliteratur zur Praxis der forensischen Linguistik, wo es um die meist sehr eingeschränkte Frage geht, ob eine bestimmte Person als Autor von im Tatzusammenhang auftauchenden Texten (z.B. Erpresserschreiben) in Frage kommt oder nicht, wird in der Regel vor allem auf einen relativ leicht einsehbaren, signifikanten, distinkten und mit grosser Wahrscheinlichkeit auf dem Hintergrund des

---

172 Vgl. zum Konzept des „Fingerabdrucks“ den Physiker Wilhelm Fucks. Nach den Regeln der Kunst. Stuttgart 1968. S. 97f. Zit. in: Wolf. Individualstil. 1989. S. 788.

angedeuteten „Generators“ prognostizierbaren, das heisst vergleichsweise konstanten Aspekt der individuellen Äusserungsdimension hingewiesen: Die Ebene der Fehler und der deutlichen stilistischen Abweichung von einer im jeweiligen Textsortenspektrum annehmbaren Norm.[173] Obschon für die Indizierung einer bestimmten Person Normabweichungen als vergleichsweise eindeutige, weil relativ konstante Symptome gelten können, hinkt auch hier die Analogie mit dem „Fingerabdruck“: Texte sind in der Regel erst dann in der Art des „Fingerabdrucks“ zuweisbar, wenn entsprechend konzise Vorgaben über eine der Autorschaft verdächtigte Person gemacht werden.[174] Den kausalen Schluss, der gezogen wird, knüpft man zum Beispiel an die vorgegebene Tatsache, dass die verdächtigte Person fremdsprachig ist, das heisst die textanalytische Beweisführung zielt dann eher auf die Frage nach der Gruppenzugehörigkeit als auf die eindeutige Zuweisung eines „Sprachwerks“ an ein bestimmtes Individuum.

Zusammenfassend kann man zu den begrifflichen Konzeptualisierungen von „Individualstil“ und „Fingerabdruck“ sagen, dass die performativen Möglichkeiten von Individuen, das heisst die Kreativität auf der Ebene der Selektion ihrer sprachlichen Mittel (Wortwahl, Wahl von syntaktischen Strukturen), nicht im Sinne einer einheitlich beschreibbaren, individuellen Schablonierung determiniert sind und folglich nicht als absolut prognostizierbar gelten können. Die „Eigentümlichkeit“ des „Sprachwerks“ ist kausal nicht durch die Individualität von Individuen selbst begründet, sondern durch die strukturelle Offenheit der sprachlichen Mittelwahl einerseits und durch individuelle Kognitionsprozesse – Stichwort „Eigentümlichkeit der Vorstellungsart“ – andererseits.[175] Sprache als soziales Phänomen funktioniert deshalb, weil Individuen sich gemeinsam auf weitgehende Verhaltenskoordinationen einigen und nicht insgesamt auf

---

[173] Hannes Kniffka. Autorschafts-Ausschluss: Ein „Liquet“ und ein „Non-Liquet“. In: Ders. (Hrsg.). Texte zu Theorie und Praxis forensischer Linguistik. Tübingen 1990. S. 437–456. Dieter Cherubim. Der Fall S. – Linguistische Gutachten in einem Mordprozess. In: Kniffka (Hrsg.). Texte. 1990. S. 339–362. Günther Grewendorf. XY … ungelöst: Zu Theorie und Praxis forensischer Linguistik. In: Kniffka (Hrsg.). Texte. 1990. S. 247–288.

[174] Das heisst die Frage, ob ein Text von einem bestimmten Autor stammt, ist auf der Grundlage einer noch so genauen Textanalyse und auch unter Beizug von Vergleichstexten offenbar häufig kaum zu beantworten. Die Frage aber, ob ein bestimmter Text von einem Autor stammen könnte, der nicht Native Speaker ist, aber seit zehn Jahren in Deutschland lebt und mit einer deutschsprachigen Frau verheiratet ist, lässt sich vergleichsweise gut beantworten: Vgl. Cherubim. Der Fall S. 1990. S. 339–362.

[175] Helmut Feilke. Sprache als soziale Gestalt: Ausdruck, Prägung und die Ordnung der sprachlichen Typik. Frankfurt am Main 1996. S. 59.

privatsprachlichem Idiolekt[176] bestehen. Das will nicht heissen, dass idiolektale Merkmale tendenziell aus dem „Sprachwerk" verdrängt würden, sondern lediglich, dass sie nicht im Sinne eines obligatorischen, eindeutig identifizierbaren „Fingerabdrucks" auftreten.

1.2.7 Zusammenfassung

Ich bin in der Diskussion des Autorbegriffs davon ausgegangen, dass der Autor in der wissenschaftlichen Aussagedomäne einen zentralen Kontext für Texte darstellt, weil Aussagen – nicht unbedingt Texte[177] – auf dem Hintergrund einer sozialen Konstellation rezipiert werden. Ich bin in der vor allem auf rhetorische Überlegungen abstellenden Diskussion zum Autorschaftsbegriff dann davon ausgegangen, dass der Autorkontext mit einem im Text emergenten Prinzip des ‚Hervorbringens' korrespondiert, das als sehr aspektreiches und vielschichtiges Prinzip beschrieben werden muss. Mit Blick auf wissenschaftliche Texte sollte deutlich werden, dass Autorschaft nicht auf einer einzigen Ebene (wie etwa der deiktischen Markiertheit) beschreibbar ist.

Mit diesem rhetorischen Begriff von Autorschaft verbindet sich implizit auch ein rhetorisches Verständnis von Text. Die erste Frage gilt deshalb dem zugrunde liegenden Rhetorikbegriff. Zunächst divergiert, wie die Überlegungen zur „Rhetoric of Science" nahe legen, der Begriff der Autorschaft in Abhängigkeit von einem zugrunde liegenden Rhetorikbegriff. Wird Rhetorik vor allem unter dem Gesichtspunkt der äusserlichen, strategisch-persuasiven Mittelwahl begriffen, so gleicht Autorschaft einer ‚frisierbaren' Instanz im Text. Eine sich dazu oppositionell darstellende Position begreift Autorschaft als zunächst weder mehr noch weniger ‚verkleidete' Konstruktion unter anderen konstruierten Einheiten. Der mit wissenschaftlichen Texten angestrengte Versuch, Erkenntnisgewinn nachvollziehbar zu machen, setzt auf Schemen, welche die ‚Entstehung von Aussagen' nachvollziehbar machen: Mit einem Schema etwa, das ausgehend von einer „Fragestellung" eine passende „Lösung" präsentiert, werden wissenschaftliche Probleme als autorschaftlich gestellte und gelöste Probleme apostrophiert.

---

[176] Vgl. hierzu Els Oksaar. Idiolekt. In: Ulrich Ammon/Norbert Dittmar/Klaus J. Mattheier (Hrsg.). Handbuch Soziolingustik (HSK 3.1). Berlin, New York 1987. S. 293–297.

[177] Das ist hier nicht als spitzfindige Differenz zu verstehen. Ich will damit sagen, dass Text grundsätzlich auch andere Gebrauchsweisen zulässt, als eine Rezeption auf Aussagen hin: Als Linguist kann man sich etwa vorstellen, in einem Text bestimmte Wörter zu zählen, ohne dabei überhaupt an Aussagen zu denken.

Für die pragmatisch orientierte Diskussion im deutschsprachigen Raum erweist sich die Frage nach der sprecher-deiktischen Markierungs*frequenz* in wissenschaftlichen Texten als neuralgisch. Ein auf dem Hintergrund der Deixis verstandener Begriff von Autorschaft zeichnet sich durch graduelle Unterschiede in der „manifestness" (Sperber/Wilson) der „Sprecher-Instanz" aus. Nach der mit den vorliegenden Unterkapiteln vertretenen Auffassung von Autorschaft stellt allerdings die sprecher-deiktische Markierungsfrequenz *allein* keinen ausreichenden Index für autorschaftliche Markierung dar. Die Relation zwischen Text und Kontext wird durch ein ganzes Netz von expliziten und inferenziellen Indizierungen manifest, das heisst die Sprecher-Deixis ist nur *eine* Markierungsmöglichkeit unter anderen.

Mit dem metaphorischen Modell der Durchsichtigkeit verbindet sich im Zusammenhang mit wissenschaftlichen Texten eine weitreichende Analogie zwischen medialer Form und zugrunde liegendem Erkenntnisprozess: Der Primat des Auges ist nicht nur einer, der mit Blick auf die Gegenstandskonstitution eine wesentliche Rolle spielt – für das, was man Forschung nennt, ist ‚Sichtbarmachung' der Untersuchungsgegenstände unausweichlich – der Primat des Auges ist auch mit Blick auf die mediale Präsentation zentral. Wissenschaftliche Autorschaft ist vor dem Hintergrund dieses in doppeltem Sinn an ‚Einsicht', an ‚Durchblick' und ‚Durchsichtigkeit' gebundenen Modells das abstrakte Prinzip, auf das die kommunikative Absicht einer Sozialisierung von Erkenntnisgewinn abstellt. Mit dieser auch rhetorikgeschichtlich geführten Argumentation rückt die Vermutung in den Vordergrund, dass nicht in erster Linie der deagentivierte mediale Duktus für eine ‚Verunklärung' der ‚eigentlichen' Autorschaftsverhältnisse verantwortlich ist, sondern eine zugrunde liegende Projektion von konstruktionsunabhängigen, „gegebenen" Gegenständen.

Vor dem Hintergrund der Textproduktionsperspektive präsentiert sich Autorschaft noch einmal verändert: Nicht eine ontologisch konstante Instanz im Sinne einer historischen Autorperson äussert sich im Text, sondern eine reflexive Instanz. Das heisst auch, dass damit Text- oder besser: Aussageproduktion als ein bloss individueller/kognitiver Vorgang infrage gestellt ist. Das involvierte „reale Selbst" des Autors im Sinne einer personalen Identität spielt in der hier favorisierten Auffassung von Text auch nur eine marginale Rolle. Zentral ist vielmehr die in der Folgestruktur von Aussagen emergente Reflexivität der Instanzen und eine zugrunde liegende sozialpsychologische Auffassung von Textproduktion, wie sie in der Titelformulierung von Linda Flower (1994) aufscheint – „The Construction of Negotiated Meaning".[178] Was in wissen-

---

[178] Linda Flower. The Construction of Negotiated Meaning: A Social Cognitive Theory of Writing. Carbondale, Edwardsville 1994.

schaftlichen Texten als ‚Verhandlungssache' erscheint, präsentiert sich in der Rezeption nicht als eindimensionales ‚Pro', sondern als Abwägen von in sich voraussetzungsreichen Positionen.

In eine ähnliche Richtung geht die Differenzierung von Person und Rolle vor dem Hintergrund der Pseudoetymologie von „persona"/„personare"=hindurchklingen. Man kann sagen: Die konventionelle Rollenauffassung, das heisst die textuelle, domänenspezifische Typik dessen, was als wissenschaftliche Rolle im Text wahrgenommen werden kann, prägt im Sinne der Musterhaftigkeit einen Text genauso wie individuelle Abweichung von einem erwartbaren Muster. Allerdings wird mit dem hier insgesamt akzentuierten Autorschaftsbegriff nicht in erster Linie die *Individualität* dessen betont, was man Autor*figur* (dazu ausführlich Kapitel 3) nennen kann.

Aus der (begrifflichen) Vogelperspektive lassen sich die autorschaftlichen Ebenen mit Blick auf die wissenschaftliche Textkonstruktion als interagierende Ebenen auffassen. Die wissenschaftliche Aussagewirklichkeit ist in einem mehrfachen Sinne auf die Instanz des Autors bezogen, das Prinzip der Autorschaft ermöglicht die Rekonstruktion dieser Instanz: als eine (historische) Instanz, auf die sich Lektüre beziehen lässt; als eine in der Textarchitektur an bestimmten Stellen auftretende Instanz (Name, Deixis, Unsicherheitsmarkierungen etc.); als eine im Text prozessierende Instanz, die (verhandelbare) Aussagen, bzw. Gewinn an Erkenntnis hervorbringt und in diesem Sinne für eine bestimmte Position ‚steht'; als eine typische Rolle, die mit einem (im Text aufgeführten) methodischen Verhalten assoziiert werden kann; als eine von erwartbaren textuellen, domänentypischen oder sprachlichen Mustern individuell abweichende Instanz. Der hier vorgeschlagene begriffliche Zusammenhang zwischen Autor und Autorschaft und die im Zusammenspiel von Inferenz und Emergenz angelegte Modellierung eines rhetorischen Textbegriffs zielt nicht auf eine Vollständigkeit der Beschreibungsebenen, sondern es wurden Ebenen herausgeleuchtet, die als Rahmenannahmen für die folgenden Überlegungen dienen.

2 Vom Ende gelehrter Autorität und dem Anfang wissenschaftlicher Autorschaft

Thema des zweiten Kapitels ist eine kultur-, mentalitäts- und sprachgeschichtlich orientierte Bestimmung des Phänomens wissenschaftliche Autorschaft in zwei grundverschiedenen Ausprägungen. Im Zentrum steht dabei der tief greifende Wandel zwischen dem Paradigma des Gelehrten und jenem des Wissenschaftlers in der zweiten Hälfte des 18. Jahrhunderts, jener Zeit also, die sich ihrem Selbstverständnis nach als Aufklärung versteht und „zumindest teilweise bestimmt hat, was wir heute sind, was wir denken, was wir tun" und die „durch eine Veränderung der bestehenden Beziehungen zwischen Wille, Autorität und dem Gebrauch der Vernunft definiert"[1] ist. Die Wende hin zur modernen wissenschaftlichen Autorschaft findet mit der Ausdifferenzierung der Disziplinenordnung um 1800 einen vorläufigen Abschluss. Die Differenzen zwischen dem Paradigma der Gelehrtheit und dem der Wissenschaftlichkeit sollen aus vier verschiedenen Blickrichtungen (Kapitel 2.1 bis 2.4) erörtert werden:

Mit der Hinwendung zu einem historischen Begriff von wissenschaftlicher Autorschaft verbindet sich die Thematisierung der sich wandelnden Organisation der Sprachmittel in wissenschaftlichen Texten. Dem geht eine wichtige Behauptung voraus, die den Gegenstand von Kapitel 2.1 bildet: Mit der Aufklärung korrespondiert eine Verhaltensveränderung im Sprachgebrauch, wie man sie (zeitübergreifend) im Kontext wissenschaftlicher Erkenntnisgenerierung und -vermittlung exemplarisch beobachten kann. Dadurch, dass jetzt wissenschaftliches Wissen nicht mehr als ontologische ‚Wahrheit', sondern als kollektiv konstruiertes Explanandum, das heisst als grundsätzlich revidierbare *Aussage* verstanden wird, kommen den eingesetzten Sprachmitteln basale Koordinationsaufgaben bei der ‚Verhandlung' dieses Wissens zu. Sprache *repräsentiert* nicht mehr autoritär gesicherte Geltungsansprüche, sondern Sprache wird als Medium eingesetzt, um einen prozedural gewordenen Vernunftbegriff[2] in eine entsprechende Argumentation zu übersetzen.

Kapitel 2.2 widmet sich dem begriffsgeschichtlichen Übergang zwischen ontologischem und konstruktivistischem Wissenschaftsbegriff: Eine Erklärung beider Begriffe ist für ein Verständnis wissenschaftlicher Autorschaft unaus-

---

[1] Michel Foucault. Was ist Aufklärung? In: Eva Erdmann, Rainer Forst, Axel Honneth (Hrsg.). Ethos der Moderne: Foucaults Kritik der Aufklärung. Frankfurt am Main, New York 1990. S. 35–54.

[2] Vgl. hierzu Joseph Kopperschmidt. Argumentationstheorie zur Einführung. Hamburg 2000. S. 79f.

weichlich. Diesen begrifflichen Wandel zu analysieren bedeutet allerdings auch, den prekären Versuch zu unternehmen, ein schwer generalisierbares, weil heterogenes und unscharfes Begriffsgebilde darstellen zu wollen. Im modernen wissenschaftlichen Diskurs wird der Begriffsbildung ein wichtiger Platz eingeräumt und mit der Praxis des Aushandelns ist indirekt auch die permanente diskursive Flüchtigkeit des Wissenschaftsbegriffs selbst angesprochen. Seine prinzipielle Diskutierbarkeit setzt im Grunde voraus, dass die jeweiligen Konnotate nur zum Teil auf eine ‚feste, begriffliche Referenz' beziehbar sind.

Eine weitere Hürde für eine unvoreingenommene Begriffsbestimmung stellt der Umstand dar, dass nichts so umfassende und tiefgreifende Spuren der Veränderung in allen Bereichen der westlichen Kultur hinterlassen hat wie die „intellektualistische Rationalisierung durch Wissenschaft und wissenschaftlich orientierte Technik".[3] Durch die Zäsur des konstruktivistischen Wissenschaftsbegriffs und durch die einschneidenden Veränderungen, die vor allem auf den wirkungsmächtigen Glauben zurückgehen, jederzeit mehr erfahren und alles durch „Berechnen beherrschen" zu können, wenn man nur wollte,[4] wird das Zuvor und das Danach der begrifflichen Revolution überdeutlich, andererseits unterliegt man bei der Skizzierung einer Begriffsbestimmung leicht der Versuchung einer mythischen Verklärung der Anfänge von ‚moderner Wissenschaft' und unterstellt dem ‚Ursprung' eine kollektive Intentionalität, welche leicht einer teleologischen Semantik verfällt. Grob gesagt macht also der Begriffsumfang einerseits, das Kontiguitätsverhältnis, das in der historischen Distanz und der gleichzeitigen Nähe zum modernen Wissenschaftsbegriff feststellbar ist andererseits, und die Bewertungsproblematik, die damit in fortschrittsaffirmierender und in fortschrittskritischer Richtung einhergeht, das Unterfangen schwierig. Übergeordnetes Ziel der begriffsgeschichtlichen Bestimmung ist aber – dies als leichte Entschärfung der angedeuteten Probleme – nicht eine adäquate Darstellung des modernen Wissenschaftsbegriffs selbst sondern vielmehr der Wandel des zugrunde liegenden Autorschaftsparadigmas.

Kapitel 2.3 analysiert die Abhängigkeit des kultur- und kommunikationsgeschichtlichen Paradigmas (Gelehrtheit versus Wissenschaftlichkeit) von einer dem Einzeltext vorausgehenden Autorfigur (Gelehrter versus Wissenschaftler). Die ständische Figur des Gelehrten als Wissensgarant und -verwalter wird mit der Ausdifferenzierung der modernen Disziplinen um 1800 abgelöst von der bürgerlich-leistungsorientierten Figur des Wissenschaftlers, die als Generator und Explikator neuen wissenschaftlichen Wissens auftritt.

---

3 Max Weber. Wissenschaft als Beruf. (1919). In: Ders. Gesammelte Aufsätze zur Wissenschaftslehre. Johannes Winckelmann (Hrsg.). (7. Aufl.). Tübingen 1988. S. 582–613. Hier: S. 593.

4 Max Weber. Wissenschaft. 1919/1988. S. 593.

Kapitel 2.4 zielt auf die textgeschichtliche Konkretisierung der vorausgehenden Erörterungsstränge: Wie verändert sich unter Massgabe des radikalen Wandels der Autorschaftskonzeption die Darstellungskultur hin zu wissenschaftlichem Wissen als Mitteilung? Die in einem spezifisch modernen Sinn wissenschaftlichen Textsorten befinden sich um 1800 im Status Nascendi. Die Frage: Wie übermittelt man wissenschaftliche Informationen in einem Text? wird in der wissenschaftlich-schriftstellerischen Praxis um 1800 noch nicht schlüssig beantwortet und die Explizierung von Darstellungsoptionen werden im Grunde weniger diskursiv verhandelt als vielmehr stillschweigend praktiziert. Die dem Einzeltext vorauseilende Adressierung an andere Wissenschaftler determiniert dabei die Ausformung von übergreifenden Mustern.

2.1 Die Mitteilung als „erstes Gesetz" der Erkenntnis

Eine alltägliche Vorstellung der Funktion wissenschaftlicher Publikationen insinuiert, dass ihr fundamentalster Zweck in der Mitteilung von Erkenntnissen in der Form von wissenschaftlichen Ergebnissen, also von neuen Informationen bestünde. Wenn das in einem ausschliesslichen und schlichten Sinne wahr wäre, dann würde die Beantwortung der Frage Schwierigkeiten bereiten, warum die entsprechenden Vermittlungsbemühungen so extensiv ausfallen, wo doch Ergebnisse im Sinne der Informativität auch kurz und bündig denkbar wären. Eine einfache Antwort auf diese Frage scheint in der Funktion des ‚Wahrheitsmediums' Wissenschaft selbst zu liegen. Bei der Vermittlung wissenschaftlicher ‚Wahrheit' – und das ist der springende Punkt der hier zu explizierenden Behauptung – werden nicht einfach Tatsachen im Sinne der ‚nackten Information' konstruiert, vielmehr ist der Konstruktionsprozess von einer permanenten Reflexion über Bedingungen der Möglichkeit von Erkenntnis begleitet.[5] Die Tatsachenkonstruktion selbst scheint die begleitende Reflexion zu inspirieren. Sprache und vor allem: adressierter Schriftsprachgebrauch ermöglicht und prädestiniert diesen reflexiven ‚Mehrwert', der moderne Wissenschaftlichkeit als solche auszeichnet.

Reflexivität, wie ich sie in diesem Zusammenhang verstehen möchte, meint jede Form des Rückverweises auf Möglichkeiten der Konstruktion von wahr-

---

5 Vgl. Niklas Luhmann. Die Ausdifferenzierung von Erkenntnisgewinn: Zur Genese von Wissenschaft. In: Nico Stehr/Volker Meja (Hrsg.). Wissenssoziologie. [Sonderheft 22 Kölner Zeitschrift für Soziologie und Sozialpsychologie]. Opladen 1981. S. 102–139. Hier: S. 107.

heitsfähigen Aussagen im Sinne ihrer Unterstellung unter die Grundsätze einer kritischen Markierung: In einem Experiment etwa lassen sich zwar systematisch Daten erheben, aber die so gewonnenen Tatsachen selbst enthalten keine unmittelbare Evidenz ihrer inhaltlichen Relevanz. Erst das Sprachmedium erlaubt es darauf hinzuweisen, dass sich hier ein bestimmtes Material im Sinne der Semantik von „weil", von „wie", „es scheint" oder „es scheint, als ob nicht..." verhält. Und erst dieser versprachlichte Rückverweis auf die Konsistenzverhältnisse eines bestimmten Wissenselements ermöglicht es dem Denken, eine Korrektur hin zu strengerem Denken einzubringen und damit den Suchprozess nach alternativen Erkenntnissen und deren Untermauerung weiterzutreiben.[6]

Ein wissenschaftlicher Autor ist in diesem Zusammenhang zu definieren als einzig denkbare koordinative Instanz, welche die Gesamtheit aus produktiven und reflexiven Elementen einer nicht absehbaren kollektiven Kontrollinstanz[7] – das heisst reflexiven Rezeptionsinstanzen, die zumindest potentiell ermächtigt sind alternative Antworten auf die gestellten Problemlagen zu formulieren – im Drucktext kommuniziert. Der Autor als reflexive Instanz bewältigt beides in ein und demselben, in der Lektüre nachzuvollziehenden Prozess: Erkenntnisproduktion und Erkenntniskritik. Letzteres vor allem im Bewusstsein um die Adressierung, indem dem Text ein möglicher Teil der Kritik der Experten aus der Community vorwegnehmend einverleibt wird. Wissenschaftliche Autorschaft ist in diesem Kontext zu definieren als das vom Autor zu substituierende Prinzip im Text, das heisst als jenes Phänomenbündel, welches im Text auf die wahrheitsgenerierende Autorinstanz rückverweist (vgl. zur Konstruktion dieser Instanz Kapitel 3). Auf die Interdependenzen zwischen den reflexiven Prozessen, welche der Produktion von wissenschaftlicher Erkenntnis zugrunde liegen, und den sprachlichen Handlungen, die der Reflexivität bei der Textproduktion nachkommen, soll nachfolgend genauer eingegangen werden.

Wenn Wissenschaftlern seit der Ausdifferenzierung spezialisierter Disziplinen von Berufs wegen die Aufgabe zukommt, neues Wissen zu produzieren, setzt dies eine Wahrheitskonzeption voraus, welche die permanente Erneuerung von Erkenntnis überhaupt toleriert. Die Favorisierung von aktuellem Wissen vor

6 Vgl. Gregory Bateson. Ökologie des Geistes: Anthropologische, psychologische, biologische und epistemologische Perspektiven. (Engl. Orig. 1972). Frankfurt am Main 1985. S. 131.

7 Vgl. Ludwig Fleck. Einige Merkmale des modernen wissenschaftlichen Denkkollektivs. In: Ders. Entstehung und Entwicklung einer wissenschaftlichen Tatsache: Einführung in die Lehre vom Denkstil und Denkkollektiv. (1. Aufl. 1935). Frankfurt am Main 1994. S. 146–164.

einem Wissen mit Invarianzcharakter basiert auf einem Autoritätsverzicht,[8] der durch die Generierung von neuem Wissen immer wieder bestätigt wird. Seit der Überschreitung jener Demarkationslinie, die mit dem Epochenetikett Aufklärung im Grunde nur sehr undeutlich gefasst wird, ist die wissenschaftliche Beantwortung der Frage „Was kann ich wissen?" (Kant) nur noch in Abhängigkeit von den die Vermittlung des Erkenntnisprozesses begleitenden Begründungen möglich. Wissenschaftliches Wissen ist durch diesen Einschnitt der Aufklärung nicht nur stärker von der Stringenz methodischer Prozeduren abhängig, die selbst wieder einem methodischen Zweifel unterliegen, sondern Wissen ist insgesamt abhängig von der Schlüssigkeit und Widerspruchslosigkeit seiner Darstellung: Das heisst, wenn aufgrund der Vermittlung begründete Einwände gegen eine bestimmte Erkenntnis möglich sind, darf es nicht akzeptiert werden. Gerade weil man so etwas wie Wahrheit als „Begebenheit in unserem Verstande" (Kant) anzuerkennen beginnt, wird überhaupt evident, welcher autorschaftlichen Herstellungsprozesse und welcher kollektiven Zustimmungsakte es bedarf, um wissenschaftliche Wahrheit zu etablieren. In diesem Herstellungsprozess sind aber die Wissensproduktion und die Wissensvermittlung keine distinkten Prozesselemente,[9] sondern antagonistisch ineinander verschränkte Handlungskomplexe bei der Wissensgenerierung.

Wenn neues Wissen ein von Wissenschaftlern hervorgebrachtes, unsicheres Aussagekonstrukt ist, das der kollektiven Aushandlungs- und Absegnungsprozesse bedarf, ist die Orientierung innerhalb dessen, was der Verstand für wahr hält, auf kommunikative Formen der Vergewisserung angewiesen. Kant unterscheidet in einem der letzten Kapitel der *Kritik der reinen Vernunft* drei (klassische) Konsistenzformen des „Fürwahrhaltens": Meinen, Glauben und Wissen.[10] Zur Differenzierung dieser „Begebenheit in unserem Verstande" offeriert er einen „Probierstein des Fürwahrhaltens":

---

8 Vgl. hierzu Niklas Luhmann. Die Wissenschaft der Gesellschaft. Frankfurt am Main 1990. S. 627–634.

9 Vgl. hierzu die zentrale These in: Steven Shapin. Pump and Circumstance: Robert Boyle's Literary Technology. In: Social Studies of Science 14/1984. S. 481–520.

10 Diese Differenzierung hat in der englischsprachigen Naturwissenschaft wegen der Vorreiterrolle, welche England als Naturwissenschaftlernation hier spielt, bereits eine lange Tradition, als Kant seinen Text formulierte. Vor allem die Abgrenzung von Wissen vor blossem Meinen stellte in der zweiten Hälfte des 17. Jahrhunderts einen intensiven Diskussionsgegenstand dar: Vgl. Ian Hacking. The Emergence of Probability: A Philosophical Study of Early Ideas of Probability, Induction and Statistical Inference. Cambridge 1975. Vgl. auch: B. J. Shapiro. Probability and Certainty in Seventeenth-Century England: A Study of the Relationships between Natural Science, Religion, History, Law and Literature. Princeton 1983. Und: Shapin. Pump and Circumstance. 1984. S. 481–520.

> Wenn [das Fürwahrhalten] für jedermann gültig ist, sofern er Vernunft hat, so ist der Grund desselben objektiv hinreichend, und das Fürwahrhalten heisst alsdann Überzeugung. Hat es nur in der besonderen Beschaffenheit des Subjekts seinen Grund, so wird es Überredung genannt. [...] Überredung ist ein blosser Schein, weil der Grund des Urteils, welcher lediglich im Subjekte liegt, für objektiv gehalten wird. Daher hat ein solches Urteil auch nur Privatgültigkeit, und das Fürwahrhalten lässt sich nicht mitteilen. Wahrheit aber beruht auf der Übereinstimmung mit dem Objekte, in Ansehung dessen folglich die Urteile eines jeden Verstandes einstimmig sein müssen (consentientia uni tertio, consentiunt inter se). Der Probierstein des Fürwahrhaltens, ob es Überzeugung oder blosse Überredung sei, ist also, äusserlich, die Möglichkeit, dasselbe mitzuteilen und das Fürwahrhalten für jedes Menschen Vernunft gültig zu befinden; [...][11]

Kant befördert hier die Entgegensetzung von Subjektivität und Objektivität, die in seiner Zeit gerade aufkam.[12] Dem Begriffspaar entspricht der Gegensatz von privatem und kollektivem Gebrauch der Vernunft. Die Sprechhandlung der „Überredung" kongruiert mit der „Privatgültigkeit", während „Überzeugung" auf kollektiver Übereinkunft basiert: Erst, wenn etwas für „jedes Menschen Vernunft gültig" erklärt und einstimmig (!) abgesegnet wird, kann es als Wissen gelten. „Überredung kann ich für mich behalten, wenn ich mich dabei wohl befinde, kann sie aber und soll sie ausser mir nicht geltend machen wollen."[13] – Die Überzeugung dagegen, die auf einem kollektiven Einverständnis beruht, ist angewiesen auf eine Geltung ‚ausser mir'. Damit, dass „Überredung" für das wissenschaftliche Wahrscheinlichmachen nicht mehr in Frage kommt, wird Wissenschaft ‚entrhetorisiert'.[14] Mit der Opposition zwischen „Überredung" und „Überzeugung" ist gleichermassen eine Einstellungsänderung mit Blick auf Wissen als auch eine Änderung in der Wissenskonsistenz selbst angesprochen. Das Gegensatzpaar subjektiv versus objektiv ist dabei keinesfalls zu verstehen als Gegensatz zwischen subjektivem Innenraum des Einzelverstandes und einem kollektiv einsehbaren, objektiven Aus-

---

11 Immanuel Kant. Kritik der reinen Vernunft. Werkausgabe Bd. IV. Wilhelm Weischedel (Hrsg.). Frankfurt am Main 1995. S. 687f. (B 848/A 820: „Des Kanons der reinen Vernunft dritter Abschnitt: Vom Meinen, Wissen und Glauben").

12 Vgl. Lorraine Daston. Fear and Loathing of the Imagination in Science. In: Daedalus. Vol. 127/1. 1998. S. 73–95. Deutsche Übersetzung: Dies. Angst und Abscheu vor der Einbildungskraft in der Wissenschaft. In: Dies. Wunder, Beweise und Tatsachen: Zur Geschichte der Rationalität. Frankfurt am Main 2001. S. 99–125. Hier: S. 110.

13 Kant. Kritik der reinen Vernunft. Werkausgabe Bd. IV. 1995. S. 688.

14 Vgl. zum Phänomen der ‚Entrhetorisierung' von Wissenschaft: Joachim Scharloth. Evidenz und Wahrscheinlichkeit: Wahlverwandtschaften zwischen Romanpoetik und Historik in der Spätaufklärung. In: Daniel Fulda/Silvia Serena Tschopp (Hrsg.). Literatur und Geschichte: Ein Kompendium zu ihrem Verhältnis von der Aufklärung bis zur Gegenwart. Berlin, New York 2002. S. 247–275.

senraum im Sinne einer ausschliesslich äusserlichen Welt der Gegenstände: Vielmehr bedarf der Gegensatz zunächst einer elementaren Reflexion, die sich am besten in der Spiegelung entsprechender Sprechhandlungen nachvollziehen lässt: Hier ein tendenziell ‚monologisches Subjekt', das sich als ‚Eigentümer' seines Bewusstseins erst durch sprachliche Selbstverständigung bewusst wird, und dort die dialogischen Bemühungen des individuellen Bewusstseins um kollektive Verständigung über die Objekte. Die kantische Einstimmigkeit in der Zustimmung des Expertenkollektivs im Begriff der „Überzeugung" muss notgedrungen supponierten Charakter behalten, was in der Mitteilung kompensatorisch aufgehoben scheint. Weil die Mitteilung selbst aber keine Evidenz über eine demokratische Validierung enthält, müssen hier inhärente Eigenschaften eines in der Mitteilung zum Ausdruck gebrachten, durch sie anvisierten, das heisst gewissermassen virtuellen, kollektiven Einverständnisses in der Form der textuellen Repräsentation simuliert werden. Mit andern Worten: Den kollektiven „Probierstein des Fürwahrhaltens" muss man sich als einen Text vorstellen, der in seiner Art widerspruchsfrei formuliert ist, so dass er „für jedes Menschen Vernunft" Gültigkeit reklamieren kann. Indem die Mitteilung einer Erkenntnis das „einstimmige" Einverständnis anvisiert, muss sie weit mehr Funktionen gerecht werden als bloss jener des Schnelltests[15] zur Unterscheidung zwischen den Sprechhandlungen des Überzeugens oder des Überredens. Mitteilung ist vielmehr, wie Friedrich Schleiermacher es formulieren wird, das „erste Gesetz jedes auf Erkenntnis gerichteten Bestrebens":

> Bei diesem Zusammenhange nun kann es nur ein leerer Schein sein, als ob irgendein wissenschaftlicher Mensch abgeschlossen für sich in einsamen Arbeiten und Unternehmungen lebe. Vielmehr ist das erste Gesetz jedes auf Erkenntnis gerichteten Bestrebens, Mitteilung;[16]

Ein „wissenschaftlicher Mensch"[17] formuliert zwar seinen Text möglicherweise einsam, aber in diesem Unternehmen sucht er eine Form, seine Erkenntnisse einem kollektiven Einverständnis zuzuführen. Die konstruktivistische Perspektive der Wissenschaftsforschung[18] seit den Pionierstudien Ludwig Flecks hat

---

[15] Daston. Fear. 1998. S. 82: „Kant offered a rough-and-ready test for distiguishing [...]".

[16] Friedrich Schleiermacher. Gelegentliche Gedanken über Universitäten in deutschem Sinn: Nebst einem Anhang über eine neu zu errichtende. (1808). In: Ders. Schriften. Andreas Arndt (Hrsg.). Frankfurt am Main 1996. S. 337f. – Die angeführte Stelle ist übrigens nur ein Beleg unter vielen, dass das begriffliche *Konzept* dem Neologismus „Wissenschaftler" vorausgeht.

[17] Diese für den heutigen Sprachgebrauch etwas eigenartig klingende Attribuierung ist meines Erachtens eine gute Belegstelle dafür, dass (wie ich weiter unten zeigen werde) der Neologismus „Wissenschaftler" im ersten Jahrzehnt des 19. Jahrhunderts noch nicht konventionalisiert war.

[18] Die meines Erachtens interessantesten Wegmarken innerhalb dieser Disziplin sind

in der Fokussierung auf die intendierte ‚demokratische' Validierung vor allem bewirkt, dass Wissenschaft als ein Ergebnis von kollektiven Denkmustern und Denkimperativen erkannt wurde. Fleck zeigt eindrücklich, wie Einverständnis immer in Abhängigkeit von kollektiven Vorverständigungen, d.h. über den ‚sanften Zwang' des disziplinären Denkstils[19] und der darin verankerten Konstruktion von Tatsachen erzeugt wird. Die Fokussierung auf diese Konformitätszwänge und auf die soziale Bedingtheit wissenschaftlicher Erkenntnisgenerierung[20] scheint in der metawissenschaftlichen Tradition nach Fleck ein mögliches Interesse an den autorschaftlichen Anteilen – das meint hier: die Individualität des einzelnen Beitrags – bei der Hervorbringung von Erkenntnissen zumindest graduell zu behindern. Gedankliche Solidarität[21] ist ja nicht alleiniges Strukturmerkmal wissenschaftlicher Erkenntnis. Gedankliche Dissidenz, bzw. Individualität und der subjektiv wahrgenommene Wille zur Umgestaltung des Denkstils verunmöglichen erst vollständige Zirkularität und Abgeschlossenheit des wissenschaftlichen Denkkollektivs.

Die Frage, die sich also aufdrängt, ist jene nach der Funktionsweise des ‚Hervorbringens'. Eine wesentliche Antwort darauf liefert die Sprachphilosophie Wilhelm von Humboldts mit der Identifizierung des antagonistischen Prinzips, das der Koppelung von Sprechtätigkeit und Erkenntnisausdruck zugrunde liegt: Durch die qua Sprache gegebene Veräusserung eines zunächst als innerlich und subjektiv zu denkenden Gebildes wird die „Vorstellung [...] in wirkliche Objectivität hinüberversetzt, ohne darum der Subjectivität entzogen zu werden."[22] Durch die Möglichkeit der „Mittheilung" ergibt sich ein reflexives Korrektiv. Wie in Kants Konzeptualisierung der Mitteilung verschafft auch in Humboldts Verständnis die „Mittheilung durch Sprache" dem Denken eine Kontrollmöglichkeit, einen „Prüfstein", um durch die Prozeduren der Versprachlichung eine „Objectivität" zu erzeugen und dadurch der „Denkkraft" einen „Prüfstein der Wesenheit ihrer inneren Erzeugung" zu liefern:

---

die Arbeiten von Fleck, Kuhn, Hacking, Galison, Latour/Woolgar und Shapin/Schaffer.

[19] Ludwig Fleck. Entstehung und Entwicklung einer wissenschaftlichen Tatsache: Einführung in die Lehre vom Denkstil und Denkkollektiv. Lothar Schäfer, Thomas Schnelle (Hrsg.). Textidentisch mit der Erstausgabe von 1935. (3. Aufl.). Frankfurt am Main 1994. S. 137.

[20] Vgl. Fleck. Entstehung einer wissenschaftlichen Tatsache. 1935/1994. S. 58.

[21] Vgl. Fleck. Entstehung einer wissenschaftlichen Tatsache. 1935/1994. S. 140.

[22] Wilhelm von Humboldt. Ueber die Verschiedenheit des menschlichen Sprachbaues und ihren Einfluss auf die geistige Entwicklung des Menschengeschlechts. (1830–1835). In: Ders. Schriften zur Sprachphilosophie. Stuttgart 1963. S. 368–757. Hier: S. 428f.

> Nach dieser vorläufigen Betrachtung [...] können wir nun genauer in den Zusammenhang des Denkens mit der Sprache eingehen. Subjective Thätigkeit bildet im Denken ein Object. [...] Hierzu aber ist die Sprache unentbehrlich. Denn indem in ihr das geistige Streben sich Bahn durch die Lippen bricht, kehrt das Erzeugniss desselben zum eignen Ohre zurück. Die Vorstellung wird also in wirkliche Objectivität hinüberversetzt, ohne darum der Subjectivität entzogen zu werden. Dies vermag nur die Sprache; und ohne diese [...] ist die Bildung des Begriffs, mithin alles wahre Denken unmöglich.[23]

Sprachfähigkeit wird bei Humboldt wie auch etwa bei Herder[24] als Voraussetzung des Denkens verstanden und gleichzeitig wird der Sprachursprung in der Bemühung um Ausdruck lokalisiert.[25] Sprache wird erst im kommunikativen Gebrauch, das heisst in der Bemühung um gedanklichen Ausdruck zu dem, was wir mit ihr beabsichtigen. Das Gegenspielerprinzip zwischen Reflexions- und sprachlicher Ausdrucksfähigkeit bewirkt aber nicht einfach die Genese irgendeines sprachlichen Ausdruckssystems, sondern eines, das systematisch auf Reflexivität ausgerichtet ist, indem sprachgegebene Möglichkeiten wie Metaphorik, Negation, Konjunktiv oder Modalitätsmarkierung auf der systemischen Ebene als konventionalisierte Formen differenzierter gedanklicher Konsistenzen bereit liegen und damit Reflexivität strukturell nicht einfach nur vorsehen, sondern erwartbar machen.[26]

In dem reflexiven Plus, das durch die Revisionsmöglichkeit von etwas bereits Gesagtem entsteht, liegt im Grunde nur eine der möglichen Spielfor-

---

[23] Humboldt. Verschiedenheit des Sprachbaues. 1830–1835/1963. S. 428f.

[24] Johann Gottfried Herder beschreibt im Kontext seiner Sprachentstehungstheorie das Verhältnis zwischen Reflexivität und Sprechen als symmetrischen Antagonismus: „Er [der Mensch] beweiset also Reflexion, wenn er nicht blos alle Eigenschaften, lebhaft oder klar erkennen; sondern Eine oder mehrere als unterscheidende Eigenschaften bei sich anerkennen kann: der erste Aktus dieser Anerkenntniss gibt deutlichen Begrif; es ist das erste Urtheil der Seele – [...] wodurch geschahe die Anerkennung? Durch ein Merkmal, was er absondern muste und was, als Merkmal der Besinnung, deutlich in ihn fiel. [...] Dies erste Merkmal der Besinnung war Wort der Seele! Mit ihm ist die menschliche Sprache erfunden!“ Johann Gottfried Herder. Abhandlung über den Ursprung der Sprache: Text, Materialien, Kommentar. Wolfgang Frühwald (Hrsg.). München, Wien 1989. S. 32.

[25] Humboldt definiert in einer berühmt gewordenen Wendung Sprache als: „die sich ewig wiederholende Arbeit des Geistes, den articulierten Laut zum Ausdruck des Gedanken fähig zu machen.“ Humboldt. Verschiedenheit des Sprachbaues. 1830–1835/1963. S. 418.

[26] Vorrationales Bewusstsein, also Geist im Sinne des „Unbewussten“ ist zu charakterisieren als Mangel an genau diesen (sprachlichen) Reflexivitätsmöglichkeiten: Vgl. Gregory Bateson. Ökologie des Geistes: Anthropologische, psychologische, biologische und epistemologische Perspektiven. (Engl. Orig. 1972). Frankfurt am Main 1985. S. 196.

men der Bezugnahme auf eine Art ‚Zwischen- oder Vorläufigkeitsstadium' des Denkens. Jedenfalls darf Reflexivität nicht als ein bloss zufälliges Nebenprodukt der antagonistischen Koppelung von Sprache an Denken verstanden werden. Interessanterweise ist eine Konzeptualisierung von Sprache, die Reflexivität kategoriell sehr tief ansiedelt, nicht an ein sprachliches Dialogprinzip gebunden. Wilhelm von Humboldt:

> Ohne daher irgend auf die Mittheilung zwischen Menschen und Menschen zu sehn, ist das Sprechen eine nothwendige Bedingung des Denkens in abgeschlossener Einsamkeit.[27]

Dem erkennenden Subjekt ist mit der grundlegenden Möglichkeit einer reflexiven sprachlichen Schlaufe ein Mittel zur schrittweisen Radikalisierung dessen gegeben, was im linearen Prozess der Versprachlichung als bereits festgehaltene ‚Zwischenerkenntnis' aufscheint.[28] Diese schrittweise Radikalisierung – die „allmähliche Verfertigung der Gedanken" bei ihrer Versprachlichung – ist vor allem im wissenschaftlichen Diskurs allgegenwärtiges und favorisiertes Mittel, das heisst, dass Übergänge (nicht selten sogar Fortschritte) ermöglicht werden, indem von problematisierten Behauptungen (Problematisierung etwa durch Methoden- oder Theoriekritik) Revisionen und Reformulierungen ermöglicht werden. Eine so entstandene neue Behauptung kann den Status einer Überzeugung erlangen, wobei hier – wie bei Kant – das erkennende Subjekt der kollektiven Vergewisserung bedarf:

> Was die Sprache in dem einfachen Acte der Gedankenerzeugung nothwendig macht, das wiederholt sich auch unaufhörlich im geistigen Leben des Menschen; die gesellige Mittheilung durch Sprache gewährt ihm Überzeugung [...]. Obgleich der Erkenntnisgrund der Wahrheit, des unbedingt Festen, für den Menschen nur in seinem Inneren liegen kann, so ist das Anringen seines geistigen Strebens an sie immer von Gefahren der Täuschung umgeben.[29]

Im Bewusstsein um die Möglichkeit der Täuschung und die Vorläufigkeit von Wahrheit geht die Aufklärungsphilosophie davon aus, dass es keine ‚richtige' Erkenntnis der Wirklichkeit gibt, weil jede Wahrheit als verstandesabhängig anerkannt wird.[30] Deshalb ist die einzige Referenz, mit der eine Wahrheit identifiziert werden kann, die durch Mitteilung erreichte Plausibilität und die daraus abgeleitete Akzeptabilität.[31] Interessanterweise führt die destruktive Kraft

---

[27] Humboldt. Verschiedenheit des Sprachbaues. 1830–1835/1963. S. 429.

[28] Vgl. hierzu Habermas. Wahrheitstheorien.1973. S. 252f.

[29] Humboldt. Verschiedenheit des Sprachbaues. 1830–1835/1963. S. 429f.

[30] Vgl. Luhmann. Die Wissenschaft. 1994. S. 627.

[31] Vgl. Lorraine Daston. Fear and Loathing of the Imagination in Science. In: Daedalus 127/1998. S. 73–95. (Deutsche Übersetzung: Angst und Abscheu vor der Einbildungskraft in der Wissenschaft. In: Dies. Wunder, Beweise und Tatsachen:

einer radikal eingesetzten Reflexivität aber nicht zu einer negativen Gesamtbewertung dieses Erkenntnishervorbringungsprozesses. Im Gegenteil wird das Subjekt erst als die wahrheitsgenerierende Instanz erkannt und als solche emphatisch gefeiert, das heisst, autoritär gegebene Wahrheit wird ersetzt durch autorschaftliches Wahrheits*streben* – in dem berühmten Wort von Lessing:

> Nicht die Wahrheit, in deren Besitz irgend ein Mensch ist, oder zu sein vermeinet, sondern die aufrichtige Mühe, die er angewandt hat, hinter die Wahrheit zu kommen, macht den Wert des Menschen. Denn nicht durch den Besitz, sondern durch die Nachforschung der Wahrheit erweitern sich seine Kräfte, worin allein seine immer wachsende Vollkommenheit bestehet. Der Besitz macht ruhig, träge, stolz [...][32]

Dem Irrtum kommt bei dieser dynamischen Wahrheitskonzeption nicht einfach die Bedeutung des Gegenteils von Wahrheit zu, sondern der Irrtum ist eine eigene Spielart der auf Kritik beruhenden, prozessual angelegten Erkenntnis.[33] Der eigentliche Paradigemenwechsel in der Konzeptualisierung von Wahrheit besteht darin, dass das Streben nach konstruierter, vorläufiger, möglicherweise auch unzulänglicher Wahrheit höher bewertet wird als eine statische, aufoktroyierte, autoritär stablisierte, ontologische Wahrheit:

> Wenn Gott in seiner Rechten alle Wahrheit, und in seiner Linken den einzigen immer regen Trieb nach Wahrheit, obschon mit dem Zusatze, mich immer und ewig zu irren, verschlossen hielte, und spräche zu mir: wähle! Ich fiele ihm mit Demut

---

Zur Geschichte der Rationalität. Frankfurt am Main 2001. S. 99–125. Hier v.a. S. 110ff.)

32 Gotthold Ephraim Lessing. Eine Duplik (1778). In: Ders. Werke 1774–1778. (=Klassikerausg. Bd. 8). Arno Schilson (Hrsg.). Frankfurt am Main 1989. S. 505–586. Hier: S. 510.

33 Zur ‚positiven Stigmatisierung' des Irrtums vgl. Rudolf Stichweh. Die Autopoiesis der Wissenschaft. In: Ders. Wissenschaft, Universität, Professionen: Soziologische Analysen. Frankfurt am Main 1994. S. 52–83. Hier v. a. S. 59. (Allerdings bezieht sich Stichweh hier auf einen Beitrag von Anthony Grafton, der meines Erachtens etwas anderes anspricht, als Stichweh darin sieht: Grafton spricht über die Anfänge der klassichen Philologie, über Heyne, Wolf etc. – Grafton beschreibt die philologische Community als eine, die eine „preference for error over truth" hege (S.181). Stichweh schreibt dazu: „Gemeint ist damit, dass an die Stelle der Bewahrung überlieferter Wahrheit ein Interesse für Inkonsistenzen und Irrtümer tritt, weil an diese ein Forschungsprozess anschliessbar ist." Während Grafton die Inkonsistenz des Untersuchungsobjekts anspricht, das heisst die für die philologische Textkritik fruchtbare Lücken- und Fehlerhaftigkeit von Textvarianten, interpretiert Stichweh dies praktisch als eine generelle Präferenz für den Irrtum. Vgl. Anthony Grafton. Polyhistor into Philolog: Notes on the Transformation of German Classical Scholarship 1780–1850. In: History of Universities 3/1983. S. 159–192. Hier: S. 181.)

> in seine Linke, und sagte: Vater gieb! die reine Wahrheit ist ja doch nur für dich allein![34]

Was mit dieser gleichzeitig emphatischen und um Bescheidenheit bemühten Bejahung der Beschränktheit eigener Rationalität propagiert wird, ist nichts weniger als die Anerkennung der modernen Verschiebung des Wahrheitsmonopols in die Sphäre rationaler Wahrheitsproduktion. Bei der Konzeptualisierung dieser neuen Wahrheit ist es im Grunde nahe liegend darauf zu insistieren, dass die einzig überprüfbare Form, die eine solche menschengemachte und -hervorgebrachte Wahrheit annehmen kann, in ihrer Mitteilung besteht.[35] Durch die „Mittheilung an Andre", das die zentrale Einsicht Humboldts, wird etwas Erkanntes in seinem „Abstand" von der Wahrheit messbar:

> Klar und unmittelbar nur seine veränderliche Beschränktheit fühlend, muss er sie [die Wahrheit] sogar als etwas ausser ihm Liegendes ansehn; und eines der mächtigsten Mittel, ihr nahe zu kommen, seinen Abstand von ihr zu messen, ist die gesellige Mittheilung an Andre. Alles Sprechen, von dem einfachsten an, ist ein Anknüpfen des einzeln Empfundenen an die gemeinsame Natur der Menschheit.[36]

Die einzige professionalisierte gesellschaftliche Institution, welche „Mittheilung an Andre" konsequent dafür einsetzt, selbstproduziertes Wissen in einem egalitär organisierten Austausch festzuhalten, ist moderne Wissenschaft. „Es gibt keine anderen Adressen für gesichertes Wissen. Aber eben das muss die Wissenschaft mit erhöhter (aber reflektierter und weder skeptizistischer noch subjektivistischer) Unsicherheit [...] bezahlen."[37] – Wissenschaft ist *die* Institution, welche Wissen unter der Bedingung der Reflexivität generiert. Die Sprachphilosophie Humboldtschen Zuschnitts macht für die Limitierungen der Erkenntnis nicht das Sprachmedium verantwortlich. Für das ausgehende 18. und beginnende 19. Jahrhundert sind es noch nicht wie an prominenten Stellen der Sprachphilosophie und des sprachlichen Relativitätsdenken im 20. Jahrhundert die „Grenzen der Sprache", welche die „Grenzen der Welt" definieren.[38]

---

34 Lessing. Duplik. 1778/1989. S. 510.

35 Bateson. Ökologie. 1985. S. 328.

36 Humboldt. Verschiedenheit des Sprachbaues. 1830–1835/1963. S. 430.

37 Vgl. Luhmann. Die Wissenschaft. 1994. S. 634.

38 Die Sprachphilosophie des 20. Jahrhunderts beklagt in einer Art Umkehrung der skizzierten aufklärerischen Konzepte sprachgegebene Limitierungen. Berühmt etwa in diesem Zusammenhang die formelhafte Wendung des Wittgensteinschen Tractatus: „*Die Grenzen meiner Sprache* bedeuten die Grenzen meiner Welt." Vgl. hierzu Hilary Lawson. Reflexivity: The post-modern predicament. London u.a. 1985. S. 24–28.

2.2 Begriffswandel: Ontologische und konstruktivistische Wissenschaft

Es geht hier im Folgenden darum zwei Formen von Wissen – ontologisches und konstruktivistisches – zu differenzieren und zu zeigen, wie diese beiden Formen mit den historischen Paradigmen der gelehrten und der wissenschaftlichen Autorschaft korrespondieren. Die Differenz in der Konsistenz der beiden Wissens- und Wissenschaftsformen basiert wesentlich auf einer grundlegenden Verschiedenheit des Sprachgebrauchs. Dieser begriffliche Wandel, der auch als Veränderung im Sprachgebrauch zu verstehen ist, manifestiert sich besonders deutlich an der bereits angesprochenen Epochenschwelle um 1800. Allerdings ist die Dichotomie zwischen ontologischem und konstruktivistischem Wissen nicht zwingend an einen bestimmten Zeithorizont gebunden, möglicherweise ist sie sogar anthropologisch konstant, das heisst, dass Übergänge zwischen den beiden Wissens-Konsistenzen jederzeit und überall vorstellbar sind.[39]

Ontologisches Wissen fixiert die Dinge, ‚wie sie sind'. Ziel der Wissensgewinnung ist die Beantwortung der Frage: Wie lässt sich die Welt, der Mensch, die Sprache usw. als das beschreiben und erklären, was sie sind? Theorien und Methoden helfen, die wahre Existenz der Dinge zu identifizieren. Wahrheit ist hier nicht ein menschgemachter Annäherungswert, sondern Wahr und Unwahr gleichen einem ausschliesslichen Entweder und Oder. Das heisst der Streit um ontologische Gewissheitsansprüche kann ausführliche und komplizierte Formen annehmen, wobei die Differenz zwischen dem Sein der Gegenstände und jenem autorschaftlichen Bewusstsein, das für Attribuierungen und Prädizierungen aufkommt, konsequent ausgeblendet wird. Tatsachen scheinen für ihre Eigenschaften selbst verantwortlich, entsprechend erscheint ein ontologisches Wissen immer in einem endogenen Sinne an seinen Gegenstand gebunden.

Konstruktivistisches Wissen schliesst die Reflexion seiner Voraussetzungen mit ein, d.h. die Basis der rationalen Begründungen, bzw. allgemein die grundsätzliche Abhängigkeit eines Wissens von einem Bewusstsein und dessen Bedingungen: Konstruktivistisches Wissen will zusätzlich zur Frage, wie etwas ist, auch die Frage beantworten, *wie* wir etwas über dieses Etwas wis-

[39] Man kann diesen Übergang in der Wissenskonsistenz etwa im Anschluss an die Unterscheidung Ludwig Flecks als in Textarten emergente Paradigmen sehen. Fleck unterscheidet zwischen „Handbuch-" und „Zeitschriftenwissenschaft". Begriffe wie „Forschungsstand" versus „Erkenntnisfortschritt", „robustes" versus „volatiles Wissen" bringen ebenfalls Aspekte des zugrunde liegenden Gegensatzes auf den Punkt. Das wird weiter unten noch zu diffenzieren sein. Vgl. Fleck. Einige Merkmale des modernen wissenschaftlichen Denkkollektivs. In: Ders. Entstehung einer wissenschaftlichen Tatsache. 1935/1994. S. 146–164.

sen können.[40] Die Erwartung, die hier gehegt wird, ist eine gänzlich andere als die ontologische. Theorien und Methoden sind einem permanenten Umbau unterworfen und sind zu denken als Mittel zum Zweck des fortwährenden Zuwachses von neuen Annäherungen an eine Wahrheit, die nie (im ontologischen Sinne) ganz wahr sein kann, weil sie immer den Beschränkungen rationaler Erkenntnis unterliegt.

Mit der Aufklärung – im deutschsprachigen Raum am explizitesten bei Kant – wird dieses konstruktivistische Wissens- und Wissenschaftsparadigma erstmals manifest.[41] Vereinfachend könnte man sagen: Die schlichte Gegebenheit eines Gegenstandes und ein eng an diesen Gegenstand gebundenes Wissen im ontologischen Sinne wird verabschiedet. In dem neuen, konstruktivistischen Paradigma existieren keine einfach ‚gegebenen' Gegenstände mehr, sondern ‚Problemstellungen', die bereits alle Anzeichen autorschaftlicher Konstruiertheit bergen. Die Figur des Autors selbst ist dabei nicht absolut zwingend an das konstruktivistische Paradigma gebunden. Allerdings wird die Idee der Konstruktion besonders deutlich, wenn eine entsprechend markierte Figur als ‚Problemsteller-' und ‚Problemlöser-Figur' als Mittel zur ‚Sichtbarmachung' der Konstruiertheit auftritt.

Das heisst: Problemstellungen werden konkret durch dargestellte Handlungen einer Lösung zugeführt, die explizit als eine Leistung der Autorinstanz verstanden wird und als solche der Kritik durch die Community zur Verfügung steht.[42] In den ersten Jahrzehnten des 19. Jahrhunderts wird in diesem Zusammenhang eine Bezeichnung alltäglich, die Kant so nicht geläufig war: der „Wissenschaftler".[43] – Welche Aufgabe bekleidet diese neue Berufsgruppe? Im Gegensatz zu ihren direkten Vorfahren, den Gelehrten des 18. Jahrhun-

---

40 Niklas Luhmann. Die Ausdifferenzierung von Erkenntnisgewinn: Zur Genese von Wissenschaft. In: Nico Stehr/Volker Meja (Hrsg.). Wissenssoziologie. [Sonderheft 22 Kölner Zeitschrift für Soziologie und Sozialpsychologie]. Opladen 1981. S. 102–139. Hier: S. 107. Vgl. auch: Gregory Bateson. Ökologie des Geistes: Anthropologische, psychologische, biologische und epistemologische Perspektiven. (Engl. Orig. 1972). Frankfurt am Main 1985. S. 405–407.

41 Vgl. Niklas Luhmann. Die Wissenschaft der Gesellschaft. (2. Aufl.). Frankfurt am Main 1994. S. 627.

42 Vgl. zur Kritik am Popperschen Modell von Problemstellung und -lösung Paul Feyerabend. Wider den Methodenzwang. Frankfurt am Main 1986. S. 356f.

43 Campe verzeichnet in dem Band von 1811 zwei Einträge und versieht sie mit einer eigenen Signatur für Neologismen: „Der Wissenschafter, -s, Mz. gl. einer der eine Wissenschaft treibt, sich mit den Wissenschaften beschäftigt." Und: „Der Wissenschaftler, -s, Mz. gl. ein Wissenschafter oder Gelehrter, in verkleinelndem und verächtlichem oder spottendem Verstande." Johann Heinrich Campe. Wörterbuch der deutschen Sprache. Fünfter und letzter Theil. U. – bis – Z. Braunschweig 1811. S. 747.

derts, die als Jäger und Sammler des Wissens agiert hatten, trachten „Wissenschaftler" danach, in spezialisierten Wissensfeldern mittels methodischer Prozeduren zuvor nicht dagewesene Erkenntnisse zu generieren und mitzuteilen. Solche Mitteilung ist in eine sprachliche Form gebracht, welche die Funktion der Explikation und der Argumentation betont, das heisst, die Wahrheit des Wissens markiert. Die Ausschliesslichkeit des Entweder-Oder-Schemas (wahr/unwahr) ist damit im Grunde ausgeblendet zugunsten einer Grunderwartung des Zweifels und der Vorläufigkeit.

Um es plakativ zu sagen: Bis in die zweite Hälfte des 18. Jahrhunderts erscheint wissenschaftliche Wahrheit als etwas, das *entdeckt,* gesammelt, festgehalten und überliefert werden muss. Es sind Autoritäten, die den Wahrheitsgehalt bestätigen. Danach beginnen die methodengelenkten und empiriegestützten Versuche, wissenschaftliche Wahrheit zu *erfinden* und gleichzeitig zu reflektieren, unter welchen Bedingungen eine solche ‚Erfindung' möglich sei. Dazwischen liegt die radikalste Revolutionierung der Autorfunktion, die historisch vorstellbar ist, und von der dieses Kapitel handelt.

Eines der basalen Probleme im Zusammenhang mit Wissen ist die Frage, wie es zu *neuem* Wissen kommen soll. Die Differenz zwischen ontologischer und konstruktivistischer Wissenschaft lässt sich in diesem Zusammenhang an den Operationen des Entdeckens und des Erfindens veranschaulichen: Im ontologischen Paradigma scheint neues Wissen im Grunde bloss *entdeckt* zu werden. Dabei besteht grundsätzlich kein Anlass, auf die Bedingungen der Möglichkeit von Erkenntnis einzugehen. Etwas zugespitzt: Um etwas zu entdecken, braucht es zwar auch methodisch reflektiertes Vorgehen, aber dieses Vorgehen gilt nicht primär der Lösung von Erkenntnis-Problemen. Entdecken lässt sich, was unabhängig von der Entdeckung existiert hat, zuvor und danach genauso da war wie eine seltene Insektenart, die Quelle des Kongo oder die DNS. Eine solche Objekt-Empirie ist gebunden an die Favorisierung der Überlieferung, an die Wiederholung oder Variierung von Assertionen, an Neuordnungen schon vorhandenen Wissens. Für die kommunikative Erzeugung solchen Wissens ist kennzeichnend, dass die ‚Wahrheit' unmarkiert mitkommuniziert wird,[44] die Autorfunktion in einem entsprechenden Text begründet nicht, sie zementiert vielmehr den doketischen Charakter der beigebrachten Propositionen. Der Vorgang der Entdeckung scheint auf den Gehalt einer bestimmten Wahrheit deshalb keinen grossen Einfluss zu nehmen, weil als Träger von Wissen nicht Subjekte angenommen werden. Der Autorname bestätigt hier einfach den Umstand der Entdeckung und bürgt stellvertretend für die Wahrhaftigkeit ihrer Existenz:

---

[44] John Lyons. Semantics: Bd. 1. Cambridge 1977. S. 305ff. Zit. in: Luhmann. Wissenschaft. 1994. S. 134.

z. B. der Halleysche Komet. Die sprachliche Abbildung solcher Entdeckungen ist im Sinne der Speicherung und der Wissensverbreitung zwar unerlässlich, aber dem Sprachmedium kommt höchstens Supplementcharakter zu, weil die Differenz von Gegenstand und Erkenntnis nicht als solche anerkannt wird.

Der Eintrag ENTDECKEN[45] im Grimmschen Wörterbuch zitiert eine Klopstock-Stelle, die ein wichtiges Merkmal jener Operation zusammenfassend illustriert:

> wer entdecken will, siehet sich gar genau um in dem gewimmel der dinge, so um ihn her sind, und siehet er darin etwas, das sonst noch niemand hatte gesehen, so hat er entdeckt.[46]

Nimmt man das „gewimmel der dinge“ als limitierte Gegenstandsmenge an, ist die Möglichkeit zu Entdeckungen auch beschränkt. Die Entdeckungsfahrten liefern dafür ein eindrückliches Beispiel. Gegen das Ende des 18. Jahrhunderts bricht die Entdeckungseuphorie merklich ein – die europäischen Entdeckungsfahrer hatten nicht mehr viel zu erkunden übrig gelassen, der Mensch hatte sich, wie Rousseau schreibt, polypengleich mit allen Fasern seines Köpers über den Globus ausgedehnt.[47] Der Urknall der Moderne, der mit der Aufklärung erschallt und die Aporie im „gewimmel der dinge“ beendet, ist die ‚Entdeckung‘ und Inaugurierung des Subjekts als erkenntnisgenerierende Instanz.

Die Selbstbegründungsargumente für diese Instanz sind unübersehbar. Im Grimmschen Wörterbuch findet man die Alternativen zum Paradigma des Entdeckens im Eintrag „erfinden“. Dort wird in diesem Zusammenhang eine Kant-Stelle zitiert, die einen wichtigen Gedanken auf den Punkt bringt:

> etwas erfinden ist ganz was andres als etwas entdecken. denn die sache, die man entdeckt, wird als vorher schon existierend angenommen, nur dass sie nicht bekannt war, z.b. Amerika vor dem Columbus. was man aber erfindet, z.b. das schiesspulver war vor dem künstler, der es machte, noch gar nicht bekannt.[48]

Die radikale Verschiebung der Autorfunktion ist hier angedeutet. Der Zuwachs von Erkenntnis verdankt sich hier nicht mehr dem Muster des Hinweisens, Bestätigens oder Bürgens, sondern einem „künstler“. Ein brisanter Index hinsichtlich der Verschiebung der Autorfunktion ist hier der Verzicht darauf,

---

45 Vgl. hierzu Erwin Chargaff. Entdeckung und Erfindung. In: Anette Selg/Rainer Wieland (Hrsg.). Die Welt der Enzyklopädie. Frankfurt am Main 2001. S. 64–66.

46 Deutsches Wörterbuch. Jacob und Wilhelm Grimm. 3. Bd. Leipzig 1862. Spalte 507.

47 Reinhart Koselleck. Zeitschichten: Studien zur Historik: Mit einem Beitrag von Hans-Georg Gadamer. Frankfurt am Main 2000. S. 134. Vgl. auch ders. Kritik und Krise. Frankfurt am Main 1976. S. 231.

48 Deutsches Wörterbuch. Jacob und Wilhelm Grimm. 3. Bd. Leipzig 1862. Spalte 507.

den Erfinder des Schiesspulvers namentlich zu erwähnen. Im 18. Jahrhundert beginnt man, Wissen um seiner selbst willen zu akzeptieren, in der „Anonymität einer [...] immer neu beweisbaren Wahrheit" (Foucault).[49] Der erfundene Sach*verhalt* scheint prinzipiell ohne Rekurrenz auf Autornamen auszukommen. Allerdings ändert das nichts daran, dass das Aneignungsverhältnis trotzdem als problematisch empfunden wird: Mehrfachentdeckungen, Prioritätsansprüche, Unmöglichkeit einer exakten Datierung und Kollektiverfindungen sind mögliche Problemfelder.[50] Mit der aufklärerischen Vermenschlichung von Wahrheit, mit der Feststellung ihrer permanenten Metamorphose und mit der grundsätzlichen Anerkennung eines reflexiven und gleichzeitig kollektiven Wahrheitsbegriffs wird grundsätzlich die Zurechnung von einer ‚neuen Wahrheit' auf *eine* Person als problematisch erkannt:

> Ferner ist Entdecken, Erfinden, Mittheilen, Benutzen so nah verwandt, dass mehrere bei einer solchen Handlung als Eine Person können angesehen werden.[51]

Die Differenz zwischen ontologischem und konstruktivistischem Wissen ist auch eine Differenz in den entsprechenden Konzeptualisierungen dessen, wie man sprachlich handelt. Der Status, den man der medialen Vermittlung von ‚Wahrheit' beimisst, könnte kategoriell nicht unterschiedlicher ausfallen. Ontologisches Wissen bedarf in erster Linie der sprachlichen Repräsentation im Textmedium. Die zugrunde liegende metaphorische Definition des Mediums gleicht hier einer Verpackung.[52] Das, was verpackt wird, existiert auch – als Wahrheit in der Welt – ohne seine sprachliche Repräsentation. Der Umweg über die sprachliche Repräsentation gilt als unvermeidbar und als lästig.[53] Trotz

---

[49] Foucault. Was ist ein Autor? 1969/1988. S. 19.

[50] Vgl. hierzu Goethes Überlegungen zu „Erfinden und Entdecken": Johann Wolfgang Goethe. Erfinden und Entdecken. In: Ders. Naturwissenschaftliche Schriften. Sophienausgabe: II. Abtheilung, 11. Band: Zur Naturwissenschaft. Weimar 1893. S. 255–262.

[51] Goethe. Erfinden. 1893. S. 257.

[52] Vgl. Rudi Keller. Zeichentheorie: Zu einer Theorie semiotischen Wissens. Tübingen; Basel 1995. S. 12.

[53] Ein entsprechendes Verhältnis der Wissenschaften zur Sprache hat Jonathan Swift in „Gulliver's Travels" (1726) karikierend auf den Punkt gebracht. Gulliver besucht die fliegende Gelehrten-Insel Laputa und trifft auf drei Professoren, die darüber debattieren, wie sie die Sprache ihres Landes verbessern könnten. Sie schmieden Pläne, die vorsehen, alle Wortarten bis auf die Nomina aus der Sprache zu eliminieren, weil alle vorstellbaren Dinge in Wirklichkeit nominalen Konzepten entsprächen. In einem nächsten und noch radikaleren Schritt planen sie die Beseitigung aller Wörter überhaupt. Die Gelehrten unterhalten sich, indem sie stets riesige Bündel von allen möglichen Gegen-ständen mit sich herumtragen, die sie jeweils im Gespräch auspacken und vorweisen. (Vgl. Jonathan Swift. Gullivers Reisen. [1. Ausgabe 1726].

diesem eigentlich problematischen Verhältnis einer ontologischen Wissenschaft zur Sprache, wird sprachliche Repräsentation der abgebildeten Welt nicht als problematisch dargestellt.

Ein konsequent konstruktivistisch gedachtes Wissen weist dem Sprachmedium einen nicht im engen Sinne repräsentativen Status zu: Jedes Wissen verdankt hier seine Existenz erst einem sprachlichen Gestaltungsvorgang. Eine andere als die sprachlich mitgeteilte Enunziation (Sprachwerk!) ist für konstruktivistisches Wissen gar nicht vorstellbar. Der bereits angesprochene, kontinuierliche Wahrheitsbegriff basiert nicht einfach auf eristischen oder assertiven sprachlichen Handlungen. Das Sprachmedium ist hier insgesamt Reflexionsmedium, mit der Aufgabe einer sukzessiven Mitteilung gedanklicher Qualitäten:

> Die Sprache soll, ohne eigene Selbstständigkeit geltend zu machen, sich nur dem Gedanken so eng, als möglich, anschliessen, ihn begleiten und darstellen.[54]

Gedankliche Qualitäten wie Zweifel, Intuitionskritik, Unsicherheit, Sicherheit erweisen sich hier als inhärenter Bestandteil der Mitteilung. Rhetorisch gesehen beginnt die Kreation von Wissen im konstruktivistischen Paradigma mit einem Akt der ‚Selbstmitteilung' bei der Textproduktion und endet in dem Versuch einer Verständigung über die mitgeteilten gedanklichen Qualitäten mit einer unabsehbaren Leserschaft.[55] Ein Autor gibt dabei einem relativ wenig konkretisierten Adressaten etwas zu verstehen, was er in einem Prozess der Selbstverständigung als mögliches Wissen erarbeitet hat. Diese Form des kommunikativen Handelns ist „das erste Gesetz jedes auf Erkenntnis gerichteten Bestrebens":

> und in der Unmöglichkeit wissenschaftlich irgend etwas auch nur für sich allein ohne Sprache hervorzubringen, hat die Natur dieses Gesetz ganz deutlich ausgesprochen.[56]

Stuttgart 1987. S. 240.) Natürliche Sprache wird im Zusammenhang mit ontologischer Wahrheit häufig als der Beschreibung von Tatsachen inadäquat angesehen. Selbst wenn man sich wie die laputanischen Gelehrten mit dem Plan befasst, die natürliche Sprache durch eine vollständig formalisierte Fachsprache zu ersetzen, bleibt bei allen Auspack- und Vorweisvorgängen die natürliche Sprache im Grunde Ausgangs- und Grundmedium. Die fachsprachlichen Eingriffe sind blosse Substitutionen bzw. Reduktionen von natürlichsprachlichen Elementen.

54 Wilhelm von Humboldt. Ueber die Verschiedenheit des menschlichen Sprachbaues und ihren Einfluss auf die geistige Entwicklung des Menchengeschlechts. (1830–1835). In: Ders. Schriften zur Sprachphilosophie. Stuttgart 1963. S. 368–757. Hier: S. 592.

55 Vgl. Alan G. Gross. The Rhetoric of Science. Cambridge, Massachusetts 1990.

56 Friedrich Schleiermacher. Gelegentliche Gedanken über Universitäten in deutschem

Die Demarkationslinie zwischen dem ontologischen und dem konstruktivistischen Wissenschaftsparadigma muss man sich als recht deutliche Linie vorstellen. Der ruckartige Übergang zu aufgeklärter Wissensproduktion ist wie die Epoche der „Aufklärung" selbst als „Ausgang"[57] zu beschreiben, als grundsätzlich nicht abschliessbare Befreiungsbestrebung aus „selbst verschuldeter Unmündigkeit". Dieser Prozess ist auf der Ebene der kommunikativen Handlungen als zugrunde liegende Einstellung zu beschreiben. Weil wissenschaftliches Wissen um 1800 nicht mehr etwas ist, das gelehrte Autoritäten sammeln, ordnen, apodiktisch festlegen, kontrollieren und verwalten und weil so das Textmedium seine primäre Bedeutung als Speichermedium verliert, verlieren die gelehrten Autoritäten als Träger dieses Wissens an Bedeutung. Wissen beginnt etwas Ambulantes und Mobiles zu werden, das einer permanenten Erneuerung und einer andauernden Aushandlung mittels fachliche Diskussionen unterliegt. Das vordergründige Motiv einer solchen Wissenschaft ist es nicht mehr, eine doketische Einheit des Wissens zu schaffen, sondern lediglich den Zuwachs an Erkenntnis voranzutreiben.[58] Das Textmedium wird Mitteilungs-, Diskussions- und Argumentationsmedium. Kein Element des Wissens in diesem neuen Paradigma darf einfach aus einer vorwissenschaftlichen Vergangenheit übernommen, sondern jedes dieser Elemente muss autorschaftlich generiert werden.[59] Dass wissenschaftliche im Gegensatz zu gelehrten Texten nicht mehr einfach als übergrosse, stabile und repräsentative Speicher aufgefasst werden können, ist begründet im lang anhaltenden Säkularisierungs- und generellen Verflachungsprozess autoritärer Machtsysteme. Der Autoritätsschwund wird im Paradigmenwechsel zwischen gelehrter Autorität und wissenschaftlicher Autorschaft abgebildet. Noch das linnésche System beruht auf der unangetasteten Autorität des Feudalsystems.[60] Die wissenschaftlichen Systeme des ausgehenden 18. Jahrhunderts bilden dagegen in ihrer Vorläufigkeit und Angreifbarkeit eine tendenzielle Demokratisierung des Wissenssystems ab. Anerkennung

---

Sinn: Nebst einem anhang über eine neu zu errichtende. (1808). In: Ders. Schriften. Andreas Arndt (Hrsg.). Frankfurt am Main 1996. S. 338.

[57] Vgl. die berühmte Wendung Kants bei der „Beantwortung der Frage: Was ist Aufklärung?" – Vgl. hierzu auch Michel Foucault. Was ist Aufklärung? In: Eva Erdmann/Rainer Forst/Axel Honneth (Hrsg.). Ethos der Moderne: Foucaults Kritik der Aufklärung. Frankfurt am Main, New York 1990. S. 35–54.

[58] Vgl. Luhmann. Ausdifferenzierung. 1981. S. 102–139.

[59] Vgl. Rudolf Stichweh. Die Autopoiesis der Wissenschaft. In: Ders. Wissenschaft, Universität, Professionen: Soziologische Analysen. Frankfurt am Main 1994. S. 52–83.

[60] Vgl. Ernst Jünger. Typus, Name, Gestalt. Stuttgart 1963. Zit. in: Wolf Lepenies. Das Ende der Naturgeschichte: Wandel kultureller Selbstverständlichkeiten in den Wissenschaften des 18. und 19. Jahrhunderts. München 1976. S. 48f.

durch die Community wird zur Conditio sine qua non einer konstruktivistischen Wahrheit.[61]

2.2.1 „Der Zustand, da man etwas weiss": Eine Bedeutung beginnt zu veralten

„Wissenschaft" ist ein altes Wort. Der im Grimmschen Wörterbuch erwähnte Erstbeleg stammt aus dem 14. Jahrhundert. Allerdings ist „Wissenschaft" bis zum Beginn des 17. Jahrhunderts ein selten gebrauchtes Wort und es wird erst allmählich von den Lexikographen in ihre Werke aufgenommen. Das lateinische Wort „scientia" etwa wird im „Dictionarium Latinogermanicum" 1536 mit „Kunst" und mit „Wissenheit" übersetzt.[62] Das deutsche Verb „wissen" gehört grammatisch zu den sogenannten Präterito-Präsentia. Der Terminus „Präterito-Präsentia" deutet eine komplizierte wort- und kulturgeschichtliche Verdichtung in verkürzter Form an. Eine indogermanische Präteritalform erhält eine germanische Präsensbedeutung – aus der Bedeutung von „ich habe gesehen" wird „ich weiss". Aus etwas, was durch Anschauung gewonnen wurde, verfestigt sich eine Art Besitz. Das Ableitungssuffix „-schaft" geht auf ein im Althochdeutschen selbständiges Wort „scaf" (=Form, Beschaffenheit) zurück, das aus dem Verb „scaffan" (=schaffen) gebildet wurde, wobei das Suffix „-scaft" die Bedeutung von „Tätigkeit", „Zustand", „Verhalten" und „Verhältnis" erhielt.[63] „Wissen-schaft" meint also den Zustand, der sich daraus ergibt, dass man etwas so gesehen hat, dass man es auch begreift. „Wissen-schaft" in dieser urtümlichen Bedeutung meint also die sich aus einer Erkennensaktivität resultierende Verfestigung des Erkannten. Wie immer man zu ‚Wissen' kommt – ob man es aus Büchern gewinnt oder aus dem „Buch der Natur"[64] liest – „Wissenschaft" bezeichnet für eine lange Zeit den „Zustand, da man

---

61 Vgl. zum Begriff der „Anerkennung" Hegels Phänomenologie-Kapitel „Selbständigkeit und Unselbständigkeit des Selbstbewusstseins; Herrschaft und Knechtschaft" (1807) und vgl. auch Richard Senett. Anerkennung. In: Ders. Autorität. (Amerik. Orig. 1980). (Aus dem Amerikanischen von Reinhard Kaiser). Frankfurt am Main 1990. S. 153–238.

62 Vgl. hierzu und zum Folgenden: Waltraud Bumann. Der Begriff der Wissenschaft im deutschen Sprach- und Denkraum. In: Alwin Diemer (Hrsg.). Der Wissenschaftsbegriff: Historische und systematische Untersuchungen: Vorträge und Diskussionen im April 1968 in Düsseldorf und im Oktober 1968 in Fulda. Meisenheim am Glan 1970. S. 64–75. Hier S. 65.

63 Vgl. zu den angeführten Beispielen ebd. S. 64.

64 Vgl. zu dem seit Francis Bacon immer wieder zitierten Topos vom Buch der Natur, das dem blossen Buchgelehrtentum vorzuziehen sei: Michael Cahn. Die Rhetorik der Wissenschaft im Medium der Typographie: Zum Beispiel die Fussnote. In: Hans-Jörg

etwas weiss“ (Adelung). Diese Verwendung von „Wissenschaft“ stellt also immer ab auf einen Wissensträger. Die Wendung „Er ist ein Mann von grosser Wissenschaft“ ist so zu verstehen, dass hier jemand offenbar viel weiss. Die unbedingte Angewiesenheit von Wisseneinheiten auf Wissensträger ist uns heute auf den ersten Blick fremd. Die grossen Wissenstexte des Mittelalters aber scheinen eine bestimmte Wahrheit dann als bewiesen zu erachten, wenn sie durch einen Namen, d.h. durch die Referenz auf eine entsprechende Autorität, identifiziert und legitimiert ist.[65] Auch Elemente, die wir als phantastische apostrophieren, gelten mittels Verankerung in der Person des Wissensgaranten als akzeptiert: Zur Illustration hier die Einleitung zu einem Bericht über das Einhorn aus dem „Jüngeren Physiologus“:

> Ouch ist ein tier unte heizzit Einhurno. Von deme zellit Physiologus, daz iz suslich gislahte habe. Iz ist luzzil tier unte ist deme Chizzine gilich unte ist vile chuone.[66]

Man kann sich „Physiologus“ als die Personalunion von Autor und Werk vorstellen. Summarisch kann man sagen, dass in einem solchen Wissensdiskurs kaum zwischen einer sprachlich evozierten, für faktisch ausgegebenen Wisseneinheit und ihrer tatsächlichen empirischen Evidenz unterschieden wird, wenn die äussernde autorschaftliche Instanz als akzeptiert gilt. Das Wissen scheint durch den Äusserungsakt der Autor-Werk-Instanz mit dem Geäusserten eine Verbindung einzugehen, die für die Bewiesenheit des geäusserten Wissens genommen wird. Diese Instanz braucht dabei nicht unbedingt im Sinne einer ermächtigten Autorität aufzutreten und für die Richtigkeit der Aussage zu bürgen, die Frage, ob eine Aussage wahr oder falsch sei, steht gar nicht eigentlich zur Debatte, weil der Zirkel zwischen Aussage und dafür einstehender Instanz die Bewiesenheit ausreichend indiziert.[67] Noch in der ersten Bedeutung, die Johann Christoph Adelungs Wörterbuch im Band von 1801 gibt, ist genau dieses Konzept von „Wissenschaft“ angesprochen.

Rheinberger/Bettina Wahrig-Schmidt/Michael Hagner (Hrsg.). Räume des Wissens: Repräsentation, Codierung, Spur. Berlin 1997. S. 91–109. Hier: S. 91.

[65] Vgl. hierzu etwa die stereotype Verwendung von „Aristoteles sagt“ – „Aristoteles spricht“ quer durchs Mittelalter. Vgl. die Textstellen in: Traude-Marie Nischik. „Forscher“: Eine etymologische Studie unter besonderer Berücksichtigung von Konrad von Megenbergs „Buch der Natur“. In: Alwin Diemer (Hrsg.).Konzeption und Begriff der Forschung in den Wissenschaften des 19. Jahrhunderts: Referate und Diskussionen des 10. wissenschaftstheoretischen Kolloquiums 1975. Meisenheim am Glan 1978. S. 1–10.

[66] Der altdeutsche Physiologus. F. Maurer. 1967. S. 10ff. Zit. in: Hilkert Weddige. Einführung in die germanistische Mediävistik. München 1987. S. 71.

[67] Vgl. Foucault. Was ist ein Autor? S. 19.

> 1. Der Zustand, da man etwas weiss, Kenntnis, Nachricht davon hat; ohne Plural. Ich habe keine Wissenschaft von der Sache, oder, um dieselbe. Etwas zu jedermanns Wissenschaft bekannt machen, damit jedermann es wisse. Es fängt in dieser Bedeutung an, im Hochdeutschen zu veralten; vermutlich um der Zweydeutigkeit mit den folgenden Bedeutungen willen. Im Oberdeutschen ist es noch für Andenken üblich. Denenselben ruhet in gnädigster Wissenschaft, in gnädigem Andenken.[68]

Wenn nun jemand wie der „Physiologus" bezeugt, d.h. „Kenntnis, Nachricht" davon hat, dass Einhörner existieren, ist das mit Blick auf diesen ersten Wissenschaftsbegriff, den ich nachfolgend als WISSENSCHAFT 1 bezeichne, weiter nicht aufregend, es sei denn, es kämen begründete Zweifel an der Richtigkeit der Existenzbehauptung auf. Dann kann zwar gestritten werden, aber in nicht sehr aufregender Weise, weil hier nur eine Existenzbehauptung auf eine andere treffen kann. Der radikal-sprachkritische, konstruktivistische Bruch – der endgültige Paradigmenwechsel hin zu WISSENSCHAFT 2 – in Bezug auf Einhörner und andere strittige Existenzen vollzieht sich überdeutlich bei Kant, der zwischen „Landeinhorn" und „See-Einhorn" differenziert: „Z. E. dem See-Einhorn kommt die Existenz zu, dem Landeinhorn nicht."[69] Kant wendet ein, dass für Aussagen, die Tatsachen feststellen, es „kein völlig richtiger Ausdruck" sei

> zu sagen: ein See-Einhorn ist ein existierend Tier, sondern umgekehrt, einem gewissen existierenden Seetiere kommen die Prädikate zu, die ich an einem Einhorn gedenke. Nicht: regelmässige Sechsecke existieren in der Natur, sondern gewissen Dingen in der Natur, wie den Bienenzellen oder dem Bergkristall, kommen die Prädikate zu, die in einem Sechseck beisammen gedacht werden.[70]

WISSENSCHAFT 1 befasst sich mit der ontologischen Frage, ob das Einhorn ein „existierend Tier" sei oder nicht, während die konstruktivistische WISSENSCHAFT 2 danach fragt, welche Zuschreibungen an einen bestimmten Gegenstand zu akzeptablen Ergebnissen führen. „Daher man auch, um die Richtigkeit des Satzes von dem Dasein einer solchen Sache [dem See-Einhorn] darzutun, nicht in dem Begriffe des Subjekts sucht, denn da findet man nur Prädikate der Möglichkeit, sondern in dem Ursprunge der Erkenntnis, die ich

---

[68] Johann Christoph Adelung. Grammatisch-kritisches Wörterbuch der Hochdeutschen Mundart [...]. Vierter Theil, von Seb-Z. (Zweyte vermehrte und verbesserte Ausgabe.) Leipzig 1801.

[69] Immanuel Kant. Einzig möglicher Beweisgrund, I 1.1; AA Bd. 2, S. 72. Zit. in: Manfred Riedel. Historie oder Geschichte? Sprachkritik und Begriffsbildung in Kants Theorie der historischen Erkenntnis. In: Jürgen Mittelstrass/Manfred Riedel (Hrsg.). Vernünftiges Denken: Studien zur praktischen Philosophie und Wissenschaftstheorie. Berlin, New York 1978. S. 251–268. Hier: S. 255.

[70] Ebd. S. 255.

davon habe. Ich habe, sagt man, es gesehen, oder von denen vernommen, die es gesehen haben."[71]

An einer andern sehr entscheidenden Wegmarke hin zu einem modernen Wissenschaftsbegriff, dem cartesischen „Discours de la méthode", wird „die Richtigkeit des Satzes von dem Dasein einer solchen Sache" in dem „Begriffe des Subjekts gesucht".[72] Das Ergebnis der Wahrheitssuche lässt sich in diesem Text überhaupt nicht trennen vom Prozesshaften der Gedankenfindung. Descartes beschreibt die Wahrheitssuche als inneren Kampf:

> Car c'est véritablement donner des batailles, que de tâcher à vaincre toutes les difficultés et les erreurs, qui nous empêchent de parvenir à la connaissance de la vérité [...].[73]

Trotz der Modernität dieser Konzeptualisierung von wissenschaftlicher Wahrheit als einem Kampf gegen subjektive Intuitionen (im Sinne der Reflexivität) bildet ein wesentlicher Teil dieses Werks den Begriff WISSENSCHAFT 1 sehr deutlich ab – die biographische Form. Während sehr langer Zeit wird ‚Wahrheit' an die Glaubwürdigkeit der sie (autoritär) äussernden Autorinstanz geknüpft. Die biographische Konstruktion unterstützt dabei die Glaubhaftigkeit einer möglicherweise prekären, weil vollkommen neuen Wahrheit. Besonders eindrücklich findet man diese biographische Grundsteinlegung bei Maria Cunitz formuliert, die ihrem astronomischen Werk „URANIA PROPITIA" (1650) in einer dem deutschen Text vorausgehenden „Verantwortung" den Hinweis vorausschickt, dass sich die Leserschaft zwar möglicherweise wundere, weil sie sich als Frau anschicke zu der „unter den menschlichen Wissenschafften höchstschwebenden Kunst" beizutragen. Die Zweifel seien aber unberechtigt, habe sie doch schon mit fünf Jahren „durch stete lesung" begonnen, sich weltliche und geistliche Texte anzueignen und sei jetzt entsprechend in der Lage, dieses „wichtige Unterfangen" in Angriff zu nehmen.[74]

---

[71] Kant. Einzig möglicher Beweisgrund, I 1.1; AA Bd. 2, S. 73. Zit. in: Riedel. Historie. 1978. S. 253.

[72] Vgl. Ernst Cassirer. Descartes' Wahrheitsbegriff (1937). In: René Descartes. Philosophische Schriften in einem Band. Hamburg 1996. S. XLI–LXV.

[73] René Descartes. Discours de la méthode pour bien conduire sa raison, et chercher la verité dans les sciences/Von der Methode des richtigen Vernunftgebrauchs und der wissenschaftlichen Forschung. In: Ders. Philosophische Schriften in einem Band. Hamburg 1996. S. 1–129. Hier: S. 108 (VI 67). Vgl. die Übersetzung S. 109: Denn in der Tat heisst es Schlachten liefern, wenn man versucht, all die Schwierigkeiten und Irrtümer zu besiegen, die uns daran hindern, zur Erkenntnis der Wahrheit vorzustossen [...].

[74] Maria Cunitz. Verantwortung/auff vermuthliche Einwürffe des Lesenden. In: Dies. URANIA PROPITIA. Oels 1650. S. 147–155.

Der Wissenschaftsbegriff gehört zu jenen Begriffen wie „Geschichte“ und „Kunst“, die unter gleichbleibendem Signifikanten einen so entschiedenen Bedeutungswandel durchlaufen, dass Bedeutungsvergleiche kaum sinnvoll angestellt werden können.[75] Das Spektrum des Begriffswandels ist schon innerhalb des ersten Wissenschaftsbegriffs beträchtlich: In der Bedeutung von „Kenntnis, Nachricht“ verliert WISSENSCHAFT 1 stellenweise den Sinn des erworbenen Wissens zugunsten des Ausdrucks einer ‚kognitiven Kompetenz‘:

> Wir können auch noch auf eine allgemeinere Art erweisen, dass der Mensch zur Wissenschafft, d.i. zur Scharffsinnigkeit, Fertigkeit im Schlüssen [sic!] und Gründlichkeit, Kunst zu erfinden, Witz, Erfahrungs-Kunst, Verständniss der Sprache und was diesen Vollkommenheiten mehr anhängig verbunden ist. [...] Und demnach ist die Wissenschafft ein Mittel zur Weissheit.[76]

Zusammenfassend kann man sagen: WISSENSCHAFT 1 entwickelt sich vom zusammenhängenden Besitz konkreten Wissens um einzelne Dinge zum operativen Begriff im Sinne des Zusammenhangs von Kompetenzen wie Denken, Kreativität, Sprachfähigkeit. Die Begriffserweiterung liegt also im Übergang von gedächtnishafter Habe auf geistige Verhaltung.[77] Die Bindung aber von WISSENSCHAFT 1 an den Wissensträger Mensch – vor allem auch im Sinne des Expertenwissens – ist unbedingt obligatorisch, im Gegensatz zum hypostasierten Begriff WISSENSCHAFT 2, von dem nachfolgend die Rede sein soll.

2.2.2 Aus „Wissenschaften“ wird die „Wissenschaft“

Unter WISSENSCHAFT 2 will ich jenen Begriff verstehen, der als moderner Wissenschaftsbegriff bis heute geläufig ist und im Zeitalter der Aufklärung entsteht. Die Bedeutung von WISSENSCHAFT 2 leitet sich aus der Kollektivsingularisierung des Plurals in der Bedeutung der gelehrten Disziplinen ab. Spätmittelalterliche und neuzeitliche Disziplinen bis in die erste Hälfte des 18. Jahrhunderts verwalten vor allem fremdgeneriertes Wissen.[78] Das sich selbst

---

[75] Vgl. Reinhart Koselleck. Begriffsgeschichte und Sozialgeschichte. In: Ders. (Hrsg.). Historische Semantik und Begriffsgeschichte. Stuttgart 1979. S. 19–36. Hier S. 27.

[76] Johann Heinrich Zedler. Grosses vollstädniges Unversal-Lexikon. 57. Bd. Leipzig und Halle 1748. S. 1356.

[77] Vgl. Manfred Riedel. Die Universalität der europäischen Wissenschaft als begriffs- und wissenschaftsgeschichtliches Problem. In: Zeitschrift für allgemeine Wissenschaftstheorie/Journal for General Philosophy of Science 10/1979. S. 267–287. Hier: S. 284. Vgl. auch die Zusammenfassung in Waltraud Bumann. Der Begriff der Wissenschaft. 1970. S. 64–75. Hier S. 67.

[78] Rudolf Stichweh. Wissenschaft, Universität, Professionen: Soziologische Analysen.

nicht ordnende, überkommene Wissen will geordnet sein. Ein Aufklärer wie Karl Philipp Moritz schaut am Ende des 18. Jahrhunderts erstaunt auf die Unmöglichkeit dieses Unterfangens zurück:

> Man vergass über den zu grossen Umfang den Mittelpunkt – über der unendlichen Zahl von Einzelnheiten das grosse einfache Resultat derselben. – Auf die Weise hat das Studium der Naturgeschichte der menschlichen Denkkraft im ganzen genommen geschadet. –
>
> Der Mensch hat sich darüber in den Objekten verloren, und die Betrachtung seines eignen subjektivischen Daseins vernachlässigt. – Er hat sich dadurch gewöhnt, die Wissenschaften ebenfalls nur objektivisch zu betrachten, und durch diese objektivische Betrachtung ist denn endlich aus der ganzen Literatur ein Naturalienkabinett geworden, wo immer geordnet, und geordnet, und gesammelt wird, ohne dass man je dem eigentlichen Ziele dieses immerwährenden Ordnens und Sammlens näher käme.[79]

Die naturgeschichtlich organisierten Episteme des 18. Jahrhunderts heben sich semantisch durch das seit Kant in die Diskussion gebrachte Definiens der „systematischen Einheit" von WISSENSCHAFT 2 ab.[80] Im späten 18. Jahrhundert löst ein abstrakt-hypostasierter Wissenschaftsbegriff die Pluralität der überkommenen, gelehrten Wissenschaften auf:

> Eine jede Lehre, wenn sie ein System, d.i. ein nach Prinzipien geordnetes Ganze der Erkenntnis, sein soll, heisst Wissenschaft.[81]

Mit der Verschiebung auf das „nach Prinzipien geordnete Ganze" und das gedankliche „System" verschwindet die unmittelbare Bindung der „Wissenschaft" an den Wissensträger. Der in dieser berühmten Stelle hergestellte Zusammenhang von „Lehre", „System", „Erkenntnis" und „Wissenschaft" impliziert eine Gleichsetzung von wissenschaftlicher Darstellung und wissenschaftlichem Wissen – eine „Lehre" entspricht beidem: einem *Text* im Sinne des methodisch fundierten Lehrgebäudes im Sinne eines Erkenntnisspeichers *und* dem, was man als gedankliche Architektur, als geordneten Erkenntnis*zusammenhang,* als disziplinär geteiltes Spezialistenwissen begreifen kann.

Frankfurt am Main 1994. S. 87.

[79] Karl Philipp Moritz. Die Bibliotheken. In: Ders. Werke in zwei Bänden. Heide Hollmer, Albert Meier (Hrsg.). (Klassiker-Ausgabe Bd. 2). Popularphilosophie, Reisen, ästhetische Theorie. Frankfurt am Main 1997. S. 875–877. Hier: S. 877. Ursprünglich in: Denkwürdigkeiten, aufgezeichnet zur Beförderung des Edlen und Schönen. Karl Philipp Moritz und Carl Friedrich Pockels (Hrsg.). 2 Bde. Berlin 1786–1788. S. 145–149.

[80] Vgl. Rudolf Stichweh. Wissenschaft, Universität, Professionen: Soziologische Analysen. Frankfurt am Main 1994. S. 238f.

[81] Immanuel Kant. Metaphysische Anfangsgründe der Naturwissenschaft. 1786. AA Bd. 4. S. 467.

Dass „Wissenschaft" mit dem „Inbegriffe in einander gegründeter allgemeiner Wahrheiten" (Adelung) assoziiert wird, ist ein Ergebnis des späten 18. Jahrhunderts. „Wissenschaft" wird jetzt eine konstruktivistische Integrationseinheit. Wahrheit ist nicht mehr abhängig von Bürgschaften, sondern wird zu einer selbsttragenden, textuellen Konstruktion. Nicht mehr die Wissensträgerschaft und ihre performative Kraft steht im Zentrum, sondern die Kohärenz des Geäusserten selbst, unabhängig von der Frage, wer da als Träger auftritt. Wenn heute von „Wissenschaft" die Rede ist, so hat dieser Ausdruck einen Bedeutungsumfang, der sich zwar seit dem 17. Jahrhundert anbahnt, indem „Wissenschaft" für einzelne spezialisierte Wissensdisziplinen verwendet wird, aber erst im letzten Viertel des 18. Jahrhunderts konsolidiert sich die Bedeutung hin zu einem Begriff, der die zu Grunde liegenden Prinzipien der Wissensproduktion (geordnet, prinzipiengelenkt, begründet, kohärent) ins Zentrum der Aufmerksamkeit rückt. Auch wenn dabei die Bedeutung von WISSENSCHAFT 1 latent noch mitgeführt wird, kommt der neue Begriff mit der geschichtlichen Entwicklung der Ausdifferenzierung der Disziplinen um 1800 einer Neuprägung gleich.

Die Favorisierung der quantitativen Aspekte vor qualitativen verkehrt sich mit der Revolution des Wissenschaftsbegriffs. Nicht mehr die ‚Masse der Kenntnisse' wird prädestiniert, sondern das „Bewusstsein von der notwendigen Einheit alles Wissens, von den Gesetzen und Bedingungen seines Entstehens"[82]. Um 1800 wird WISSENSCHAFT 2 gleichsam zum Gegenbegriff aller heterogen angehäuften „Kenntnisse":

> Man kann annehmen, dass fast allgemein die Voraussetzung gemacht wird, es solle unter den Menschen nicht nur Kenntnisse aller Art geben, sondern auch eine Wissenschaft.[83]

Diese abstrakte Entität „Wissenschaft" rückt im Begriffssystem um 1800 ganz nach oben. Dem Begriff WISSENSCHAFT 2 werden semantische Eigenschaften zugeschrieben, welche die Hypostasierung deutlich erkennen lassen. Wissenschaft ist gleichzeitig ein „gemeinschaftliches Werk", als auch eine Art Wesen, welches Menschen „zur Erkenntnis hinanbilden" kann wie z. B. in dieser Formulierung von Schleiermacher:

> Die Wissenschaft, wie sie in der Gesamtheit der gebildeten Völker als ihr gemeinschaftliches Werk und Besitztum vorhanden ist, soll den Einzelnen zur Er-

---

[82] Johann Gottlieb Fichte in: Eduard Spranger (Hrsg.). Fichte, Schleiermacher, Steffens über das Wesen der Universität. Leipzig 1910. S. 118.

[83] Friedrich Schleiermacher. Gelegentliche Gedanken über Universitäten in deutschem Sinn: Nebst einem anhang über eine neu zu errichtende. (1808). In: Ders. Schriften. Andreas Arndt (Hrsg.). Frankfurt am Main 1996. S. 337.

> kenntnis hinanbilden, und der Einzelne soll auch wiederum an seinem Teil die Wissenschaft weiter bilden.[84]

Der abstrakte Kollektivsingular WISSENSCHAFT 2 findet sich auch in Verwendungskontexten wieder, wo er um 1800 als Beschreibungskategorie für das gegenwärtige Zeitalter verwendet wird: Das Zeitalter „ist in seinem Wesen Wissenschaft".

> [...] jedes mögliche Zeitalter strebt die ganze Gattung zu umfassen und zu durchdringen; und nur inwiefern ihm dieses gelingt, hat es sich als Zeitalter dargestellt, da es ausserdem bloss die besondere Gesinnung Einzelner geblieben wäre.
>
> So auch das dritte. Es ist in seinem Wesen Wissenschaft: und es muss streben und arbeiten, schlechthin alle Menschen zur Wissenschaft zu erheben.[85]

Die idealistische Forderung nach Integration in eine einzige „Wissenschaft", die im Grunde als Methode zur Hervorbringung von Erkenntnissen verstanden wird, hat im Kontext der Aufklärungszeit auch den realen Hintergrund von Bestrebungen zur Demokratisierung von Erkenntnis über umfassende Alphabetisierungskampagnen. Die Demokratisierung von Wissen soll vor allem über die Verschriftlichung von Kommunikation erreicht werden.[86]

Die konkreten didaktischen Bemühungen um Einführung in wissenschaftliche Denk- und Verfahrensweisen äussern sich in Begriffsbildungen wie jener der „Wissenschaftskunde". Johann Joachim Eschenburg publiziert um 1800 in mehreren Auflagen ein propädeutisch ausgerichtetes Lehrbuch mit dem Titel „Wissenschaftskunde":

> Bestandtheile der wissenschaftlichen Behandlung theoretischer Gegenstände sind: Erklärungen, Eintheilungen, Beobachtungen, Erfahrungen, Grundsätze, Lehrsätze, Beweise, Aufgaben und Hypothesen. Aus der Natur und Absicht einer jeden Wissenschaft, oft auch aus dem besonderen Gesichtspunkte ihrer Behandlungsart, ist die jedesmalige Beschaffenheit derjenigen Wahrheiten und Sätze herzuleiten, welche als Bestandtheile derselben anzusehen sind.[87]

---

[84] Fichte, Schleiermacher, Steffens über das Wesen der Universität. Eduard Spranger (Hrsg.). Leipzig 1910. S. 121.

[85] Johann Gottlieb Fichte. Die Grundzüge des gegenwärtigen Zeitalters. Berlin 1806 (erste Ausg.). Gehalten zu Berlin 1804–1805. In: Werke. I. H. Fichte (Hrsg.) (1845/46). Nachdruck Berlin 1971, Bd. 7. S. 78f.

[86] Albrecht Koschorke. Körperströme und Schriftverkehr: Mediologie des 18. Jahrhunderts. München 1999. S. 166.

[87] Johann Joachim Eschenburg. Lehrbuch der Wissenschaftskunde: Ein Grundriss encyklopädischer Vorlesungen. (Erste Ausgabe 1792). Dritte, verbesserte und vermehrte Ausgabe. Berlin und Stettin 1809. S. 5.

Bei einer strengen Konzeptualisierung von WISSENSCHAFT 2 muss allerdings die Verbindung von „Wissenschaft" und „Kunde" als Widerspruch in sich selbst erscheinen. 1809 differenziert Karl Friedrich Burdach die beiden Begriffe durch das „Princip der Einheit".[88] Die zur „Kunde" des Mannigfaltigen hinzutretenden synthetisierenden Verstandesleistungen könne der mit Wissenschaft befasste Mensch nicht von aussen empfangen, das heisst er kann Wissenschaft

> nicht erlernen, nicht von aussen empfangen, denn sonst ist sie bloss Kunde der Wissenschaft; sondern er muss sie in sich selbst zeugen und erfinden, und Unterricht in der Wissenschaft ist bloss Erregung des Geistes dazu.[89]

Die Hinweise darauf, wie im universitären Unterricht die „Erregung des Geistes" dahingehend befördert wird, dass sie in die Produktion von wissenschaftlichen Texten umschlägt, sind vergleichsweise rar. Eine der seltenen Ausnahmen stammt von Georg Niklas Brehm, der in seiner „Akademischen Propädeutik" 1799 über „mancherlei praktische Uebungen" in den „Wissenschaften" spricht, wo Studierende (Jünglinge!) unter der Leitung der Lehrer zur eigenen Thätigkeit in den Wissenschaften angeführt werden.

> Es gehören dahin viertens die Elaboratorien, wo Jünglinge ordentliche Ausarbeitungen über gewisse wissenschaftlichen Gegenstände machen, um sich dadurch die nöthige Fertigkeit nicht nur in der Auseinandersetzung der Dinge; sondern auch in der Art ihrer Darstellung, hauptsächlich aber die nöthige Fertigkeit in der Sprache zu verschaffen.[90]

Eng mit dem Wissenschaftsbegriff verwandt und häufig kollokativ verwendet ist der Kunstbegriff. Der skizzierte Begriffswandel von WISSENSCHAFT 1 zu WISSENSCHAFT 2 hat eine weitgehende Entsprechung im Wandel von KUNST 1 zu KUNST 2. Die Bedeutung des alten Singulars (KUNST 1), wie sie etwa das Zedlersche „Universal-Lexikon" 1737 wiedergibt, taucht bis heute in Phraseologismen auf wie: „Das ist keine Kunst", in der Bedeutung von: nicht schwierig zu bewerkstelligen.

> Kunst / heist auch zuweilen das durch Kunst zuwegen gebrachte Werck selbst / als die Wasser-Kunst / daher diejenigen / die solche untern Händen haben Kunst-Meister genennet werden.[91]

---

[88] Vgl. hierzu Rudolf Stichweh. Wissenschaft, Universität, Professionen: Soziologische Analysen. Frankfurt am Main 1994. S. 215–217.

[89] Karl Friedrich Burdach. Der Organismus menschlicher Wissenschaft und Kunst. Leipzig 1809. S. 8. Zit. in: Stichweh. Wissenschaft. 1994. S. 216.

[90] Georg Niklas Brehm. Akademische Propädeutik zu Vorlesungen. Leipzig 1799. S. 328.

[91] Johann Heinrich Zedler. Grosses vollständiges Universal-Lexikon. Halle, Leipzig 1737.

Der Prototyp dieses alten Singulars rekurriert etymisch auf so etwas wie „Können“ und enthält in einem entsprechenden Wörterbuchartikel Definitionen wie „körperliche Kraft“[92] oder wie: „alles was von Menschenhänden gemacht worden ist“[93], aber auch die von Zedler angeführte „Wasser-Kunst“, also „Kunst“ in der Bedeutung von ingenieurstechnischem Handwerk. Das semantische Etymon des neuen, abstrakten Singulars (KUNST 2) ist die Bündelung des alten Plurals und nicht KUNST 1. Das Grimmsche Wörterbuch umschreibt 1873 im letzten Abschnitt des Eintrags „Kunst“ den Begriffswandel als eine Sinnerhöhung:

> 4) Der heutige erhöhte sinn von kunst
> [...] die heutige besondere stellung und der hohe begriff der kunst arbeitete sich im laufe des 18. jahrh. heraus. anfangs war man selbst wegen eines bezeichnenden gesamtnamens unsicher. [...] wie man sieht, herrschte lange für den gesamtbegriff der sinnliche plural. [...][94]

Seit dem ersten Drittel des 18. Jahrhunderts wird durch die Ästhetik, die als neue Disziplin der sinnlichen Wahrnehmung in die Philosophie Eingang gefunden hatte und die eine Trennung vornahm zwischen sinnlicher und rationaler Erkenntnis, der Begriff der Kunst indirekt neu bestimmt, indem die ästhetische Reflexion in ihrem systematischen Anspruch nicht nur das Natur-, sondern auch das Kulturphänomen der Schönheit erfassen will. Der primäre Gegenstand der Ästhetik ist nicht Kunst, sondern die Theorie des sinnlichen Erkennens und als deren Zentrum die Systematisierung des Schönen, also im Grunde die Theorie des rational begründeten Werturteils über das Schöne. Mit Johann Joachim Winckelmann beginnt sich nach der Jahrhundertmitte der Gedanke von einem in sich selbst sinnvollen und bedeutsamen, sich in der Kunst ausdrückenden Schönen anzubahnen.

Die neuen Konnotationen des Kunstbegriffs überlagern die des alten „sinnlichen plural“ im Gebrauch des kollektiven Singulars in abstrakt-metaphysischer Verortung, das heisst, der Vielfalt der sensorisch-faktischen Erscheinungen, die unter dem Kollektiv-Singular zur Einheit gebracht werden, sind ganz andere Qualitäten zugeschrieben als dem vergleichbaren Ensemble des Plurals. Der Kunstbegriff wandert im Begriffssystem des 18. und 19. Jahrhunderts – und exemplarisch in Winckelmanns „Geschichte der Kunst des Alterthums“ – gewissermassen in die Höhe, neben so aufgeladene Begriffe wie „Democratie“ und „Freiheit“.[95]

---

92 Joachim Heinrich Campe. Wörterbuch der Deutschen Sprache. Braunschweig 1808.
93 ebd.
94 ebd. S. 2681f.
95 Eine mit dem skizzierten begriffsgeschichtlichen Wandel des Kunstbegriffs parallele Entwicklung beschreibt Reinhard Koselleck in den „Geschichtlichen Grundbegriffen“ für den Geschichtsbegriff: Was zuvor „Geschichten“ waren, wird jetzt

Nach Rudi Kellers „Invisible-Hand-Erklärung"[96] lässt sich die semantische Metamorphose, die sich sowohl zwischen den Homonymen WISSENSCHAFT 1 und 2 als auch zwischen KUNST 1 und 2 vollzieht, folgendermassen skizzieren. Der „Invisible-Hand-Prozess" wird durch die vermehrte Verwendung von BEGRIFF 2 in Gang gesetzt. Wer verstanden werden will, hat die Möglichkeit, BEGRIFF 1 (im Gegensatz zu BEGRIFF 2) durch eine Reihe alternativer Ausdrücke zu kompensieren. Symmetrisch zur allmählichen Verwendung von BEGRIFF 2 wird BEGRIFF 1 seltener gebraucht. Dadurch entsteht ein positiver Rückkoppelungseffekt. Je weniger der BEGRIFF 1 gebraucht wird, desto weniger wird er erlernt werden. Die kausale Konsequenz dieses Prozesses ist das allmähliche Verschwinden von BEGRIFF 1. Dieser Vorgang ist, wie Rudi Keller sagt, nicht bezweckt, aber „Zwecke sind involviert, nicht in direkter sondern in gebrochener Weise."[97]

Die plötzlichen und die eher langfristigen Umformungen dieser unscharf begrenzten Wolke von involvierten Intentionen lassen sich als die Geschichtlichkeit von Begriffen auffassen. Wissenschaftsgeschichte ist so in summarischer Form als Geschichte eines sich wandelnden Wissenschaftsbegriffs interpretierbar. Bedeutungsverschiebungen von Begriffen – wobei der Wissenschaftsbegriff selbst als Grundbegriff einen Sonderstatus einnimmt – indizieren die Entwicklung des wissenschaftlichen Diskurses. Der Übergang hin zum hypostasierten Kollektivsingular WISSENSCHAFT 2 ist dabei für alle disziplinären Begriffsverschiebungen eine zentrale Voraussetzung.

---

unter den Vorzeichen der Verwissenschaftlichung zur „Geschichte". Vgl. Reinhard Koselleck. Geschichte. In: Geschichtliche Grundbegriffe: Historisches Lexikon zur politisch-sozialen Sprache in Deutschland. Otto Brunner, Werner Conze, Reinhart Koselleck (Hrsg.). Band 2. Stuttgart 1975. Zu diesem begriffsgeschichtlichen Wandel des Kunstbegriffs und zur Entstehung von „Kunstgeschichte" als Textsorte vgl. Felix Steiner. „Das Ganze unserer Wissenschaft ist noch gar jung": Kunstgeschichtsschreibung am Anfang des 19. Jahrhunderts – eine neue Textsorte und ihre Modellbildungen. In: Georges-Bloch-Jahrbuch des kunstgeschichtlichen Seminars der Universität Zürich. Band 4. Zürich 1997. S. 123–132.

96 Rudi Keller. Erklärungsadäquatheit in Sprachtheorie und Sprachgeschichtsschreibung. In: Diachrone Semantik und Pragmatik: Untersuchungen zur Erklärung und Beschreibung des Sprachwandels. Dietrich Busse [Hrsg.]. Tübingen 1991. S. 117–138. Vgl. hier v.a. S. 131ff. Vgl. hierzu auch ders. Sprachwandel: Von der unsichtbaren Hand in der Sprache. Tübingen 1990. Vgl. v. a. Teil II. Das Wirken der unsichtbaren Hand. S. 83 ff.

97 ebd. S. 133.

2.3 Kommunikationsgeschichte als Geschichte eines ‚sozialen Typus‘: Vom „Gelehrten“ zum „Wissenschaftler“

Als Albrecht von Haller 1751 die Festrede bei der Gründung der *Göttinger Gelehrten Gesellschaft* hielt, unterstrich er die wichtige Funktion wissenschaftlicher Akademien bei der Ausdifferenzierung von neuen Erkenntnissen: Die Stiftung der Gesellschaft sei „einzig zu neuen Entdeckungen abgesehen“.[98] Im Hinblick auf die Lehre sei es zwar durchaus verdienstvoll, die „älteren Erfindungen“ zu sammeln und „in eine geschikte Ordnung“ [sic!] zu bringen, aber dadurch würden die „Schranken der Kunst“ nicht erweitert.[99] Und genau darum ginge es jetzt. Das gemeinschaftliche Projekt der Kongregation „erfahrner Männer“ ziele darauf ab, den Erkenntniszuwachs voranzutreiben. Um Hand zu bieten für einen Anfang, erläutert Albrecht von Haller, wie am besten vorzugehen sei:

> Ein solches Mitglied einer gelehrten Gesellschaft, nimmt nicht eine ganze Kunst über sich, es liefert auch nicht einen kurzen Innbegriff, oder gleichsam die Landcharte eines weit ausgedähnten Reiches, wovon es in dem allzu engen Raume allerdings nur wenige Stätte, und keinen der Fleken würde auszeichnen können. Zu einer gesellschaftlichen Abhandlung sucht man sich ein kleines Gebieth aus, dessen Hügel und Bäche, Fleken und Dörfer, und fast die einzelnen Häuser man zu bemerken übernimmt.[100]

Es sind zwei, dem modernen Wissenschaftsbegriff zugrunde liegende Konzeptualisierungen, die Albrecht von Haller in seiner Rede besonders emphatisch profiliert: Die Erneuerung des Fachwissens durch Spezialisierung und die kollektive Diskussion neuer Erkenntnisse unter Experten. Als minimale Bedingung „einer gesellschaftlichen Abhandlung“ kann also nicht die blosse Assertion neuen Wissens gelten, sondern nur ein hinreichend argumentativer Begründungszusammenhang.

Als über ein halbes Jahrhundert später Johann Gottlieb Fichte seine Vorlesungen „Ueber das Wesen des Gelehrten“[101] hält, ist jener Gelehrtentypus

---

98 Albrecht von Haller. Rede an dem Geburtstage Georg des Zweyten, Die Königliche Gesellschaft der Wissenschaften sich zum erstenmale öffentlich versamlete, den 10 November 1751. In: Sammlung kleiner Hallerischer Schriften. Zweyter Theil. (2. Ausg.). Bern 1772. S. 175–206. Hier: S. 194.

99 Haller. Rede. 1751/1772. S. 193.

100 Haller. Rede. 1751/1772. S. 195f.

101 Johann Gottlieb Fichte. Ueber das Wesen des Gelehrten und seine Erscheinungen im Gebiet der Freiheit: In öffentlichen Vorlesungen, gehalten zu Erlangen, im Sommer-Halbjahre 1805. (Berlin 1806). In: Johann Gottlieb Fichte. Werke 1801–1806. Hrsg. von Reinhard Lauth und Hans Gliwitzky. Stuttgart-Bad Cannstatt 1991. S. 58–139.

des Sammlers und Ordners, wie ihn noch Albrecht von Haller vor Augen hatte, von der Bildfläche verschwunden. Neue, „vorher schlechthin nicht da gewesene“ Erkenntnis zu generieren ist zum „Gelehrten=Beruf“[102] geworden. Nicht eine ausgewählte Gruppe von Akademie-Mitgliedern ist verantwortlich für die Ausdifferenzierung von neuer Erkenntnis, sondern grundsätzlich alle an dem Gesamtunternehmen „Wissenschaft“ beteiligten Akteure. Allerdings wird erst einige Jahre nach Fichtes Vorlesung eine adäquate Bezeichnung für diesen „Gelehrten=Beruf“ gefunden und allmählich konventionalisiert – das in Campes Wörterbuch 1811 als Neubildung verzeichnete Lexem „Wissenschafter“ oder das zunächst pejorativ konnotierte „Wissenschaftler“.[103] Für diese neuen Berufsgelehrten um 1800 stellt das Sammeln und Ordnen überlieferter Wissensbestände keine opportune Aufgabe mehr dar. Die Frage, wie originär und wie nachvollziehbar ein wissenschaftlicher Beitrag sei, wird zu einem der zentralen Leistungskriterien bei der Rangierung von Autoren. Fichte sagt: „Es kommt gar nicht darauf an, ein anderes und neues Werk in einer Wissenschaft zu schreiben, sondern ein besseres, als irgend Eins der bisher vorhandenen Werke.“[104] Dadurch, dass jetzt davon ausgegangen wird, dass die „bisher vorhandenen Werke“ der Lektüre grundsätzlich zugänglich sind und das darin Gesagte deshalb nicht memoriert, sondern bei Bedarf nachgeschaut werden muss, steht der radikalen Favorisierung der Neuschöpfung von Erkenntnissen nichts mehr im Wege.

Während Albrecht von Haller noch davon ausgeht, dass die quantitative Häufung von Fachliteratur: die „genugsame Zufuhr der nöthigen Bücher“ und „sogenannte Journale“ das Urteil eines Gelehrten richtiger und „originaler“ machen,[105] ist sich Fichte sicher, dass das nicht ausreicht. Der Wissenschaftler müsse die Wissenschaft „durch sich selbst von irgend einer Seite idealisch durchdrungen, sie selbstschöpferisch“ hervorbringen.[106]

---

[102] Fichte. Wesen des Gelehrten. 1805/1991. S. 115.

[103] Wie ich bereits weiter oben angemerkt habe, wird im Band 5 von Campes Wörterbuch darauf hingewiesen, dass „Wissenschaftler“ im Sinne von „Wissenschafter oder Gelehrter in verkleinelndem Sinne oder verächtlichem oder spottendem Verstande“ gebraucht worden sei, allerdings: „In der Gegenwart hat das Wort diesen Nebensinn verloren und ist an die Stelle des nicht mehr gebräuchlichen Wissenschafter getreten.“ Joachim Heinrich Campe. Wörterbuch der deutschen Sprache. Bd. 5. Braunschweig 1811.

[104] Ebd. S. 137.

[105] Albrecht von Haller. Vorrede zu den Göttingischen Gelehrten Zeitungen, zum Jahrgange 1747. In: Ders. Sammlung Kleiner Hallerischer Schriften. Bern 1756. S. 135–145. S. 136f.

[106] Fichte. Wesen des Gelehrten. 1805/1991. S. 136.

2.3.1 Der „Gelehrte" verliert sein Prestige

Der Gelehrte, der möglichst viel weiss, gehört seiner Bestimmung nach einer Mündlichkeitskultur an. Sobald Bücher die Rolle eines künstlichen Gedächtnisses übernehmen, kommt Gelehrten nicht mehr ausschliesslich die Funktion zu, dieses Gedächtnis zu reproduzieren, sondern sie müssen versuchen durch rekombinatorische Leistungen eine Erweiterung des Wissenshorizontes herbeizuführen. Diesen tiefgreifenden, kulturgeschichtlichen Umschwung in der Auffassung dessen, was Bücher und was Menschen zu leisten haben, hat Carl Günther Ludovici in der „Vorrede" zum 19. Band des Zedlerschen „Universal-Lexicons" (1739) scharfsichtig erkannt und benannt.

> Niemals ist an dem Wachsthume der Künste und Wissenschafften mehr gearbeitet worden, als in den jetzigen Tagen. Die Anzahl der Menschen, und zugleich der Künstler und Gelehrten, wächset täglich zusehends, und die Erfahrung bekräfftiget, dass die Ingenia zeitiger reifen, als ehedem [...]. Die Gedächtnis-Gelehrten, oder diejenige Classe der Gelehrten, welche das erlernte Lehr-Gebäude ihrer Wissenschafft nicht anders, als wie die Nonnen den Psalter, an den Fingern herzusagen wissen, kommen gantz aus der Mode. Ihr ehemaliges Ansehen ist nunmehr gäntzlich gefallen, und sie selbst verlieren sich allemählich. Dagegen rühmet und erhebet man allein die, welche ihren Verstand anstrengen, ihre Wissenschafft durch Nachdencken und Überdencken begreiffen, und solche auf demonstrativische Art wieder vorzutragen suchen.[107]

Die blosse, gedächtnis-gelehrte Wiederkäuerei von tradiertem Wissen, bei der im besten Fall dessen Neuordnung resultiert, kommt aus der Mode. Was aber tritt an die Stelle des überkommenen Wissens? Jene Gelehrten, die „ihren Verstand anstrengen". Carl Günther Ludovici diagnostiziert die zugrunde liegende Denkform als „demonstrativische", sein Zeitalter und den angesprochenen, paradigmatischen Wandel als „Seculum demonstrativum":

> Wie die verschiedenen Jahrhunderte nach dem verschiedenen Zustande der Gelahrheit verschiedene Beynamen erhalten haben; so möchte man wohl das gegenwärtige das demonstrativische (Seculum demonstrativum) nennen. Wieviele Schrifften siehet man nicht täglich hervortreten, in denen man sich der demonstrativischen Lehr-Art beflissen hat?[108]

Gelehrtheit, vor allem aber die Form ihrer didaktischen Ausprägung sei zunehmend „demonstrativisch": In der Tendenz heisst das, dass nicht mehr einfach Meinungen zu althergebrachten Wissenselementen kompiliert werden, sondern dass schriftliche Darstellung des Wissens neu an methodische Herleitung und didaktisch transparente Beweisführungen geknüpft ist. „Seculum demonstra-

---

[107] Zedler, Bd. 19, Halle und Leipzig 1739. S. 1.
[108] Zedler, Bd. 19. Halle und Leipzig 1739. S. 1f.

tivum" benennt als Schlagwort auch den paradigmatischen Wandel hin zur Sichtbarmachung im Sinne einer Nachvollziehbarkeit dessen, was als Wissenssatz gelten soll. Die dogmatische Struktur eines grossen Teils überkommener wissenschaftlicher Propositionen wird zusehends aufgeweicht und überwunden.

Einer jener Gelehrten, der im deutschsprachigen Raum wie bereits angedeutet früh für eine moderne Auffassung von Autorschaft eintrat, war der Schweizer Dichter und Naturwissenschaftler Albrecht von Haller.[109] In der eingangs von Kapitel 2.3 zitierten, programmatischen Festrede zur Gründung der „Göttinger Gelehrten Gesellschaft" erklärt er, es gehe nicht weiter an, dass „Männer, die mit dem höchsten Ansehen, viele Jahre, auf Hohen Schulen gelebet und gelehret",[110] sich mit der blossen Sammlung und Neuordnung von hergebrachtem Wissen zufrieden geben würden, „niemals etwas neues erfinden" und keinen Beitrag zum „Wachsthume der Künste" leisten würden. Die universitäre Lehrtätigkeit dürfe einen Gelehrten nicht dazu verleiten, ausschliesslich „das Compendium seiner Kunst, so wie sie ihm bekannt ist", vorzutragen:

> Nach dieser Art lehrete vor Zeiten Felix Plater [sic] ein halbes Jahrhundert durch, in dreyhundert Leichnahmen, die Anatomie so anziehend, dass aus Europa Zuhörer sich zu ihm drängten.[111]

Die Reputation eines Gelehrter müsse sich danach bemessen, ob er einen originären Beitrag zum aktuellen Kenntnisstand, das heisst etwas leiste, „das sein eigen sey, und dass man nicht schon bey andern finde":

> Aber heut zu Tage verwundern wir uns, dass bey so vortheilhaften Umständen, ein grosser Mann, dem es weder an Gaben, noch an anhaltendem Fleisse fehlete, kaum etwas erfunden hat, das sein eigen sey, und dass man nicht schon bey andern finde. Das jenige nemlich, was von einem gemeinen und gegenwärtigen Nuzen für die Schüler war, das wiederholte Plater fünfzig mal, und da er sich niemals über dieses Ziel herauswagte, und nichts jenseits desselben zu entdecken suchte, so konnte er auch niemals etwas neues erfinden.[112]

---

[109] Vgl. hierzu Heinz L. Kretzenbacher. Wie durchsichtig ist die Sprache der Wissenschaften? In: Ders., Harald Weinrich (Hrsg.). Linguistik der Wissenschaftssprache. Berlin 1994. S. 15–40. Und vgl. auch: Wolf Lepenies. Das Ende der Naturgeschichte: Wandel kultureller Selbstverständlichkeiten in den Wissenschaften des 18. und 19. Jahrhunderts. München 1976.

[110] Albrecht von Haller. Rede an dem Geburtstage Georg des Zweyten, Die Königliche Gesellschaft der Wissenschaften sich zum erstenmale öffentlich versamlete, den 10 November 1751. In: Sammlung kleiner Hallerischen Schriften. 3 Theile. Bern 1772. Zweyter Theil. S. 191ff. Hier: 193.

[111] Haller. Rede. 1751/1772. S. 193.

[112] Ebd. S. 193f.

Für Albrecht von Haller ist die Akademie „einzig zu neuen Entdekungen abgesehen".[113] Um zu verhindern, dass Gelehrte in ihrer althergebrachten Manier Wissen wiederkäuen, werden „Zusammenkünfte erfahrner Männer veranstaltet, in welchen ein jedes Mitglied dasjenige vortragen soll, was es neues bemerkt, oder richtiger beschrieben haben würde, als zuvor geschehen war."[114] Dieser kollektive Austausch soll gegenseitig zu „neuen Entdekungen" anspornen. Eine zusätzliche, und ganz besondere Herausforderung sei es dabei, die bereits vorgelesenen Beiträge auch noch einem breiteren Publikum – ja der „ganzen gelehrten Welt" als gedruckte Publikationen zu präsentieren. Keiner wolle bei diesem Wettbewerb, der so entstehe, „unter seinen Mitcollegen auf der untersten Stelle" bleiben. Im Grunde wird damit eine zeitlose Idee, die in den grossen „Erfindern" der Geschichte immer schon Verkörperungen fand, in eine kollektive und in eine mittels modernen Mediengebrauchs operierende Idee umgegossen.

> Aber alle diese Reizungen zur Arbeit werden noch stärker, wenn die Abhandlungen, welche der Gesellschaft sind vorgelesen worden, in ganzen Bänden heraus gegeben werden: als wodurch ein jedes Mitglied zur Arbeit aufgefodert wird und keines sich der Unehre unterziehen darf, dass es unter seinen Mitcollegen auf der untersten Stelle bleibe; es erhält dabey die ganze Gesellschaft, u. die ganze gelehrte Welt zum strengen Richter, vor den es Ehrfurcht haben muss; da hingegen ein Professor den ruhigen, und ihm schmeichelnden, Hörsaal seiner Schüler ungetadelt anredet.[115]

Das hier beschriebene Konkurrenzsystem der Akademie-Mitglieder basiert auf der Bewertung der Publikationen und einer entsprechenden Rangierung ihrer Autoren. Die eigentlichen „Reizungen zur Arbeit" bestehen darin, sich „die ganze gelehrte Welt zum strengen Richter" zu machen. Ein Gelehrter alten Stils wie Felix Platter hatte vor seinem Publikum offenbar vor allem mündlich brilliert und sich so der Kritik und der Konkurrenz ausserhalb des „ihm schmeichelnden" Hörsaals entzogen. Das Auseinandertreten von schriftlich repräsentierter Forschung und tendenziell mündlich geprägter Lehre, gilt hier noch nicht. Obschon bis heute an der Universität auch viel gesprochen wird, kommt vor allem der Fähigkeiten zur Verschriftlichung von wissenschaftlicher Forschung eine Schlüsselrolle bei der Leistungsbewertung zu. Wissenschaftliche Arbeit ohne die Produktion von schriftlichen Texten ist gar nicht vorstellbar.[116]

---

[113] Ebd. S. 194.
[114] Ebd. S. 194.
[115] Ebd. S. 195.
[116] Vgl. hierzu die einleitenden Bemerkungen zur Bibliographie „Schreiben für die Hochschule" von Konrad Ehlich: Ders./Angelika Steets/Inka Traunspurger (Hrsg.). Schreiben für die Hochschule: Eine annotierte Bibliographie. Frankfurt am Main, Berlin, Bern, Bruxelles, New York, Oxford, Wien 2000. S. 1–17.

Es ist anzunehmen, dass Albrecht von Haller sich selbst als das präsupponierte Gegenbild zu einem Gelehrten wie Felix Platter sieht. In dieser Rolle hat er etwas Janusköpfiges, er vereinigt die Eigenschaften des alten Gelehrtentums wie auch jene der modernen Wissenschaftlichkeit auf sich. Seine auf Erkenntniszuwachs abzielende, durch und durch empirische Haltung lässt ihn nicht zögern, am Bett eines Todkranken um die Autopsie des künftigen Leichnams nachzufragen.[117] – Albrecht von Haller verkörpert einerseits ein modernes Wissenschaftsparadigma, das aktuelles, selbstgeneriertes Wissen favorisiert, gilt aber gleichzeitig als grosser Gedächtnismensch.[118] Vergleichbares gilt auch für Kant.[119] Will man aus dieser Ambivalenz eine einfache Typologie der sich wandelnden Ansprüche an die Gelehrten-Figur ableiten, kann man sagen: Zum einen gibt es den ‚Gedächtnis-Gelehrten‘, dessen Prestige um die Mitte des 18. Jahrhunderts allmählich verlustig geht, zum andern den ‚Zuwachs-Gelehrten‘, der an Prestige gewinnt.

2.3.2 Der „Wissenschaftler“

Wenn man sich ein Bild davon machen will, wie sich der neue „Gelehrten=Beruf“[120] unter Massgabe eines revolutionierten Wissenschaftsbegriffs auf der Ebene der Selbstbezeichnungen semantisch profiliert, erstaunt es zunächst, den Terminus „Wissenschaftler“ in der ersten Hälfte des 19. Jahrhunderts nur sehr selten zu finden. Nimmt man die grossen semasiologischen Wörterbücher der Zeit als Index, ist man gezwungen, auf Termini wie ‚Schriftsteller‘, ‚Autor‘ oder ‚Gelehrter‘ auszuweichen. Die Ausdifferenzierung und Trennung der diskursiven und disziplinären Sphären ist um 1800 erst an ihrem Anfang. Mit einem „Autor“, sagt Karl Philipp Moritz, sei im Grunde die Vorstellung verbunden, „dass jemand aus sich selber etwas hervorgebracht habe, oder der

---

117 Wolf Lepenies. Das Ende der Naturgeschichte: Wandel kultureller Selbstverständlichkeiten in den Wissenschaften des 18. und 19. Jahrhunderts. München 1976. S. 35.

118 Man erzählt über ihn, er habe Pflanzen nicht nur nach dem Namen zitiert, sondern auch die entsprechenden Nummern in seinem Werk mitmemoriert. Und um zu prüfen, ob sein Gedächtnis bei einem Ohnmachtsanfall gelitten habe, zählt er alle Flüsse auf, welche an der Westküste von Amerika ins Meer münden. Vgl. Wolf Lepenies. Das Ende der Naturgeschichte: Wandel kultureller Selbstverständlichkeiten in den Wissenschaften des 18. und 19. Jahrhunderts. München 1976. S. 35.

119 Zum Antagonismus von Selbstdenken und Gedächtnisleistungen bei den Aufklärern vgl. die hinreissende Darstellung bei Harald Weinrich. Aufgeklärtes Vergessen. In: Ders. Lethe: Kunst und Kritik des Vergessens. München 1997. S. 79–105. (Speziell zu Kant: „Warum muss der Name Lampe völlig vergessen werden?“ S.92–105).

120 Fichte. Wesen des Gelehrten. 1805/1991. S. 115.

Urheber eines Werks aus eigener Kraft sey, welcher Begriff auch durch das Wort Autorschaft bezeichnet wird […].“[121] Joachim Heinrich Campe äussert sich in eine ähnliche Richtung, wenn er 1813 moniert, dass der Begriff „Autor“ keine Unterscheidung zulasse zwischen denen, die originell seien, und denen, die bloss abschreiben würden.

> Man nennt Autor Jeden, der ein Buch geschrieben hat, er mag den Inhalt aus sich selbst, oder aus den Werken anderer genommen haben. Eben diesen Begriff verbinden wir mit dem deutschen Worte Schriftsteller;[122]

Originalität, so könnte man hier inferieren, wird um 1800 zur Conditio sine qua non der wissenschaftlichen und der literarischen Textproduktion. Gleichzeitig kommt es im Bereich der wissenschaftlichen Wissensproduktion zu einer Beschleunigung des Austauschs, das heisst zu kollektiv-autorschaftlichen Arbeitsformen. Johann Wolfgang Goethe beschreibt die Differenz zwischen wissenschaftlicher und literarischer Produktion in dem bemerkenswerten Aufsatz „Der Versuch als Vermittler von Objekt und Subjekt“ (1793):

> Man hat daher in wissenschaftlichen Dingen gerade das Gegenteil von dem zu tun, was der Künstler rätlich findet: denn er tut wohl sein Kunstwerk nicht öffentlich sehen zu lassen, bis es vollendet ist, weil ihm nicht leicht jemand raten noch Beistand leisten kann; ist es hingegen vollendet, so hat er alsdann den Tadel oder das Lob zu überlegen und zu beherzigen, solches mit seiner Erfahrung zu vereinigen und sich dadurch zu einem neuen Werke auszubilden und vorzubereiten. In wissenschaftlichen Dingen hingegen ist es schon nützlich jede einzelne Erfahrung ja Vermutung öffentlich mitzuteilen, und es ist höchst rätlich, ein wissenschaftliches Gebäude nicht eher aufzuführen, bis der Plan dazu und die Materialien allgemein bekannt, beurteilt und ausgewählt sind.[123]

Zwei zentrale Eigenschaften des wissenschaftlichen Autors werden hier angesprochen: Die Community spielt, vor allem in den Naturwissenschaften, eine entscheidende Rolle, indem sie für fortlaufende Kritik sorgt und damit zentrale Impulse liefert. Ein wissenschaftlicher Autor ist im Gegensatz zum literarischen hinsichtlich der Generierung von Erkenntnissen von der Kommunikation mit seiner Community abhängig. Zweitens: Die wissenschaftliche Verpflichtung zur

---

[121] Karl Philipp Moritz. Grammatisches Wörterbuch der deutschen Sprache. Berlin 1793.

[122] Joachim Heinrich Campe. Wörterbuch der deutschen Sprache. Ergänzungsband: Wörterbuch zur Erklärung und Verdeutschung der unserer Sprache fremden Ausdrücke: Neue stark vermehrte Ausgabe. Braunschweig 1813.

[123] Johann Wolfgang Goethe. Der Versuch als Vermittler von Objekt und Subjekt. 1793. In: Ders. Sämtliche Werke. Klassiker-Ausgabe, I. Abteilung Bd. 25: Schriften zur allgemeinen Naturlehre, Physik, Witterungslehre, Geologie, Mineralogie. Frankfurt am Main 1989. S. 26–36. Hier: S. 29.

Publikation ist im Bereich der literarischen Produktion so nicht bekannt. Jede Kleinigkeit im Erkenntnis- und Erfahrungsprozess ist öffentlich zu machen, so dass Kritik möglich wird und dass entsprechende Generierungsleistungen auf Autoren bezogen werden können. Insgesamt sind Wissenschaftler deshalb in besonders hohem Masse auf ihre Mitteilungsfähigkeit angewiesen.

> Der Mittheilungsfähigkeit bedarf der Gelehrte immer; denn er besitzt seine Kenntnis nicht für sich selbst, sondern für die Gesellschaft. Diese hat er von Jugend auf zu üben, sie hat er in steter Thätigkeit zu erhalten;[124]

Gleichzeitig darf aber ein Autor Wissenschaft nicht bloss historisch auffassen, sondern:

> er muss sie [die Idee] selbstschöpferisch, und auf eine neue, vorher schlechthin nicht da gewesene Weise aus sich hervorgebracht haben.[125]

Wenn die wissenschaftliche „Idee" auf eine „neue, vorher schlechthin nicht da gewesene Weise" in Texten zum Ausdruck gebracht wird, dann beruht dieser Vorgang auf einer Forschungs- und Darstellungspraxis, die vor allem die reflexiven Aspekte des Mediengebrauchs betont. In der „Vorrede" zur zweiten Auflage der „Kritik der reinen Vernunft" weist Kant auf den Beginn der empiriegestützten Naturwissenschaften und vergleicht den Wissenschaftler mit dem Richter, der in der Konstruktion des Experiments die Natur als Zeugen zur Beantwortung von Forschungsfragen nötigt. Diesen „Naturforschern" sei ein „Licht aufgegangen":

> Sie begriffen, dass die Vernunft nur das einsieht, was sie selbst nach ihrem Entwurfe hervorbringt, dass sie mit Prinzipien ihrer Urteile nach beständigen Gesetzen vorangehen und die Natur nötigen müsse, auf ihre Fragen zu antworten, nicht aber sich von ihr allein gleichsam am Leitbande gängeln lassen müsse; [...][126]

Die reflexive Teilung der Vernunft beruht darauf, dass sie etwas „einsieht", was „sie selbst nach ihrem Entwurfe hervorbringt". Die sich in dieser Art selbst befruchtende Vernunft ist nicht zu verwechseln mit subjektiver Imagination. Die „Prinzipien ihrer Urteile" sind kollektiv abgesegnete, „beständige" Gesetze. Im reflexiven Akt der Selbstverständigung können die prinzipiell unvereinbaren Identitäten die (zeitlich-inhaltliche) Differenz zwischen erst „einsehen" und: was sie „selbst [...] hervorbringt" im Rahmen des Erkenntnisprozesses

---

[124] Johann Gottlieb Fichte. Einige Vorlesungen über die Bestimmung des Gelehrten. Jena und Leipzig 1794. S. 90f.

[125] Fichte. Wesen des Gelehrten. 1806/1991. S. 136.

[126] Immanuel Kant. Kritik der reinen Vernunft. Werkausgabe Bd. III. Wilhelm Weischedel (Hrsg.). Frankfurt am Main 1995. S. 23.

aufheben.[127] Im Schreibprozess tritt die projizierte Dialogsituation mit einem idealisierten wissenschaftlichen Leser gegenüber diesem Dialog zweiter Ordnung[128] in den Hintergrund.

Die prototypische Dialogsituation zweiter Ordnung, das heisst deren eristische Grundstruktur, die der ständigen Bemühung gilt, mögliche Gegenargumente zu entkräften, bevor sie überhaupt geäussert werden, gleicht der Situation vor Gericht. Steven Shapin hat für die frühen Naturwissenschaften Englands in „Pump and Circumstance: Robert Boyle's Literary Technology" in den Vordergrund gestellt, wie sehr die Wissenschaftskultur der Experimentalisten des 17. Jahrhunderts auf die Gerichtssituation rekurriert.[129] Der ‚Richter-Wissenschaftler' vermittelt ein Experiment sprachlich so, dass eine virtuelle, kollektive Zeugenschaft durch das Lesepublikum präsupponiert wird, das heisst, dass die experimentellen Vorgänge so detailliert geschildert werden, dass der Eindruck entsteht, man könne durch Lektüre an dem experimentellen Vorgang teilnehmen und ihn durch die Anwesenheit beglaubigen. Die Praxis der rhetorischen Demonstratio ad oculos zielt dabei auf einen möglichst detailgetreuen Report dessen, was ‚tatsächlich' abgelaufen ist und die durch die Beschreibung bereits vorinterpretierten Details der Experiment-Umstände verweisen dabei durch die unterstellte Ermöglichung von Anwesenheit der rezipierenden Zeugen auf einen Begriff des Schriftmediums als Wahrheitsmedium, welches die Trennung zwischen virtueller und tatsächlicher Anwesenheit und die Trennung zwischen geschildertem und ‚faktischem' Beweis kategoriell aufhebt.

Auf das metaphorische Modell der Gerichtssituation, das die eristische Struktur des wissenschaftlichen Diskurses speziell herausstreicht, wird auch um 1800 bei der Institutionalisierung und Professionalisierung wissenschaftlicher Disziplinen im deutschsprachigen Raum rekurriert. Allerdings wird das Modell im Hinblick auf das Selbstverständnis von „Wissenschaftlern" anders ausgelegt. Die konzeptuelle Metapher des Gerichts mit ihren Streitfällen, Richtern, Gesetzen und Urteilen dient vor allem dazu, „Wissenschaftler" als einer leidenschaftlichen Streitkultur verpflichtet zu beschreiben, deren einzelne Konflikte für die Herstellung und die Aufrechterhaltung der sozialen Integrationseinheit „Wissenschaft" bedeutsam erscheint. Konflikte sind hier gleichzeitig Voraussetzung für und Folge von Vergesellschaftung.[130] „Wissenschaftler"

---

[127] Vgl. Brigitte Schlieben-Lange. Dialog und Aufklärung. In: Dies. (Hrsg.). Fachgespräche in Aufklärung und Revolution. Tübingen 1989. S. 1–16.

[128] Brigitte Schlieben-Lange. Stereotyper und internalisierter Dialog: Fachgespräche in der Spätaufklärung. In: Dies. (Hrsg.) Fachgespräche in Aufklärung und Revolution. Tübingen 1989. S. 241–255. Hier: S. 254.

[129] Vgl. Steven Shapin. Pump and Circumstance: Robert Boyle's Literary Technology. In: Social Studies of Science 14/1984. S. 481–520.

[130] Vgl. zu dieser positiven Konzeptualisierung von Streit: Georg Simmel. Der Streit. In:

sehen sich unter den modernen Bedingungen der Professionalisierung einem „Recensentenwesen" gegenüber, welches sie einem expliziten Bewertungs- und Legitimationsdruck aussetzt. Das „Recensentenwesen" führt gegen Ende des 18. Jahrhunderts zu der Ansicht, dass „in Recensionen [...] gleichsam die Wissenschaft selbst zu Gerichte sitzt".[131] Die einstweilige Heftigkeit der Auseinandersetzung zwischen Autoren und Rezensenten provoziert dabei eine metadiskursive Debatte über die normative Regulierung der professionellen Rollen. In Johann Christoph Greilings „Allgemeinen Grundsätzen zu einer Theorie der Recensionen" (1799) wird der Eindruck ausführlich bestätigt, dass Streit vor allem entsteht, weil sich Autoren nicht „unparteyisch und nach ihrem wahren Werth" beurteilt, sondern sich „mit Unsinn und Recensenten-Geifer bespieen" sehen. Greiling vertritt dabei die Auffassung, dass vor allem eine ungenügende Trennung zwischen Werk und Autor, also zwischen sachlichen und persönlichen Urteilsbegründungen zu Konflikten führe:

> Ein Recensionsurtheil ist nicht ein Gericht über den Autor, sondern über sein Werk; das Urtheil wird nicht f ü r d e n A u t o r , sondern f ü r d i e W i s s e n s c h a f t gefället. [gesperrt im Orig.][132]

Von der unhintergehbaren Schwierigkeit, die darin besteht, dass Autorschaft an Personen geknüpft ist und damit ein Streit um mögliche Gründe und Gegengründe für oder gegen eine bestimmte Wahrheit nicht nur von Personen vom Zaun gerissen, sondern auch auf Personen gemünzt wird, sieht sich Greiling in seinem eigenen Unterfangen, Grundsätze für das „Recensentenwesen" aufzustellen, auch selber betroffen, weil auch er der Gerichtssituation unterliegt:

> Die allgemeinen Grundsätze der Recensionen zu entwickeln, ist der Vorwurf dieser Abhandlung; eine Untersuchung, die ihre Schwierigkeit und ihre eigene Gefahr hat. Wer sich erkühnt, über das ehrwürdige wissenschaftliche Geschäfft des Recensirens ein Urtheil zu fällen, der ist den Dolchen dieser Fehmrichter oft ausgesetzt, weil das Recensionsgeschäfft oft als ein vermummtes Fehmgericht betrachtet und betrieben wird.[133]

Die aufklärerische Reformulierung des Gerichtsmodells tendiert dazu zu betonen, dass Standards für die Urteilsqualität zentral sind und diese davon abhängen, wie sehr es zu unterscheiden gelingt zwischen einer sachgestützten Begründung eines Urteils und einer intuitiven. Im Unterschied zu den von Sha-

---

Ders. Soziologie: Untersuchungen über die Formen der Vergesellschaftung. Frankfurt am Main 1992. S. 284–382.

131 Johann Christoph Greiling. Einige allgemeine Grundsätze zu einer Theorie der Recensionen. In: Archiv für die Physiologie. Johann Christian Reil (Hrsg.). Bd. 3. Halle 1799. S. 349–385.

132 Greiling. Grundsätze. 1799. S. 358.

133 Ebd. S. 351.

pin beschriebenen „Gentlemen"-Naturwissenschaftlern des 17. Jahrhunderts, die eine deutliche Barriere zwischen dem Publikum-im-Zeugenstand und dem urteilsverkündenden ‚Richter-Wissenschaftler' errichten, herrschen um 1800 nicht nur vertauschte Rollen, sondern auch eine unmittelbare, in der Metaphorik körperlich gefühlte Nähe zwischen urteilenden Rezensenten und Autor:

> Es macht Muth, wenn von unseren Bemühungen, unsere Kunst zu vervollkommnen, unpartheyisch und nach ihrem wahren Werth an das Publicum referirt wird; aber es macht muthlos; wenn unsere Arbeiten; statt sie einer Critik nach Regeln zu unterwerfen, mit Unsinn und Recensenten-Geifer bespieen werden. [...] Denn welche andere Beweiskraft liegt wol in folgenden Ausdrücken? die doch so gewöhnlich vorkommen: Rec. hält dafür; ist darin mit dem Verf. einverstanden; vortrefflich! es ist Rec. aus der Seele geschrieben.[134]

Der mit der Aufklärung verbundene Autoritätsverzicht bringt erst dieses für moderne Vergesellschaftung neuralgische Problem auf den Punkt: Allen autoritätsgestützten Urteilen haftet eine kategorielle Identifikation von subjekt- und objektbezogenem Urteil an und genau dies muss vermieden werden:

> In Ewigkeit aber können Personen keine Wahrheitsgründe werden.[135]

Der aufklärerische Autoritätsverzicht ist gekoppelt an den Vernunftbegriff. Wenn sich zwei vernünftige Wesen in der Rolle von Textproduzent und Rezipient im Prozess der Verständigung über „Wahrheitsgründe" nicht einigen können, so muss der Rezipient „den Verfasser aus ihm selbst widerlegen". Mit Blick auf den Terminus des Wissenschaftlers hat dies die Konsequenz, dass ihm zwar die apriorische Autorität des Gelehrten genommen ist, dass ihm dafür aber eine im Rahmen der Vernunft zugestandene Autonomie bei der Gestaltung seiner Argumentation versprochen wird. Mit Blick auf den autorschaftlichen Text heisst das allerdings auch, dass dem Autor in Bezug auf das im Text Dargestellte kein Sonderstatus zukommt, welcher ihn dazu prädestinieren würde, die beigebrachten Grundsätze selbst widerspruchsfrei zu verstehen und anzuwenden.

> Findet sich zwischen einem Autor und seinem Recensenten Widerstreit der Grundsätze, so muss der Recensent, wenn er kann und will, den Verfasser aus ihm selbst widerlegen, d.i. Rec. muss zeigen, dass der Verf. nicht richtig deducire, seine Grundsätze nicht richtig anwende, dass er falsch subsumire, nicht consequent folgere u.s.w. [...] Man muss jedes System in sich selbst wahr oder falsch finden, und nicht ein anderes zu Hülfe rufen. Denn vor Gott und der Wissenschaft gilt kein Ansehen der Person.[136]

---

[134] Ebd. S. 349.
[135] Ebd. S. 376.
[136] Ebd. S. 361.

Um zu verhindern, dass Rezensionsurteile wiederum ihre „Grundsätze nicht richtig" anwenden, rät Greiling dazu, der Rezensent solle „als Publicum recensiren". – Der Rezensent muss dafür eine Perspektive der kollektiven Vernunft annehmen und gehorcht dabei dem abstrakten Kollektivsingular „Wissenschaft".

> Hier nur einige Merkmale, deren vollständige Aufzählung in eine Theorie gehöret, zu welcher hier nur einige Prolegomena mitgetheilt werden. Wenn ein Recensent nur aus objectiven Gründen der Wissenschaft, als Publicum, recensiren soll, so liegt alles Subjective, alles äussere Verhältnis ausser seiner Sphäre.[137]

Die kollektive Vernunft des „Publicums" sei nichts anderes als eine „Idee", sie sei als etwas Abstraktes und nicht etwa konkret als „Menschenhaufen" zu denken:

> Publicum ist eine Idee, und nicht ein Menschenhaufen, und bedeutet in diesem Falle die Stimmfähigkeit, oder die Tüchtigkeit, ein uninteressirtes, allgemeines, objektives Urtheil fällen zu können. Das Publicum hat keine Leidenschaft als Publicum, und kann sich selbst nicht unrecht thun.[138]

Die hier zitierten Textstellen lassen den zusammenfassenden Schluss zu, dass die um 1800 im Grunde erwartbare semantische Überhöhung der sozialen Figur des „Wissenschaftlers" – immerhin bringt er ja neues Wissen „selbstschöpferisch, und auf eine neue, vorher schlechthin nicht da gewesene Weise" hervor – in metadiskursiv orientierten Texten weitgehend ausbleibt, weil vor allem die Alterität des „Wissenschaftlers" und seinem Werk, mit der „Idee", mit der „Wissenschaft" betont wird. Eine stärkere Betonung der Rückführbarkeit von Erkenntnis auf das erkennende Subjekt wäre zwar möglich, aber die Fokussierung auf das Kollektivunterfangen „Wissenschaft" entlastet den einzelnen „Wissenschaftler" auch von seiner stark individuell empfundenen Verantwortlichkeit in Bezug auf die eigenen Erkenntnisse:[139] Die Betonung von Konzepten wie jenem der gemeinsamen ‚Stimmfähigkeit' oder dem einer nicht individuell zu denkenden „Vernunft", die „einsieht", was „sie selbst nach ihrem Entwurfe hervorbringt", aber auch die Betonung des Autoritätsverzichts: „In Ewigkeit aber können Personen keine Wahrheitsgründe werden", – spricht für die Konstruktion einer sozialen Figur, die ob ihres radikal-aufklärerischen Pflichtenhefts gleichzeitig alle Anzeichen der emphatischen Selbstlegitimierung und, was die Nicht-Identität von Person und Wahrheitsgrund angeht, der Selbstentlastung aufweist.

---

[137] Ebd. S. 372.
[138] Ebd. S. 372.
[139] Vgl. hier Alessandra Corti. Die gesellschaftliche Konstruktion von Autorschaft. Wiesbaden 1999. S. 85f.

2.4 Wandel der Informationskultur: Vom „Aggregat" zum „System"

Eine einfache Antwort darauf, warum man zwischen 1750 und 1800 dazu übergeht, im modernen Sinne wissenschaftliches Wissen zu favorisieren, liefert Johann Gottlieb Fichte in seiner Vorlesung „Vom Schriftsteller": Dadurch, dass Bücher zu einer Handelsware geworden seien, sagt Fichte, gehorche dieser Markt wie andere durch Angebot und Nachfrage regulierte Märkte den Gesetzen der Mode. Weil Lesen in der „letzten Hälfte des vorigen Jahrhunderts" zum wichtigen „Zeitvertreibe" geworden sei, verlange das Publikum nach Neuschöpfungen:

> Dieser neue Luxus fordert von Zeit zu Zeit neue Modewaren; denn es ist ja unmöglich, dass einer wiederum lese, was er schon einmal gelesen hat, oder auch dasjenige, was unsere Vorgänger vor uns gelesen haben; – so wie es unanständig ist, in demselben Kleide zu wiederholten Malen in grosse Gesellschaft zu kommen, oder sich nach der Sitte der Grossältern zu kleiden.[140]

Mit dem Umstand, dass Bücher erschwinglicher werden und damit ein weniger elitäres Gut darstellen,[141] verliert sich allmählich die primäre Leistung des Drucktextes als Speichermedium, das über Jahrhunderte vor allem dazu diente, das kollektive Gedächtnis vor allzu extensiver mündlicher Tradierungspflicht zu entlasten. Diese alte Funktion wird freilich nicht gänzlich verdrängt von zwei gleichzeitig einzulösenden zentralen Funktionen: Zum einen die Funktion der Mitteilung im Sinne der Information über neue Erkenntnisse, dies vorzugsweise in der ‚kleinen Form' von Textsorten wie dem wissenschaftlichen Zeitschriftenaufsatz, zum anderen die Funktion der Überzeugung, das heisst der Begründung der Erkenntnisse mittels rationaler, also explizierender und argumentierender Erörterung.

Es gibt zwei überzeitliche Charaktermerkmale, die im Zusammenhang mit der allgemeinen Funktion von Büchern immer wieder genannt werden. Jedes vervielfältigte Exemplar ist potentieller Lektüremultiplikator ein- und desselben Textes. Zweitens: Die materielle Basis, d.i. der Drucktext, worauf der kognitive Vorgang der Lektüre basiert, überdauert in der Regel die jeweiligen

---

[140] Fichte. Wesen des Gelehrten. 1805/1991. S. 133.

[141] Eine Übersicht über die Entwicklung des naturwissenschaftlichen Buchmarktes zwischen 1740 und 1800 findet sich in der Untersuchung von Uwe Pörksen. Deutsche Naturwissenschaftssprache: Historische und Kritische Studien. Tübingen 1986. S. 49–56. (In diesem Zeitraum wächst der Markt gemäss Pörksens Angaben um etwa 350 Prozent.)

Rezeptionen bei weitem und schafft so eine weitere Multiplikation möglicher Lektüren im Laufe der Zeit und gegen die „Vergessenheit“:

> Es sind aber Bücher, nach ihrer innerlichen Beschaffenheit, Gedancken, welche desswegen aufgezeichnet worden, damit selbige vielen andern mitgetheilet, und auch an und vor sich der Vergessenheit entzogen werden können.[142]

Bücher, das sind medial vermittelte Gedanken, der Text ist mitgeteilte mentale Konstruktion. Die in einem Text Schwarz-auf-Weiss ausformulierten Gedanken entsprechen aber nicht in einem abbildlichen Sinne der gedanklichen ‚Realität im Kopf‘. Es lässt sich zwar zumindest partiell beim Lesen eines bestimmten Textes nachvollziehen, was im „menschlichen Verstande vorgehet“, aber das zugrunde liegende Verhältnis zwischen Verstand und Text ist schwergewichtiger Kontiguitäts- als Ikonizitätsverhältnis. Der Berührungsrelation gemäss können Bücher in „gelehrte“ und „ungelehrte“ eingeteilt werden.

> Durch die Gedancken verstehen wir alles dasjenige, welches in dem menschlichen Verstande vorgehet, es mag sich nun solches entweder auf die gemeine Erfahrung, oder auf das scharffsinnige Nachdencken gründen; dahero man denn die Bücher überhaupt in gelehrte und ungelehrte eintheilen kan.[143]

Eine Hierarchie zwischen den beiden Genres wird zwar nicht explizit insinuiert, aber favorisiert werden implizit die „gelehrten“ Bücher. Das eigene Nachdenken wird als Form zwar in Erwägung gezogen, aber wenn man sich entscheiden müsste zwischen einem Genre, welches auf „das scharffsinnige Nachdencken“ gründet und einem, welches „die gemeine Erfahrung“ zugrundelegt, dann ist letzteres ein Garant gegen die „Vergessenheit“. In der schriftstellerischen Praxis heisst das auch konkret, dass entsprechend dieser Prioritäten Textgattungsmuster befolgt werden: Das „scharffsinnige Nachdencken“ entspricht der Gattung des (ungelehrten) Essays, während sich „die gemeine Erfahrung“ auf schon vorhandene Texte bezieht und entsprechend gelehrte Bücher hervorbringt.

> Beyde sind in ihrer Art nützlich, und da die Zufälle gegenwärtiger Zeiten ihren Einfluss in die zukünfftigen haben, so ist die Aufzeichnung solcher Geschichte unumgänglich nothwendig. Gesetzt auch, dass man durch das eigne Nachdencken die tieffste Einsicht in denen Gründen der Weissheit erlangen könte, so erhellet doch hierbey klärlich, dass die erstere Gattung von Schrifften unentbehrlich sey.[144]

Das eigene Nachdenken mag zwar Erleuchtung bringen, aber in erster Linie unentbehrlich – und das „Universal-Lexicon“ gibt für dieses unabdingbare

---

[142] Zedler. Bd. 4. 1733. S. 1736.
[143] ebd. S. 1736.
[144] ebd. S. 1736f.

Bedürfnis selbst ein beredtes Beispiel ab – sind gelehrte Bücher. In der ersten Hälfte des 18. Jahrhunderts wird der enorme Zuwachs in diesem Bereich stark wahrgenommen. Wachstum ist hier gerade *nicht* an die Vorstellung einer systematischen Genese neuer Erkenntnis gekoppelt, sondern lediglich durch die Tatsache gegeben, dass im Laufe der Zeit immer neue, schriftliche Texte zu den alten hinzutreten. Das ist nur möglich in einer Kultur des verschriftlichten Gedächtnisses. Wenn gleichzeitig alte und neue Bücher zugänglich sind, dann ist bereits für Zuwachs gesorgt. Auch dafür ist das Zedlersche „Lexikon" ein Index: Einen Zuwachs von festgehaltenem historischem Wissen im Laufe der Geschichte und mit der zunehmenden „Zusammenverbindung vieler Menschen" (durch eine multiplizierte Kommunikation) wird das Wissen weitläufiger. Das Zedlersche „Universal-Lexicon" ist nicht zuletzt deshalb der letzte Versuch (im deutschsprachigen Raum) geblieben, eine Enzyklopädie des gesamten gelehrten Wissens einer Zeit zu veranstalten.[145]

> Wollte man auch gleich einwenden, dass in denen erstern Zeiten der Welt man sich vielmehr des mündlichen Vortrags als derer Bücher, zu Erhaltung derer Geschichte, bedienet hätte, und dass man diesem Beispiele folgen könne; so wollen wir doch nur dieses eintzige noch dargegen setzen: Die Länge der Zeit hat die Geschichte vermehret, und die Grösse der heutigen Welt, welche in der Zusammenverbindung vieler Menschen bestehet, macht zugleich die Erkänntniss von denen Umständen derer Menschen weitläuftig.[146]

Diese „Zusammenverbindung vieler Menschen" wird ermöglicht durch die mediale Fixierung, Konservierung und Multiplikation von gemeinsamen Wissensbeständen. „Die Länge der Zeit", die den Informationsberg so anschwellen lässt, führt zu einem grundlegenden Selektionsproblem bei der Lektüre. Eine bevorzugte Möglichkeit zur Selektion, welche unter dem modernen Wissenschaftsbegriff begründet wird, ist die Unterscheidung von neuem und altem Wissen. Nicht die schiere Möglichkeit zur Publikation von Wissenstexten im Druck führt zur Favorisierung von neuem und zur Marginalisierung von altem Wissen, sondern die Ausdifferenzierung von wissenschaftlicher Kommunikation ist selbst eine Folge des durch Reproduktion gegebenen Selektionsproblems.[147] Als wesentlichste Konsequenz aus diesem Problem resultiert für die modernen Disziplinen die Unsicherheit, dass das aktuelle Wissen die verdräng-

---

[145] Bernhard Kossmann. Deutsche Universallexika des 18. Jahrhunderts: Ihr Wesen und ihr Informationswert, dargestellt am Beispiel der Werke von Jablonski und Zedler. In: Archiv für Geschichte des Buchwesens. Historische Kommission des Börsenvereins des Deutschen Buchhandels (Hrsg.). Frankfurt am Main 1967. S. 1553–1596.

[146] Zedler. Bd. 4. 1733. S. 1738.

[147] Luhmann. Wissenschaft. 1994. S. 296.

ten alten Wissensbestände qualitativ nicht zwingend überholt, weil es selbst immer nur an gerade aktuellen Forschungsstand anschliesst.

Eine weitere Lösungsstrategie zur Bewältigung des Selektionsproblems besteht in der selektiven Lektüre von Informationen. Wissenschaftliche Publikationen sind angelegt auf Selektivlektüre: Titelei, Inhaltsverzeichnis, Index und Abstract sind Textteile, welche die Selektivlektüre nicht einfach nur erleichtern, sondern vorsehen. Um 1800 ist es Hegel, der in der „Vorrede" zur „Phänomenologie" eine mit Blick auf das zu präsentierende, dicke Buch paradoxe Bemerkung macht:

> Wenn nach einem königlichen Weg zur Wissenschaft gefragt würde, so kann kein bequemerer angegeben werden als der, sich auf den gesunden Menschenverstand zu verlassen und, um übrigens mit der Zeit und mit der Philosophie fortzuschreiten, Rezensionen von philosophischen Schriften, etwa gar die Vorreden und ersten Paragraphen derselben zu lesen; denn diese geben die allgemeinen Grundsätze, worauf alles ankommt, und jene neben der historischen Notiz noch die Beurteilung, die sogar, weil sie Beurteilung ist, über das Beurteilte hinaus ist.[148]

Die Paradoxie besteht bei allen modernen Publikationsgepflogenheiten darin, dass einmal angenommen, es würde ausreichen, die Rezensionen, die Vorreden und die ersten Paragraphen zu lesen, im Grunde unklar bliebe, warum überhaupt extensive Versionen publiziert zu werden bräuchten. Den Ausweg, den die moderne Wissenschaft als Lösung aus dem Dilemma des Informationsberges anbietet, geht dahin, dass eine Sowohl-als-auch-Strategie praktiziert wird: Die extensive Version wird zusammen mit den zur selektiven Lektüre gedachten Textteile wie Abstract, Einleitung, Zusammenfassung geboten. Das heisst, die Lösung für das Selektionsproblem wird jedem Rezipienten überlassen. Die Tendenz aber, die selektive Lektüre zu prädestinieren ist so deutlich, dass man von einer Art „Abstractisierung" der wissenschaftlichen Disziplinen seit der Aufklärungszeit sprechen kann.

Ein noch vormoderner, gelehrter – frühaufklärerischer – Versuch zur Lösung des Dilemmas um den unüberblickbar gewordenen Informationsberg spiegelt sich in dem in der ersten Hälfte des 18. Jahrhunderts praktizierten Versuch Vorreden Pars pro toto zu publizieren. Die „Kleinen Schrifften" Albrecht von Hallers präsentieren sich als solche Vorredensammlung. Das Inhaltsverzeichnis liest sich wie folgt:

---

[148] Georg Wilhelm Friedrich Hegel. Phänomenologie des Geistes. (1. Ausg. 1807). Frankfurt am Main, Berlin, Wien 1970. S. 50 (1. Ausg: S. 87).

Verzeichnuss, Der hier gesammelten Schriften.

1. Die Vorrede zur Prüfung der Secte, die an allem Zweifelt. Göttingen 1750. [...]

2. Die Vorrede zu der deutschen Übersetzung des ersten Bandes der Naturgeschichte des Hrn. v. Büffon, Leipzig 1750.4. Sie handelt vom Nutzen der Hypothesen.
3. Die Vorrede zum zweiten Bande eben dieser Naturgeschichte, Leipzig 1752.4. [...]

4. Die Vorrede zu den Göttingischen gelehrten Zeitungen, zum Jahrgang 1747. Sie handelt von den Pflichten des Verfassers einer Wochen- oder Monatsschrifft.

5. Die Vorrede zur Sammlung neuer merckwürdiger Reisen, die Ao. 1750 zu Göttingen unter der Aufsicht des Verfassers angefangen hat, und von welcher neun Bände herausgekomen sind. Sie betrachten den Nutzen der Reisen.

6. Eine Vorrede [...]

etc.[149]

Eine solche Kompilation von Vorreden als „kleine Schrifften" zu publizieren, heisst eine Reihe von Text*teilen* aus ihrer ursprünglichen Kotextfunktion herauszulösen und sie an Stelle der Ganztexte einer Lektüre zuzuführen. Der gelehrte Autor trägt für die heutige Wahrnehmung deshalb merkwürdige Züge, weil unter dem ‚Label' der „Hallerischen Schrifften" auch eine ganze Reihe von Übersetzungen auftauchen, die nach einem modernen Urheberschaftsverständnis nicht als „Hallerische" zu bezeichnen wären. Die Differenz zu dem von Hegel ein halbes Jahrhundert später geäusserten, informationsökonomischen Vorschlag liegt offenbar darin, dass ein ‚Label' wie „Hallerische Schrifften" als Verteilkanal der Lektüre figuriert und dass dabei die Selektivlektüre gewissermassen autoritär festgelegt ist. Als ‚Verteilinstanz' des Wissens gilt hier nicht der publizierte Ganztext selbst, dessen „Vorrede" sich ein Rezipient in eigener Regie selektiv bedienen kann, sondern der Vorgang der Selektionierung ist schon abgeschlossen. Der gelehrten Autorität kommt dabei nicht nur die Funktion zu über diesem heterogenen thematischen ‚Textaggregat' als kohärenzstiftende Figur zu walten, sondern diese Figur erscheint auch als legitimiert eine Art Kanon zu diktieren.

Wenn nach heutigen Massstäben ein solch gelehrtes Textmuster befremdlich erscheint, rührt das mitunter daher, dass für ein modernes Verständnis von Wissenschaft Information immer als Teil eines Mitteilungskontextes gesehen wird, aus dem in einer eindeutigen Zurechnung hervorgeht, wer welche Information

---

[149] Albrecht von Haller. Sammlung kleiner Hallerischen Schrifften. Bern 1756.

zu welchem Zeitpunkt unter welchen Bedingungen generiert hat und für deren Wahrheit bürgt. Hier dagegen ist Information zweifach von ihrem (ursprünglichen) Mitteilungskontext abgeschnitten: Die „Vorreden" erscheinen losgelöst von ihren jeweiligen Textkörpern und sie erscheinen unter einem veränderten ‚Label', jenem der „Hallerischen Schrifften". In der Tendenz ist im gelehrten Kontext davon auszugehen, dass der Mitteilungskontext die Information nicht beeinflusst. Das Verhältnis von Mitteilung und Information ist hier noch nicht in einem modernen Sinne festgelegt. Information erscheint in diesem Sinne als schier beliebig dekontextualisierbar.

Die Fixierung von Information auf Mitteilungskontexte sieht im Zeitalter der Aufklärung eine Verschränkung von einheitsstiftenden Mustern der Mitteilung mit der epistemischen Information vor: Wissenselemente können im Kontext ihrer systematischen Darstellung nicht mehr ihre – wie noch in den „Hallerischen Schrifften" – Selbständigkeit bewahren. Unter Massgabe des wissenschaftsgeschichtlich zentralen Begriffs des „Systems" verwandelt und verschiebt sich dabei im Grunde nicht einfach die ‚Ordnung der Dinge', sondern in fundamentaler Weise auch die ‚Ordnung der Rhetorik', indem wissenschaftliche Mitteilung darauf verpflichtet wird, die Unselbständigkeit einzelner Informationen zugunsten einer vereinheitlichenden, systematischen, jeder Einzelinformation ihren Ort zuweisenden, argumentativ-prozeduralen Erörterung zu behaupten. Die These lautet, dass mit der Aufklärung die Relation von Mitteilung und Information eine fundamentale Verschiebung erfährt. Der im Sinne eines zeitunabhängigen Gesetzes dekontextualisierbare Charakter von Information verwandelt sich in ein Muster, bei dem Information und Mitteilung ineinander verstrickt sind, was in den folgenden beiden Unterkapiteln erörtert werden soll.

2.4.1 Gelehrtes Wissen als „Aggregat"

„Aggregat" ist der negativ konnotierte Gegenbegriff zu „System". Kant pointiert den Begriff des „Aggregats" mit Blick auf das zu verabschiedende Paradigma der Gelehrsamkeit. Das heisst, der Begriff dient in erster Linie der Abgrenzung und hat so in der Folge auch Eingang in populäre Definitionen des Wissenschaftsbegriffs gefunden:

> Im engeren Sinne bezeichnen wir mit Wissenschaft einen systematisch zu einem Ganzen verbundenen Inbegriff von Kenntnissen, im Gegensatz eines blossen Aggregats derselben.[150]

[150] Supplemente zum Conversations-Lexikon für die Besitzer der ersten, zweiten, dritten

Wissensrepräsentation darf unter den Postulaten der Aufklärung nicht mehr einer blossen Aneinanderkettung von selbständigen, akzidentiellen, kontingenten Einzelinformationen gleichen, sondern unter Massgabe des Systembegriffs wird eine in sich kohärente, „von einem einigen obersten und inneren Zwecke“[151] abgeleitete Perspektivierung eingefordert. Ein wissenschaftliches „System“ erscheint umso „systematischer“, je kleiner die Zahl seiner erklärenden Elemente und Prinzipien ist.[152] Wissenschaftliche Texte müssen, architektonisch gesprochen, ausreichend selbsttragende, gegenseitig abgestützte Konstruktionen enthalten um zu funktionieren. Was im Zusammenhang mit dem System-Begriff anklingt, ist die Verschränkung einer methodologisch-erkenntnishaften mit einer rhetorisch-didaktischen Ebene, die Kant mitmeint, wenn er eine schriftstellerische Praxis anspricht, die nicht eine koordinierende Ordnung favorisieren, sondern eine amalgamierende, synthetisierende Idee – „aus *einem* Prinzip“ – verwirklichen soll.

> Es kann einem Philosophen nichts erwünschter sein, als wenn er das Mannigfaltige der Begriffe oder Grundsätze, die sich ihm vorher durch den Gebrauch, den er von ihnen in concreto gemacht hatte, zerstreut dargestellt hatten, aus einem Prinzip a priori ableiten, und alles auf solche Weise in eine Erkenntnis vereinigen kann. Vorher glaubte er nur, dass, was ihm nach einer bestimmten Abstraktion übrig blieb, und, durch Vergleichung untereinander, eine besondere Art von Erkenntnissen auszumachen schien, vollständig gesammlet sei, aber es war nur ein Aggregat; jetzt weiss er, dass gerade nur so viel, nicht mehr, nicht weniger, die Erkenntnisart ausmachen könne, und sahe die Nothwendigkeit seiner Eintheilung ein, welches ein Begreifen ist, und nun hat er allererst ein System.[153]

Das „Aggregat“ gleicht in dem Zitat einer Art prozessualen Vorstufe. Der lose verbundenen Ordnung fehlt die innere „Nothwendigkeit“ der „Eintheilung“. Man kann die Überführung in ein zwingenderes Ordnungsmuster auch grammatisch verstehen.[154] Zunächst – dies die Auffassung im Zitat – gibt es einen relativ beliebigen oder offenen Gebrauch eines Netzes von lose mit *und* verbundenen, epistemischen Begriffen. Dann stellt sich eine Form des

---

und vierten Auflage: Enthaltend die wichtigsten neuen Artikel und Verbesserungen der fünften Auflage. Leipzig 1820.

[151] Immanuel Kant. Kritik der reinen Vernunft. 2. Aufl. 1787. AA Bd. 3 (1904). S. 538f.

[152] Vgl. Manfred Riedel. System, Struktur. In: Geschichtliche Grundbegriffe: Historisches Lexikon zur politisch-sozialen Sprache in Deutschland. Otto Brunner, Werner Conze, Reinhart Koselleck (Hrsg.). Bd. 6. Stuttgart 1990. S. 285–322. Hier: S. 306.

[153] Immanuel Kant. Prolegomena zu einer jeden künftigen Metaphysik, die als Wissenschaft wird auftreten können. Riga 1783. Reclam-Ausgabe: Stuttgart 1989. S. 91f.

[154] Vgl. zu den syntaktischen Aspekten von Aggregat und System: Wolfgang Raible. Junktion: Eine Dimension der Sprache und ihre Realisierungsformen zwischen Aggregation und Integration. Heidelberg 1992.

reflexiven Begreifens ein und eine Art Zentralperspektive („alles in eine Erkenntnis vereinigen") ist zu erkennen, ein Prinzip, aus dem sich alles, was sich bisher „zerstreut dargestellt" hatte, unter Massgabe eines kausalen Textverknüpfungsmusters einen einleuchtenden Zusammenhang zu bilden beginnt. Die „Nothwendigkeit" der „Eintheilung" entspricht dem, was Goethe in der oben zitierten Stelle den „Plan" nennt – sie liegt jedem „System" in textgestalterischer und inhaltlicher Hinsicht zugrunde. Den begrifflichen Antagonismus zum System-Begriff bildet der Aggregat-Begriff. Empirisch verstandene, mitunter komplexe Erfahrung stellt ein „Aggregat" von Wahrnehmungen dar, die in ihrer Tatsächlichkeit das Ziel eines „Systems" nicht erreichen können, allerdings aber den Systemcharakter antizipieren.[155]

In Campes „Wörterbuch zur Erklärung und Verdeutschung der unserer Sprache aufgedrungenen fremden Ausdrücke" (1813) wird eine Debatte geschildert zwischen Eschenburg und Campe, welche im Subtext unterschiedliche Auffassungen dessen, was rhetorische Kernaufgabe wissenschaftlicher Darstellung sei, mit der vorgeschlagenen Übersetzung des Aggregatsbegriffs spiegeln.

> Aggregat, der Inbegriff vieler gleichartiger Dinge, die zu einem Ganzen vereiniget sind. Ich hatte Anhäufung dafür angesetzt. Dagegen wandte Eschenburg (in dem Nachtrage) ein: „dass durch Anhäufung nicht das Bewirkte (aggregatum), sondern die Handlung (aggregatio) augedruckt würde," und er fügte hinzu: „dass wir für jenes in den meisten Fällen das Ganze oder das Gesammte sagen könnten."[156]

Eschenburg will, um die kleine Debatte etwas zugespitzt zusammenzufassen, den Aggregatsbegriff positiv konnotieren, während Campe dazu neigt, im Anschluss an den Gebrauch, wie ihn Kant vorschlägt, negativ zu konnotieren. Im Kern geht es dabei um einen ideellen Gegensatz. Die Frage, mit welcher sich beide bei dieser lexikologischen Auseinandersetzung befassen, ist die, wie bei dem jeweiligen Übersetzungsvorschlag die Teile zum Ganzen stehen würden. Campe ist der Meinung, dass bei „Anhäufung" die Teile gleichartig sein müssten, während das „Ganze" einfach die Summe der Teile sei, ohne dass es etwa eine Rolle spielte, wie viele Teile zusammengefasst würden. Eschenburg ist dagegen der Meinung, dass sowohl „Anhäufung" als auch das „Ganze" die Gleichartigkeit der Teile in gleich unbestimmter Weise ausdrücken würden.

Der Begriff des „Aggregats" wird auch nach der Ausdifferenzierung der Disziplinen als Begriff der Kritik an einem Wissenschaftsverständnis verwendet,

---

[155] Riedel. System. 1990. S. 306ff.

[156] Joachim Heinrich Campe. Wörterbuch der Deutschen Sprache: Ergänzungsband: Wörterbuch zur Erklärung und Verdeutschung der unserer Sprache aufgedrungenen fremden Ausdrücke: Neue, stark vermehrte und durchgängig verbesserte Ausgabe. (1. Ausgabe Braunschweig 1800; Nachdruck nach der Ausgabe von 1813). Hildesheim, New York 1970.

welches nicht genügend systematisch orientiert ist. Etwa fordert Carl Friedrich von Rumohr für eine Disziplin wie die Kunstgeschichte, sie sei

> endlich [...] nicht länger als ein Aggregat von Zufälligkeiten und abgerissenen Thatsachen, sondern als zusammenhängendes, gleichsam organisches Ganze [sic!] aufzufassen.[157]

Eine parallele Abgrenzungssemantik im Hinblick auf eine revolutionierte Darstellungsrhetorik wissenschaftlichen Wissens, wie sie in den Konnotationen des Aggregatbegriffs transportiert werden, offenbart sich auch im Begriff der „Rhapsodie". Die Forderungen in der philosophischen Diskussion gehen dahin, einer Darstellungsform des Wissens zu entsagen, die strukturell einer wenig gewichteten und tendenziell unendlichen Reihung von Elementen gleichkommt:

> Weil die systematische Einheit dasjenige ist, was gemeine Erkenntnis allererst zur Wissenschaft, d.i. aus einem blossen Aggregat derselben ein System, macht, so ist Architektonik die Lehre des Scientifischen in unserer Erkenntnis überhaupt [...]. Unter der Regierung der Vernunft dürfen unsere Erkenntnisse überhaupt keine Rhapsodie, sondern sie müssen ein System ausmachen, in welchem sie allein die wesentlichen Zwecke derselben unterstützen und befördern können.[158]

„Rhapsodie" bezeichnet ein Textordnungsmuster, das Kohärenz nicht primär über die konsequente Einschränkung thematischer Mannigfaltigkeit herstellt, also die Homogenisierung im Sinne einer Vereinheitlichung von Information anstrebt, sondern Kohärenz wird hier über einen Mitteilungskontext vermittelt, der alle Informationen – und seien sie noch so disparat – an eine Erzähler- oder Übermittlerfigur knüpft, an eine Instanz, die als Trägerin von Wissen in Frage kommt. Die thematische Heterogenität der wissenschaftlichen „Rhapsodie"[159] gleicht in ihrer ‚Kraut-und-Rüben-Ordnung' dem, was um 1800 in Zeitungen von Korrespondenten zum Beispiel unter dem Titel „Nachrich-

---

[157] Carl Friedrich von Rumohr. Italienische Forschungen: Zur Theorie und Geschichte neuerer Kunstbestrebungen. (3 Bde: 1. Ausg. 1827–1831). Julius von Schlosser (Hrsg.). Frankfurt am Main 1920. S. 487.

[158] Kant. Kritik der reinen Vernunft: Der transzendentalen Methodenlehre drittes Hauptstück: Die Architektonik der reinen Vernunft. Werkausgabe Bd. IV. Frankfurt am Main 1974. S. 695f. [=B 859f. A 831f.].

[159] Der „Arzneykunst Doctor" Johann Christian Reil hat unter dem Titel „Rhapsodieen über die Anwendung der psychischen Curmethode auf Geisteszerrüttungen." (Halle 1803) ein Werk für eine breitere Öffentlichkeit publiziert, das ursprünglich als Zeitschriftenaufsatz geplant war, dann aber zu umfangreich geriet. Er habe den Text weder kürzen wollen, weil „Amputationen besonders an eigenen Geisteskindern" schmerzen würden, noch habe er zur „Umkleidung in ein systematisches Gewand" die Zeit und die Lust gehabt.

ten aus London" berichtet wird.[160] Die „Züricher Zeitung" vom „Freytag, 23 Oktober, 1801." berichtet etwa auf der Frontseite unter dem Titel: „E n g - l a n d . London, 11 Okt.":

> Gestern sind endlich die Ratifikationen der Friedenspräliminarien ausgewechselt worden, wie eine ausserordentliche Hofzeitung feierlich anzeigt. [...] Nachmittag um drei ertönten die Kanonen des Towers u. Parks; Abends war eine allgemeine und an vielen Stellen sehr prächtige Illumination; besonders zeichneten sich die Gebäude der öffentlichen Verwaltung aus.

Nachdem die Friedensfeiern detailliert abgehandelt sind, wird von einer englischen „Eskadre vor Rio Janeiro, der Hauptstadt von Brasilien" berichtet, von „5000 Mann", die dort um Aufnahme bitten und abgewiesen werden. Anschliessend heisst es: „Man ist nun noch auf den Erfolg der grossen Expedition von mehr als 8000 Mann neugierig, welche verflossnen Sommer aus unsern ostindischen Häfen auslief." – Der Text schildert die Eroberung der Kolonien „Batavia oder Manilla", die „Theurung der Lebensmittel", berichtet über die „hohen Abgaben" und die zur Auswanderung gezwungenen „brittischen Familien". Eine thematisch homogenisierte Berichterstattung, wie sie spätestens seit der Mitte des 19. Jahrhunderts in Bericht erstattenden Zeitungstexten üblich wird, basiert auf einem sehr grundlegend veränderten Verhältnis zwischen Information und Mitteilung. Die zentrale Instanz des Mitteilungszusammenhangs ist nicht mehr als Korrespondentenfigur vorzustellen, welche aus einer zu inferierenden Ich-hier-jetzt-Position heraus die Kohärenz aller Informationen stiftet, sondern Information rückt gewissermassen selbst an diese Stelle, das heisst, sie wird unter aufklärerischen Bedingungen zunehmend um ihrer selbst akzeptiert und aus einer neutralen Erzählposition heraus mitgeteilt.

2.4.2 Wissenschaftlicher Text als „System"

Wissenschaftliche „Systeme" sind weder etwas gegenständlich Vorfindliches, noch ausschliesslich auf rhetorische Konstruktion reduzierbar.[161] Schon in der

---

[160] Vgl. Ulrich Püschel. Journalistische Textsorten im 19. Jahrhundert. In: Rainer Wimmer (Hrsg.). Das 19. Jahrhundert: Sprachgeschichtliche Wurzeln des heutigen Deutsch. Berlin, New York 1991. S. 428–444.

[161] Riedel. System. 1990. S. 296. Die Kritik am Systembegriff verweist in diesem Zusammenhang vor allem auf den Zuschreibungscharakter und die Willkürlichkeit von Systemen: „Die Natur hat kein System, sie hat, sie ist Leben und Folge aus einem unbekannten Zentrum, zu einer nicht erkennbaren Grenze. [...]" Goethe. Zur Naturwissenschaft im Allgemeinen: Probleme (1823). Hamburger Ausgabe Bd. 13. (3. Aufl.). 1960. S. 35. Zit. in: Riedel. System. 1990. S. 313.

Antike wird als wesentliches Merkmal des Begriffs die Gleichzeitigkeit von „System“ als etwas Gegenständlichem und als etwas Gemachtem hervorgehoben. Der Begriff des „Systems“ bezeichnet die Beziehung zwischen Teilen und einem übergeordneten Ganzen. Die Geschichte des Systembegriffs[162] lässt sich als Prozess der zunehmenden Akzeptanz der Konstruiertheit und Künstlichkeit dieser Beziehung beschreiben. Das für den spezifisch neuzeitlichen Begriff konstitutive Merkmal, wie es Christian Wolff um die Mitte des 18. Jahrhunderts festschreibt, ist die Verknüpfung der Teile:

> In systema vero veritates omnes, quae in eodem continentur, inter se connectuntur.[163]

Dieser formalen Bestimmung des Systembegriffs entspricht im 17. und 18. Jahrhundert eine grosse Fülle von naturwissenschaftlichen Klassifikationen in der Form etwa von botanischen und mineralogischen Systemen, welche dem Zuwachs an Information nicht mit einer effektiven informationsverarbeitenden Technik begegnen.[164] Die aufklärerische Revolutionierung des Systembegriffs, wie sie durch Kant formuliert wird, liegt in einer Neubestimmung der Mitteilungsgestalt. Die kantianische Leitmetapher, um dies zu explizieren, ist die der Architektonik.

> Ich verstehe aber unter einem Systeme die Einheit der mannigfaltigen Erkenntnisse unter einer Idee. [...] Die Idee bedarf zur Ausführung ein S c h e m a , d. i. eine [...] Ordnung der Teile. Das Schema, das nicht nach einer Idee [...] entworfen wird, gibt t e c h n i s c h e , dasjenige aber, was nur zu Folge einer Idee entspringt [...], gründet a r c h i t e k t o n i s c h e Einheit.[165]

Das Zitat macht einerseits deutlich, dass die funktional gerichtete Neubestimmung des Systembegriffs, welche die argumentative Kohärenz aller Informationen unter einer apriorischen Idee vorsieht, auf eine organisatorische Verselbständigung des „Systems“ abzielt. Andererseits konvergiert damit implizit auch eine Neubestimmung des Textbegriffs.[166] Dadurch, dass subjektunabhängige

---

[162] Vgl. hierzu Riedel. System. 1990.

[163] Christian Wolff. Philosophia moralis sive ethica 1, 3, § 285. Halle, Magdeburg 1750. S. 440. Zit. in: Riedel. System. 1990. S. 296.

[164] Vgl. hierzu Wolf Lepenies. Von der Naturgeschichte zur Geschichte der Natur. In: Ders. Das Ende der Naturgeschichte: Wandel kultureller Selbstverständlichkeiten in den Wissenschaften des 18. und 19. Jahrhunderts. München 1976. S. 52–77.

[165] Kant. Kritik der reinen Vernunft: Der transzendentalen Methodenlehre drittes Hauptstück: Die Architektonik der reinen Vernunft. Werkausgabe Bd. IV. Frankfurt am Main 1974. S. 696. [=B 861/A 833.].

[166] Ich werde auf den Bruch mit gängigen Textbegriffen im angesprochenen Zeitraum weiter unten in Kapitel 4.1 unter dem Stichwort „Die Architektur der Texte um 1800“ wieder zurückkommen.

Ordnungs- und Unifizierungsprinzipien wie das der argumentativen Kohärenz den Zusammenhang von Informationen stiften, wird das „System" von einer Verpflichtung auf autoritäre Bürgschaft entlastet. Gleichzeitig wird dadurch, dass Information immer unter der Prämisse ihrer Verknüpfbarkeit ins fraglos geltende Ganze der apriorischen Idee eingepasst wird, die ‚selbsttragende' und in diesem Sinne eben fraglose Gesamtkonstruktion erst enunziert. Die Geltungsanbindung an einsehbare „Prinzipien" ersetzt dabei die gelehrte Anbindung an Autorität und verdeutlicht gleichzeitig den paradigmatischen Wandel auf ein neutrales, didaktisch einsehbares Erzählschema.

> Eine jede Lehre, wenn sie ein *System*, d.i. ein nach Prinzipien geordnetes Ganze der Erkenntnis, sein soll, heisst Wissenschaft, [...][167]

Während das „Aggregat" in seiner doketischen Struktur auf eine gelehrte Trägerinstanz angewiesen bleibt, die qua Autorität Einheit verleiht, zeichnet sich das vernunftregierte „System" unter den Leitmetaphern des „Ganzen" oder der „architektonischen Einheit", welche die Summe der Teile als eine Einheit und als eine Vollständigkeit vorstellen, dadurch aus, dass das Bild des „Ganzen" den Aspekt der hypostasierten Entität stark ins Licht der Aufmerksamkeit rückt. Hegel verdeutlicht diesen Aspekt nur zusätzlich, wenn er „System" als „organisches Ganzes"[168] definiert.

Die Hinwendung zu einer Modellierung des Systembegriffs unter der Direktive „ein Ganzes nach den Zwecken der Vernunft architektonisch zu entwerfen" (Kant) sieht eine informationsverarbeitende Technik vor, welche einzelne Wissenselemente so kontextualisiert, dass sie an eine Erfahrung der Einheit des „Ganzen" angebunden werden können. Einen wissenschaftlichen Gegenstand systematisch als ein „nach Prinzipien geordnetes Ganzes" zu modellieren verkommt in der wissenschaftlichen Literatur um 1800 zum vielgebrauchten Stereotyp und gleichzeitig zu einem Standardprogramm für die Textorganisation.[169] Dabei ist die eingangs erwähnte Doppeltheit des Systembegriffs zentral: Einerseits wird mit dem Systembegriff die Rhetorik der Gegenstandsdarstel-

---

[167] Immanuel Kant. Metaphysische Anfangsgründe der Naturwissenschaft. In: Schriften zur Ästhetik und Naturphilosophie. (Klassiker-Ausgabe Bd. 3). Frankfurt am Main 1996. S. 203.

[168] Hegel. Differenz des Fichteschen und Schelingschen Systems der Philosophie (1801). In: Sämmtliche Werke Bd. 1 (1927). S. 71. Zit. in: Riedel. System. 1990. S. 311.

[169] Ein ‚unsystematischer' Blick auf die Titel von Systementwürfen um 1800 zeigt meines Erachtens, dass einerseits das „System" selbst, dass andererseits aber vor dem Hintergrund des Systemdenkens auch das Unfertige, der blosse „Abriss" und „Grundrisse" angekündigt werden. Lorenz Oken etwa veröffentlicht 1802 die „Uebersicht des Grundrisses des Sistems der Naturfilosofie [sic] und der damit entstehenden Theorie der Sinne", 1805 einen „Abriss der Naturphilosophie", 1809 sein „Lehrbuch des Systems der Naturphilosophie".

lung, also die Kohärenzbeziehung der einzelnen Teile in der autorschaftlichen Narration angesprochen, auf der andern Seite wird aber die Kohärenz der notwendigen Teile nicht nur als Eigenschaft des Textes und der methodengestützten Konstruktion angesehen, sondern dem Gegenstand selbst als Eigenschaft unterstellt.

Den wissenschaftlichen Gegenstand als „organisches Ganzes" und ihn damit als hypostasierte Entität aufzufassen wird (seit den 1770er-Jahren) zur einflussreichsten disziplin-übergreifenden Konzeptmetapher um 1800. Die Projektion der Metapher betont dabei vor allem die ‚Belebung' des Objekts. Offenbar entsprechen diese ‚künstlichen Beatmungen' der Objekte einer neuen Erfahrung von (körperlicher) Einheit.

> Winckelmann [...] betrachtete zuerst die gesamte alte Kunstwelt als eins und unteilbar, als ein organisches Ganzes, als ein eigentliches Individuum.[170]

Die rhetorische Verpflichtung des wissenschaftlichen Textes auf thematische Kohärenz ist mittels Leitmetapher wie jener des „organischen Ganzen" mustergültig einlösbar. Die plausible Explizierung des systematischen Zusammenhangs aller Teile reicht im Grunde aus, um diesen Zusammenhang als solchen zu stiften. Um diesen Gedanken zu verdeutlichen: Der nachhaltige Erfolg von Winckelmanns „Geschichte der Kunst" liegt mitunter darin, dass er die „Einheit des Ganzen" mittels organischer Leitmetapher zu behaupten weiss. Das Erzählschema, dem das Modell einer Entwicklung mit Aufstieg und Zerfall zugrunde liegt, ermöglicht eine notabene wertende Zuweisung jedes einzelnen Teils zum „Ganzen". Die Stiftung der Kohärenz für das „Ganze" wird vor allem dadurch erreicht, dass den Teilen eine dringliche Notwendigkeit in Bezug aufs „Ganze" zugeschrieben werden kann. Diese im Kern rhetorische Bestimmung der Relation von Teil und Ganzem findet auch Eingang in populäre Definitionen von „Wissenschaft":

> Einem solchen Ganzen, in welchem das Einzelne als nothwendiges Glied erscheint, ist Einheit der Idee nothwendig. Es muss ein Grundsatz da seyn, nach welchem die Materie der Wissenschaft, die einzelnen hergehörigen Erkenntnisse, zur Einheit des Ganzen verbunden sind. Alle anderen Grundsätze, die in einer Wissenschaft vorkommen, müssen von diesem Hauptgrundsatze abgeleitet und ihm untergeordnet seyn.[171]

---

[170] August Wilhelm Schlegel. Kritische Schriften und Briefe. Bd. II: Die Kunstlehre. Stuttgart 1963. S. 24. (Die „Kunstlehre" bildet einen Teil von Schlegels „Vorlesungen über schöne Literatur und Kunst", die er im Spätherbst des Jahres 1801 in Berlin begonnen hatte.)

[171] Supplemente zum Conversations-Lexikon für die Besitzer der ersten, zweiten, dritten und vierten Auflage: Enthaltend die wichtigesten neuen Artikel ud Verbesserungen der fünften Auflage. Leipzig 1820.

Die Beschränkung auf einen „Hauptgrundsatz", von dem alle „anderen Grundsätze" abgeleitet sind, kann durchaus als argumentatorische Direktive verstanden werden, welche die wissenschaftliche Darstellung auf radikale Komplexitätsreduktion verpflichtet: Falls eine bestimmte Information nicht in das durch die Modellierung des „Grundsatzes" vorgegebene Schema passt, gehört sie nicht zu den „einzelnen hergehörigen Erkenntnissen" und also ausgeschlossen. Oder umgekehrt: Das Schema verhilft erst dazu, die Einheit wahrzunehmen. Wenn die Reduktionsleistung nicht gelingt oder die gesamte Anpassungsleistung von Informationen ins metaphorische Schema, ist der systematische Anspruch zum Scheitern verurteilt. Die blosse Sammlung von Information ohne „Einheit des Ganzen" ist innerhalb der wissenschaftlichen Bestrebungen um 1800 ein anachronistisches Unterfangen. Es wirkt rührend, wenn sich der Kunsthistoriker Fiorillo über den „Plan, den ich meinem Werke zum Grunde gelegt"[172] entschuldigend äussert:

> Bei der Unmöglichkeit, das Ineinandergreifen der mannichfaltigsten Kunstbestrebungen als ein organisches Ganzes vorzustellen, bleibt es vielleicht mein einziges Verdienst, die wichtigsten Zeugnisse aus der Fülle von Hilfsmitteln, die mir zu Gebote stand, gesammelt, einen Überblick des verwickelten Ganzen geliefert, und in die unübersehbare Masse Ordnung und Zusammenhang gebracht zu haben.[173]

Die wissenschaftliche Textorganisation von „Systemen", das heisst von zum Teil sehr umfangreichen Werken, könnte man zusammenfassend sagen, wird unter der Leitmetapher des „organischen Ganzen" auf mindestens drei argumentatorische Direktiven deutlich festgelegt: 1. Die Textteile sollen eine möglichst homogene Referenzbeziehung mit dem Hauptgegenstand eingehen, um damit die Kohärenz der Teile im Sinne ihrer Verbundenheit zu ermöglichen. (Das „Einzelne" muss „als nothwendiges Glied" erscheinen.) 2. Die Geltungssicherung der einzelnen Teile soll durch Anbindung an einen einleuchtenden „Hauptgrundsatz" sichergestellt werden, wobei dieser durchaus mit einem metaphorischen Modell wie dem „organischen Ganzen" identisch sein kann. 3. Informationen, die nicht zur „Einheit des Ganzen verbunden" werden können, unterliegen dem Prinzip der Reduktion.

Dass um 1800 wissenschaftliche Texte allmählich systematische Züge annehmen, bedeutet im Grunde nichts anderes, als dass Autorschaft konsequent für die Konstruktion einer zentralen Idee verantwortlich gemacht wird, von der aus einzelne Textteile als selbstverständlich, als thematisch kohärent und als persuasiv erscheinen. Die vermittelten Informationen bestehen nicht mehr wie im Vorläuferparadigma des „Aggregats" aus einer rhetorisch kontingent

---

[172] Johann Dominicus Fiorillo. Geschichte der zeichnenden Künste in Deutschland und den Vereinigten Niederlanden. Bd. 1. Hannover 1815. S. VII.

[173] ebd. S. VII f.

erscheinenden Reihung, sondern aus ineinander verknüpften Assertionen, die zentralperspektivisch auf das „Ganze" und auf „Hauptgrundsätze" beziehbar sind. Die hier vertetene Auffassung fokussiert vor allem den Umstand, dass mit der allmählichen Hinwendung zum „System" sich die Relation von Mitteilung und Information verschiebt und damit eine Umkremplung der Textorganisation im Sinne einer doppelten argumentativen Gesamtstruktur erfolgt: Jeder einzelne Textteil muss mit Blick aufs „Ganze" in seiner Notwendigkeit gerechtfertigt sein. („Diese Information muss beigebracht werden, weil sonst etwas Notwendiges fehlt.") Zum andern hat jeder Textteil idealiter eine persuasive, das heisst, mit Wolfgang Raible (1992) gesprochen „integrative" Funktion im Hinblick auf die Erkenntnisdarstellung.

3 Enunziation von Autorschaft in wissenschaftlichen Texten

Das dritte Kapitel stellt die Frage nach der Konstruktion von Autorschaft in wissenschaftlichen Texten. Es sind drei korrespondierende begriffliche Konzepte, die in diesem Kapitel zentral gesetzt und schrittweise diskutiert werden. Zum einen ist das der Begriff der Autorschafts*enunziation*, das heisst der Darstellung des Autors auf unterschiedlichen Darstellungsniveaus, wobei ‚Darstellung' den angesprochenen Sachverhalt deshalb nicht ganz trifft, weil ‚darstellen' präsupponiert, dass Textproduzenten mit Blick auf die Rezeption eine intentionale und ‚eindeutig erkennbare' Repräsentation der Autorschaft anstreben. Zum andern ist da der Begriff der Autorfigur, der weniger text- und vielmehr literaturwissenschaftlich motiviert ist. Beim dritten Begriff handelt es sich um den Rahmen-Begriff, den Erving Goffman mit einem ethnosoziologischen Blick auf Interaktionssettings und -prozesse in die Diskussion eingeführt hat.

Mit der Frage nach der Konstruktion von Autorschaft verbindet sich die bereits in den vorausgehenden Kapiteln aspektualisierte Grundauffassung, dass die Rezeption von Aussagewirklichkeiten auf eine textintern repräsentierte Aussageinstanz angewiesen ist, welche die Aussagewirklichkeit kontextiert. In den folgenden Unterkapiteln soll nach unterschiedlichen Beschreibungsniveaus für eine Charakterisierung dieser autorschaftlichen Instanz gesucht werden, ohne dass dabei bereits ein zeitlicher, disziplinärer oder textgattungsmässig konkretisierter Ertrag *aus* der Beschreibung angesprochen würde. Mit andern Worten: Die Blickrichtung auf die Einheit Text ist vorderhand nicht auf Textexemplare im Sinne einer Datenbasis gewendet. Eine solche Konkretisierung ist Gegenstand des vierten Kapitels.

Zwei Distanzierungsmomente sind für die nachfolgend vorgeschlagene Position zentral: Auf der einen Seite wird eine Distanz zu der in Kapitel 1 vor allem anhand von Foucaults Autorkonzeption diskutierten, französisch-poststrukturalistischen Position gesucht, wonach unter einem Autor lediglich die rezeptionsseitige, „mehr bis minder psychologisierende Projektion der Behandlung" zu verstehen sei, die man „Texten angedeihen" lasse.[1] – Auf der anderen Seite grenzt sich die hier vorgeschlagene Autorschaftskonzeption ab von einer in der textpragmatischen Tradition üblichen, wie ich meine reduktionistischen Zuschreibung des Kommunikationsbegriffs auf schriftliche Texte. Über das erste Abgrenzungsmoment kann man vorausgreifend sagen: Die Einheit Text

---

1 Foucault. Was ist ein Autor? 1969/1988. S. 20.

gleicht mit Blick auf das Autorkonstrukt nicht einfach einer rezeptionsseitigen Täuschung. Die „Regeln zur Konstruktion des Autors sind ja", wie Jannidis mit Blick auf literarische Autorkonstruktionen festhält, „den Autoren ebenfalls bekannt und werden von ihnen [...] vorausgesetzt und verwendet".[2] Hinsichtlich der textlinguistisch-pragmatischen Textkonzeption lässt sich sagen: In die Einheit ‚wissenschaftlicher Text' muss ein ausreichend definiertes ‚Gegenüber' eingebaut sein, ein auf unterschiedlichen Ebenen ermittelbares Konstrukt, das als solches weder Eigenschaften mit einer kommunikationsfähigen, lebendigen Sprecherperson teilt noch in einer unmittelbaren Analogie zum Sprecher funktionierenden, bloss psychologischen Projektion gleicht. Die damit verbundene Behauptung geht also in die Richtung zu sagen: ‚Wissenschaftlicher Text' kann nicht sinnvoll unter funktionalen Kategorien beschrieben werden, solange nicht eine in gleichem Masse pragmatisch *wie* semantisch orientierte Rekonstruktion einer diskurs- bzw. domänenspezifischen Aussageinstanz in der Lektüre angenommen wird.[3] Noch *bevor* in Texten auf der Basis eines sprechakttheoretischen Rasters Texthandlungsmuster im Einzelnen analysiert werden können, stellt sich – vor allem mit Blick auf den Geltungsanspruch von Texten – die Frage, von *wem* Illokutionen wie ERKLÄREN, ASSERTIEREN, ARGUMENTIEREN, SCHLUSSFOLGERN etc. ausgehen.[4] Die Konstruktion eines kontextierenden ‚Aussagerahmens' erfüllt innerhalb der ‚Textwirklichkeit' die Funktion, den Verstehenshintergrund zu konturieren, vor dem eine bestimmte Aussage zu verstehen ist. Der springende Punkt liegt darin, dass dieser ‚autorschaftliche Rahmen' nicht einer festen Installation gleicht, sondern in der Absicht, die

---

2 Jannidis. Figur und Person. 2004. S. 22.

3 Für eine ganze Reihe von mit Text befassten Disziplinen hat das Ineinander von semantischer und pragmatischer Bestimmung von ‚Text' grosse Selbstverständlichkeit: Es stellt sich etwa für eine geschichtswissenschaftlich orientierte Analyse von Quellentexten die Frage, wie man historischen ‚Sinn' auf dem Hintergrund von Adressatenverhältnissen und damit verbundenen Interessen rekonstruieren kann. Auch die literaturwissenschaftliche und in bestimmter Hinsicht auch die historiolinguistische Analyse ‚liest Texte' gleichzeitig semantisch und pragmatisch. Angelika Linke hat eine entsprechende Textauffassung in einer programmatischen Analyse von Tagebuchtexten vorgelegt. Sie rekonstruiert darin „sprachliche Handlungsmuster" unter Massgabe einer gleichzeitig semantischen wie pragmatischen Lektüre. Angelika Linke. Tagebuchtexte: Privatheit, soziale Rolle und die ‚Traditionen des Sprechens'. In: Dies. Sprachkultur und Bürgertum. Zur Mentalitätsgeschichte des 19. Jahrhunderts: Stuttgart 1996. S. 267–290.

4 Vgl. zum Begriff des Texthandlungsmusters: Joseph Klein. Intertextualität, Geltungsmodus, Texthandlungsmuster: Drei vernachlässigte Kategorien der Textsortenforschung – exemplifiziert an politischen und medialen Textsorten. In: Kirsten Adamzik (Hrsg.). Textsorten: Reflexionen und Analysen. (= Textsorten Bd. 1). Tübingen 2000. S. 31–44. Vgl. zum Problem der Illokutionshierachien: Heinemann/Viehweger. Textlinguistik. 1991. S. 58–66.

Aussagewirklichkeit zu modulieren, ständig an diese angepasst wird. (Nicht ‚der Text' und auch nicht ‚ein Sprecher' ERKLÄREN, ASSERTIEREN, ARGUMENTIEREN, sondern eine Aussageinstanz, ein „Textual Self", wie es Erving Goffman nennt [vgl. Kapitel 3.4].)

Die folgenden Überlegungen zur Repräsentation von Autorschaft schliessen nicht an die textphilologische Tradition der Autor*erkennung* an. Untersuchungen in diesem Bereich führen individuelle Stilmerkmale im Text auf eine Textproduktionsinstanz zurück. Der so genannte Individual- oder Autorenstil ist das zugrunde liegende Basiskonzept, auf welches rekurriert wird.[5] – Ich will aber die Entität ‚Autor' im Nachfolgenden nicht voraussetzen, sondern nach der rhetorischen Konstruktion einer Autor*figur* im Text fragen. Damit ist eine grundlegende Differenz von Figur und Person angesprochen.[6] Autorfiguren entsprechen nicht einem Abbild einer Person. Wissenschaftliche Autorfiguren werden in der Absicht geschaffen, den Text von der Verstrickung in eine unmittelbare und ‚individuelle' Situation zu lösen und gleichzeitig eine Situation zu schaffen, welche dem Aufbau einer Form von Autorität entgegenkommt, die auf die Geltung von Aussagen zielt. Man müsste im Grunde die Problemstellung dieses

5 Individual-stilistische Autorschaftsmerkmale werden in der Regel korpus-basiert, das heisst statistisch erhoben. Dieses methodische Apriori zwingt allerdings nicht unbedingt dazu, das erfahrungsbasierte, leserseitige ‚Gespür' für ‚autortypische Eigenheiten' als zentral wichtiges Instrument für die Autor-Identifizierung auszuschliessen. Mit einer methodischen Kombination von computergestützter statistischer Erhebung und intuitiver ‚Merkmalserkennung' operiert die Untersuchung von Heike Hänlein zu politisch-essayistischen Texten des Time Magazine: Heike Hänlein. Studies in author-ship recognition – a corpus-based approach. Frankfurt am Main, Berlin, Bern, New York, Paris, Wien 1999. Bei der statistischen Auswertung der Textkorpora fallen die Kriterienheterogenität und Kriterienkontingenz auf: Während Wortfrequenzzählungen zum Teil eher Rückschlüsse auf einen bestimmten thematischen Rahmen als auf eine ‚Autormacke' zulassen (vgl. Hänlein. Authorship recognition. 1999. S. 93–111.), scheint in pragmatischen bzw. auch textstrukturellen Frequenz-Merkmalen meines Erachtens eine viel deutlichere Individualstilistik auf: Dass ein bestimmter Autor/eine bestimmte Autorin in einem essayistischen Text auffallend viele oder gar keine Fragen stellt (S. 163–170), dass sie/er eine Vorliebe für die rhetorische Wiederholungsfigur (S. 236–241) oder eine solche für Bindestrich-Komposita (S. 246–259) an den Tag legt, ist text- und themenübergreifend als nicht-zufällige Präferenz zu werten. Vgl. zur Thematik des ‚Individualstils' Kapitel 1.2.6 Autorschaftlicher „Fingerabdruck" der vorliegenden Arbeit. Vgl. hierzu auch: Ulla Fix/Hans Wellmann (Hrsg.). Stile, Stilprägungen, Stilgeschichte: Über Epochen-, Gattungs- und Autorenstile: Sprachliche Analysen und didaktische Aspekte. Heidelberg 1997. Und vgl. auch die Beiträge in: Hannes Kniffka (Hrsg.). Texte zu Theorie und Praxis forensischer Linguistik. Tübingen 1990.

6 Vgl. zu dieser Differenz ausführlich: Jannidis. Figur und Person. 2004.

Kapitels als eine narratologische bezeichnen, wenn es eine Tradition gäbe, welche Sachtexte konsequent unter narratologischen Gesichtspunkten analysieren würde.[7] Die theoretisch orientierte Frage danach, wie *Figuren* in Erzähltexten konstituiert werden, ist im Übrigen innerhalb der Literaturwissenschaft ebenfalls noch kaum zu einer eigenständigen Problemstellung gediehen.[8]

Was also soll eine Autor*figur* sein? Zunächst ist darunter (nicht nur mit Blick auf wissenschaftliche Texte) grosso modo die Aufführung einer *Rollenauffassung* zu verstehen, die im Text indiziert und auf eine *einzige* Instanz bezogen wird. Das Konstrukt ermöglicht eine Rezeption von Text vor dem Hintergrund einer an die jeweilige Domäne angepassten Modellierung der Autorinstanz, mit der sich die im Text dargestellten Handlungen, Intentionen, Einstellungen, Aussagen in Verbindung bringen lassen. Der kategorielle Unterschied zwischen der spezifisch *wissenschaftlichen* Autorfigur und anderen, die Koorientierung zwischen Adressat und Emittent im Text organisierenden Figuren liegt vor allem in der Spezifik des Geltungsanspruchs, der mit der domänentypischen Einpassung der Autorfigur verfolgt wird.[9] Autorfiguren haben grob gesagt zwei

---

7 Ansätze zu einer ‚Narratologie von Wissenschaftstexten' sind spätestens seit den 1970er-Jahren im Bereich metawissenschaftlicher Untersuchungen auszumachen. Der einflussreiche Versuch etwa von Hayden White, in geschichtswissenschaftlichen Texten Erzählstrukturen wiederzuerkennen, die weitgehende Analogien mit dramatischen und epischen Strukturen (z. B. tragischer versus komischer Plot) aufweisen, ist forschungsgeschichtlich so etwas wie eine Station hin zu einer ‚Sachtext-Narratologie'. In eine vergleichbare Richtung gehen die metaphorologischen Untersuchungen von Evelyn Fox Keller. Allerdings suchen sowohl Hayden White als auch Evelyn Fox Keller nicht nach einer theoretischen Fundierung der Narratologie, sondern nach Möglichkeiten der plausiblen Beschreibung konkreter Textphänomene. Beide untersuchen (oder besser: bestätigen) im Grunde den Einfluss von plotstrukturellen bzw. metaphorischen Präfigurierungen auf das wissenschaftliche Denken. Sie verfolgen so gesehen weniger ein narratologisches als ein dekonstruktives Unterfangen. Vgl. Hayden White. Metahistory: Die historische Einbildungskraft im 19. Jahrhundert in Europa. (Amerik. Orig. 1973). Frankfurt am Main 1994. Und: Evelyn Fox Keller. Das Leben neu denken: Metaphern der Biologie im 20. Jahrhundert. München 1998.

8 Hierzu: Jannidis. Figur und Person. 2004. S. 106.

9 Der Ausgangspunkt für Konrad Ehlichs einflussreiche Analyse der Orientierung in Texten ist die „Zerdehnung der Sprechsituation". (Vgl. v. a. Konrad Ehlich. Text und sprachliches Handeln: Die Entstehung von Texten aus dem Bedürfnis nach Überlieferung. In: Aleida Assmann/Christof Hardmeier/Jan Assmann (Hrsg.). Schrift und Gedächtnis: Beiträge zur Archäologie der literarischen Kommunikation. München 1983. S. 24–43.) Der Ausgangspunkt für die hier angestellten Überlegungen ist die domänentypische Einpassung von Autorfiguren auf dem Hintergrund einer Geltungsabsicht.

Seiten – eine präexistente, stereotype, diskursgeschichtlich institutionalisierte Seite, die einem Bündel von Erwartungen gleicht. Gleichzeitig haben Autorfiguren in ihrer emergenten Form in Texten eine individuell ausgeprägte, aktuell bestätigende Seite. Mit einem Werbetext ‚spricht' eine Unternehmung, mit dem Gesetzestext der Gesetzgeber, mit dem Urteilstext der Richter, mit dem wissenschaftlichen Text der Wissenschaftler. Diese Figuren sind also in ein erwartbares Aussage*muster* eingepasst – gleichzeitig wird durch diese Passung mit jedem Einzeltext sowohl die Autorfigur als auch das Aussagemuster ‚aktualisiert'. Die im Text indizierten Figuren erlauben es, gelesene Gegenstände mit einer Art von Aussagewirklichkeit zu verbinden, die nicht auf eine ontologische erste Person angewiesen ist.[10]

Gleichzeitig ist mit der Vorstellung einer im Text entwickelten Instanzierung der Aussageverhältnisse auch eine (vergleichsweise offene) Vorstellung über die Textkomposition verbunden. Nicht jeder Textteil ist mit Blick auf das Textganze mit analogem Geltungsanspruch formuliert. Textteile sind aufeinander bezogen. Die Ordnung von Textteilen bedarf einer Aufführung einer gestaffelten Aussageordnung, welche die zwei angesprochenen Seiten der Autorfigur in Anspruch nimmt: Die Autorfigur gleicht einerseits einem auf einzelne Stellen in dieser Ordnung bereits *vor* der Textproduktion/der Lektüre abgestimmten, das heisst konventionalisierten Schema, das im Hinblick auf die Interpretation eine vom Inhalt unabhängige Idee der Ordnung liefert. Andererseits manifestiert sich in einer Problemstellung, einer Zusammenfassung, einem Resultat, einem Kommentar etc. auch eine Konkretisierung der jeweiligen Teil-Autorfigur.[11]

---

10 Es ‚spricht', wie ich bei der Diskussion um den Autorbegriff im ersten Kapitel ausgeführt habe, mit dem Werbetext, mit dem Gesetzestext, dem Wissenschaftstext etc. eine autorschaftliche Instanz, die sich nicht auf eine individuelle personale ‚Ganzheit' im Sinne eines authentischen Bündels von mentalen Zuständen, wie Hoffnungen, Wünsche, Überzeugungen etc. zurückbeziehen lässt. Vielmehr ‚spricht' eine ‚institutionalisierte Instanz', die weder ausschliesslich mit einer ‚Rolle' noch einem ‚ganzen Ich', noch einem ‚indefiniten Man', noch einem ‚anonymen Es', noch einem ‚kollektiven Wir' identisch ist. Der ‚domänentypische Charakter' einer Autorfigur ist eng an den mit dem Text verfolgten Geltungsanspruch gebunden.

11 Teun A. van Dijk hat 1978 mit seinem Begriff der „Superstrukturen" diesen Antagonismus zwischen global präfiguriertem Schema und der Anpassung im Einzeltext betont. Allerdings scheint mir in der Konzeptualisierung bei van Dijk ein wesentlicher Widerspruch zwischen dem hohen Differenzierungsanspruch der „Superstruktur" (z.B. mit Blick auf die Komponenten einer „wissenschaftliche Abhandlung") und ihrer relativen Beliebigkeit zu bestehen. Van Dijk schreibt: „Andere wissenschaftliche Abhandlungen können natürlich ganz anders aussehen [...]. Aber auch wenn der globale Aufbau deutlich verändert ist, ist die Akzeptabilität der Publikation von einer Reihe von Kriterien abhängig [...]. Wir wollen hier ohne weitere Beispiele annehmen, dass diese ‚institutionalisierten' Kriterien ebenfalls auf solchen Kategorien und Regeln beruhen, wie sie der wissenschaftliche Text in seiner globalen Struktur

Die Fokussierung auf dic Repräsentation der Autorfigur und die damit verbundene Auffassung von Text, die mit den Ausführungen in diesem Kapitel vertreten wird, konvergiert weitgehend mit einem pragmatischen Textbegriff, wie er seit der pragmatischen Wende der 1970er-Jahre entwickelt wurde. Ziel ist es, die pragmatische Textauffassung um das Element der Autorfigur zu erweitern. Was heisst das? – Selbst wenn Text nicht, wie es die strukturalistische Tradition vorsah, als isolierbares Gebilde konzeptualisiert wird, und Text vor dem Hintergrund sprechakttheoretischer Grundannahmen als kommunikative Handlung konzipiert wird: Man ging und geht davon aus, dass die komplexe, schriftlich vorliegende Sinneinheit ‚Text' für die Rezeption Steuerungssignale bereithält, welche die Sprechsituationsentbundenheit von Texten hinreichend kompensieren. Der Begriff der Sprechsituation suggeriert dabei mit Blick auf Texte eine weit reichende Analogie von Sprechen und Schreiben.

Text, so kann man etwas verkürzt sagen, muss durch textimmanente Setzungen erst die Situation schaffen, vor deren Hintergrund erst verstanden wird. ‚Verstehen' ist so gesehen ein sukzessives Prozessieren mit indizierten Verstehensangeboten. Im Zusammenhang mit der Erörterung des für die pragmatische Textauffassung basalen Konzepts der Intention führt Klaus Brinker an zentraler Stelle eines jener textsorten-typischen Beispiele aus der Domäne der Werbung ein, bei dem „ausgedrückte" und „tatsächliche" Intention divergieren.[12] Ich will dieses Beispiel bei Brinker stellvertretend, sozusagen Pars pro Toto für einen pragmatischen Textbegriff diskutieren.

Brinker beantwortet an dem Beispiel die Frage, die sprechakttheoretisch im Zusammenhang mit indirekten Sprechakten belangvoll ist, nämlich warum die „eigentliche" Textfunktion trotz „verkehrter Indizien" erkenntlich wird. Eine zentrale Vorannahme geht dabei in folgende Richtung: „Für die Bestimmung der Textfunktion ist allein entscheidend, was der Textproduzent zu erkennen geben will, indem er sich auf bestimmte Regeln (Konventionen) sprachlicher und kommunikativer Art bezieht."[13] Brinker betont mit Blick auf den Verstehensprozess und die Identifizierung von Absichten die Wichtigkeit des Kontextes: „In vielen Fällen kann sogar nur aufgrund kontextueller Informationen entschieden werden, welche ‚tatsächliche' Illokution überhaupt vorliegt."[14] Kontextuelle Information wird in diesen Fällen gewissermassen zu kotextuell-

abbildet." Teun A. van Dijk. Superstrukturen. In: Ders. Textwissenschaft. Eine interdisziplinäre Einführung. (Orig. Antwerpen 1978). Tübingen 1980. S. 128–159.

[12] Klaus Brinker. Textfunktionale Analyse. In: Klaus Brinker et al. (Hrsg.). Text- und Gesprächslinguistik: Ein internationales Handbuch zeitgenössischer Forschung. (HSK 16.1). Berlin, New York 2000. S. 175–186.

[13] Klaus Brinker. Textfunktionen: Ansätze zu ihrer Beschreibung. In: Zeitschrift für germanistische Linguistik ZGL 11/1983. S. 127–148. Hier: S. 131ff.

[14] Brinker. Analyse. 2000. S. 179.

inferenzieller Information. Wie muss man sich nun die „Konventionalität der Ausdrucksmittel" vorstellen, wenn es möglich sein soll, ‚verkehrte' oder sehr indirekte Indizien zu streuen und trotzdem verstanden zu werden?

Was bringt einen Rezipienten dazu, scheinbar mühelos die ‚richtige' Absicht zu erkennen? Ausschlaggebend ist hier meines Erachtens nicht nur die Konventionalität der *Mittel*, sondern vor allem die an die Spezifik der Interaktionsdomänen angepasste Konventionalität des *Zwecks*. In bestimmten Kontexten sind bestimmte Zwecke so absehbar, dass der Mitteleinsatz vergleichsweise offen bleibt. Anders gesagt: Der Katalog möglicher, das heisst als ‚mentales Verstehensmodell' bereit stehender Autorfiguren ist kurz. Aus diskursiven Gründen ist bereits *vor* einer Lektüre klar, welche Zwecke in der Interaktionsdomäne Werbung verfolgt werden. Die Bereitschaft, Zwecke praktisch gegen die Indizien zu erkennen, kann nur über standardisierte Erwartungen an bestimmte Domänen und damit indirekt über Erwartungen an mental präfigurierte, domänenspezifische Autorfiguren erklärt werden.[15] Die Frage: Was ist zuerst, der Zweck oder die Mittel, ist keine Huhn-oder-Ei-Frage – der Mitteleinsatz ist immer Mittel *zu* einem domänenspezifischen Zweck.

Text oder hier besser: Lektüre kann deshalb nicht als eine *schrittweise Entdeckung* einer Absicht konzeptualisiert werden, die sich qua konventionellem Mitteleinsatz erst nach und nach einstellt. Die erwartbare *Absicht* ist kotextuell bereits weitgehend determiniert, *bevor* eine (diese Absicht bestätigende) Lektüre einsetzt. Als Lektüre muss man aus dieser Optik den Prozess bezeichnen, der einen Abgleich zwischen den beiden Seiten der Autorfigur erlaubt, das heisst einen Abgleich zwischen vor-verstandenen, erwarteten und im Text konkret indizierten Absichten.[16] Entscheidend ist für ein Verstehen der Textfunktion nicht *allein* das, was „der Textproduzent zu erkennen geben will", sondern das Hin und Her zwischen dem, was sich auf dem Hintergrund eines

---

[15] Die Festlegung der Einheit ‚Text' auf Interaktionsdomänen befreit die linguistische Analyse von der Aufgabe, Textsorten definieren zu müssen. Aus der Perspektive der Textproduktion sind mit dieser Festlegung auch nicht unbedingt vorschnelle Restriktionen verbunden, was in einem bestimmten Text ‚textsortenadäquat' sein soll. De Beaugrande schreibt in diesem Zusammenhang: „It would be premature at this stage for text linguistics to declare in principle what factors are and are not relevant for the production of texts at large. We need to organize textual data into empirically justifiable domains – not ‚text types', but characteristic domains of communicative interaction." Vgl. Robert de Beaugrande. From Linguistics to Text Linguistics to Text Production: A Difficult Path. In: Gerd Antos/Hans-Peter Krings (Hrsg.). Textproduktion: Ein internationaler Forschungsüberblick. Tübingen 1989. S. 58–83. Hier: S. 81.

[16] Selbstverständlich ist der hier nur grob angedeutete Verstehensbegriff nicht originell. Er konvergiert mit dem klassischen Zirkularitätsmodell der Hermeneutik.

‚typischen' Kontextes als angenommene und dem, was sich als aktuell sinnvolle Absicht ‚hochrechnen' lässt.[17]

Verstehen ist so gesehen das Verstehen einer Autorfigur, deren zwei Seiten im Lektüreprozess amalgamiert werden. Der umgekehrte Vorgang, das ‚Zuverstehen-Geben' im Sinne der Textproduktion ist, was dieses autorfigürliche Amalgam anbetrifft, symmetrisch vorzustellen: Einerseits wird domänenspezifisches Wissen um die Typik der Autorfigur vorausgesetzt, andererseits werden Figuren nicht nur angedeutet, sondern auch konkret enunziert. Eine entsprechende Auffassung von Text wird in den nachfolgenden vier Unterkapiteln zusammen mit der Frage, wie eine wissenschaftliche Autorfigur im Text konstituiert wird, auf unterschiedlichen Niveaus spezifiziert. Das heisst selbstverständlich nicht, dass eine Analyse der Autorfigur erst möglich ist, wenn auf einer abstrakten Ebene definiert ist, was unter Text verstanden werden soll. Das kann hier nicht geleistet werden. Vielmehr geht es mir darum plausibel zu machen, welche überlicherweise *nicht* zusammen betrachteten Aspekte der Einheit wissenschaftlicher Text sinnvollerweise als zusammengehörig betrachtet werden sollten.

3.1 Verweistextur

Verständigung im Sinne des bühlerschen „Sprachwerks" unterstellt Intersubjektivität durch die sprachliche Darstellung einer „Sprechsituation", die auf einen „Sender" rekurriert. Wie muss man sich die „Situation" mit dem „Sender" in schriftlichen Texten vorstellen? – Ein schlichtes Modell für die Beschreibung dieser „Senderinstanz", das unmittelbar auf der Hand liegen würde, bestünde darin, einen offenen Katalog sprachlicher Phänomene zu entwerfen, denen im Hinblick auf die Konstruktion einer Relation zwischen einer bestimmten Textäusserung und einer autorschaftlichen Instanz Anweisungscharakter zukommt. Maximilian Scherner (1984) hat diese Möglichkeit mit dem Konzept der „Personhaltigkeit" theoretisiert.[18] Scherner postuliert in erster Linie einen gegenüber der traditionellen, *grammatischen* Auffassung der Kategorie

[17] In genau diese Richtung lässt sich meines Erachtens auch van Dijks Begriff der Superstruktur verstehen: als ein domänenspezifisch und einzeltextmässig anpassbares, präfiguriertes Schema!

[18] Maximilian Scherner. Diskursinstanzen als texttheoretische Grundkategorien. In: Ders. Sprache als Text: Ansätze zu einer sprachwissenschaftlich begründeten Theorie des Textverstehens: Forschungsgeschichte – Problemstellung – Beschreibung. Tübingen 1984. S. 98–114.

Person wesentlich erweiterten, textorientierten, *pragmatischen* Personbegriff. Scherner unterscheidet explizit und implizit „personhaltige" Phänomene: Die für unseren Zusammenhang zentral wichtige Entdeckung bilden die impliziten Verweise. Scherner versteht darunter Markierungen, welche die Instanz des Sprechers implizieren, wie an ihrer Paraphrase verdeutlicht werden kann: Eine Einstellungsmarkierung vom Typ „vielleicht" entspricht in etwa der Paraphrase *ich weiss nicht.* Ein Katalog von Verweistypen nach Massgabe einer textorientierten Personkonzeption, wie sie Scherner formuliert, ermöglicht es, Texte in deskriptiver Absicht nach expliziten und impliziten Verweisen zu durchforsten. Dieser offene Katalog erlaubt allerdings keinerlei Aussage darüber, wie ein Zusammenspiel, also die *Textur* dieser Hinweise beschaffen ist.[19] Der schlichte Katalog „personhaltiger" Elemente zielt auf die Beschreibung ihrer Funktion, unabhängig von konkreten, domänentypischen Textsituationen. Über die Organisation eines textartspezifischen *Musters von Hinweisen* und über die Möglichkeit eines typischen Verlaufs von Verweisen, das zu einer Art substituierter Interaktion verhilft, ist mit der Auflistung möglicher „personhaltiger" Elemente noch nichts gesagt.[20]

Eine grundlegende Eigenschaft von wissenschaftlichen Texten scheint aber gerade in der kohärenzstiftenden Funktion der autorschaftlichen Verweis*textur* zu liegen, welche auf dem Hintergrund der Verständigungsabsicht den Gesamttext mit einem Netz von orientierenden Markierungen überzieht. Als ein elementares Handlungsmodell des Verweisens lässt sich Konrad Ehlichs „deiktische Prozedur" auffassen.[21] Unter „deiktischen Prozeduren" sind Ver-

---

[19] Vgl. zum Begriff der Textur: Christian Stetter. Text und Textur: Hat die Sprechakttheorie eine historische Dimension? In: Dietrich Busse (Hrsg.). Diachrone Semantik und Pragmatik: Untersuchungen zur Erklärung und Beschreibung des Sprachwandels. Tübingen 1991. S. 67–81.

[20] Vgl. Scherner. Diskursinstanzen. 1984. S. 113.

[21] Ehlich beschreibt diese Orientierungshandlung als fundamentales sprachliches Prinzip. Er schreibt mit Blick auf schriftliche Texte: „Je geringer die Möglichkeiten der Unmittelbarkeit des psycho-physischen Wahrnehmens werden, je weniger das Wahrnehmen selbst als Grundlage für die Orientierungs- und Fokussierungstätigkeit eingesetzt werden kann, um so mehr werden *mentale Kompensationen* erforderlich. Eine Vielzahl mentaler Operationen des Erinnerns, des Imaginierens, des Operierens innerhalb mentaler Bereiche treten an die Stelle der unmittelbaren Wahrnehmung. Das sprachliche Handeln nimmt dadurch selbstverständlich erheblich an Abstraktheit und Komplexität zu. [...] Wenn innerhalb eines Textes Teile der deiktischen Ausdrucksklasse verwendet werden, wird auch mit ihnen eine Orientierungshandlung vollzogen. Aber es ist nunmehr eine Orientierungshandlung, die der Autor des Textes bei dessen Leser zu erreichen versucht. Der Autor bewegt den Leser dazu, seine Aufmerksamkeit innerhalb des Textraumes zu fokussieren. Das ‚hier' ist nunmehr bezogen auf die Wirklichkeit des im Akt des Lesens re-konstituierten Textraumes, das ‚da' hat es mit ihm zu tun, das ‚jetzt' ist ein Jetzt in der Abfolge des Lesens."

weiszusammenhänge zu verstehen, bei denen ein Emittent (Sprecher) einen Rezipienten (Hörer) unter Rückgriff auf bereits gesetzte Elemente innerhalb eines Verweisraumes im Hinblick auf ein Gemeintes orientiert.[22] Die „deiktische Prozedur" ist eine Orientierungsprozedur, welche den Rezipienten auffordert, eine vom Emittenten vorgenommene Fokussierung als gemeinsame Fokussierung im Verweisraum zu reproduzieren. Der Begriff der „Prozedur" deutet dabei an, dass es sich um ein fortlaufendes Zusammenspiel zwischen Emittent und Rezipient handelt, durch das einerseits die Situationsentbundenheit des „Sprachwerks" ermöglicht wird, um andererseits genau diese Entbundenheit durch den Aufbau einer unterstellten Gemeinsamkeit des Handlungszusammenhangs zu gewährleisten. Was also zunächst wie ein Widerspruch wirken mag,[23] ist in kommunikativer Hinsicht ein ungemein produktiver Mechanismus. Was Ehlich konkret an der „deiktischen Prozedur" im unterschiedlichen Gebrauch von „so" eindrücklich demonstriert, beschreibt die unumwundene Komplizenschaft in der imaginativen Konstruktion, die ein Rezipient mit einem Emittenten eingeht, wenn er verstehen will: „Der Leser muss bereits wissen, um was für ein deiktisches Objekt es es sich handelt, das der Autor in seiner Vorstellung hat, und dieses selbe imaginierte Objekt bei sich erzeugen."[24] Das zentrale Motiv hinter den deiktischen Orientierungsstimuli[25] ehlichscher „Prozeduren" ist durchaus vergleichbar mit Scherners Kategorie der „impliziten Personhaltigkeit": Im Aufbau einer Situation, die ein Verstehen eines bestimmten Sachverhalts ermöglichen soll, wird eine Rekurrenz auf die autorschaftliche Instanz hinter dem Text mitvermittelt.

Für das Nachfolgende stellt sich also auf dem Hintergrund der kurzen Diskussion der schernerschen Kategorie der impliziten Personhaltigkeit und dem

---

Konrad Ehlich. Deiktische und phorische Prozeduren beim literarischen Erzählen. In: Eberhard Lämmert (Hrsg.). Erzählforschung: Ein Symposion. Stuttgart 1982. S. 112–129. Hier: S. 119f.

22 Konrad Ehlich. *so* – Überlegungen zum Verhältnis sprachlicher Formen und sprachlichen Handelns, allgemein und an einem widerspenstigen Beispiel. In: Inger Rosengren (Hrsg.). Sprache und Pragmatik. Lunder Symposion 1986. Lund 1987. S. 279–298. Hier vor allem: S. 285. Vgl. zum Nachfolgenden auch: Helmut Feilke. Sprache als soziale Gestalt: Ausdruck, Prägung und die Ordnung der sprachlichen Typik. Frankfurt am Main 1996. S. 101–103.

23 Vgl. Angelika Redder. Textdeixis. In: Klaus Brinker et. al. (Hrsg.). HSK 16.1. 2000. S. 283–294. Hier: S. 288.

24 Ehlich. *so* –. 1987. S. 298.

25 Man kann sich allerdings fragen, inwieweit mit ‚so' überhaupt orientiert wird, weil ja im Grunde bloss unterstellt wird, dass der Rezipient ein Verständnis im Sinne des Autors bereits geleistet hat – das Verständnis wird, wenn man *so* will, gewissermassen sprachlich simuliert (und nicht ‚tatsächlich' geleistet). Vgl. hierzu Graefen. Artikel. 1997. S. 278.

ehlichschen Begriff der deiktischen Prozedur zunächst die allgemeine Frage nach der Begrenzbarkeit bzw. auch nach der Bewertung des Phänomenkomplexes Autorschaft-im-Text. Nimmt man an, dass textdeiktische, rezeptionssteuernde Markierungen wie „im Folgenden" oder so genannte paradeiktische Ausdrücke wie „vorliegend, gegenwärtig", aber auch Sicherheits- und Unsicherheitsmarkierungen vom Typus „sicherlich", „möglicherweise" die Perspektive der unmittelbaren Sachverhaltsdarstellung zugunsten einer Verweisung auf eine orientierende oder kommentierende autorschaftliche Instanz verlassen und dass dieser Wechsel der Aussageebenen typisch ist für den Aufbau eines komplex organisierten Vorstellungsraums, eröffnen sich grob gesagt zwei divergierende Auffassungen, wie die Kategorie der Autorschaft im Hinblick auf ihre pragmatische Beschreibung im wissenschaftlichen „Sprachwerk" zu begrenzen ist:

1. Propositionaler Gehalt im Sinne der Information ist nicht per se „personhaltig", Verweise auf die Autorschaftsinstanz kommen allein durch die sprachliche Indizierung einer reflexiven Instanz,[26] also erst auf einer den Diskurs thematisierenden, das heisst metadiskursiven Ebene zustande. Selbstverständlich ist jede Information auf einen Mitteilungskontext angewiesen, allerdings wird dieser dadurch thematisch, dass sich die mitteilende Instanz als Kontext von Informationen vorführt und nicht selbst als inhärenter Teil einer Information fungiert.[27]
2. Das situationsentbundene „Sprachwerk" lebt von einer grundlegenden Versetzung[28] der Äusserungssphäre des Autors in die Sphäre seines autorschaftlichen ‚Doppelgängers auf dem Papier'. Jedes Äusserungselement ist aufgrund des Kontiguitätsverhältnisses zwischen den beiden Sphären latent ‚personhaltig', weil selbst durch strikte Ausklammerung expliziter Rekurrenz auf die autorschaftliche Instanz implizit rezeptionsseitig präsupponiert werden muss, dass Propositionen ontologisch gebunden sind und nur durch ein inferiertes Gegenüber als existent, gegeben, gesichert, bewiesen etc. ausgegeben werden können.

---

26 „Die Theorie der Dinge verlangt nichts anderes, als dass erkannt und ein wenig philosophisches Erstaunen für das Faktum aufgebracht wird, dass die aktuelle Rede, die meistens auf etwas, was sie nicht selbst ist, geht, sich manchmal zurückwendet und *reflexiv* wird." [Hervorhebung im Orig.] Bühler. Sprachtheorie. 1934/1999. S. 388f.

27 Vgl. Luhmann. Soziale Systeme. 1987. S. 203–212.

28 Ich werde weiter unten auf diesen meines Erachtens zentralen Begriff der bühlerschen Sprachtheorie eingehen: Vgl. hier vor allem: Bühler. Sprachtheorie. 1934/1999. S. 137.

Während die erste Position eine fundamentale Differenz zwischen Information und Mitteilung (Luhmann) betont, fokussiert die zweite vor allem den Umstand, dass ein „nicht-instanzierte Mitteilung“ in erster Linie auf der *Illusion* der Instanzlosigkeit aufbaut.[29] Selbstverständlich würde niemand, der die engere Perspektive der ersten Position einnimmt, bestreiten, dass jede einzelne propositionale Setzung auf ein Aussagesubjekt bezogen werden *kann*. – „Auch Wissen [...] wird letztlich über die Vorstellung des Menschen in die Welt eingeführt; und wenn man es nicht direkt am Menschen wahrnimmt, sondern zum Beispiel in Büchern liest, haben die Bücher angeblich einen Autor, Kant zum Beispiel.“[30] – Die im Luhmann-Zitat angedeutete Angeblichkeit, mit der Texte einen Autor haben, verweist auf die grundsätzliche Möglichkeit, den Personenbezug (zumindest über weite Strecken) zu neutralisieren. Mit der zweiten Position wäre hier allerdings die Auffassung verbunden, dass diese Neutralisierung im Grunde nicht vollständig möglich ist, weil sich Autorschaft beim Aufbau von ‚objektiven Anschauungswelten‘ manifestiert, ohne dass ein deiktisches Verweissystem sich im Sinne des bühlerschen Zeigfelds als „hier-jetzt-ich-System der subjektiven Orientierung“[31] permanent als „Koordinationssystem“[32] aufdrängen müsste. Problematisch bleibt innerhalb der argumentativen Perspektivierung der zweiten Position meines Erachtens der Interpretationsspielraum, mit welchem die graduellen Unterschiede in der „Personhaltigkeit“ bemessen und festgelegt werden sollen. Weil hier jede Proposition eine hybride Konstruktion darstellt, muss ein sehr hoher, metakommunikativer Aufwand betrieben werden, um die Rolle des Aussagesubjekts zu klären. Prinzipiell kann innerhalb der zweiten Position die Selektion jedes sprachlichen Zeichens im Formulierten als Gestaltungshinweis des „Ichbegriffs“ interpretiert werden, um den Begriff Cassirers zu bemühen:

> Die Sprache verfügt vielmehr, um eine bestimmte Grundanschauung zu vermitteln und darzustellen, über eine Fülle verschiedenartiger Ausdrucksmittel, und erst aus der Gesamtheit und dem Zusammenwirken derselben wird die Richtung der Bestimmung, die sie innehält, deutlich erkennbar. Die Gestaltung des Ichbegriffs ist daher nicht an das Pronomen gebunden, sondern sie erfolgt ebensosehr durch an-

---

[29] Vgl. zur literaturwissenschaftlichen Diskussion die begriffliche Gegenüberstellung von Diegese und Mimesis: Klaus Weimar (Hrsg.). Reallexikon der Deutschen Literaturwissenschaft. Bd. 1: A–G. Neubearbeitung des Reallexikons der Deutschen Literaturgeschichte. Berlin, New York 1997. S. 360–363.

[30] „Mittelalterliche Textgepflogenheiten, die das Buch selbst wie einen Autor sprechen lassen, haben den Buchdruck nicht überlebt.“: Niklas Luhmann. Die Wissenschaft der Gesellschaft. Frankfurt am Main 1994. S. 11. Vgl. hierzu auch: Alessandra Corti. Die gesellschaftliche Konstruktion von Autorschaft. Wiesbaden 1999. S. 62.

[31] Bühler. Sprachtheorie. 1934/1999. S. 102–120.

[32] Bühler. Sprachtheorie. 1934/1999. S. 126.

> dere sprachliche Sphären, wie z. B. durch das Medium des Nomen und durch das Medium des Verbum hindurch.[33]

Die Perspektive der zweiten Position ist im Hinblick auf ein handfestes Beschreibungsmodell einer zeichenhaften Manifestation von Autorschaft stumpfer, weil vager als die erste. Die Gestaltung des „Ichbegriffs" ist zwar nicht an das Pronomen gebunden, wie Cassirer sagt, aber die Referenz auf ein autorschaftliches „Ich" darf auch nicht einem beliebigen Interpretationsspielraum ausgesetzt und „durch das Medium des Nomen und durch das Medium des Verbum hindurch" bloss erahnt werden, wenn eine absolute Inflationierung dessen, was unter Autorschaft begriffen werden kann, verhindert werden soll.

Wie ist also die Grenzlinie zwischen einer deutlichen und einer bloss latenten Referenz zu ziehen? Wenn man die zentrale Leistung eines Autors mit Blick auf wissenschaftliche Texte als den formulierten Zugewinn an Erkenntnissen definiert und die Gemeinschaft von Autor und Rezipient als *Zugewinngemeinschaft*[34], dann ist die Frage nach der ‚Quelle' des Zugewinns zentral. Gabriele Graefen (1997), die sich bei ihrer Untersuchung von wissenschaftlichen Aufsätzen primär auf Ehlichs „Prozeduren" abstützt, schreibt mit Blick auf die Latenz des Verweisens:

> Innerhalb des Basistexts, also des Teils, der die wissenschaftliche Mitteilung des jeweiligen Artikels enthält, ist es andererseits selten erforderlich, dass der Autor sich selbst als Sprecher exothetisiert. Die Autoren, die häufig oder sogar regelmässig Sprecherdeixis innerhalb der wissenschaftlichen Propositionen verwenden, gehen das Risiko ein, dass die Bedeutung, die intendierte Allgemeinheit der Resultate, nicht erfasst oder nicht ernstgenommen wird.[35]

Wenn, wie Graefen schreibt, wissenschaftliche Aussagen keine sprecherdeiktische Einbettung erfordern, ja im Gegenteil eine solche Einbettung als kontraproduktiv erschiene – wie liesse sich dann die ‚Quelle' für den Zugewinn beschreiben? Helmut Feilke weist im Anschluss an die Diskussion von Ehlichs „Prozeduren" darauf hin, dass das autorschaftliche Auslösen eines bestimmten Orientierungsverhaltens zwar ein Beispiel für eine von Sprecher und Hörer „gemeinsam vollzogene Prozedur", nicht aber ein Glanzbeispiel für gemeinsam hervorgebrachten *Zugewinn* darstellt.[36] Ein herausragendes, nicht-deiktisches Beispiel für eine Zugewinnsprozedur durch Sprecher und Hörer ist für Feilke

---

[33] Ernst Cassirer. Die Sprache und das Gebiet der „inneren Anschauung". – Die Phasen des Ichbegriffs. In: Ders. Philosophie der symbolischen Formen. (1. Ausg. Berlin 1923). Werke Bd. 11. Hamburg 2001. S. 212–248. Hier: S. 214.

[34] Feilke. Sprache. 1996. S. 103.

[35] Graefen. Artikel. 1997. S. 202.

[36] Feilke. Sprache. 1996. S. 102ff.

die nicht-konventionalisierte Metapher.[37] Die Grenze zwischen einer deutlichen Referenz auf die autorschaftliche Instanz und einer latenten muss in diesem Fall entlang der Produktivität der mittels Metaphernausdeutung gelenkten Analogierelation gezogen werden: Eine bestimmte „Lesart" des metaphorischen Ausdrucks wird durch den bereits gesetzten Bezugshintergrund vom Autor hervorgehoben, andere Möglichkeiten der Analogie werden durch Stillschweigen ausgeklammert. Durch eine solche Prozedur der Fokussierung und der gleichzeitig vollzogenen, produktiven Erkenntnisvermittlung wird der Rezipient zur Konstruktion einer bestimmten Vorstellung instruiert und diese Instruktion wird auch als deutliche Referenz auf die autorschaftliche Instanz selbst interpretierbar. Das heisst: Die Grenzlinie zwischen einer deutlichen und einer bloss latenten Referenz verläuft hier vor allem zwischen produktivem und konventionellem Metapherngebrauch. Etwas Ähnliches kann man mit Blick auf die wissenschaftliche Aussagewirklichkeit vermuten: Eine deutliche Referenz auf die autorschaftliche Instanz ist qua Vermittlung von Erkenntnis*zuwachs* auf einer textsemantischen Ebene gegeben. Die Aussagewirklichkeit ist so gesehen nicht auf eine *zusätzliche* oder *doppelte* Einbettung durch eine sprecherdeiktische Orientierung angewiesen.

Zusammenfassend kann man sagen: Das, was hier unter *sprachlicher* Manifestation von Autorschaft verstanden werden soll, setzt sich zusammen aus expliziten und impliziten Verweisen auf die autorschaftliche Instanz. Der elementare Umstand der sprachlichen Selektion erreicht dabei (vor allem der Griffigkeit halber) nicht den Status des impliziten Verweises. Die Orientierungsprozeduren, aber auch jede Form von Zugewinn im Vorstellungsraum sind, wenn sie als ‚Gemeinsames' aufgefasst werden sollen, auf ein Verstehensmodell angewiesen, mit dem diese Form der Interaktion möglich erscheint.

In den Ausführungen des folgenden Kapitels 3.2 soll auf dem Hintergrund sprachtheoretischer Überlegungen (Humboldt, Bühler und Benveniste) gegen einen inflationierenden ‚Subjektivismus', wie ihn die oben angesprochene, zweite Position andeutet, argumentiert werden. Jede Information, grosso modo verstanden als „Sinn für jemanden" (Rudi Keller), ist zwar eine strikt subjektdependente Grösse, aber die an der Verstehensprozedur beteiligten Subjekte sind mit Blick auf diese Information nicht als voraussetzungslose *unbeschriebene Blätter*, sondern als sprachlich und kognitiv kompetente Akteure zu konzipieren.[38] Wobei in diesem Kontext sprachliche und kognitive Kompetenz als

---

[37] Vgl. ebd. S. 103.

[38] Vgl. hierzu: Siegfried Schmidt. Diskurs und Literatursystem: Konstruktivistische Alternativen zu diskurstheoretischen Alternativen. In: Jürgen Fohrmann/Harro Müller (Hrsg.). Diskurstheorien und Literaturwissenschaft. Frankfurt am Main 1988. S. 134–158. Hier: S. 143. Vgl. auch die Maturana-Lektüre Siegfried Schmidts in:

ansozialisierte Fähigkeiten verstanden werden müssen, im Rahmen der Informationsverarbeitung die Differenz wahrzunehmen zwischen einer bereits vorliegenden, konventionalisierten Verständigung im Sinne sedimentierter Wissensbestände, die in der Tendenz als undiskutabel und unhintergehbar gelten müssen, und daran anschliessenden, dazuformulierten, originellem, autorschaftlich *aufkonstruiertem*[39] Zugewinn.

3.2 Ich, Versetzung und unpersönliche Enunziation

„Ich ist nicht das mit Eigenschaften versehene, in räumlichen Verhältnissen befindliche Individuum, sondern der sich in diesem Augenblick einem Andern im Bewusstseyn, als ein Subject, Gegenüberstellende; jene concreten Verhältnisse werden nur der Leichtigkeit und Sinnlichkeit wegen dem schwierigeren Begriff untergeschoben."[40] Im Humboldt-Zitat wird deutlich: Das Pronomen der ersten Person Singular bezeichnet nicht die Person in ihrer ontologischen Verfassung. „Ich" bezeichnet vielmehr eine abstrakte Relation unter sprechhandelnden Partnern. „Ich" bezeichnet die Konfrontation eines „Andern" damit, dass ihm ein „Subject" gegenübersteht, das sich in der Rolle des Gegenübers einer Selbstbezeichnung bedient, um auf diese Gegenüberrolle thematisch Bezug zu nehmen. Diese Thematisierung hat etwas Paradoxes: Die Konfrontation des „Andern" mit seinem Gegenüber vollzieht sich im Versuch Sprachliches zu verstehen permanent. Warum also sollte diese Konfrontation darüber hinaus auch noch thematisch werden? Humboldt weist in diesem Zusammenhang darauf hin, dass der sprachhistorische „Eintritt des Pronomens in die wirkliche Sprache" von „grossen Schwierigkeiten begleitet" sei und dass das Erreichen dieses „Eintritts" mit einer Art historischen Objektivierung des Selbstbewusstseins assoziiert werden müsse:

> Das Wesen des Ichs besteht darin, Subject zu seyn. Nun muss aber im Denken jeder Begriff vor dem wirklich denkenden Subject zum Object werden. Auch das

---

Ders. Grundriss der Empirischen Literaturwissenschaft: Teilband 1: Der gesellschaftliche Handlungsbereich Literatur. Braunschweig 1980. S. 23. Vgl. auch Scherner. Sprache als Text. 1984. S. 94f.

39 Die bemerkenswerte Wortbildung Feilkes (1996) führt meines Erachtens die Differenz zwischen „konventionell" und „produktiv" gut vor Augen: Eine bestimmte autorschaftliche Fokussierung baut auf bestehenden Konstruktionen auf.

40 Wilhelm von Humboldt. Ueber die Verwandtschaft der Ortsadverbien mit dem Pronomen in einigen Sprachen. (1829). Werke Bd. 6. Albert Leitzmann (Hrsg.). Berlin 1907. S. 304–330. Hier: S. 306.

> Ich wird, als solches, im Selbstbewusstseyn zusammengefasst. Es muss mithin ein Object seyn, dessen Wesen ausschliesslich darin besteht, dass es Subject ist.[41]

Aus sprachtheoretischer Warte ist offenbar – das macht Humboldt hier deutlich – die Thematisierung der ersten Person vor allem im Hinblick auf eine angestrebte, in qualitativer Hinsicht bemerkenswerte Stufe im Antagonismus von Sprechen und Denken funktional konsequent, weil das „Wesen des Denkens im Reflectieren, d.h. im Unterscheiden des Denkenden von dem Gedachten"[42] besteht und die Bezeichnung des Ichs die Möglichkeit eröffnet, diese elementare Unterscheidung selbst mitzuthematisieren und „als Objecte, dem denkenden Subjecte entgegenzusetzen."[43] Es geht beim Pronomen der ersten Person Singular im Grunde also in erster Linie darum, vor der Bezeichnungsmöglichkeit beim Subjekt selbst nicht Halt zu machen entlang einer allgemeinen Verfassung dessen, was Sprache als Medium des „Reflectierens" zu leisten vermag: „Portionen" des Denkens, wie Humboldt sagt, „als Objecte, dem denkenden Subjecte entgegenzusetzen." Durch die sprachgegebene Möglichkeit der pronominalen Selbstbezeichnung, könnte man sagen, verliert das „Subject" die oben angesprochene, ausschliessliche Wesensbestimmung als „Subject" und wird zum veräusserten „Subject-Object"[44].

Das will aber nicht heissen, dass in einer so aufgefassten Selbstbezeichnung der ersten Person eine Anleitung zur Aufspaltung enthalten wäre. Ein sinnvoller Sprachbegriff allgemein und die pronominale Personthematisierung speziell sind nur auf dem Hintergrund einer „Zweiheit" der Sprechsituation – und nicht der Person – konzeptualisierbar:

> Das Sprechen [...] setzt immer in seinem Wesen voraus, dass der Sprechende, sich gegenüber, einen Angeredeten von allen Andren unterscheidet. [...] Der gedachte Gegenstand muss vor dem Subjecte zum Object werden. Aber die bloss ideale subjective Spaltung genügt nicht, die Objectivität ist erst vollendet, wenn der Vorstellende den Gedanken wirklich ausser sich erblickt, was nur in einem andren, gleich ihm vorstellenden und denkenden Wesen möglich ist. Die Sprache [...] kann nur an und vermittelst einer Zweiheit entstehen.[45]

Die Semantik von „ich" ist ohne die „Zweiheit" der Sprechsituation nicht verstehbar. Diese elementare Erkenntnis und die einzelsprach-übergreifende Verwandtschaft, die Humboldt zwischen Ortsadverbien und persönlichen Pronomina im Hinblick auf eine „Objektivierung der Sprechsituation" nachweist,

---

41 Humboldt. Verwandtschaft. 1826/1907. S. 306f.

42 Wilhelm von Humboldt. Ueber Denken und Sprechen. (1795/96). In: Ders. Werke Bd. 5. Andreas Flitner/Klaus Giel (Hrsg.). Darmstadt 1981. S. 97–99. Hier: S. 97.

43 Ebd. S. 97.

44 Humboldt. Verwandtschaft. 1826/1907. S. 307.

45 Ebd. S. 304f.

nimmt in den Grundzügen vorweg, was ein ganzes Jahrhundert später Karl Bühler mit dem Begriff des „Zeigfelds" und dem „Hier-Jetzt-Ich-System" für die pragmatisch orientierte Linguistik folgenreich theoretisiert hat.

Bühlers revolutionäre Leistung liegt in einer radikalen Fokussierung auf die *funktionale* Argumentation, in die er das Pronomen der ersten Person stellt: Deiktische Ausdrücke besetzen im Kontext der Sprechsituation die elementare Rolle, eine gemeinsame „Orientierung im Bereich der Situationsumstände" der Beteiligten zu erreichen.[46] Der „Orientierung im Bereich der Situationsumstände" kommt ein spezielles Gewicht zu, wenn nicht unter Anwesenden in gemeinsamer Wahrnehmungssituation gezeigt wird: Die psychologische Kernfrage lautet dann, „wie ein derartiges Führen und Geführtwerden am Abwesenden möglich ist."[47] Bühlers Antwort:

> Der Hörer versteht sie [deiktische Ausdrücke], wenn er selbst in ähnlicher Weise ‚versetzt' ist, d.h. wenn sein eigenes präsentes Körpertastbild mit einer korrespondierenden optischen Phantasieszene verknüpft ist. [...] die Koordinaten des ganzen Zeigfeldes sind deshalb konstant, weil sie den eisernen Bestand der Orientierung jedes wachen Menschen in seiner präsenten Wahrnehmungssituation bilden.[48]

Der in unserem Zusammenhang fundamental wichtige Begriff der „Versetzung" ergibt eine überraschend einfache Antwort auf die oben mit Humboldt gestellte Frage, warum überhaupt deiktische Ausdrücke wie *ich*, *hier* und *jetzt* thematisch zu werden brauchen. Etwas zugespitzt könnte man sagen: In einer Sprechsituation, die im Sinne der „Sprechhandlung" ausschliesslich auf einen *gemeinsam* geteilten Wahrnehmungsraum Bezug nimmt, ist der Aufbau der Sprechsituation über eine Thematisierung der Verweisung nicht gleich zwingend wie die Verweisungen am „Phantasma":

> Hier wird deutlich, was wir meinten mit der Feststellung, es sei eine Täuschung anzunehmen, dass dem Zeigen am Phantasma die natürlichen Zeighilfen abgingen. Sie gehen ihm deshalb und soweit nicht ab, als Versetzungen stattfinden und jeder Versetzte das präsente ‚Körpertastbild' samt seiner optischen Wahrnehmungsorientierung ‚mitnimmt', bildlich gesprochen.[49]

Im Begriff der Versetzung, wie ihn Bühler modelliert, ist eine der basalsten sprachlichen Leistungen bei der Konstruktion von „Sprachwerk" angelegt. Der Ausdruck „Versetzung" konzeptualisiert metaphorisch, wie „einer", der „einem andern etwas zeigen will", was abwesend ist, in absolut vergleichbarer Weise genötigt ist, im deiktischen Aufbau einer Sprechsituation „ein hinreichendes

[46] Bühler. Sprachtheorie. 1934/1999. S. 106.
[47] Ebd. S. 125.
[48] Ebd. S. 137.
[49] Ebd. S. 137.

Mass harmonischen Orientiertseins" zu erreichen, wie „einer" im unmittelbar geteilten Wahrnehmungsraum. Und in der Tat *ist* das Bezeichnete durch sprachliche Vermittlung ja im gemeinsam geteilten „Phantasieraum" (S. 126) auch „anwesend". Darin besteht gerade die Hauptleistung des Sprachmediums, dass die kognitive Vergegenwärtigung durch Sprache ohne zusätzliches Zeig-Medium auskommt. Versetzung stellt den Regelfall und nicht die Ausnahme dar. Ohne hinreichende Orientierung durch Versetzung wäre Abwesendes – und darunter ist fast alles vorzustellen, worauf wir sprachlich Bezug nehmen – nicht zu vergegenwärtigen:

> Der Mensch vermag nur deshalb mit sprachlichen Mitteln Abwesendes einem anderen im Phantasma zu präsentieren, weil es Versetzungen gibt.[50]

Der Vorgang der Versetzung bewirkt dabei eine Abhängigkeit des Dargestellten von der Sprechsituation. Die Koordinaten der „subjektiven Orientierung" bewirken „Personhaltigkeit". In Bühlers „Sprachtheorie" steht der Begriff des „Zeigfelds" auf dem Hintergrund der angepeilten Beschreibung der „Darstellungsfunktion der Sprache"[51] in einem Oppositionsverhältnis zum „Symbolfeld". Bestünde diese begriffliche Opposition nicht, wäre man in Bühlers Theorie mit einer ausschliesslich auf Situationalität abbestellten Sprachauffassung konfrontiert, welche die Dimension der Situationsentbundenheit und der sprachlichen Selbstbezüglichkeit als Phänomene negieren bzw. nicht erklären würde.

> Das Zeigfeld der Sprache im direkten Sprechverkehr ist das hier-jetzt-ich-System der subjektiven Orientierung; [...] Das sprachliche Symbolfeld im zusammengesetzten Sprachwerk stellt eine zweite Klasse von Konstruktions- und Verständigungshilfen bereit, die man unter den Namen Kontext zusammenfassen kann; Situation und Kontext sind also grob gesagt die zwei Quellen, aus denen in jedem Fall die präzise Interpretation sprachlicher Äusserungen gespeist wird.[52]

Dass Bühler die beiden Feldbegriffe auf die den medialen Einsatz von Sprache kennzeichnenden Begriffe „Sprachwerk" und „Sprechhandlung" projiziert, könnte man so verstehen, dass das situationsentbundene „Sprachwerk" auf eine permanente Kontextualisierung der Situation angewiesen ist. Diese Lesart

---

[50] Ebd. S. 139.

[51] Der Untertitel von Bühlers „Sprachtheorie" deutet eine wesentliche Einschränkung an: Die Fokussierung auf die „Darstellungsfunktion" belässt die beiden andern Hauptdimensionen sprachlicher Zeichen („Ausdruck" und „Appell") unthematisiert (vgl. S. 28). Damit konvergiert möglicherweise auch das in der linguistischen Literatur tief liegende Missverständnis, die Darstellungsfunktion sei die hauptsächlichste, wichtigste und ‚typischste' Funktion von Sprache: Vgl. Angelika Linke, unpubliziertes Vortragsmanuskript 2003.

[52] Bühler. Sprachtheorie. 1934/1999. S. 149.

findet sich bei Bühler selbst, wenn er vom „Kontext als dem anaphorischen Zeigfeld" spricht: die „werdende Rede wird stellenweise und vorübergehend vor- und zurückschauend, wird reflexiv."[53] Die Oppositionsstellung der beiden Feldbegriffe wäre tendenziell gelöscht, wenn man diese Lesart als ausschliessliche favorisieren würde. Es sind „Situation *und* Kontext" die Quellen, aus denen „in *jedem* Fall" [Hervorhebungen F. St.] die Interpretation sprachlicher Äusserungen hervorgeht. Bühlers Symbolfelddefinition geht in folgende Richtung: Während deiktische Zeichen auf den kopräsenten, aussersprachlichen Wahrnehmungsraum Bezug nehmen, entspricht der Charakter der symbolischen Zeichen einer sprachlich konventionalisierten, im Sinne des Denotats präfigurierten Bedeutung, der durch Konkretisierung im „Symbolfeld" ein bestimmter konnotativer „Feldwert" zukommt.[54] Dieser „Feldwert" ist interpretatorisch unabhängig vom Subjektstandort in einer Situation bestimmbar, der „Feldwert" ergibt sich durch eine Relation zwischen Zeichen, die man in ihrer Folgerichtigkeit als mathematisch bezeichnen könnte. Der Satz: „Zwei mal zwei ist vier", kann dafür ein Beispiel liefern.[55] Im „Irgendwo", wie Bühler sagt, wird hier, „über die zwei Rollenträger der aktuellen Sprechsituation hinaus ein dritter Rollenträger hinzukonstruiert":

> Unsere Sprachen [...] benützen fast durchgehend ein System von Personalzeichen, das sie konform ihrem bevorzugten Symbolfeld, dem Handlungsklischee, durch die dritte Person *erweitert* haben. [Hervorhebung im Original][56]

Der „hinzukonstruierte", dritte Rollenträger ist den ersten beiden gleichgestellt. Er funktioniert in einer Analogie zu den andern beiden. Die Kategorie der Handlung bleibt für das Darzustellende erhalten, das heisst, jedes Prädikat setzt voraus, dass erkennbar ist, auf wen oder was es sich bezieht. Mit dem dritten Rollenträger „dürfte im Felde der Tatsachensätze die weitest mögliche Sinnerlösung aus den Umständen der Sprechsituation erreicht sein."[57] Eine Selbstbezüglichkeit, welche die Weiterfrage nach dem Wer und dem Was abschneidet, wie sie sich Luhmann vorstellt,[58] ist in den seltenen Fällen, in denen sie auftaucht, in der Regel eine bloss scheinbare: Der neutralisierte Personenbezug in normthematisierenden Sätzen wie „es gehört sich nicht", lässt sich auf dem Hintergrund einer angenommenen Situation leicht auf ein Aussagesubjekt beziehen. In einer die entsprechenden Inferenzen offen legenden Paraphrase

---

53 Bühler. Sprachtheorie. 1934/1999. S. 258.
54 Ebd. S. 183.
55 Ebd. S. 383.
56 Bühler. Sprachtheorie. 1934/1999. S. 381.
57 Bühler. Sprachtheorie. 1934/1999. S. 382.
58 Vgl. Luhmann. Soziale Systeme. 1987. S. 595.

wird die „Vereinnahmung“ des Angesprochenen deutlich.[59] – Hinsichtlich des sprachlich konstruierten Kontextes – die Beantwortung der Frage, wer was tut – sind solche Äusserungen merkwürdig: Die anaphorische Rekurrenz von „es“ und „sich“ kann man mit Recht als selbstbezüglich bezeichnen. Die Irritation über Sätze wie „es schneit“, „es lohnt sich“, „es steht fest“, rührt daher, dass der Gebrauch von Verben an die Vorstellung von handlungsfähigen Trägern geknüpft ist. Das wird in Sätzen wie „es klopft“ deutlich: „es“ steht hier stellvertretend für einen Handlungsträger, von dem man (vielleicht vorübergehend) nicht weiss, wer oder was „es“ ist. Interessant ist, dass das „Handlungsklischee“, wie es Bühler nennt, auch dann im „Symbolfeld“ erhalten bleibt, wenn es mit Blick auf die abgebildete Handlung gar nicht sinnvoll ist, überhaupt von einer Handlung mit einem deutlich bezeichneten Handlungs*träger* auszugehen. In diesen Fällen wird der Handlungsträger einfach substituiert. Am „Handlungsklischee“ selbst, an der im „Symbolfeld“ tief verankerten Relation von Subjekt und Prädikat ist nicht zu rütteln.

Warum ist dieser Umstand in unserem Zusammenhang überhaupt belangvoll? – Die Feststellung, dass die Relationen im „Symbolfeld“ weitgehend präfiguriert und der autorschaftlichen Gestaltung entzogen sind, wäre nicht weiter aufregend, wenn man daraus nicht ableiten könnte, dass es neben einer Sprachverwendung, die stark auf das „Ich-Hier-Jetzt“ rekurriert, auch eine Sprachverwendung gäbe, die davon gründlich abstrahiert.[60] Die Oppositionsstellung, die Bühler den beiden Feldern zuschreibt, scheint genau dies nahe zu legen. Die Enunziationsquelle – das müsste man für den Fall einer Sprachverwendung annehmen, die vom „Ich-Hier-Jetzt“ völlig abstrahiert – ist als eine kaum markierte, nicht in kommunikative Absichten und Situationen verwickelte, das heisst: *wirklich* anonyme Instanz vorzustellen, die für jede einzelne „unper-

---

[59] Der Satz: „Es gehört sich (nicht)“, bezieht sich auf einen nicht weiter definierten, inferenziell für gültig erklärten Konsens. Der ‚performative Witz‘ einer solchen ‚e consensu omnium‘ gesprochenen Äusserung besteht darin, dass mit ihr gleichzeitig etwas instanziert wird, worauf man sich mit der Äusserung beruft.

[60] Diese Abstraktionsform kann man sich in Analogie zu den in der Filmtheorie diskutierten so genannten „nobody's shots“ der anglo-amerikanischen Filmindustrie vorstellen. Man geht in der narratologisch-filmischen Diskussion davon aus, dass es in der formalen Beschaffenheit von Bildern (z. b. Totale versus Close-up) graduelle Unterschiede in der Zuschreibungsmöglichkeit von Subjektivität gibt. Die „nobody's shots“ entsprechen selbstverständlich nicht einer völlig neutralen Emergenz, aber die Wahrnehmungsnotwendigkeit einer für die Enunziation ‚verantwortlichen‘ Instanz entfällt unter bestimmten medialen Bedingungen. Das heisst: Vom Ich-Hier-Jetzt, das nach Bühler nie völlig wegzudenken ist, wird sehr stark abstrahiert. Vgl. hierzu: Christian Metz. Die unpersönliche Enunziation des Films. Münster 1997. S. 145–150.

sönliche Enunziation" im Grunde die gleiche bleibt. Die Quelle schiene nichts weiter zu sagen als: „Dies ist selektiver Ausdruck im Sinne einer (noch) nicht adressierten Information." Die Quelle reproduziert dabei eine Struktur, die nicht als eine individualisierte Struktur interpretierbar ist. Man kann sich so geartete ‚Information' als den grammatisch und thematisch regelhaft selektionierten Teil eines Textes vorstellen, der losgelöst von einer bestimmten Situation und dem Mitteilungsverhalten eines Absenders als ‚personfreie' Enunziation begriffen werden kann.[61] Dieser Begriff von „Information" als „unpersönliche Enunziation" soll im Folgenden genauer bestimmt werden.

Eine sprachtheoretisch fruchtbare Bestimmung des Enunziationsbegriffs hat zuerst der französische Linguist Émile Benveniste unternommen, in zwei grundlegenden Aufsätzen von 1946 und 1958:[62] „L'énonciation" bezeichnet zunächst einfach das Sichtbarwerden einer Äusserung im Sinne der sprachlichen Performativität, dann aber vor allem das Sichtbarwerden einer bestimmten qualitativen Tendenz in der Textur, in der Ausdrucksgestaltung. Der Begriff „l'énonciation" bezeichnet also den Modus der Veräusserung. Was empirisch darunter zu verstehen ist, wird deutlicher fassbar, wenn man sich die bipolare Konzeptualisierung, wie sie Benveniste vorschwebt, kurz vor Augen führt. Sie lässt sich bruchlos an Bühlers Zweifelderlehre anschliessen. Benveniste unterscheidet zwei vor allem im Kontrast zueinander fundamental geschiedene „Aussageweisen"[63]: Der eine Pol bildet dabei die „énonciation histo-

---

[61] Ich verstehe die luhmannsche Differenz von Information und Mitteilung in dieser Richtung. Sie bezieht sich auf Bühlers Organon-Modell. Luhmann schreibt: „Es ist wichtig, dies ausdrücklich festzuhalten, denn der zu Grunde liegende Sachverhalt ist oft gesehen, aber dann doch in einer anderen Begrifflichkeit abgepackt worden. Bühler spricht von drei „Leistungen" oder drei „Funktionen" der menschlichen Sprache, nämlich: Darstellung, Ausdruck und Appell. Die erste Bezeichnung meint die Selektivität der Information selbst, die zweite die Selektion ihrer Mitteilung, die dritte die Erfolgserwartung, die Erwartung einer Annahmeselektion. Das lenkt die Aufmerksamkeit nicht auf Bedingungen der emergenten Einheit, sondern auf Fragen der relativen Dominanz und des Wechsels der Dominanz einer der drei Funktionen." Vgl. Luhmann. Soziale Systeme. 1987. S. 196.

[62] Die Aufsätze bilden die Kapitel seines Hauptwerks „Problèmes de linguistique générale", das 1966 im französischen Original und 1974 in deutscher Übersetzung erschienen ist. Die beiden hier zur Sprache kommenden Kapitel 19 und 21 erschienen erstmals 1946 und 1958. Vgl. Émile Benveniste. Problèmes de linguistique générale. Paris 1966. S. 237–250 und 258–266. Die deutsche Übersetzung: Ders. Probleme der allgemeinen Sprachwissenschaft. München 1974. S. 264–279, S. 287–297.

[63] „Aussageweise" ist der Übersetzungsvorschlag von Wilhelm Bolle in der deutschen Übersetzung (1974) von franz. „énonciation". Ich verwende im Folgenden den ans Französische angelehnte Neologismus von Frank Kessler, Sabine Lenk und Jürgen E. Müller, aus der Übersetzung des Werks von Christian Metz (op.cit.).

rique“, der andere die „énonciation de discours“, am einen Ende der Skala „unpersönliche“, am andern „persönliche Enunziation“. Was kennzeichnet die „unpersönliche Enunziation“? Das Tempussystem des Französischen sieht für geschichtliche Ereignisse ein Grund-Tempus (Aorist) vor, das als „Zeit der Ereignisse“ ausserhalb der „Zeit der Erzählperson“ zu sein vorgibt, was dazu führt, dass die Ereignisschilderung sich selbst zu erzählen scheint.[64] Vom Erzähler wird abstrahiert, indem die Ebene des Kommentars, der ergänzenden Reflexion, der Bewertung, des Vergleichs usw. gänzlich ausgeklammert wird. Die „historische Enunziation“ weist überhaupt keine sprecherdeiktischen Markierungen auf. Im Gegensatz dazu markiert die „persönliche“ oder „diskursive Enunziation“ den Sprecherstandpunkt deutlich.

Enunziation basiert zunächst auf der Reversibilität der Ich- und Du-Instanz in der mündlichen Konversation, der prototypischen Form des Diskurses. Im Grunde bezeichnet *l'énonciation* die physisch fassbare, sich auf den Äusserungsakt beziehende Realisierung von Sprache. Die deiktisch markierten Diskursinstanzen konstituieren sich dabei aus dem Fundamentalgegensatz, den sie zu den „Nicht-Personen“[65] eingehen. „Nicht-Personen“ und Diskursinstanzen bilden zusammen das kommunikative Elementargerüst der Enunziation.

> Man darf nicht vergessen, dass die „3. Person“ die Form des verbalen (oder pronominalen) Paradigmas ist, die nicht auf eine *Person* verweist, weil sie sich auf einen ausserhalb der Ansprache liegenden Gegenstand bezieht. Sie existiert und kennzeichnet sich jedoch nur durch Opposition zur Ich-Person des Sprechers, der, indem er sie aussagt, sie als „Nicht-Person“ festlegt. Dies ist ihr Statut.[66]

In der „histoire“, die ausschliesslich der schriftlichen Sphäre vorbehalten ist, wird vom „Äusserungsakt“ vollständig abstrahiert. Enunziation meint hier: die physisch fassbare, jegliche Spuren der Einflussnahme des Sprachproduzenten auf die produzierte Äusserung tilgende, „unpersönliche“ Verfassung von Sprache. Hier scheint niemand zu sprechen. Die Reversibilität der Personen verschwindet. Der Begriff der „Enunziation“ selbst erscheint als paradox: Die Spuren, die im „discours“ auf den Äusserungsakt verweisen, werden in der „histoire“ durch die schlichte Anwesenheit des Enunziats ersetzt. Die „3. Person“ tritt zu keiner anderen in Opposition.[67] Die „Nicht-Personen“ stehen bei Benveniste diametral zu denen von Bühler: Bei Benveniste ist die dritte Person dadurch bestimmt, dass ihr die Eigenschaften der ‚Personalität‘ gänzlich abgeht, weil sie nicht als Diskursinstanz fungieren kann, während bei Bühler

---

64 Vgl. hier: Benveniste. Probleme der allgemeinen Sprachwissenschaft. 1974. S. 269.
65 Vgl. hierzu Maximilian Scherner. Sprache als Text. 1984. S. 104f.
66 Benveniste. Probleme der allgemeinen Sprachwissenschaft. 1974. S. 296.
67 Ebd. S. 270. Ders. 1966. S. 239.

die dritte Person unter Wahrung des „Handlungsklischees“ in einer Analogie zu den ersten beiden bestimmt wird.

Zusammenfassend lässt sich festhalten: Die an Bühler und Benveniste orientierten Ausführungen sollen hier in erster Linie die These begründen, dass die Differenz von „unpersönlicher“ und „persönlicher Enunziation“ der Differenz zweier fundamental geschiedenen Möglichkeiten der Sprachverwendung entspricht. Diese Möglichkeiten stehen zwar sowohl bei Benveniste wie auch bei Bühler in Opposition zueinander, schliessen sich aber in der Kommunikation empirisch nie aus, sondern mischen sich in Texten im Sinne der Gleichzeitigkeit von Information, Mitteilung und Verstehen. Die Differenz von „persönlicher“ und „unpersönlicher Enunziation“ anzunehmen erscheint deshalb als sinnvoll, weil so der Autor als Kontext von „Information“ wahrgenommen werden kann. Erst durch die Verquickung von „Mitteilung“ und „Information“ in der sprachlichen Interaktion wird diese Differenz in ihrer vollen Wirkkraft bedeutsam. Für das Verstehen von Zeichen ist es entscheidend, dass wir nicht bei jeder Information, die durch eine Diskursinstanz geäussert wird, zu überlegen brauchen, ob sie identisch sei mit der Diskursinstanz selbst (vgl. das ‚Hybriditätsproblem‘ weiter oben). In der Gleichzeitigkeit von Mitteilung und Information im Verstehensprozess werden zwar die ontologischen Anteile in sprachlichen Äusserungen offensichtlich, aber die tief verankerte Scheidung zwischen Diskursinstanz und „Nicht-Person“ gewährleistet dabei eine weitgehende Diskretheit der Rollenaufteilung: Diskursinstanzen teilen „Nicht-Personen“ mit.[68] Dieser elementare Umstand bildet die Voraussetzung dafür, dass sich überhaupt ein Verstehen vor dem Hintergrund einer situativen Perspektive abspielen kann.

Die an Humboldt, Bühler und Benveniste angelehnten Ausführungen zum Begriff der Versetzung und zur Opposition von „persönlicher“ und „unpersönlicher Enunziation“ soll hier mit einem unvollständigen Hinweis auf die Tragweite dieser Scheidung in der kommunikations-, narrations- und diskurstheoretischen Literatur schliessen. Die kurze Tour d' Horizon zielt weder auf eine

---

[68] Dass „Nicht-Personen“ sich selbst mitteilen würden, ist in der „énonciation historique“ ja gemäss Benveniste auch nur scheinbar verwirklicht – die Abhängigkeit der dritten Person von einer Diskursinstanz ist nicht bestreitbar. Allerdings konstituieren sich, wie Maximilian Scherner festhält, die ersten beiden Personen erst dadurch, dass sie die Ebene der „Nicht-Personen“ etablieren: „Die Einsicht in diese Dialektik stellt den Ansatzpunkt für die Erkenntnis dar, dass erst ein solches Verständnis der sprachlichen Kategorie Person die anthropologische Fundierung des Menschen deutlich werden lässt, der sich durch diese sprachliche Kategorie allererst als ‚Person‘ und das heisst als Dialog- oder Diskurspartner konstituiert.“ (Scherner. Sprache als Text. 1984. S. 105.)

ausführliche Thematisierung der Differenzen in den Begrifflichkeiten, noch auf eine genaue Nachzeichnung der Traditionen, sondern will vor allem die groben, gemeinsamen Nenner in der dichotomischen Modellierung des zugrunde liegenden Sachverhalts betonen. In einer verwandtschaftlichen Nähe zu Benvenistes Scheidung befindet sich John L. Austins Gegenüberstellung von performativer und konstativer Äusserung. Der durch entsprechende Signale als performativ indizierten Ebene kommt die Funktion zu, die situationsthematisierende Handlungsrolle von Personen darzustellen, sie betont dadurch das Kontiguitätsverhältnis, das die sprachhandelnde Person mit dem Gesagten eingeht, während die als konstativ indizierte Ebene eine vom Subjekt distanzierte Klärung der Frage: ist eine Aussage wahr/falsch zulässt.[69] Diese Trennung der Ebenen impliziert bei Austin eine zu Bühlers und Benvenistes Trennungen analoge Scheidung der „Aussageweisen". Eine weitere, narratologisch gerichtete Theoriestation, welche ein verwandtes Zweierschema liefert, ist Harald Weinrichs Opposition von „erzählter" und „besprochener Welt". Sie beruft sich einerseits auf Bühler, andererseits auch auf literaturtheoretische Konzeptionen wie jene von Käte Hamburger, die die Unterscheidung zwischen „fiktionalem Erzählen" und „Aussage" (entsprechend: „fiktionale" und „reale Zeit") geprägt hat.[70] Diese literaturtheoretischen Ansätze sind in unserem Zusammenhang vor allem mit Blick auf die Frage interessant, ob sich in Texten oder Textsequenzen dominierende Tendenzen der einen oder andern „Redeweise" (Weinrich) festmachen lassen, die das jeweilige Ich der Enunziation entsprechend unterschiedlich indizieren.[71] Die Vorstellung einer (vollständigen) Isolierbarkeit des einen oder des andern Enunziationstyps und die Zuschreibung von typübereinstimmenden Wahrheitsbegriffen entsprechen vor allem einem theoretischen Interesse, welches sich empirisch wohl nicht halten lässt.[72]

Eine diskursanalytisch pointierte Position, die mit den bis hier erörterten Argumentationen zumindest teilweise konvergiert, stammt von Michel Foucault. Er betont die kategorielle Trennung zwischen dem „Subjekt der Aussage" und

---

[69] In der Tradition der sprechakttheoretischen Fundierung des Textbegriffs ist letztlich auch die u. a. von Klaus Brinker prominent vertretene Scheidung von Textfunktion und -struktur eine Unterscheidung, welche die Funktion als den Handlungscharakter von Texten versteht. Vgl. Klaus Brinker. Linguistische Textanalyse: Eine Einführung in Grundbegriffe und Methoden. (4., überarb. Aufl.). Berlin 1997. S. 144–148.

[70] Vgl. Käte Hamburger. Die Logik der Dichtung. Stuttgart 1957.

[71] Harald Weinrich. Tempus: Erzählte und besprochene Welt. (6., neu bearb. Aufl.). München 2001. S. 41–72. Vgl. auch die bereits zitierte Äusserung Luhmanns: Soziale Systeme. 1987. S. 196.

[72] Vgl. Luhmann. Soziale Systeme. 1987. S. 197. Vgl. auch: Weinrich. Tempus. 2001. S. 109–114.

dem „Autor einer Formulierung" – Foucault radikalisiert dabei die eingangs dargestellte Argumentation Humboldts: Die Stelle des Aussagesubjekts wird nicht durch eine Person, sie wird nicht durch jenes „mit Eigenschaften versehene, in räumlichen Verhältnissen befindliche Individuum"[73] besetzt. Foucault schreibt: „Eine Formulierung als Aussage zu beschreiben besteht nicht darin, die Beziehungen zwischen dem Autor und dem, was er gesagt hat (oder hat sagen wollen oder, ohne es zu wollen, gesagt hat) zu analysieren; sondern darin, zu bestimmen, welche Position jedes Individuum einnehmen kann und muss, um ihr Subjekt zu sein."[74] – Das damit erneut akzentuierte Problem besteht darin, dass, wie auch immer man die Opposition begrifflich bezeichnet – sei es als „unpersönliche" versus „persönliche Enunziation" (Benveniste), sei es als „Information" versus „Mitteilung" (Luhmann), sei es als „besprochene" versus „erzählte Welt" (Weinrich) oder als „Aussage" versus „Formulierung" (Foucault) –, mit Blick auf die Einheit Text die Einsicht in die theoretische Isolierbarkeit von komplementären „Redeweisen" wenig hilft, wenn es darum gehen soll, die „Frage nach den Bedingungen der Emergenz ihrer Einheit" (Luhmann) zu klären. Die in den nachfolgenden Kapiteln 3.3 und 3.4 angestrebte Problemlösung geht dahin, die einheitsstiftende Figur an der Spiegelachse zwischen „persönlicher" und „unpersönlicher Enunziation" zu beschreiben.

3.3 Die Enunziation von Handlungen und Einstellungen

In den sprachtheoretischen Überlegungen zur „Subjektivität in der Sprache"[75] und der Explizierung der eben angesprochenen „Nicht-Person" hält Benveniste eine für unseren Zusammenhang elementare Differenz hinsichtlich der begrifflichen Konzipierung der Diskursinstanz fest. Grob gesagt steht „Ich" im einen Fall im Zusammenhang mit einer Einstellung der Diskursinstanz, die einen Sachverhalt in eine bestimmte Richtung affiziert, im andern Fall bezeichnet „Ich" den Träger einer Handlung, die in der Darstellung von eben diesem „Ich" ausgeht: Benvenistes unpersönlich behauptete Tatsache „le temps va changer",

---

73 Wilhelm von Humboldt. Ueber die Verwandtschaft der Ortsadverbien mit dem Pronomen in einigen Sprachen. (1829). Werke Bd. 6. Albert Leitzmann (Hrsg.). Berlin 1907. S. 304–330. Hier: S. 306.

74 Michel Foucault. Archäologie des Wissens. (Franz. Orig. Paris 1969, 1. Aufl. der dt. Übers. 1981). Frankfurt am Main 1992. S. 139.

75 Vgl. für das Nachfolgende: Émile Benveniste. Kapitel 21 (=De la subjectivité dans le langage [1958]): In: Ders. Probleme der allgemeinen Sprachwissenschaft. 1974. S. 287–297.

wird im ersten Fall dadurch, dass jemand „je crois que" vorneweg sagt, in eine „subjektive Aussage" gedreht. Nicht eine *Handlung*, sondern eine *propositionale Einstellung* gegenüber dem Sachverhalt, in diesem Fall eine vorsichtige Bejahung, wird durch „je crois que" mitgeteilt.[76] Die gedankliche Operation des Glaubens ist damit gerade *nicht* Gegenstand der Aussage. Der Vermutung, dass das Wetter *wohl* umschlagen wird, ist deshalb Ausdruck verliehen, weil beim Gegenüber nicht Gewissheit, sondern Unsicherheit zum Ausdruck gebracht werden soll. Unter dem Begriff der „enunzierten Einstellung" soll also eine Funktion in Texten verstanden werden, die einem Sachverhalt mittels Markierung einer diskurs-instanzlichen Position eine bestimmte Modalität zuschreibt.[77] Erst die Abweichung von einer nicht-markierten Standardeinstellung erlaubt die Inferenz einer Autorfigur. ‚Normale Aussagen' werden zwar von präsupponierten Standardeinstellungen begleitet, wie sie die griceschen Kooperationsprinzipien verdeutlichen. Aufrichtigkeit wird unterstellt, ohne dass sie thematisch wird. Und solange etwa Unsicherheit, Sicherheit etc. nicht speziell enunziert werden, sind weder die Affizierung des Sachverhaltes, noch ein damit in Verbindung zu bringender „Selbstbezug" markiert.[78]

Die semantisch-pragmatische Kategorie, welche sich auf die Art der Stellungnahme eines Sprechers im Hinblick auf die Geltung eines Sachverhalts bezieht, wird üblicherweise in der linguistischen Literatur als Modalität bezeichnet. Ich ziehe es für die Argumentation hier vor, von propositionaler Einstellung zu sprechen.[79] Dieser Terminus erlaubt es meines Erachtens besser als der

[76] Zum Begriff und zu einzelnen Typen propositionaler Einstellung vgl. Dieter Wunderlich. Studien zur Sprechakttheorie. Frankfurt am Main 1976. S. 306ff.

[77] Klaus Brinker spricht im Anschluss an die sprechakttheoretische Terminologie („propositionale Einstellung") mit Blick auf Texte von „thematischen Einstellungen": Auf dem Hintergrund der sprachtheoretischen Überlegungen Benvenistes ist meines Erachtens „enunzierte Einstellung" die adäquateste Bezeichnung für das Phänomen. Die Frage ist ja mit Blick auf eine sinnvolle Rezeption nicht vorschnell zu beantworten: Ist die Unsicherheit dem Umstand (‚veränderliches Wetter'), der Person (‚ich bin unsicher') oder dem Thema (‚bestimmte Themen sind prädestiniert für Unsicherheit') zuzuschreiben? – Der brinkersche Begriff der „thematischen Einstellung" verengt diesen Spielraum meines Erachtens: „Thematische Einstellungen" sind Einstellungen des Emmittenten. Vgl. Brinker. Kapitel 4.3.2.2: „Indikatoren der Textfunktion". In: Ders. Textanalyse. 1997. S. 97–99.

[78] Roderick Chisholm hat das philosophische Problem des Selbstbezugs, das hier nur gestreift wird, radikal thematisiert. Um es auf einen sehr simplen Nenner zu bringen: Chisholm geht davon aus, dass Referenz immer Selbstreferenz voraussetzt. Diese Bezugnahme wird durch das Pronomen der ersten Person ausgedrückt: Roderick Chisholm. Die erste Person: Eine Theorie der Referenz und der Intentionalität. Frankfurt am Main 1992.

[79] Ich folge mit dieser terminologischen Entscheidung mehr der sprachphilosophischen

grammatisch geprägte Modalitätsbegriff, von bestimmten Autor*einstellungen* auszugehen.

Für die Konstruktion der Autorfigur ist es wesentlich, Einstellungen kategoriell von Handlungen zu unterscheiden. Propositionale Einstellungen sind diskursinhärente Repräsentationen, die sich gewissermassen mit Sachverhalten vermischen: Die Sache selbst *erscheint* gleichzeitig mit der entsprechenden Autorfigur als *unsicher*, sie erweist sich mit einer bestimmten *Wahrscheinlichkeit* als ‚so und nicht anders'. Handlungen dagegen stellen zwischen Sachverhalt und Autorfigur eine Trennung fest. Im Satz: „Il a quitté l'hôpital, d'où je conclus qu'il est guéri", wird das „Ich" in einer Handlung des Schliessens dargestellt. Der Sachverhalt selbst wird dadurch nicht subjektiv affiziert. Handlung und Sachverhaltsdarstellung vermischen sich nicht. Gleichzeitig ist die *Explizierung* der Handlung nicht zwingende Voraussetzung für den Vollzug des Schliessens. Durch Weglassen der „enunzierten Handlung" in der Satzfolge „Il a quitté lhôpital, il est guéri", muss die Konklusion und damit indirekt auch die Diskursinstanz inferiert werden.

Die Grenzziehung zwischen „enunzierter Einstellung" und „enunzierter Handlung" birgt zwei grundsätzliche Probleme. Eine wesentliche Schwierigkeit besteht zum einen darin, dass der Äusserungsakt, mit dem man einer Einstellung Ausdruck verleiht, selbstverständlich auch einer sprachlichen Handlung entspricht. Diese Art von Handlung will ich aber hier nicht als *„enunzierte* Handlung" verstehen, weil mit der Markierung einer Einstellung eine Informationsveränderung *innerhalb* des Diskurses angesprochen ist und nicht eine Handlung, die mit Blick auf ihre metadiskursive Funktion zuerst ‚sichtbar' werden muss, indem sie die Rolle der Autorfigur expliziert. Unter „enunzierter Handlung" ist also die Gesamtheit der im Text sprachlich dargestellten Tätigkeiten zu begreifen, welche die Funktion haben, die Autorfigur als eine tätige, sich selbst mitteilende, sich selbst beobachtende und erlebende Instanz zu kontextualisieren. Die „enunzierte Handlung" gibt Antwort auf die metadiskursive Frage: Was tut eine Diskursinstanz beim Hervorbringen eines Diskurses? Der Einfachheit halber ist folgende Faustregel sinnvoll: Eine enunzierte Handlung wird dann deutlich, wenn sie im Text thematisch wird, während eine propositionale Einstellung immer einer Inferenz im Bezug auf die Affizierung des Informationsgehalts bedarf. Handeln ist grundsätzlich nicht an einen *bestimmten* operationalen Bereich gebunden: Denken ist Handeln im Bereich der Denkbewegungen, Gehen ist Handeln im Bereich des Gehens.[80] Die *Dar-*

Diskussion um die Frage nach der ‚Person' als der i. e. S. linguistischen Diskussion um Modalität. Einen ersten Überblick über relevante Beiträge zur sprachphilosophischen Diskussion bietet der Band: Manfred Frank (Hrsg.). Analytische Theorien des Selbstbewusstseins. Frankfurt am Main 1994.

80 Maturana. Biologie der Realität. 1998. S. 324.

stellung einer Handlung hat die Funktion, den operationalen Bereich innerhalb der ‚urheberschaftlichen Gesamtunternehmung' einzuschränken. Trägerin von enunzierten Handlungen ist die Autorfigur. Eine unmittelbare Vorstellung davon, was die wissenschaftliche Autorfigur *tut*, bekommt man, wenn man sich Explizierungen von Handlungen in der Form von im Wissenschaftskontext typischen Ausdrücken[81] vor Augen führt:

> Einer Frage nachgehen, ein Problem differenzieren, einen Aspekt speziell berücksichtigen, eine Auffassung vertreten, etwas unterscheiden, eine These formulieren, von einer Annahme ausgehen, etwas in einen bestimmten Zusammenhang stellen, auf einen Sachverhalt verweisen, aus einer Beobachtung etwas folgern, eine Annahme erhärten...

Die hier ungeordnet zitierten Handlungsbeschreibungen haben gemeinsam, dass sie domänenspezifisches, wissenschaftliches Tun referenzialisieren. Gleichzeitig fällt auf, dass sie im Text im Sinne von performativen Formeln einsetzbar sind, um dieses Tun zu vollziehen, dieses Tun anzukündigen, dieses Tun zu repräsentieren. Damit ist eine weitere Grundschwierigkeit bei der Grenzziehung zwischen „Handlung" und „propositionaler Einstellung" angesprochen. Handlungen wie „eine These formulieren", „von einer Annahme ausgehen" etc. ebnen die Differenz von Handlung und Einstellung gerade deswegen tendenziell ein, weil in eine solche Handlung informationsaffizierende Einstellungen wie epistemische Unsicherheit, Gewissheit etc. zwingend eingeschlossen sind. Es gibt keine einstellungslosen Handlungen und keine absolut handlungsfreien Einstellungen. Das gleiche Problem stellt sich übrigens auch schon bei dem oben angesprochenen Beispielsatz von Benveniste: „Ich glaube, dass das Wetter umschlägt", äussert eben nicht *nur* eine vorsichtig bejahende Einstellung, sondern die Bejahung schliesst auch eine Handlung mit ein, die zum Ausdruck bringt, dass hier eine Figur *an* einen Wetterumschlag *glaubt*.

Die Motivation für eine Bestimmung der Autorfigur unter dem Aspekt der „Handlung" und der „Einstellung" kann aber keinesfalls in dieser Abgrenzungsherausforderung liegen. Wenn man davon ausgeht, dass unter wissenschaftlicher Autorschaft im Wesentlichen die *Summe* von im Text enunzierten propositionalen Einstellungen *und* Handlungen verstanden werden muss, so wird das in der Fachsprachenliteratur häufig wiederholte Klischee, dass vor allem naturwissenschaftliche Texte ihre Wissenschaftlichkeit durch eine „fehlende Präsenz des Autors"[82] und durch Formulierungsstrategien der expertenschaftli-

---

[81] Vgl. zu ‚typischen', die Autorenhandlungen benennenden Ausdrücken den Beitrag von Helmut Feilke. Lesen durch Schreiben: Fachlich argumentierende Texte verstehen und verwerten. In: Praxis Deutsch 176/2002. S. 58–64.

[82] Meines Erachtens wird dabei in der Regel ein vergleichsweise intuitiver Begriff des ‚persönlichen' versus ‚unpersönlichen Ausdrucks', bzw. auch der entsprechen-

chen „Anonymisierung“[83] indizieren, im Grunde aufgeweicht. Handlungs- und Einstellungsenunziationen verwirklichen gerade diese ‚Präsenz des Autors‘.

3.3.1 Handlungsenunziation

Unter *wissenschaftlichen* Handlungen kann man sich konkret die Gesamtheit von zur Herstellung *und* zur Darstellung (Luhmann) von wissenschaftlichen Erkenntnissen benötigten Aktivitäten wie Nachdenken, Lesen, Experimentieren, Beobachten, Modellbilden, Formulieren, Mitteilen, Ordnen, Argumentieren etc. vorstellen. Eine solche Definition nimmt Bezug auf eine zentrale Differenz innerhalb der heterogenen Gesamtheit überhaupt möglicher Handlungen. Handlungen zur *Herstellung* sind (nach einem überzeugenden Vorschlag Luhmanns) von Handlungen zur *Darstellung* wissenschaftlicher Erkenntnisse zu unterscheiden.[84] An dieser Differenz soll hier festgehalten werden, obschon sie aus der Perspektive der Darstellung über weite Strecken als künstlich erscheint. Die *Herstellung* neuer Erkenntnisse entspricht einem prozessierenden Nacheinander und Durcheinander von Handlungen. Im wissenschaftlichen Selbstverständnis ragen dabei besonders methodisches, Literatur verarbeitendes, empirisch-beobachtendes und modellbildendes Handeln heraus, im sozio-ethnologischen ‚Fremdverständnis‘ formelhaft gefasst das, was Karin Knorr Cetina (vor allem mit Blick auf naturwissenschaftliche Erkenntnisproduktion im Labor) die „Fabrikation von Erkenntnis“ nennt.[85]

---

den Vermeidungsstrategien so genannt ‚persönlichen Ausdrucks‘ zur Anwendung gebracht. Vgl. die Diskussion und die Literatur zum so genannten „Ich-Tabu“ (Kapitel 1.2.2). Vgl. hierzu auch: Sabine Ylönen. Zum „originären“ Charakter von „Originalarbeiten“: Entwicklung wissenschaftlichen Schreibens in der Deutschen Medizinischen Wochenschrift 1884–1989. In: Finlance: A Finnish Journal of Applied Linguistics: Diachrone Fachsprachenforschung. 12/1993. S. 125–158. Hier v.a. S. 129f. Und: Charles Bazerman. Shaping Written Knowledge: The Genre and Activity of the Experimantal Article in Science. Madison (WI) 1988. S. 133–136 und S. 287. Vgl. auch: Rosemarie Gläser. Fachtextsorten im Englischen. Tübingen 1990. S. 71.

[83] Vgl. hierzu die Formulierungen und Literaturangaben im Handbuchartikel von Els Oksaar. Das Postulat der Anonymität für Fachsprachengebrauch. In: Lothar Hoffmann et al. (Hrsg.). Fachsprachen: Ein internationales Handbuch zur Fachsprachenforschung und Terminologiewissenschaft. (HSK 14.1). Berlin, New York 1998. S. 397–401. Hier S. 401.

[84] Vgl. Luhmann. Wissenschaft. 1994. S. 432–446.

[85] Karin Knorr Cetina. Die Fabrikation von Erkenntnis: Zur Anthropologie der Naturwissenschaft. Frankfurt am Main 1984.

Die *Darstellung* wissenschaftlicher Erkenntnisse – das jedenfalls suggeriert eine alltägliche Vorstellung, die auch in Luhmanns Beschreibung von Darstellung als „selektiver Rekonstruktion" anklingt – ist der Herstellung zeitlich nachgeordnet.[86] Laut dieser Vorstellung kommt der Darstellung die Funktion zu, die relevanten ‚Episoden' in der Herstellung von Erkenntnis in kommunikativer Absicht zu rekonstruieren. Was in den Köpfen oder in den Labors (*und* Köpfen) bei der Produktion von Erkenntnis alles geschieht, ist allerdings im doppelten Wortsinn unerheblich, bis es die Form der Darstellung angenommen hat – es ist weder eruierbar noch wesentlich. Wesentlich wird es erst *durch* die Darstellung. Was man überhaupt über Erkenntnisherstellung weiss, weiss man durch Darstellungen. Dass man aus nahe liegenden Gründen dazu neigt, Darstellung als „Rekonstruktion" aufzufassen, hat meines Erachtens mehr mit den semantischen Prätentionen der Darstellung selbst zu tun als mit Textproduktionswirklichkeit, welche die Herstellung beim „Abfassen schriftlicher Notizen" und in einer „nochmals überlegten Darstellung" *re*-konstruiert.[87]

Die Erkenntnisfabrikation ist auf Darstellung *angewiesen*, was die zugrunde liegenden Herstellungshandlungen selbst weder kommunikativ rekonstruierbar, noch einfach mit den Darstellungshandlungen identisch macht. Ich will das an einem Beispiel erläutern. In einem empirischen Kontext kann der Weg zu einem bestimmten Forschungsergebnis etwa nach folgendem Muster (verkürzt) dargestellt werden:

> Es wurde geprüft, ob und welche Formen von X, Y und Z vorkommen. Wie erwartet zeigt sich, dass X, Y und Z auftreten.

Die Handlung des Prüfens, selbst wenn sie nicht kursorisch wie hier thematisiert wird, referiert auf einen Forschungskontext, der mit Blick auf die Textwirklichkeit vielmehr domänen- und disziplinenspezifisch kodiert wird, also auf dem Hintergrund von Konventionen *konstruiert*, als dass er im Sinne einer Rekurrenz auf eine Vorlage re-konstruiert würde. Mit der Enunziation von Handlungsverläufen wie diesem wird ja, um es mit der Unterscheidung von Harald Weinrich zu sagen, der Übergang aus der „erzählten Welt" der kontextuellen Herstellung – etwas „wurde geprüft" – in die „besprochene Welt" der Ergebnisevidenz – etwas „zeigt sich" – vollzogen. Die Überführung des „Prüfens" aus dem Forschungskontext in die sprachliche Wirklichkeit des Textes überformt die Prüfhandlung sprachlich, ohne sie dabei als solche zu rekonstruieren.[88] Mit Blick auf diese sprachliche Überformung lässt sich etwas

---

[86] Luhmann. Wissenschaft. 1994. S. 433.

[87] Ebd. S. 433.

[88] Für eine völlig andere Sphäre des Erlebens – die Sphäre der Gefühle – hat Angelika Linke eindrücklich darauf hingewiesen, wie sprachliche Kodierung individuel-

überspitzt sagen: Während Forschung häufig einem Kontinuum gleicht, dessen Anfang und Ende im Obskuren liegt, hat der Text eine konventionell konstruierte Kontur.[89]

Die Autorfigur ist zwar inferenziell sowohl als die Trägerin der Forschungshandlung in der Vergangenheit *als auch* als die Handlungsträgerin in der ‚Aussagegegenwart' zu bestimmen. Immerhin „zeigt sich" etwas ja empirisch, das heisst gebunden an einen Beobachtungskontext. Nur zielt die Repräsentation darauf ab, für die an die Handlungen angeschlossene Aussage „X, Y und Z kommen vor", autor- und zeitunabhängige Geltung anzustreben. Aussage- und Herstellungswirklichkeit rekurrieren deshalb, wie das in der Satzfolge angedeutet wird, auf Autorfiguren, die unterschiedlich zu beschreiben sind. Die Formulierung „es wurde geprüft" setzt einen Handlungsträger voraus, der die referenzialisierte Prüfungshandlung erlaubt. Gleichzeitig wird durch eine solche Handlungsenunziation expertenschaftliche Autorität aufgebaut, die eine daran anschliessende Aussage als ‚gesichert', ‚wahr', ‚relevant' etc. erscheinen lässt.[90] Aussagen muss eine Autorfigur zugeschrieben werden, die nicht die gleichen Eigenschaften aufweist wie die empirisch oder kognitiv handelnde Autorfigur. Während die Zuschreibung der Prüfhandlung an eine bestimmte handelnde Instanz zwingend erscheint, ist der Personbezug der Aussage „X, Y und Z kommen vor" grundsätzlich offen.[91]

---

les Erleben „überformt": Angelika Linke. Zur sprachlichen Kodierung bürgerlichen Lebensgefühls. In: Dies. Sprachkultur und Bürgertum. Zur Mentalitätsgeschichte des 19. Jahrhunderts: Stuttgart 1996. S. 265–290. Hier: S. 266. Vgl. auch: Angelika Linke. „... und haben uns köstlich amüsirt": Eine historisch-pragmatische Miniatur zur sprachlichen Kodierung bürgerlichen Lebensgefühls. In: Dieter Cherubim/Siegfried Grosse/Klaus J. Mattheier (Hrsg.). Sprache und bürgerliche Nation: Beiträge zur deutschen und europäischen Sprachgeschichte des 19. Jahrhunderts. Berlin/New York 1998. S. 234–258. Und: Angelika Linke. Sprache, Gefühl und Bürgertum im 19. Jahrhundert: Zur Rolle der Sprache im Spannungsfeld von individuellem Erleben und überindividueller Gefühlsprogrammatik einer Sozialformation. In: Volker Hertel et al. (Hrsg.). Sprache und Kommunikation im Kulturkontext: Beiträge zum Ehrenkolloquium aus Anlass des 60. Geburtstages von Gotthard Lerchner. Bern 1996. S. 85–103.

89 Vgl. Erwin Chargaff. How Scientific Papers Are Written. In: Special Language/Fachsprache: International Journal of LSP [...]. 8/1986. S. 106–110. Hier: S. 107.

90 Luhmann weist in diesem Zusammenhang auf eine wesentliche Differenz zwischen Mündlichkeit und Schriftlichkeit hin: „Jede Aussage prätendiert, dass sie notfalls erläutert werden könnte. In der mündlichen Kommunikation geschieht das aus Anlass von (und wird laufend getestet durch) Fragen. Bei schriftlichen Darlegungen muss die in Anspruch genommene Autorität dagegen anders suggeriert werden [...]. Luhmann. Wissenschaft. 1994. S. 442.

91 Eine der meines Erachtens überzeugendsten Theoretisierungen dieses Problems hat

Aussagen müssen, um kollektive Relevanz zu erreichen, auf Gründe rückführbar sein. Man kann das Gesamtgebilde der argumentierenden Darstellung *Begründung* nennen.[92] Wissenschaftliche Darstellung besteht aus Handlungsenunziationen, welche diese Begründung in der Form von Rückgriffen auf die Herstellung leisten müssen. Die Menge der sprachlichen Handlungen ist wie bereits erwähnt eine Teilmenge der *enunzierten* Handlungen. Die von einem normal-pragmatischen Handlungsbegriff abweichende Handlungsbestimmung besteht also für das Folgende darin, dass unter „Handlung" hier nicht der an die Ausführung eines illokutiven Aktes gebundene Abschnitt eines sprachlichen Geschehens verstanden wird, sondern vielmehr jede in der Darstellung in Verständigungsabsicht thematisch gewordene Handlungsreferenz, wenn man so will: die *repräsentierte* (i. e. enunzierte) Handlung. Als Handlung ist also in diesem Zusammenhang eine als solche vorinterpretierte Aktivität zu verstehen, die einen autorschaftlichen Handlungsträger präsupponiert. Textrezipienten sind auf Handlungsdarstellung und damit auch zwingend auf Handlungsträger angewiesen, um wissenschaftliche Aussagen auf ein Gegenüber beziehen zu können, welches die wie auch immer komplexen kognitiven Operationen des Prüfens, des Erwartens, des Schliessens und Verstehens, des Ordnens und Erzählens intersubjektiv ‚verkörpert'.

Wissenschaftliche Handlungen manifestieren sich nicht wie propositionale Einstellungen auf dem Hintergrund des Berührungsverhältnisses von Autorfigur und dargestelltem Gegenstand, sondern Handlungen thematisieren den Vorgang der Versetzung als autorschaftliche Reflexivität. Der Teilsatz „ich schliesse daraus" (oder deagentiviert: „daraus ist zu schliessen" oder nominalisiert: „der Schluss daraus") kontextualisiert die Handlung des Schliessens einem Gegenüber, das unter dem Rückgriff auf die autorschaftliche Handlung

---

Paul Ricœur vorgelegt. Er spricht im Zusammenhang mit der Zuschreibung von Aussagen an einen Referenten von einem „Schwebezustand". Die Aufhebung dieses „Schwebezustandes" ist grundsätzlich zwar möglich, aber nicht zwingend nötig. Bedeutsam ist in unserem Zusammenhang, dass bei der „Aufhebung des Schwebezustands" unterschiedliche Aussageinstanzen aufscheinen. Paul Ricœur formuliert es so: „Die Aufhebung des Schwebezustands weist in der Tat verschiedene Grade auf. Zwischen die totale Schwebe der Attribution und die tatsächliche Attribution an diesen oder jenen Handelnden schieben sich mindestens drei Grade: der des ganz und gar anonymen *man*, eine absolute Antithese zum Selbst; der des *irgendwer* im Sinne des wer auch immer, also im Sinne einer Individuation, die eine indifferente Substitution zulässt, schliesslich der des *jeder,* der einen Distributionsvorgang unterschiedlicher ‚Anteile' impliziert, wie es das juristische Diktum ‚Jedem das Seine' *(suum cuique)* nahelegt." [Hervorhebungen im Original]: Paul Ricœur. Von der Handlung zum Handelnden. In: Ders. Das Selbst als ein Anderer. (Franz. Orig: Soi-même comme un autre. Paris 1990). München 2005. S. 111–139. Hier: S. 123.

[92] Luhmann. Wissenschaft. 1994. S. 435.

den Schluss annehmen oder ablehnen kann. Das geschieht unabhängig davon, dass sich der Ausdruck „daraus ist zu schliessen" auf eine Norm bezieht, die noch vor dem individuellen Schluss verhandelt ist. Grundsätzlich stellt sich hier, wie das bereits im ersten Kapitel angedeutet wurde, bei Einstellungen das Problem der „manifestness" der Autorfigur. Eine konjunktionale Markierung wie „weil" rekurriert nicht gleich offensichtlich auf eine Autorfigur wie eine metadiskursive Markierung wie „ich schliesse daraus". Die „manifestness" von Handlungen ist skalierbar. Ich werde in Kapitel 3.4 darauf eingehen, wie in der Konstruktion der Autorfigur die Möglichkeit angelegt wird, Rekurrenz auf die Figur sozusagen nach rezeptionsseitigem Bedarf herzustellen.

Ich gehe, um das an dieser Stelle nochmals zusammenzufassen, davon aus, dass es mit Blick auf wissenschaftliche Texte sinnvoll ist, die Differenzen zwischen Handlungsbereichen zwar zu beschreiben, aber grundsätzlich keinen kategoriellen Unterschied zu machen zwischen den referenzialisierten Bereichen (Herstellen vs. Darstellen). Ob sich in einem wissenschaftlichen Text etwas „zusammenfassend sagen" lässt, ob sich eine „Frage stellt", „etwas geprüft wird" etc. – die Handlungsenunziationen entsprechen immer einer sprachlichen Kodierung im Sinne von gleichzeitig domänenspezifischen und autorschaftlichen Handlungen, die mit Blick auf wissenschaftliche Aussage*geltung* den autorschaftlichen Kontext benennen. Unter dieser Annahme scheint es möglich, eine gleichzeitig pragmatische und semantische Manifestation der Autorfigur deskriptiv zu fassen.

3.3.2 Die Enunziation von propositionalen Einstellungen

Bereits die Experimentalisten des 17. Jahrhunderts stellen Reflexionen zur Frage an, wie in spezifisch wissenschaftlichen Kontexten rhetorische Einstellungen adäquat einzupassen seien. Steven Shapin (1996) hat darauf hingewiesen, wie der für seine Zeitgenossen äusserst einflussreiche Robert Boyle vor allem die Indizierung von Vorsicht und Bescheidenheit betont.[93] Im bekannten „Proëmial Essay" (1661) stellt Boyle seine ‚Grundeinstellung' vor allem in einen Bezug zur Aussagewirklichkeit („the truth of the opinions") als programmatisch vorsichtige und bescheidene dar:

---

[93] Eine der radikalen textorganisatorischen Vorsichtsmassnahmen Boyles besteht darin, die Schilderung von Experimenten separat von den interpretativen „reflections" lesbar zu machen, eine Differenz zwischen ‚Tatsachen' und ‚Spekulationen' also, die er in der Lektüre ‚erfahrbar' machen will. Vgl. hierzu Steven Shapin. The Scientific Revolution. Chicago 1996. S. 103.

> Perhaps you will wonder [...] that in almost every one of the following essays I [...] speak so doubtingly, and use so often, *perhaps, it seems, it is not impobable*, and such other expressions, as argue a diffidence of the truth of the opinions I incline to, and that I should be so shy of laying down principles, and sometimes of so much as venturing at explications. [Hervorhebung im Orig.][94]

Boyle beschreibt im Zitat eine über Disziplin- und Zeitgrenzen hinweg ‚wissenschaftstypische Sprechweise'. Meines Erachtens sind zwei ineinander integrierbare Möglichkeiten denkbar, wie man den Begriff der (in diesem Fall vorsichtigen bzw. unsicheren propositionalen) Einstellung verstehen und beschreiben kann.

1. Aus einem rhetorisch-pragmatischen Blickwinkel kann man Vorsicht als eine persuasive Strategie von Autoren auffassen. Wenn man das globale Ziel wissenschaftlicher Darstellungsbemühungen in Aussagen sieht, die ein relatives Plus an epistemischer Gewissheit formulieren, dann besteht die Strategie darin, Unsicherheit, Fragliches etc. zu enunzieren, um die Überführung in ‚relative Sicherheit', Antworten etc. darzustellen und zu betonen.
2. Aus einer im engeren Sinne linguistisch-grammatischen (bzw. auch logischen) Perspektive sind Modalisierungsmittel wie „kann"/„es scheint"/ „vielleicht"/„möglicherweise"/„vermutlich"/„sicherlich" etc. Mittel, um Faktizitätsbewertungen vorzunehmen. Autoren äussern propositionale Einstellungen, um zu bekunden, für wie wahrscheinlich sie es halten, dass der in der Proposition geäusserte Sachverhalt zutrifft.[95]

Für unsere Diskussion des Einstellungsbegriffs ergibt sich folgendes Problem. Beschreibt man Einstellungen als etwas, was entweder über weite Textstrecken hinweg einer durchgängigen domänenspezifischen Strategie oder aber einer punktuellen sprachlichen Realisierung eines bestimmten propositionalen Wahrheitswerts gleichkommt, ist damit die Verbindung zum Aufbau einer Autor*figur* weder im einen noch im andern Fall im Sinne eines Zwangs nachzuvollziehen. Einstellungen müssen also – das ist mit Blick auf das gesamte Autorschaftskonzept von zentraler Bedeutung – einerseits als erwartbare, im

[94] Robert Boyle. A Proëmial Essay [...] with some Considerations touching Experimental Essays in general [...] In: Robert Boyle. The Works. Thomas Birch (Hrsg.). Hildesheim 1965. S. 299–318. Hier: S. 307. Vgl. dazu auch: Steven Shapin. Pump and Circumstance: Robert Boyle's literary technology. In: Social Studies of Science 14/1984. S. 481–520. Hier vor allem: S. 495.

[95] Vgl. hierzu Markus Hundt. Zum Verhältnis von epistemischer und nicht-epistemischer Modalität im Deutschen: Forschungspositionen und Vorschlag zur Neuorientierung. In: Zeitschrift für germanistische Linguistik ZGL 31/2003. S. 343–381. Hier: S. 349.

Sinne der institutionalisierten Norm als adäquate Aussagemodalitäten *und andererseits* als typische Form der Ausgestaltung einer mehr oder weniger konventionellen Strategie verstanden werden. Einstellungen in Texten müssen sowohl als eine Bestätigung der domänenspezifischen Restriktionen, als auch als Ausdruck einer autorschaftlichen Perspektivierung erscheinen. Auf dieser Ebene ist zentral, dass nicht *die* Einstellung zu einem bestimmten Einstellungsobjekt enunziert wird, sondern innerhalb eines bestimmten Repertoires mit Blick auf die präsupponierte autorschaftliche Rolle *eine* bestimmte Einstellung enunziert wird.[96]

Das heisst: Im Grunde referiert das, was ich hier unter einer autorschaftlichen Einstellung verstehen will, nicht in einem strengen oder *ausschliesslichen* Sinn auf die Autorfigur. Eine Unsicherheitsmarkierung vom Typus „vielleicht" überführt zunächst einmal eine Aussage in eine andere Aussage. Neben dem Effekt, dass ein Sachverhalt (wie bereits weiter oben angedeutet) als unsicher affiziert wird, kommt der grundlegende Aspekt des Möglichkeitsdenkens überhaupt ins Spiel.[97] Damit ist ein mehrfacher Berührungszusammenhang angesprochen. Eine Aussage vom Typus „X, Y und Z kommen vor", kann in eine andere Aussage überführt werden, indem man sagt: „*Es scheinen* X, Y und Z vorzukommen". Deutungen von solchen Modalitätsmarkierungen gehen in zwei Richtungen. Man kann sie auf den so genannt aussertextlichen Kontext beziehen, hier also auf einen Untersuchungshintergrund. Auf diesem Hintergrund ist es möglich, den Sachverhalt selbst als Quelle für die Modalität zu lesen. Auf der andern Seite lässt sich die Unsicherheitsmarkierung auch als Autoreinstellung deuten: Der Autor äussert sich sozusagen zu seiner Sachverhaltseinstellung, die hier unentschieden ist. Die Frage ist gewissermassen, wo man die „Modalquelle" verortet.[98]

Wenn man, wie ich das hier vorschlagen möchte, diese Ambiguität als solche bestehen lassen will, löst man indirekt ein Problem, das ich weiter oben als das Problem der Differenz zwischen Person und Figur bereits angesprochen habe. Solange man sich ‚unsichere Sätze' (wie „es scheinen etc.") als Aussagen von

---

[96] Fritz Hermanns weist mit Recht darauf hin, wie in der psychologischen Konzeptualisierung des Einstellungsbegriffs häufig diese inadäquat-unifizierende Zuschreibung gemacht wird und von *der* Einstellung eines Menschen zu einem bestimmten Einstellungsobjekt gesprochen wird. Vgl. Fritz Hermanns. Attitüde, Einstellung, Haltung: Empfehlung eines psychologischen Begriffs zu linguistischer Verwendung. In: Dieter Cherubim, Karlheinz Jakob, Angelika Linke (Hrsg.). Neue deutsche Sprachgeschichte: Mentalitäts-, kultur- und sozialgeschichtliche Zusammenhänge. Berlin, New York 2002. S. 65–89.

[97] Basisbegriff der so genannt „alethischen Modalität" ist Möglichkeit. Vgl. hierzu die bei Hundt zitierten Arbeiten von Wrights aus den 1950er-Jahren: Hundt. Epistemische Modalität. ZGL 31/2003. S. 349.

[98] Hundt. Epistemische Modalität. ZGL 31/2003. S. 359.

Personen bzw. von SprecherInnen vorstellt, ist durch das Berührungsverhältnis von Person und Aussage je nach Lesart zu entscheiden, auf welcher Seite die „Modalquelle" zu identifizieren ist. Liest man aber ‚unsichere Sätze' als Sätze, die von einer Figur ausgehen, die selbst durch diese Sätze mitenunziert wird, ist die Entscheidungsfrage hinfällig. Der Beispielsatz bezeichnet dann *gleichzeitig* sachliche Unsicherheit *und* eine damit einhergehende, domänentypische Figur der Enunziation bzw. eine ‚unsichere Enunziationsquelle'. Ohne hier im Detail auf die Diskussion um so genannte „epistemische Modalität" eintreten zu wollen, wie sie bei Hundt (2003) dargestellt ist: Aus einer gleichsam pragmatisch-semantischen Perspektive fällt auf, dass Modalkonstruktionen Deutungen der Modal*quelle* implizieren. Der Beispielsatz aus Gabriele Diewalds Untersuchung,[99] der bei Hundt breit diskutiert wird, gibt meines Erachtens eine sehr gute Illustration dafür ab: „*Bei dringendem Tatverdacht* können die Personen festgenommen [...] werden." [Hervorhebung F. St.] – Wenn man in eine feste Fügung wie „bei dringendem Tatverdacht" nicht eine Sprecherperson inferiert, sondern eine institutionelle Figur, die gleichzeitig als Direktivengeber fungiert und sich auf den „Rechtsrahmen als Modalquelle" (Hundt) beruft, dann muss für *diese* Aussagefigur nicht eigens festgelegt werden, wie das im Zusammenhang mit den so genannt objektiv-epistemischen Modalkonstruktionen in umständlicher Paraphrase geschieht, dass nämlich „ich, der Sprecher, behaupte [...]" und zugleich: „Es gilt unabhängig vom Sprecher [...]".[100] Geht man in diesem Zusammenhang von Autorfiguren aus, so werden domänenenspezifische Verfestigungen für den Sprachgebrauch lesbar als diskursgeschichtlich präfigurierte Enunziationsfiguren. Die Sozialgesetzlichkeit der Interaktion wird so praktisch vor- und mitaufgeführt.[101]

Die gleichzeitige Inferenz von „ich, der Sprecher, behaupte [...]" und „es gilt unabhängig vom Sprecher" ist im Grunde für jeden Aussagekontext mit einem nicht-subjektiven Geltungsanspruch problematisch.[102] Die Inferenz ist

---

[99] Vgl. Gabriele Diewald. Die Modalverben im Deutschen: Grammatikalisierung und Polyfunktionalität. Tübingen 1999.

[100] Hundt. Epistemische Modalität. 2003. S. 359.

[101] Wie sehr auch die alltäglich-unmittelbare soziale Interaktion von einer schrittweise aufgebauten, regelhaft ermittelten Konstruktion des ‚sozialen Selbsts' und des sozialen Gegenübers lebt, hat Erving Goffman mit dem Begriff des „Images" theoretisch gefasst. Die besondere Leistung dieses Konzepts liegt meines Erachtens darin, dass symbolische Manifestationen des ‚Selbsts' in verbaler, paraverbaler oder nonverbaler Form sich nicht unmittelbar auf Personen, sondern auf akzidentell aufgebaute „Images" beziehen lässt. Vgl. Erving Goffman. Techniken der Imagepflege: Eine Analyse ritueller Elemente in sozialer Interaktion. In: Ders. Interaktionsrituale: Über Verhalten in direkter Kommunikation. (Amerik. Orig. 1967). Frankfurt am Main 1986. S. 10–53.

[102] Umgekehrt wäre ja im Anschluss an die Vorstellung der Gleichzeitigkeit von ‚Ich,

nicht an die Modalkonstruktion selbst, sondern an die Aussage gebunden. Die Vermischung von Sachverhaltsdarstellung und enunzierter Einstellung, die Vermischung von Aussageinstanz und Aussage wird an Modalkonstruktionen besonders deutlich.

Enunzierte Einstellungen, wie ich sie hier verstehe, lassen sich als kurzfristige persuasive Strategien auffassen, die im Hinblick auf Aussagen Perspektivierungen anbieten, auf deren Hintergrund sich autorschaftliche Handlungen, das heisst die Suggestion einer *erlebbaren* Urheberschaft – „ich schliesse daraus" oder: „daraus ist zu schliessen" etc. – als *sinnvolle* und nachvollziehbare Handlungen lesen lassen. Damit ist nichts anderes gesagt, als dass die Perspektive, die einem Sachverhalt qua Einstellung appliziert wird, darauf aufbauende Handlungen als angemessene und plausible erscheinen lässt. Es sind die Verschränkungen von Einstellungen und Handlungen, welche die Autorfigur in ihrer Perspektive kennzeichnet – „die Sache verhält sich *exakt/vielleicht/sicher so* [...], also folgt daraus" etc. Erst Handlungen betten Sachverhalte in ein umfassendes Geschehen ein, erst die Erklärungs*handlung* etwa stiftet Kausalität und erst eine elementare Form des Erzählens stiftet die Vorstellung einer (z.B. experimentellen) Chronologie. Die strukturelle Komplexität wissenschaftlicher Texte nährt sich wesentlich aus der in jeder Textsequenz immer wieder neu eingegangenen Kombination von Einstellungen wie Distanziertheit, Vorsichtigkeit, Differenziertheit mit Handlungen wie Explizieren, Erzählen, Beweisen, Erklären.

3.4 Autorfigur und Textkonstitution

Ausgangspunkt für die bisherigen Überlegungen des dritten Kapitels war die Behauptung, dass bei der Beschreibung von wissenschaftlicher Aussagewirklichkeit der Autorfigur elementare Wichtigkeit zukommt. Es ging darum, Möglichkeiten der Repräsentation von wissenschaftlicher Autorschaft auf unterschiedlichen Problemniveaus (Personhaltigkeit, Versetzung, unpersönliche

---

der Sprecher' und ,unabhängig von mir, dem Sprecher' auch danach zu fragen, ob nicht gerade Aussagen mit prononciert ,subjektivem Geltungsanspruch' im Sinne der Selbstaussagen einem analogen Irrtumsvorbehalt unterstellt werden müssten wie alle anderen Aussagen. Mit welcher Bestimmtheit etwa lässt sich für Berichte von Gedanken („ich glaube, dass...") sagen, dass *ich* bei der Konsistenzbeurteilung meiner mentalen Zustände *mich nicht* irre? Vgl. hierzu: Donald Davidson. Die Autorität der ersten Person. In: Manfred Frank (Hrsg.). Analytische Theorien des Selbstbewusstseins. Frankfurt am Main 1994. S. 635–649.

Eunziation, Handlung, Einstellung) zu lokalisieren und zu differenzieren. Im Grunde drehen sich alle bisher angesprochenen Aspekte um die Beantwortung der Frage, wie sich die interne Komplexität der wissenschaftlichen Aussagewirklichkeit auf dem Hintergrund des Verhältnisses von Aussageinstanz (in einer bestimmten Situation) und Aussage beschreiben lässt. Die Bestimmung dessen, was es heisst, wissenschaftlich „Ich" zu sagen, erscheint vor allem dann als eine belangvolle Bestimmung, wenn dieses „Ich" mit Blick auf wechselnde Aussageverhältnisse als unterschiedlich angepasstes „Ich" beschrieben wird. Dem Versuch, wissenschaftliche Autorschaft in diese Richtung zu beschreiben, soll hier eine weitere Ebene hinzugefügt werden. Ich will dabei Autorschaft, genauer: Teil-Autorfiguren in einen Zusammenhang bringen mit dem, was man Textstrukturierung, Textaufbau oder Textarchitektur nennt.[103]

Eine unmittelbare Basis für das, was man im Textproduktionsalltag Textaufbau nennt, sind Sequenzierungsindizierungen, wie sie in Texten unmittelbar manifest werden. Textanfänge, Textmitte und -schluss werden als solche aufgeführt. In manchen Fällen genügt schon ein Blick von weitem, um eine Seite gedruckten Textes in ihrer typographischen Sequenzierung als typisch wissenschaftliche zu erkennen. Dabei deutet gerade etwa die Getrenntheit von „Fussnoten" und „Haupttext" (oder die Hierarchisierung des Textes in Unterkapitel) auf eine funktionale Differenzierung von Aussageebenen hin. Aus einer solchen Perspektive würde es sicher unmittelbar einleuchten, domänentypischen Textteilen wie etwa „Fussnoten" eigene Teil-Autorfiguren zuzuschreiben. In einem „Vorwort" ‚spricht' nicht die gleiche Teil-Autorfigur wie in einem „Abstract". Ausgehend von dieser trivialen Feststellung könnte man vermuten, dass die Änderungen im ‚Aussagestatus' praktisch an die Konventionen und Regeln von ‚festen' Textteilen gebunden sind. Diese Prämisse erlaubte es, Teil-Autorfiguren für „Titel", „Danksagungen", „Vorwörter", „Inhaltsverzeichnisse", „Einleitungen", „Haupttexte", „Fussnoten" etc. zu bestimmen.[104] Und weil Textteile

[103] Vgl. zum Begriff der Textstrukturierung etwa Heinemann/Viehweger. Textlinguistik. 1991. S. 161–164.

[104] Gérard Genette spricht im Zusammenhang mit Textteilen, die ihrer Funktion nach auf den Text hinweisen und die Lektüre steuern, von „Paratexten": Einleitungen, Vorwörter, Titel stellen ohne Zweifel Texte in einen thematischen Zusammenhang und geben sozusagen Gebrauchsanweisungen für eine ‚richtige' Lektüre des ‚eigentlichen' Textes. Selbstverständlich ist die skizzierte Ordnung: „Paratexte" aussen, ‚Haupttext' innen völlig einleuchtend. Meines Erachtens suggeriert Genettes Begriff des „Paratextes" allerdings auch, dass es so etwas wie eine feste Funktionalisierung von Teiltexten gibt, und zwar nicht nur in der Hinsicht, dass Texte diese Funktionen mehr oder weniger indizieren würden, sondern dass sie diese festen Funktionen auch *tatsächlich* und in bestimmter Weise *ausschliesslich* haben. Mir scheint das in zweierlei Hinsicht problematisch: Zum einen verschleiert die Trennung von

wie die angeführten ihre Funktion im Zusammenspiel mit andern Textteilen erhalten, wäre es aufschlussreich, mögliche Teil-Autorfiguren auch hinsichtlich ihrer ‚festen Zusammenspielfunktion' zu differenzieren.

Gegen einen solchen Beschreibungsansatz spricht allerdings, dass er sich mit dem grundlegenden Problem der Abgrenzung von ‚Textteil-*Arten*' verbindet. Wie liesse sich der Texteil „Fussnote" zum Beispiel als nur annähernd ‚feste' funktionale und strukturelle Einheit bestimmen?[105] Wenn etwa in einer Fussnote gesagt wird: „Dieser Teil der Arbeit ist durch einen längeren brieflichen Austausch mit XY mitgeprägt worden. Ich möchte XY an dieser Stelle danken", dann stellt sich die Frage, ob hier nicht dem dominanten Illokutionstyp entsprechend *auch* eine Teil-Autorfigur enunziert wird, die zwar ‚fussnotentypisch' ist, noch eigentlicher aber ‚danksagungstypisch'.[106] Die im Zusammenhang mit Textredaktionen nicht selten gestellte Frage, ob eine bestimmte Äusserung „nicht eher in den Haupttext" (bzw. „nicht eher in die Fussnoten") gehöre, weist ebenfalls darauf hin, dass TextproduzentInnen zwar über Konzepte verfügen, die es erlauben, einen Textteil hinsichtlich seiner Funktion innerhalb

---

‚eigentlichem' und ‚uneigentlichem Text' den Anleitungscharakter des ‚eigentlichen Textes' – Lektüre wird ja nicht nur dadurch gesteuert, dass Teiltexte wie ‚Vorreden' eigens darauf hinweisen, dass sie steuern wollen. Zum andern scheint mir, dass mit dem Begriff des „Paratextes" vor allem eine zugrunde liegende Norm bei der Textproduktion angesprochen ist, die in konkreten Textexemplaren nur graduell erfüllt wird. Die Erwartungen an einen Titel, eine Einleitung, eine Fussnote sind nicht Erwartungen, die zwingend bestätigt werden. Vgl. Gérard Genette. Palimpseste: Literatur auf der zweiten Stufe. (Franz. Orig. 1983). Frankfurt am Main 1993. Und: Ders. Paratext: Das Buch vom Beiwerk des Buches. Frankfurt am Main 1989.

105 Eva-Maria Jakobs weist zu Recht auf die Divergenz von sachlichen und sozialen Funktionen hin. Sie nennt als typische Funktionen von Textbezügen, die zwar eine zentrale, aber keineswegs ausschliessliche Funktion von Fussnoten darstellen: „‚Vernetzung und Positionierung in der Forschergemeinschaft' [...], ‚Informieren über den Forschungsstand' [...], ‚Sicherung von Kontinuität durch Traditionsbildung und Bezugslinien' [...], Funktionen beim Argumentationsaufbau und ‚Beziehungsgestaltung in Forschergemeinschaften'". Jakobs. Textvernetzung. 1999. S. 114.

106 Einzelne institutionalisierte Handlungen oder besser: Handlungsverläufe zur Grundlage von Textteil-Charakterisierungen zu erklären reduziert meines Erachtens das Phänomen der ‚Handlung-im-Text' auf eine ebenso problematische Weise, wie es die Bestimmung von illokutionären „Grundkategorien" mit Blick auf die Charakterisierung von Textsorten tut: Die Textsortenklassifikationsfrage geht ja in der pragmatischen Tradition in der Regel einher mit der Frage nach illokutionären ‚Grundkategorien'. Meist werden zwischen fünf (Heinemann/Viehweger, Brinker u. a.) und einem Dutzend (Searle) Kategorien anberaumt, wobei für die konkrete Bestimmung von Textsortenexemplaren dann häufig mit komplizierten Illokutionsüberschneidungen operiert wird. Vgl. hierzu: Kirsten Adamzik. Was ist pragmatisch orientierte Textsortenforschung? In: Dies. (Hrsg.). Textsorten: Reflexionen und Analysen. (= Textsorten Bd. 1). Tübingen 2000. S. 91–112. Hier v. a.: S. 98–101.

des Gesamtgefüges zu qualifizieren. Das heisst aber keineswegs, dass in der Textproduktion Entscheidungen aufgrund von ‚konstanten' Kriterien getroffen würden. Mit andern Worten: Was funktional und strukturell in einem konkreten Textexemplar als Textteil „Fussnote" beschrieben werden muss, deckt sich weder zwingend mit einer entsprechenden typographischen Indizierung eines Textes, noch ist davon auszugehen, dass überhaupt Textteil-*Arten* idealtypisch – im Sinne von ‚konstanten Kriterien' – beschreibbar sind, so dass sie sinnvoll auf tatsächlich vorkommende Exemplare anwendbar würden.[107]

Weil es ja die sequentiellen, textinternen *Relationen* sind, die im Text*zusammenhang* eine (wie immer kompliziert zusammengesetzte) Funktionszuschreibung an einen Textteil als sinnvoll erscheinen lassen, kann man zunächst hinsichtlich der obigen Beispielsequenz „Dieser Teil der Arbeit ist [...]" sagen, dass mit einer solchen Äusserung eine soziale Eingebundenheit der Teil-Autorfigur thematisiert wird, die vor allem anderen dazu dient, eine vorausgehende Aussage mit einem „Rahmen" zu versehen. Das Konzept des „Rahmens" bildet den zentralen Ausgangspunkt für die in Kapitel 3.4.3 bis 3.4.5 angepeilten Identifizierungen von „Teil-Autorfiguren".

3.4.1 Rahmen und Aussage

Ich will hier, um eine Basis für die nachfolgenden Überlegungen zu Teil-Autorfiguren und Textkonstitution zu errichten, eine nicht unmittelbar auf ‚feste' Textteile bezogene Unterscheidung einführen, und zwar die Unterscheidung zwischen „Rahmen" und „Aussage". Das Hauptaugenmerk richtet sich dabei auf den sowohl metaphorisch wie narratologisch vorgeprägten Begriff des „Rahmens".[108] Der Begriff soll hier, was sicher nicht ganz unproblematisch ist, auf dem Hintergrund des Rahmenkonzepts verstanden werden, das Erving Goffman im Hinblick auf die in direkter Interaktion ‚mitgegebenen' Kontexte entwickelt hat.[109] ‚Mitgegeben' heisst im goffmanschen Sinne nicht, dass Kon-

---

[107] Diese Beschreibungsproblematik zeigt eine auffallende Analogie zu klassisch-linguistischen Problemen dieses Schlags: Satzgrenzen etwa lassen sich nicht dadurch festlegen, dass man sagt, sie würden durch Punkte abgegrenzt, Wortgrenzen nicht dadurch, dass eine schriftsprachliche Norm als Argument ins Spiel gebracht wird.

[108] Üblicherweise geht man in textlinguistischen Zusammenhängen von einem psychologisch-schematheoretisch geprägten Frame-Begriff aus, um ein Modell zu entwickeln, das eine Beschreibung der Verknüpfungen von so genanntem Welt- bzw. Handlungswissen mit an der Textoberfläche repräsentierten ‚Informationen' erlaubt. Um zu verdeutlichen, dass im Folgenden gerade *nicht* ein kognitionspsychologischer Frame-Begriff zur Diskussion steht, spreche ich ausschliesslich von „Rahmen".

[109] Vgl. für das Nachfolgende: Erving Goffman. Rahmen-Analyse: Ein Versuch über

texte in einem eindeutigen oder schlichten Sinne dem Kommunikat äusserlich wären. Kontexte werden in der Interaktion mit Blick auf eine gemeinsame Orientierung ‚mitaufgeführt'. Das goffmansche Konzept, jedenfalls soweit ich es für die vorliegenden Zwecke begreife, zielt hauptsächlich auf die Identifizierung und Differenzierung von solchen ‚mitaufgeführten' Kontextierungen.[110]

Man kann sich „Rahmen" wie ‚Bilderrahmen' vorstellen. Für Bateson, auf den sich Goffman mit seinem Rahmenkonzept bezieht, ist entscheidend, dass es sich beim „Rahmen" um einen psychologischen Begriff handelt. Zentral ist dabei die Relation zwischen „Rahmen" und „Wahrnehmungsgestalt":

> Die Relation zwischen psychologischem Rahmen und Wahrnehmungsgestalt muss näher untersucht werden, und hier ist die Analogie des Bilderrahmens hilfreich. In einem Gemälde [...] sind die menschlichen Figuren und andere Gegenstände konturiert. [...] Aber ausserhalb dieser Linien, die die Wahrnehmungsgestalt oder „Figur" begrenzen, findet sich ein Hintergrund oder „Grund", der seinerseits durch den Bilderrahmen eingegrenzt ist. [...] Diese doppelte Rahmung ist unserer Ansicht nach nicht bloss eine Angelegenheit von „Rahmen in Rahmen", sondern ein Hinweis darauf, dass geistige Prozesse der Logik ähneln, indem sie einen äusseren Rahmen benötigen, um den Grund abzugrenzen, vor dem die Figuren wahrgenommen werden sollen.[111]

Goffman interessiert sich konkret – prototypisch ausformuliert im Hinblick auf die Textart „Vorlesung" – für den „Rahmen" im Sinne des institutionellen Drumherums, aber im einzelnen auch für die ‚inneren Konturierungen', für das, was er „Footing" nennt, was dem medientypischen Wechsel im ‚dargestellten Selbsthandling' des Vortragenden entspricht. Es ist der Wechsel in der „Gangart",[112] der es einem Zuhörer erlaubt, das Gesagte vor einem definierten Hintergrund zu interpretieren. Wechsel in der „Gangart" sind eine Möglichkeit

---

die Organisation von Alltagserfahrungen. (Amerik. Orig. 1974). Frankfurt am Main 1977. Und: Erving Goffman. The Lecture. In: Ders. Forms of Talk. Oxford 1981. S. 162–196. Und: Erving Goffman. Footing. In: Ders. Forms of Talk. Oxford 1981. S. 124–159. Eine Übersetzung dieses Beitrags findet sich in: Erving Goffman. Redestatus. In: Ders. Rede-Weisen: Formen der Kommunikation in sozialen Situationen. Hubert Knoblauch/Christine Leuenberger/Bernt Schnettler (Hrsg.). Konstanz 2005. S. 37–72.

110 Vgl. zum spezifisch soziologischen „Rahmen"-Begriff vor allem Kapitel 1.3 („Rahmen") der Arbeit von Herbert Willems. Rahmen und Habitus: Zum theoretischen und methodischen Ansatz Erving Goffmans: Vergleiche, Anschlüsse und Anwendungen. Frankfurt am Main 1997. S. 30–49.

111 Gregory Bateson. Ökologie des Geistes: Anthropologische, psychologische, biologische und epistemologische Perspektiven. Frankfurt am Main 1985. S. 255.

112 Als „Gangart" übersetzt Peter Auer meines Erachtens sehr treffend den goffmanschen „Footing"-Begriff. Peter Auer. Sprachliche Interaktion: Eine Einführung anhand von 22 Klassikern. Tübingen 1999. S. 156.

der „Rahmung". Die mit dem „Footing"-Konzept angelegte Differenz zwischen „Rahmen" und „Aussage" ist meines Erachtens mit Blick auf die Texteinheit vor allem dann eine sehr fruchtbare Differenz, wenn sie auf die mit einem Text aufgeführte Aussagewirklichkeit bezogen wird. Es erscheint dann nämlich möglich, zwei aufeinander bezogene Textwirklichkeiten zu unterscheiden: Die „Footing"-Wirklichkeit, die man grob als „Rahmenwirklichkeit" beschreiben kann, und die „Aussagewirklichkeit" selbst.

Der Begriff des „Rahmens" bezeichnet also weder zwingend eine das sprachliche Geschehen umgebende *soziale* Umgebung, noch eine streng auf die Achsen von Raum, Zeit und Person bezogene Rekonstruktion der Situation. Der „Rahmen" dient dazu, variante Annahmen über die Versetzungsverhältnisse zu verdeutlichen. In unserem Zusammenhang bietet sich der goffmansche „Rahmen"-Begriff an, um die Architektur von Aussageverhältnissen im Text zu präzisieren. Wenn man von einem Alltagsbegriff von Aussage ausgeht und festlegt, dass Aussagen Sachverhalte wiedergeben, die eine Wahr-falsch-Unterscheidung zulassen, so ist etwa eine Frage als Nicht-Aussage und damit als „Footing"-Wirklichkeit, als Wechsel in der „Gangart" bzw. als „Rahmenwirklichkeit" markiert. Die Relation zwischen den beiden Wirklichkeiten – im Beispiel die Relation zwischen Frage und Antwort – ist entscheidend. Dadurch nämlich, dass es sich um getrennte, aber aufeinander bezogene Wirklichkeiten handelt, ist indirekt eine wichtige Abgrenzung zu einer sprechakttheoretischen Konzeptualisierung searlescher Prägung markiert. Während „Rahmen" und „Aussage" auf einem Ausschlussverhältnis basieren,[113] sind die Teilakte des Sprechaktes als integrale Aspekte ein und derselben Einheit zu verstehen. Während die Sprechakttheorie zum *Zusammenhang* von Einheiten wie Frage und Antwort keinen substantiellen Beitrag leisten kann, ist das, was man entgegen dem vergleichsweise untheoretischen Anspruch nach Goffman „Rahmentheorie" nennen könnte, auf die Beschreibung von Zusammenhängen dieser Art angelegt.

Den Ausgangspunkt für Goffmans Argumentation in „The Lecture" bildet nicht der publizierte Text, sondern das institutionalisierte Setting der Vorlesung als einer bühnenmässig geprägten, sozialen Situation der Textaufführung. Dieser Blick aufs (performative) Ganze erlaubt es gewissermassen in einer Bewegung von aussen nach innen, „Rahmen" von unterschiedlicher Grösse zu unterscheiden.

Für unsere Zwecke ist es zureichend, den Fokus zunächst auf einen an sich trivialen Sachverhalt zu legen: In der „Lecture" wird ein dargestelltes Was, ein

---

[113] „Der Bilderrahmen", sagt Gregory Bateson, „sagt dem Betrachter, dass er bei der Interpretation des Bildes nicht dieselbe Art des Denkens anwenden soll, die er bei der Interpretation der Tapete ausserhalb des Rahmens einsetzen könnte." Bateson. Ökologie des Geistes. 1985. S. 254.

Gegenstand der Mitteilung, gezwungenermassen mit aufgeführtem ‚Drumherum eingerahmt', sodass dieses Was auf dem Hintergrund einer institutionellen, gleichzeitig aber auch einer körperlich-gestisch-stimmlich-performativen Gesamtinszenierung des „Vorlesers", auf verschiedenen Stufen mit einem bedeutungslenkenden Wie unterlegt wird. In den Worten Goffmans: „Thus, a competent lecturer will be able to read a remark *with a twinkle in his voice*, or stand off from an utterance by *slightly raising his vocal eyebrows*." [Hervorhebung von mir, F. St.][114] Aussagen werden so – auch durch sehr diskrete Veränderungen in der „Gangart" – mit Orientierungsstimuli unterlegt.

Die primäre Leistung des goffmanschen „Rahmen"-Konzepts liegt in der damit eröffneten Möglichkeit einer Dekonstruktion der „primitiven Begriffe des Hörers und des Sprechers".[115] Goffmans Hauptfokus liegt auf *Änderungen* in der „Gangart". Änderungen haben die Funktion, den autorschaftlichen Geltungsanspruch zu modulieren. Je nachdem, ob zum Beispiel in einer Vorlesung vorformulierte Inhalte auswendig vorgetragen werden, ob sie laut vorgelesen oder ob sie spontan (bzw. pseudo-spontan) ‚dazwischen' gesprochen werden, ist mit diesen verschiedenen „Gangarten" auch ein je verschiedener „Teilnahme-Rahmen" bzw. auch ein je eigenes „Produktionsformat" verbunden.[116] – Eine ‚Tonfall-Markierung' kann eine Aussage mit dem Aussagestatus-Etikett des Nebenbei-Gesagten unterlegen. Der Aussagestatus kann also auf mehreren Ebenen gleichzeitig markiert werden. Eine kurze Anekdote wird etwa in eine „Lecture" über paraverbale, verbale und thematische Signale als deutlicher Kontrast zu jenem Aussagerahmen eingefügt, von dem sich die Anekdote abhebt. Dass für eine Markierung von Änderungen in der „Gangart" mehrere mediale Ebenen miteinander verknüpft werden, gilt grundsätzlich auch für den schriftlichen Text: Mit der Möglichkeit einer typographischen Trennung von Anmerkungsebene und Haupttext ist ein Grund-Kontrast in der Modulierung von Aussagen angesprochen, der in dieser Funktion zusätzlich häufig über eine den Kontrast semantisierende Indizierung salient wird.[117]

---

[114] Goffman. The Lecture. 1981. S. 175.

[115] Goffman. Redestatus. 1981/2005. S. 68.

[116] Goffman. The Lecture. 1981. S. 172.

[117] Eine Möglichkeit bilden hier ‚wissenschaftstypische' Markierungen wie „vgl.", „auch", „im Übrigen", „meines Erachtens", „allerdings" etc. – Zu denken ist hier aber auch an syntaktische Möglichkeiten wie jene der indirekten Frage: Eine Aussage im Haupttext, die der Form nach „X ist Y." lauten könnte, wird – und damit ist die *Änderung* im Aussagestatus sozusagen doppelt indiziert – in einer Anmerkung mit einer indirekten Frage kontrastiert: „Was X determiniert und wie wichtig X jeweils ist, variiert offensichtlich."

3.4.2 Rahmen und Autorfigur

Auf den ersten Blick macht es den Anschein, als ob die Wechsel in den „Gangarten“ in schriftlichen Texten – publizierte Fassungen von Referaten sind hier eine denkbare Spielform – weniger komplex organisiert wären als dies in der Face-to-Face-Kommunikation der Fall ist, wo visuelle, paraverbale und verbale Zeichen sich sozusagen multimedial überkreuzen und in der Parallelität der Zeichenebenen der Eindruck einer ‚kontrastierenden Bezugnahme‘ der einen Ebene auf die andere als fast unausweichlich erscheint.

Die Frage stellt sich allerdings auch mit Blick auf die linearen Verhältnisse des Schriftmediums: Wie wird erfahrbar, welcher Aussagerahmen für eine bestimmte Aussage ‚mitgegeben‘ ist? – Wodurch wird erkenntlich, dass eine bestimmte Äusserung als eine unsituierte, allgemeine oder anonyme Information gelten soll? – Wie soll es möglich sein, eine Aussage „eher im Namen eines Wir als für sich“[118] zu äussern?

Die Beantwortung dieser Frage hängt eng mit dem zusammen, was Goffman das „Textselbst“ nennt.[119] Für Goffman tritt allerdings dieses „Textselbst“ innerhalb eines bereits etablierten Aussagerahmens der „Lecture“ auf. Mit Blick auf ausschliesslich schriftliche Verhältnisse scheint mir deshalb wichtig, nochmals kurz hervorzuheben, wie dieser Aussagerahmen konstituiert wird: Die grundlegendste Rahmenmöglichkeit besteht darin, dass ein Autor sich mit „Ich“ als „Protagonist in einer beschriebenen Szene“[120] bezeichnet. Durch dieses „Format“, wie es Goffman nennt, wird eine „erstaunliche Flexibilität“[121] geschaffen. Diese Flexibilität wird genau genommen nicht durch die (z. B. pronominale) Bezeichnung der Aussagefigur geschaffen, sondern durch die Repräsentation eines Selbstverhältnisses bzw. die Andeutung eines Rahmens-im-Rahmen. Es ist in diesem Zusammenhang erhellend, sich die Relationalität zwischen verschiedenen „Ichen“ vor Augen zu führen, wie sie Goffman im Anschluss an Mead in unterschiedlichen Werkzusammenhängen expliziert hat.[122] Es sind

---

[118] Goffman. Redestatus. 1981/2005. S. 59.

[119] Goffman. The Lecture. 1981. S. 173–186. „Textselbst“ ist eine Übersetzung von Goffmans Begriff des „Textual Self“ in „The Lecture“: Goffman. The Lecture. 1981. S. 173. Ich ziehe den Terminus „Autorfigur“ dem des „Textselbst“ vor, weil es ja im Grunde nicht um die Konstitution einer ‚Selbstheit‘ geht, sondern um die ‚Versorgtheit‘ eines Textes mit autorschaftlichen Signalen.

[120] Goffman. Redestatus. 1981/2005. S. 62.

[121] Ebd. S. 62.

[122] Vgl. hier: Goffman. Rahmen-Analyse.1974/1977. S. 553–561. Und: Goffman. The Lecture. 1981. S. 166f. Und: Goffman. Redestatus. 1981/2005. S. 59.

drei „Iche“, die Goffman unterscheidet, wobei jedes in einer andern Schicht des „Rahmens“ spielt.[123]

Für die Urheberschaft einer Aussage sind zwei „Iche“ massgebend: Ein „Animateur“, der als „Sprachrohr“ einer Äusserung begriffen werden kann, und ein „Autor“, der einem Gegenüber als Verantwortlicher der Aussage zur Verfügung steht. Der „Animateur“ bringt Formulierungen hervor, während der „Autor“ ganz im Sinne der foucaultschen Trennung als das „Subjekt der Aussage“ rangiert.[124] Das dritte „Ich“, das Goffman diagnostiziert, ist eine Figur, die eine Aussage zeitlich überdauert, er bezeichnet dieses „Ich“ als „Principal“. Damit ist die soziale Identität, die institutionelle Rolle etc. angesprochen, die eine „Person“ innehat. Um die Gleichzeitig der „Ich“-Dreiheit zu verdeutlichen, führt Goffman folgendes Beispiel an:

> Wenn jemand sagt: „Ich habe das Gefühl, ich muss dir sagen, dass ich an diesem Abend recht durcheinander war und Marie alles gesagt habe“, dann kommen drei ganz normale Wesen ins Spiel.[125]

Die Beziehung zwischen dem sprachlich gestaltenden und dem verantwortlichen „Ich“ ist hier vergleichsweise unproblematisch. Dagegen erscheint die Relation zwischen dem verantwortlichen „Autor“, der gerade zur Verfügung steht, und jener Figur der erzählten Handlung, zu der der „Autor“ eine gewisse Distanz signalisiert, obschon er „in dessen Namen“[126] spricht, offenbar nicht als ganz kongruent. Man erwartet in der Regel von einer Figur ja eine konstante Identität.[127] Gerade die Überlagerung und die Relationalität der verschiedenen „Iche“ lässt es aber nicht nur in Ausnahmefällen, sondern ganz allgemein zu, gleichzeitig im „Namen von“ zu sprechen und sich zu distanzieren:

> Wenn wir sagen, „Ich kann heute nicht klar reden“, dann sprechen wir diese Aussage sehr klar aus. Wenn wir sagen, „Ich bin sprachlos!“, dann sind wir es nicht. (Und wenn wir witzig sein wollen und sagen, „Ich bin sprachlos, aber offenbar nicht genug, um davon abgehalten zu werden, das zu sagen“, dann würde unsere Beschreibung zwar den Witz ausdrücken, ohne sich jedoch auf ihn zu beziehen.) Um es in den Worten von Mead zu formulieren: Ein „Selbst“, das versucht „ich“ zu verkörpern, bedarf eines weiteren „Ichs“, um das tun zu können.[128]

---

[123] Goffman. Rahmen-Analyse. 1974/1977. S. 556.
[124] Vgl. Foucault. Die Aussagefunktion. In: Ders. Archäologie des Wissens. 1969/1992. S. 128–153. Hier: S. 138f.
[125] Goffman. Rahmen-Analyse. 1974/1977. S. 557f.
[126] Ebd. S. 558.
[127] Jannidis. Identität. In: Ders. Figur und Person. 2004. S. 137–149.
[128] Goffman. Redestatus. 1981/2005. S. 63.

Die im Zitat angeführten Beispielsätze vermitteln den Eindruck eines Widerspruchs zwischen dargestelltem und darstellendem „Ich". Dass der Satz: „Ich bin sprachlos!", allerdings nicht zwingend zu einer Wahrnehmung dieser Inkongruenz führen muss, ist darin begründet, dass solche Äusserungen gar nicht in einer strengen Hinsicht auf ein ‚eigentliches Selbst' hinter dem „Animateur"/ „Autor" bezogen werden.[129]

Es ist allerdings nicht diese spezielle Diagnose, die in unserem Zusammenhang von Interesse ist – es ist vielmehr ihre Verallgemeinerbarkeit: Mittels der Trennung der „Iche" erscheint es möglich, „Rahmen" von unterschiedlicher Grösse anzunehmen. Die Trennung ermöglicht es, von einem je nach Bezugsrahmen festgelegten „Ich" auszugehen, das mit einem anschliessenden „Ich" über eine Differenzstellung eine Beziehung eingeht und gleichzeitig eine bestimmte Aussagewirklichkeit instanziert. Ich möchte das an zwei Beispielen verdeutlichen: Angenommen, in einem wissenschaftlichen Text wird auf einen bestimmten Stand der Forschung referiert, indem in einer additiven Folge Positionen von Autoren aufgelistet werden. Dieser „Rahmen" erlaubt es einem „Animateur"/„Autor", Aussagen ‚im Namen anderer Autoren' zu machen. Es ist innerhalb dieses Rahmens durchaus üblich, dass man *nicht* ‚für sich' spricht. Der „Animateur" formuliert hier Aussagen, die der assoziierte „Autor" nur insofern verantwortet, als es sich um Paraphrasen von Aussagen, also um Aussagen über Aussagen handelt. Allerdings dient der Bezugsrahmen Forschungsstand in der Regel dazu, die Differenzstellung zum Text-"Autor"/ Text-"Principal" besonders herauszustreichen und im Anschluss an die Figur „Im-Namen-von-anderen-Autoren" als Kontrastfigur zum „In-eigenem-Namen-Sprechen" einzusetzen.

Zweites Beispiel: In einer Einleitungspassage kann ein Autor Bemerkungen darüber verlieren, welche Aspekte des Themas ausser den effektiv realisierten auch denkbar gewesen wären, die allerdings (wie dann rituell angemerkt wird), den „Rahmen der vorliegenden Untersuchung" gesprengt hätten.[130] Die Thematisierung der Umstände in dieser Art macht deutlich: Es gibt einen historisch-situationalen Rahmen der Textentstehung, der eine Distanz zwischen historischem Autor und aktuellem Autor zulässt. Goffman nennt dieses Phänomen „Rollendistanz". Er erläutert die zentrale Differenz von „Rolle" und „Selbst" an einem prägnanten Beispiel:

---

[129] Man bezieht die Zuschreibung der Sprachlosigkeit auf einen situativen Rahmen, der diese Zuschreibung plausibel macht. Dann ist es etwa einem Pfarrer möglich, an einer Trauerfeier in umständlicher Erörterung ‚seine' Sprachlosigkeit zu thematisieren, ohne deswegen für verrückt erklärt zu werden.

[130] Goffman. The Lecture. 1981. S. 175.

> Man nehme einmal den Auktionator. Er erweist sich als eine ‚Persönlichkeit'. Er hat keine übertriebene Ehrfurcht vor dem, was ihm anvertraut worden ist. Er spricht säuerlich von den ein oder zwei Artikeln, die er ‚drücken' muss, er zeigt einen leichten Zynismus bezüglich der Verkäufer, der Käufer und des Angebotenen. Er ist Conferencier, er macht redaktionelle Bemerkungen, er schmeichelt und zieht Leute auf. Er schilt die Versammlung, wenn keine Gebote kommen. Er ist nicht bereit, fünfe gerade sein zu lassen; aber ein klein wenig ironisiert er die ganze Veranstaltung. (Das alles hindert ihn natürlich nicht, sich bei wichtigeren Stücken ordentlich ins Zeug zu legen, ja, es hebt bei diesen womöglich seine Glaubwürdigkeit.) So scheint dieser Auktionator ein besonderer Kerl zu sein, nur dass es im Auktionswesen für so etwas eine Tradition und auch Möglichkeiten gibt, und viele von denen, die die Rolle übernehmen, legen sich auch den respektlosen Stil zu, den dieser spezielle Geschäftszweig begünstigt.[131]

Das im Zitat beschriebene Geschehen macht deutlich, dass Goffmans Begriff des „Rahmens" zunächst als äusserer, sozial und diskursiv-situational vorgeprägter Rahmen zu verstehen ist. Er zeichnet sich durch eine bestimmte Adressierung und eine bestimmte Rollenerwartung aus. Für den Wechsel im „Footing" (bis hin zur angedeuteten Rollendistanz) ist im Zitat eine strategische, fortlaufend an diverse Zwischenziele angepasste Dramaturgie verantwortlich, die durch die Aufführung einer Rolle und einem durchschimmernden „Selbst" im Sinne der „Persönlichkeit" geprägt ist. Zentral scheint mir hier: Der Wechsel im „Footing", also etwa das Hin und Her zwischen humorvoller „Gangart" zur Auflockerung des Geschehens, der protokollierenden „Gangart" zur Registrierung von Angeboten und der verbindlichen Ansage des Hammerschlags, ist ein Wechsel zwischen domänentypischen Teil-Auktionärsfiguren, die sich sowohl aus der typischen Rolle, als auch aus der Art, wie der Auktionator diese Rolle im Sinne eines „Selbst" ausfüllt, verstehen lassen.

Im Folgenden soll es um den Versuch gehen, im Anschluss an Goffmans Begriff des „Rahmens" für wissenschaftliche Texte unterschiedliche Autorfiguren als gegenseitig aufeinander bezogene „Rahmenfiguren" zu begreifen und zu beschreiben.[132] Es sind vor allem untersuchungspraktische Überlegungen, die hier mit Blick auf das 4. Kapitel im Vordergrund stehen. Die in 3.4.3–3.4.5 vorgeschlagene Dreiteilung ähnelt in mancher Hinsicht der goffmanschen Trennung von „Animateur"/„Autor"/„Principal", sie weicht allerdings auch in

---

[131] Goffman. Rahmen-Analyse. 1974/1977. S. 617f. Zum Beispiel des Auktionärs vgl. auch: Goffman. Redestatus. 1981/2005. S. 71.

[132] Ich bin in einem früheren Entwurf von der klassischen semiotischen Triade von Peirce ausgegangen: Vgl. Felix Steiner. „Die Maske mit dem Gesicht verwechseln": Autorschaftsfiguren in naturwissenschaftlichen Texten um 1800. In: Cherubim et. al. (Hrsg.). Sprachgeschichte. 2002. S. 91–110. Ich habe das nachfolgend vorgeschlagene Modell auf Anregung von Helmut Feilke und Angelika Linke vom Verweis auf Peirce entbunden.

wichtigen Aspekten ab. Ähnliches gilt für die rhetorische Triade, die Joachim Knape (2000) in unmittelbarer Korrelation mit Goffman vorgeschlagen hat – Knape spricht von „Informator"/„Elokutor"/„Orator".[133] Ich bediene mich hier nachfolgend einer deutschen Etikettierung. Ich verfolge damit nicht die Absicht, die Nähe zu Goffmans oder Knapes Modellierungen zu verdecken, vielmehr sollen die zugrunde liegenden disziplinären Motive und Bezüge, die sowohl bei Goffman als auch bei Knape eine wesentliche Rolle spielen, die hier angepeilte Perspektive nicht beeinflussen. Ich spreche von der Verantworter- (3.4.3), der Gestalter- (3.4.4) und der Mittlerfigur (3.4.5). Die Verantworterfigur übernimmt dabei die wichtige Funktion der Integration der zwei andern Figuren.

3.4.3 Die Verantworterfigur als soziale Figur

Ich gehe davon aus, wie ich das bereits im ersten Kapitel bei der Bestimmung des Autorbegriffs erläutert habe, dass wissenschaftliche Textwirklichkeit auf eine einzige, konstante Aussageinstanz angewiesen ist. Die erste hier zu isolierende Autorfigur konkretisiert dieses Modell. Ich nenne sie die Verantworterfigur. Sie kombiniert Elemente des goffmanschen „Animateurs" mit jenen des „Principals". Sie hat ihren Ort, wenn man so will, im äussersten „Rahmen" der Aussagewirklichkeit. Sie verfügt über eine Reichweite, die über den textuellen Aussagerahmen hinausgeht, und sie kommt gleichzeitig jener Hypostase gleich, die unter dem Autor*namen* eine Existenz als Autor fristet. Wer einen wissenschaftlichen Text liest, interagiert in gewisser Weise mit dieser Hypostase. Man subsumiert die gelesenen Aussagen unter dem Namen. Mit einem *Autornamen* verbinden sich so gesehen auch variable Vorstellungen darüber, was diesen Autor im Hinblick auf die Aussagedomäne ausmacht: Im Wissenschaftsalltag spricht man gerne von ‚No-Names' und ‚Koryphäen' – man thematisiert damit das symbolische Kapital, das sich mit wissenschaftlichen Beiträgen akkumulieren lässt. So gesehen kann man unter der Verantworterfigur auch einen bestimmten Ruf verstehen, der einem Autor innerhalb einer bestimmten disziplinären Konstellation vorauseilt. Solche wissenschaftstypischen Statusprägungen und entsprechende Inferenzen bei der Lektüre sind aber keineswegs zwingend. Als Grundmodell der Verantworterfigur ist daher ein an die Domäne angepasstes Basiskonstrukt vorzustellen, das sich in der Lektüre erst festigt. Das heisst, es sind mit der Verantworterfigur im Sinne der sozialen Figur auch – im Sinne der griceschen Maximen – mehr oder weni-

---

[133] Knape unterscheidet drei aufeinander bezogene „Kommunikatorfunktionen", den „Informator", den „Elokutor" und den „Orator". Joachim Knape. Textrhetorik. In: Ders. Was ist Rhetorik? Stuttgart 2000. S. 107–135. Hier: S. 113.

ger konstante Erwartungen verbunden: Ein wissenschaftlicher Autor ist nur als *zuverlässige* Aussagefigur sinnvoll zu denken, das heisst nur als Figur, die nicht absichtlich Unwahrheiten äussert, und nur als Figur, die nicht absichtlich Aussagen vernebelt.

Die Verantworterfigur ist die Figur, die zitiert wird und die andere Autorfiguren zitiert. Das will heissen: In der wissenschaftlichen Interaktionsdomäne ist es nicht vorgesehen, dass Aussagen als solche übernommen werden, sondern es werden doppelt gerahmte Aussagen zitiert. Der erste Rahmen besagt: Zitierte Aussagen werden bei ihrer Übernahme an den Aussagekontext des zitierenden Autors assimiliert. Aussagen werden ja nicht unselektioniert übernommen.[134] Der zweite Rahmen besagt, dass das, was man übernimmt, im Namen der zitierten Autorfigur so übernommen ist, dass diese weder in ihren Rechten als „Principal" mutwillig beschnitten wird, noch von ihren Pflichten als „Principal" entbunden wird. Zitierte Autoren bleiben für ihre *Aussagen* im Sinne der Urheberschaft auch dann verantwortlich, wenn sie zitiert werden. Auch in der Absicht, diese Verpflichtung bei der Übernahme von Aussagen auszunützen, ist das wissenschaftliche Verweissystem rigoros an der Verbindung von Namen und Quellenangaben orientiert. Gleichzeitig wird mit dieser Verbindung auch Aufrichtigkeit markiert. Das Selektionsproblem ist damit, zumindest scheinbar, gelöst – wer wollte, könnte sich ja jederzeit um die jeweiligen Originalaussagen bemühen.

Aus dem Intertextualitätsproblem ergibt sich auch eine der grundlegendsten stilistischen Forderungen für die wissenschaftliche Formulierungspraxis. In wissenschaftliche Texte müssen (mehrfache) Resistenzen eingebaut sein, dass Aussagen nicht als mehrdeutig, vage, opak etc. gelesen werden können, weil sonst Übernahmen im ‚Namen von' zu einem System von kontigenten Verweisen führen würden. Würden Aussagen ‚irgendwie' verstanden und entsprechend ‚irgendwie' weiter verwendet, wären Autoren das Gegenteil von verlässlich. Die textsortentypischen Muster, mit Titeln, Zusammenfassungen, Schlussfolgerungen etc. Redundanzen zur ‚vollen Version' zu formulieren, gibt einen wichtigen Hinweis auf dieses – hier als vergleichsweise unbewegliche Autorfigur verstandene – *Selbstverständnis* des Autors.

Die Etablierung der Verantworterfigur besteht zunächst in dem qua Text sichtbar gemachten Bemächtigungsakt über ein bestimmtes Thema. Die im wissenschaftlichen Kontext zentrale Verknappung dieser Verbindung ist die

[134] Diese Selektion steuert bereits die Lektüre. Was thematisch nicht ‚passt', um im eigenen Text Fragen zu beantworten, Argumente zu stützen oder ganz allgemein Aussagen anschlussfähig zu machen, wird gar nicht gelesen. Vgl. hier die praktischen Schreibanleitungen, die Bazerman gibt: Charles Bazerman. Writing Well, Scientifically and Rhetorically: Practical Consequences for Writers of Science and their Teachers. In: Ders. Shaping Written Knowledge. 1988. S. 318–332.

Autornamen-Texttitel-Verbindung. Der Herrschaftsanspruch des Autors über ‚sein' Thema wird in dieser Verbindung ausgesprochen, unabhängig von einer Validierung des Beitrags im Sinne einer Qualifizierung dieses Anspruchs.

Das bringt mich dazu, diese Figur im Sinne der Unverrückbarkeit dieses Verhältnisses eine statische nennen. Die Figur subsumiert sozusagen die auf Anerkennung und Zuschreibung angewiesene Verbindung von Autor und Text. Diese Anerkennung ist in einem modernen, medialisierten Wissenschaftsdiskurs auf ausführliche Selbstreferenz angewiesen.

Nicht zuletzt erfolgt die Anerkennung auch über den wissenschaftlichen Meinungsstreit. Das Bemühen um die Vorherrschaft über bestimmte thematische Territorien verweist auch auf die soziale Wirklichkeit *hinter* und *im* Text, die Wirklichkeit der Community und den kompetitiven Aspekt wissenschaftlicher Leistungen. Der Konflikt, den eine Autorfigur im Text auszufechten scheint, hat im Bezug auf das Denkkollektiv nicht nur die Funktion, die Drift der Meinungen als solche darzustellen, vielmehr verschafft dieses symbolische Gerangel überhaupt erst eine Manifestation der Auseinandersetzung und damit der Herstellung und Aufrechterhaltung einer übergreifenden sozialen Einheit in der Form eines wissenschaftlichen Kollektivs.[135] Der einzelne Beitrag ist auf eine Figur angewiesen, welche die Dynamik des Streits für den Augenblick der Positionsformulierung einfriert.

Ich fasse zusammen: Die Verantworterfigur hat – so jedenfalls lässt es das Verhältnis zwischen Verantworterfigur und Texturheber inferieren – ein Leben vor, im und nach dem aktuellen Text. Sie war schon involviert in das Thema, vor dem gegebenen Text und bleibt es als zumindest potentiell zitierbare Figur.[136] Die Verbindung eines textartigen Gebildes (im Sinne einer thematischen Einheit) mit dem Autornamen wird einem relativ offenen, domänentypisch restringierten Konstrukt des Autors zugeordnet, das ich hier im Sinne des ersten „Rahmens", mit dem sich die weiteren „Rahmen" verknüpfen, statisch genannt habe.

3.4.4 Die Gestalterfigur als handelnde Figur

Für den Aufbau von bestimmten Lesehaltungen erscheint es zentral, dass eine Art Bild entstehen kann, was einen Autor ausmacht – zunächst allgemein, bezo-

---

[135] Vgl. zu dieser ‚positiven Rolle' des Streits: Georg Simmel. Der Streit. (1905). In: Ders. Soziologie: Untersuchungen über die Formen der Vergesellschaftung. Frankfurt am Main 1992. S. 284–382.

[136] Vgl. hierzu Goffman. The Lecture. 1981. S. 173.

gen auf die Domäne, dann aber im Speziellen auch bezogen auf die Autorinstanz, mit der man lesend ‚interagiert'. Ein Autor kann etwa die Probleme, die sie/er sich stellt, lösen, kann sich brillant, unverständlich, vage, umständlich, schleierhaft ausdrücken – ein Autor argumentiert in eine bestimmte Richtung und in eine andere gerade nicht etc. Noch grundlegender als die Frage, *wie* denn Probleme gelöst würden in einem Text, ist der Umstand, *dass* sie durch eine – als ‚Problemlösefigur' markierte, autorschaftliche Instanz gelöst werden. Um die Gestalterfigur ‚kennenzulernen', muss man die einzelnen Lösungs- und Erklärungschritte lesen, während es für die Verantworterfigur gewissermassen ausreicht, die Autorname-Titelverbindung zur Kenntnis zu nehmen.

Die Gestalterfigur setzt sich aus weniger scharf limitierbaren Eindrücken zusammen als die Verantworterfigur. Die Übergänge zwischen diesen beiden Figuren sind fliessend. Ich verstehe unter Gestalterfigur alle Bemühungen im wissenschaftlichen Text, die – bewusst oder intuitiv – zum Eindruck einer Art Präsenz der Autorinstanz beitragen. Wissenschaftlerinnen und Wissenschaftler sieht man nicht bei der Arbeit. Ein wesentlicher Teil ihrer Leistungen geschieht als reflexive Prozesse unsichtbar. Gedruckte Texte sind in allen Disziplinen eine der zentralen medialen Möglichkeiten sich ‚sichtbar' zu machen. Ganz allgemein kann man sagen, dass wissenschaftliche Texte nicht einfach nur Erkenntnisgewinn formulieren. Seit Newton und dem Beginn der modernen Wissenschaften ist es, wie weiter oben bereits angesprochen, die Aufgabe des gedruckten Textes, die Teilschritte, die zu einem Ergebnis führen, ‚mitabzubilden'. Das Gebot der Nachvollziehbarkeit bewirkt, dass wir uns, wenn wir wissenschaftliche Texte lesen, das Abbild eines methodischen Verhaltens vor Augen führen und mit diesem Verhalten auch die Präsenz einer entsprechenden Figur. In der Reduktion dieser Verhaltenseinzelheiten, die wir beim Lesen mitbekommen, ergeben sich die angesprochenen Bilder einer Autorfigur: Der eine Autor erscheint uns als der perfekte Akribiker, weil er die kleinsten Teilschritte mitteilt, ein anderer eher als Zauberer, weil er auf wundersame Weise auf Ergebnisse stösst, ein dritter erscheint als Enigmatiker, weil er sich opak äussert.[137] Die Manifestation der Gestalterfigur beruht weniger als die Verantworterfigur auf einer nach aussen projizierten, autorschaftlichen Illusion eines sozialen Kontexts im Sinne der weiter oben angesprochenen intellektuellen

[137] Die US-amerikanische Wissenschaftsforscherin Marcel LaFollette unterscheidet bei ihrer Untersuchung von Zeitschriften vier grundlegende Stereotypen des Wissenschaftler-Bildes: Der Zauberer, der Experte, der Schöpfer/Zerstörer, der Held. Vgl. Marcel C. LaFollette. Making Science Our Own: Chicago – Public Images of Science 1910–1955. Chicago 1990. Vgl. hierzu auch: Ulrike Felt/Helga Nowotny/Klaus Taschwer. Mediale Träger, Vermittler und ‚Bilder' von Wissenschaft. In: Dies. Wissenschaftsforschung: Eine Einführung. Frankfurt am Main 1995. S. 253–261.

Urheberschaft, es geht vielmehr um ein aus dem sprachlich vermittelten Verhaltensbild abgeleitetes ‚Charakterbild' der autorschaftlichen Instanz.

3.4.5 Die Mittlerfigur als Einstellungsfigur

Die Grenzen zwischen Gestalterfigur und Mittlerfigur sind wiederum fliessend. Mit Mittlerfigur ist folgender Aspekt der Konstruktion angesprochen: In wissenschaftlichen Texten sind Hinweise auf den Autor eingelassen, die zu diesem in einem Kontiguitätsverhältnis stehen. Unsicherheitsmarkierungen,[138] wie ich sie bereits an verschiedenen Stellen thematisiert habe, lassen Einstellungen inferieren, die man mit der autorschaftlichen Instanz in Zusammenhang bringen kann. Diese Ebene der Markierung basiert häufig auf einer Art Doppelung der Aussageinstanz und weist damit der (selbst-)reflexiven Funktion des Sprachgebrauchs im wissenschaftlichen Kontext ihren fundamental wichtigen Ort zu: Die eine Teilinstanz traut dem, was sie sieht und im Aussprechen festgehalten hat, die andere Teilinstanz ‚traut ihren Augen nicht' und bringt neue Hypothesen ins Spiel. George Herbert Mead versteht diesen Konflikt als einen zwischen „I" und „me", zwischen personalem und rollenmässig festgelegtem „Ich":

> Nehmen wir die Situation eines Wissenschaftlers, der ein Problem zu lösen hat. Er verfügt über bestimmte Daten, die bestimmte Reaktionen auslösen. Einige dieser Daten veranlassen ihn dazu, ein bestimmtes Gesetz anzuwenden, während andere nach einem anderen Gesetz verlangen. Die Daten sind mit ihren Implikationen gegeben. Er weiss, was diese oder jene Färbung bedeutet, und wenn er diese Daten vor sich hat, bedeuten sie bestimmte Reaktionen seinerseits; nun aber stehen sie miteinander im Konflikt. […] Die Handlung der Identität geschieht in Reaktion auf diese widersprüchlichen Daten in der Form eines Problems, das ihm als Wissenschaftler widersprüchliche Forderungen auferlegt. Er muss es aus verschiedenen Blickwinkeln sehen.[139]

Dieser spiralförmig fortsetzbare Vorgang der Selbstverunsicherung und der damit einhergehenden Widerlegung eines immer wieder von neuem als intuitiv demaskierten propositionalen Verhalts, gehört zur Conditio sine qua non eines mittels kritischen Bewusstseins ausdifferenzierten Erkenntnisgewinns.

---

[138] Vgl. hierzu: Avon Crismore, Rodney Farnsworth. Metadiscourse in Popular and Professional Science Discourse. In: Walter Nash (Hrsg.). The Writing Scholar: Studies in Academic Discourse. (=Written Communicational Annual: An International Survey of Research and Theory, Vol. 3). Newbury Park, London, New Delhi 1990. S. 118–136. Vgl. auch: Ellen L. Barton. Evidentials, Argumentation, and Epistemological Stance. In: College English 55/1993. S. 745–769.

[139] George Herbert Mead. Geist, Identität und Gesellschaft: Aus der Sicht des Sozialbehaviourismus. (Amerik. Orig. 1934). Frankfurt am Main 1973. S. 220.

Der individuelle, autorschaftliche Denkapparat spielt dabei gewissermassen die Rollen von mehreren Teilinstanzen durch. Der dialektische Antagonismus zwischen Einspruch und Reformulierung führt nicht nur im Dialog der am wissenschaftlichen Diskurs teilnehmenden Autoren einer Community zum Zuwachs von Wissen, sondern die im Medium der Sprache angelegte Möglichkeit der Selbstdistanzierung erlaubt einen Erkenntniszuwachs auch auf der Ebene der autorschaftlichen Selbstwiderlegung. Diese Denkvorgänge, die sich empirisch am deutlichsten in der Form von metadiskursiven Markierungen manifestieren, stehen insgesamt zur denkhandelnden Instanz in einer Kontiguitätsrelation.

Aus der Perspektive der Mittlerfigur stellt sich vor allem die Frage nach unterschiedlichen Konsistenzen von Aussagen. Die Überführung von unsicheren Aussagen in ‚sicherere' entspricht einer Art Grundschema beim Aufbau von wissenschaftlicher Aussagewirklichkeit.

4 Aufbau der Autorfigur in naturwissenschaftlichen Aufsätzen um 1800

Kapitel 4 stellt den Aufbau der Autorfigur ins Zentrum. Es geht dabei einerseits darum, Überlegungen der ersten drei Kapitel an Beispieltexten zu konkretisieren und zu illustrieren, andererseits soll das nicht heissen, dass hier nur die Tragfähigkeit der bisherigen Überlegungen an Textexemplaren analytisch getestet würde, sondern es geht vielmehr darum, den eingeschlagenen Weg in einer nochmals leicht veränderten Richtung fortzusetzen. Die Frage, welche Eigenschaften ein Beschreibungsmodell für die Autorinstanz in wissenschaftlichen Texten aufweisen muss, steht nach wie vor im Zentrum. Den Hintergrund für die Antwort, die hier gegeben wird, bildet eine Analyse von exemplarisch verstandenen Textbeispielen. Die Analyse erlaubt eine schrittweise und detaillierte Beschreibung der Autorfigur in einem unmittelbaren Zusammenhang mit korrespondierenden Aussageverhältnissen. Kapitel 4 wendet sich also der Autorfigur als einem gleichzeitig abstrakt modellierbaren und konkret nachvollziehbarem Textaufführungsphänomen zu.

Zur Diskussion stehen historische Texte aus den ersten beiden Jahrzehnten des 19. Jahrhunderts. Angestrebt werden allerdings, wie ich das bereits weiter oben angedeutet habe, nicht in erster Linie historio*empirische* Ergebnisse. Das Ziel ist nicht die Beschreibung und Erklärung der *Spezifik* des Aussagestils um 1800, sondern die in den Texten emergenten Figurationen des wissenschaftlichen Autors.[1] – Warum überhaupt *diese* Texte? – Zum einen wird

---

[1] Fotis Jannidis hat im Zusammenhang mit einer theoretisch-narratologisch orientierten Modellierung des Figurenaufbaus in Erzähltexten den Begriff des „mentalen Modells" ins Spiel gebracht. (Vgl. Jannidis. Figur und Person. 2004. S. 197–235.) Im Grunde geht es bei dem von Jannidis explizierten Konzept darum, das Ineinandergreifen von präfiguriertem „Basistypus" und spezifischen Ausdifferenzierungen bei der Figurenkonstruktion in der Lektüre auszuleuchten. Ich möchte im Folgenden vermeiden, die Differenz von sozusagen *‚im Kopf vorgefertigt'* versus *‚auf dem Papier konkretisiert'* speziell zu fokussieren. Es geht allerdings nicht darum, die bei Jannidis diskutierte Differenz in Abrede zu stellen. Ich halte den Begriff des „mentalen Modells" aus einem trivialen Grund für problematisch: Ein Modell speziell als „mentales" auszuzeichnen suggeriert meines Erachtens zu Unrecht, dass es bei der leserseitigen Rekonstruktion von Figuren einen Bereich des Mentalen (kognitive Präfigurierung) und einen Bereich des Nicht-Mentalen (zeichenhafte Konkretisierung ‚im Text') gäbe. Meine Abgrenzung vom jannidisschen „Basistypus" besteht hier für das Nachfolgende lediglich darin, dass nicht, wie das mit Blick auf die Konstruktion von literarischer Wirklichkeit sinnvoll erscheint, primär die Frage interessiert, wie indirekte oder „unvollständige" (Jannidis, S. 212ff.) Darstellungen eine „fiktionale

in der Forschung zu wissenschaftlichen Texten seit eh und je der Journal-Aufsatz als *die* kanonische Form des wissenschaftlichen Texts aufgefasst.[2] Mit der Wahl von vergleichsweise kurzen, gut zugänglichen, disziplinär gruppierbaren Texten sind untersuchungspraktische Vorteile verbunden. Gerade weil es zum andern hier weniger um die Untersuchung eines *Datenbestandes* im Sinne einer Quantifizierung als um die qualitative Illustration von autorschaftlichen Auftrittsformen geht, die (ich kann das zunächst nur unterstellen) im Hinblick auf wissenschaftliche ‚Aussagewirklichkeit' exemplarischen Charakter haben, sind vergleichsweise kurze Texte von Vorteil. Dass es gerade *diese* Texte sind, scheint weniger entscheidend, als der Umstand, dass es Texte aus *diesem* Zeitraum sind. Für eine heutige Leserschaft klingt hier vieles direkt, unmittelbar, archaisch, naiv. Es ist nicht in erster Linie ihre Historizität, es ist vielmehr ihr Status Nascendi, der diese Texte für eine Analyse produktiv macht. Es ist die Archaik von Lösungen, die in diesen Texten für wissenschaftstypische Probleme getroffen werden, welche die zugrunde liegenden, *überzeitlichen* Probleme erst evident machen. Das folgende Kapitel 4.1 soll die zur Diskussion gestellten Texte vor ihrem wissenschafts- und textgeschichtlichen Hintergrund charakterisieren. Es handelt sich dabei um einen ersten Schritt der Klärung, wie die ‚Textaufführungspraxis' und die Charakteristik der Autorfiguren zusammenhängen. Kapitel 4.2 untersucht die Verantworterfigur aus verschiedenen Blickrichtungen. Die genauere Analyse dieser Teil-Figur erlaubt nicht nur eine Vorstellung einer Rahmung der Aussageverhältnisse, sondern auch ein differenzierteres Verständnis dessen, was überhaupt die Charakterisierung einer Teil-Figur mit Blick auf die Aufführung von Aussagewirklichkeit leistet. Die Analyse der Gestalterfigur in Kapitel 4.3 ermöglicht ein Verständnis für die Relation von Figur und enunzierter Handlung, 4.4 ein Verständnis für den Zusammenhang von Figur und Einstellung. Einstellungen werden dabei als Möglichkeit aufgefasst, ein Verhältnis zum Leser aufzubauen, das man als ein identifikatorisches verstehen kann. Die mit der Verantworter- und der Gestalterfigur aufgebaute Konstellation – hier Aussageinstanz, da Rezipient – wird mit der Mittlerfigur aufgeweicht. Einstellungen sind nicht ausschliesslich oder zwingend als Einstellungen von Personen zu verstehen, weil Deutungen von Modalitätsmarkierungen, wie ich sie in Kapitel 3 eingeführt habe, in zwei Richtungen auseinander gehen – in die Richtung ‚unsichere Sache' und in die Richtung ‚unsicherer Assertor'.

Welt etablieren", sondern vielmehr, wie mit Blick auf die Aussagewirklichkeit eine zureichend explizite Darstellung aufgebaut werden kann.

2 Vgl. Bazerman. Shaping Written Knowledge. 1988. S. 315–317. Graefen. Der Wissenschaftliche Artikel. 1997. S. 21–68. Gross et. al. Communicating Science. 2002. S. 2–16.

Die Konstruktion von Aussagewirklichkeit, begriffen als eine Wirklichkeit, die von der Konstruktion einer anpassbaren Aussageinstanz ausgeht, ist eine – diesen Eindruck jedenfalls legen die analysierten Texte insgesamt nahe – in sich in hohem Masse rekurrente Konstruktion.[3] Einerseits gehe ich davon aus, dass die Figuration des Autors Schritt für Schritt aufgebaut und im Text auf die jeweiligen Aussagewirklichkeiten hin ‚angepasst' wird. Andererseits trägt aber das Netz von Hinweisen auch der ‚Freiheit des Leseverhaltens' Rechnung. Lektüre ist nicht absolut steuerbar, und das wissen Textproduzenten. Das Netz von Signalen für die Einordnung von Aussagen in einen textgattungsmässigen Rahmen ist eng geknüpft.[4]

4.1 August Gottfried Ferdinand Emmert: Texte und Kontext

Die Texte, die den nachfolgenden Unterkapiteln in der Hauptsache zugrunde liegen, stammen von ein und demselben Autor mit dem Namen August Gottfried Ferdinand Emmert.[5] Ich möchte in Emmert so etwas wie einen Modellfall des ‚normalen', nicht herausragenden, deutschsprachigen, naturwissenschaftlichen Autors sehen.[6] Ich werde mich hauptsächlich auf fünf Aufsätze konzentrieren, die Emmert zwischen 1802 und 1816 publiziert hat.[7] Man

---

3 Vgl. zum Begriff der Rekurrenz Angelika Linke/Markus Nussbaumer. Rekurrenz. In: Text- und Gesprächslinguistik (HSK 16.1). Berlin, New York 2000. S. 305–315.

4 Angelika Linke und Markus Nussbaumer sprechen in diesem Zusammenhang von der Rekurrenz von Einordnungsrahmen: Linke/Nussbaumer. Rekurrenz. 2000. S. 311f.

5 Vor allem in Kapitel 4.1 werden darüber hinaus auch noch einige andere Texte aus dem untersuchten Zeitraum eine Rolle spielen.

6 Mir ist nicht daran gelegen, diese Modellbehauptung mittels Vergleichskorpora abzustützen. Mit Blick auf die hier verfolgten Zwecke scheint mir lediglich zentral, dass Emmert nicht den Status eines *Klassikers* hat.

7 **Text 1**: (= **E 1802**). August Gottfried Ferdinand Emmert. Ueber die Unabhängigkeit des kleinen Kreislaufs von dem Athmen. In: Archiv für die Physiologie. Reil (Hrsg.). Halle 1802. S. 401–416.
Text 2: (= **E 1807**). August Gottfried Ferdinand Emmert. Beyträge zur nähern Kenntniss des Speisesaftes und dessen Bereitung. In: Archiv für die Physiologie. Reil/Autenrieth (Hrsg.). Halle 1807/1808. S. 145–212.
Text 3: (= **E 1809**). August Gottfried Ferdinand Emmert. Ueber den Einfluss der herumschweifenden Nerven auf das Athmen. In: Archiv für die Physiologie. Reil/Autenrieth (Hrsg.). Halle 1809. S. 380–420.
Text 4: (= **E 1815**). August Gottfried Ferdinand Emmert. Einige Bemerkungen

weiss über Emmerts biographischen Hintergrund wenig.[8] Er war Arzt, Physiologe, Toxikologe – für die Wissenschaft um 1800 sind die institutionalisierten, disziplinären Grenzen trotz dem hohen Spezialisierungsgrad der Akteure noch vergleichsweise wenig abgetrennt. Für Emmert scheint Giftwirkung so etwas wie ein Lebensthema. Er stirbt angeblich „in Folge chronischer Vergiftung durch an sich selbst angestellte toxicologische Versuche".[9] Seine Karriere war weder besonders steil, noch wurde er postum für irgendeine Entdeckung berühmt. Er hat weder sehr viel, noch sehr wenig publiziert. Keine seiner Schriften und nichts von dem, was *er* für „erwiesen" anschaut, blieb für die medizinisch-naturwissenschaftliche Nachwelt von Relevanz, wenn ich das richtig überblicke.[10]

An die Texte von Emmert lassen sich sehr unterschiedlich orientierte Fragen stellen. Die Hauptfrage wird sein: Wie wird die Autorfigur aufgebaut? – Es lassen sich aber auch Nebenschauplätze eröffnen: Gibt es über die Jahre und die Textgrenzen hinweg eine ablesbare Veränderung im Bau der Figur, im performativen Habitus? Weicht das repräsentierte Selbstverständnis *vor* seinem Ruf als Professor nach Bern und später nach Tübingen grundsätzlich ab von jenem des ‚gestandenen Wissenschaftlers' (vgl. Kapitel 4.2.3)? – Ein weiteres Argument für dieses auf Emmert konzentrierte Korpus liegt darin, dass damit thematisch und kontextuell eine Form der Homogenität hergestellt werden kann. Ich unterstelle wie gesagt mit diesen Texten keine Repräsentativität im üblichen Sinne – die Texte stehen nicht Pars pro Toto für eine naturwis-

über die Wirkungsart und chemische Zusammensetzung der Gifte. In: Deutsches Archiv für die Physiologie. Johann Friedrich Meckel (Hrsg.). Halle/Berlin 1815. S. 176–187.

Text 5: (= **E 1816**). August Gottfried Ferdinand Emmert. Ueber die Wirkungsart der Gifte. In: Tübinger Blätter für Naturwissenschaften und Azneykunde. Autenrieth/ Bohnenberger (Hrsg.). Tübingen 1816. S. 88–109.

8 Ein (zumindest was die bibliographischen Hinweise angeht) sehr unzuverlässiger Eintrag zu Emmert liefert A. Hirsch in der „Allgemeinen Deutschen Biographie": Vgl. ebd. 6. Band. Historische Commission bei der Königlichen Akademie der Wissenschaften (Hrsg.). Leipzig 1877. S. 88. (Ein digitalisiertes Faksimile der ADB findet sich in der Digitalen Bibliothek des Münchener Digitalisierungszentrums [MDZ].)

9 Vgl. den Eintrag in der „Allgemeinen Deutsche Biographie".

10 Emmert wird vergleichsweise wenig zitiert. Beim Blättern im „Archiv" findet man zwar Verweise auf ihn, etwa in dem Beitrag von Mayer (1817), dem Nachfolger von Emmert am Lehrstuhl für Anatomie und Physiologie in Bern, aber er scheint nicht intensiv rezipiert worden zu sein. (Ueber das Einsaugungsvermögen der Venen des grossen und des kleinen Kreislaufsystems. In: Deutsches Archiv für die Physiologie. Johann Friedrich Meckel (Hrsg.). Halle/Berlin 1817. S. 485–503. Hier. S. 501.)

senschaftliche Formulierungspraxis um 1800. Ich will vielmehr mit Blick auf die Autorfigur Beobachtungen anstellen, die mir hinsichtlich der Konstruktion von wissenschaftlicher Aussagewirklichkeit auch über ihre historische Gebundenheit hinaus für generalisierbar erscheinen.

Einleitend ist hier einiges zum wissenschaftsgeschichtlichen Hintergrund dieser Texte zu sagen. Sie entstammen (mit Ausnahme des letzten) dem „Archiv für die Physiologie", einer vom Arzt und Psychiater Johann Christian Reil[11] 1795 begründeten, medizinisch-naturwissenschaftlichen Zeitschrift. Das „Archiv" ist nicht nur die erste deutschsprachige Fachzeitschrift auf diesem Gebiet – die „Physiologie" ist für die Mediziner des 19. Jahrhunderts *die* Leitdisziplin.[12] Die thematische Bandbreite der Zeitschrift gestaltet sich in den ersten Jahren ihres Erscheinens sehr heterogen. Interessant ist allerdings, dass die Themenvielfalt im Laufe der ersten Hälfte des 19. Jahrhunderts zusehends eingeschränkt und das Spektrum auf (im engeren Sinne) anatomische Forschung konzentriert wird.[13] Mit den in den ersten beiden Jahrzehnten erörter-

---

[11] Reil bringt den Begriff der „Psychiatrie" um 1800 für den deutschsprachigen Raum überhaupt erstmals in Gebrauch. Bei Karl Philipp Moritz und anderen ist im ausgehenden 18. Jahrhundert von „Seelenlehre", „Erfahrungsseelenlehre" etc. die Rede. Vgl. hierzu vor allem: Johann Christian Reil/Johann Christoph Hoffbauer. Ueber den Begriff der Medicin und ihre Verzweigungen besonders in Beziehung auf Berichtigung der Topik der Psychiaterie. In: Archiv für die Physiologie. Band 9. Halle 1809. S. 136–208. (Erstmals erschienen in: Dies. Beyträge zur Beförderung einer Curmethode auf psychischem Wege. Band 1. Halle 1808. S. 161ff.)

[12] Vgl. zur medizingeschichtlichen Bedeutung von Johann Christian Reil: Albrecht Koschorke. Poiesis des Leibes: Johann Christian Reils romantische Medizin. In: Romantische Wissenspoetik. Die Künste und die Wissenschaften um 1800. Gabriele Brandstetter und Gerhard Neumann (Hrsg.). Würzburg 2004. S. 259–272. Sehr aufschlussreiche Ausführungen zu Reils Konzept der „Lebenskraft" finden sich bei Philipp Sarasin. Reizbare Maschinen: Eine Geschichte des Körpers 1765–1914. Frankfurt am Main 2001. S. 65–71.

[13] Während in den ersten Jahren eine deutliche Beeinflussung der Beiträge durch die Philosophie auszumachen ist, werden die Forschungen im ersten und zweiten Jahrzehnt des 19. Jahrhunderts zusehends autonomer und zusehends spezialisierter. Titel, die den Zusatz „Untersuchungen [...] nach Grundsätzen der kritischen Philosophie" enthalten, tauchen zu Beginn des 19. Jahrhunderts nicht mehr auf. Anfang der 1820er-Jahre wechselt unter Johann Friedrich Meckel die Zeitschrift ihren Namen. Sie nennt sich jetzt „Archiv für die Anatomie und Physiologie". Zum Wandel in der Programmatik der Zeitschrift (und den meines Erachtens bloss scheinbaren Widerspruch zwischen Reils theoretisch-naturphilosophisch orientierten Grundlagenschrift „Von der Lebenskraft" 1795 und den Beiträgen nach 1800): Thomas H. Broman. Johann Christian Reil and the „Journalization" of Physiology. In: The Literary Structure of Scientific Argument: Historical Studies. Peter Dear (Hrsg.). Philadelphia 1991. S. 13–42. Zur schrittweisen Trennung von Anatomie und Physiologie im 19. Jahrhundert: George Canguilhem. La constitution de la physiologie

ten Themen geht ein tief greifender, wissenschaftsgeschichtlicher Paradigmenwechsel einher. Die recht gut überschaubare Community, die sich im „Archiv für die Physiologie" austauscht, schickt sich an, den Begriff des Körpers unter einem forschungsbasierten Wissenschaftsbegriff völlig neu, man kann sagen, *modern* zu fassen. Mit der methodischen Hinwendung zu den „Thatsachen" und zum „System" setzt eine Art „wissenschaftliche Sprachpolitik" (Sarasin) ein, die einen mit der Auffassung des Gegenstandes kongruierenden Sprachgebrauch einfordert. Und gleichzeitig beginnt man im „Archiv" auch Text – konkret heisst das vor allem: den Textaufbau – neu aufzufassen. Diese drei Aspekte sollen im Folgenden genauer erklärt werden.

[1] Der Körperbegriff um 1800

Bis hin zur Aufklärungszeit galt ‚Körper' als ein Behältnis, ein Gefäss, in dem Säfte in unterschiedlichen Konsistenzen zirkulierten. Albrecht Koschorke hat den Paradigmenwechsel, der mit der Aufklärung einsetzt, als einen konzeptuellen, bzw. „organologischen" Wandel vom „Gefäss-" zum „Systemkörper" beschrieben.[14] Er schreibt mit Blick auf den begrifflichen Wandel:

> Die alte Drei-Zonen-Lehre, die noch der aristotelischen Vorstellung von der Hierarchie der Örter und den jeweils zugehörigen Vermögen gehorchte, verliert an Geltung. An die Stelle einer solchen topischen Ordnung tritt ein nach Organfunktionen differenzierendes Modell. Fortan wird man nicht mehr beobachten können, dass, dem humoralen Transformationismus gemäss, menstruationsgestörte Frauen aus den Knien bluten oder Männer, die an Harnsteinen leiden, Urin aus den Augen absondern; die schier unbegrenzte Substituierbarkeit der Säfte untereinander, lediglich durch das übergeordnete Prinzip der Mengenkonstanz eingeschränkt, verschwindet aus der medizinischen Empirie.[15]

Michel Foucault hat in der „Geburt der Klinik" darauf hingewiesen,[16] dass es bei dem Bruch mit dem gängigen, wissenschaftlichen Körperkonzept an der Wende zwischen 18. und 19. Jahrhundert nicht in einem schlichten Sinn um eine Abwendung von der klassisch-spekulativen hin zu einer auf die Beobachtung des Tatsächlichen ausgerichteten Medizin gehe, sondern vor allem auch um eine methodisch-wissenschaftspraktische Neudefinition des Untersuchungsobjekts. Die klassifikatorisch-repräsentative Verortung von Körperphänomenen weicht einer beobachtend-registrierenden Praxis. Das nach

---

comme science. In: Ders. Études d'Histoire et de Philosophie des Sciences. Paris 1963. S. 226–274.

14 Koschorke. Poiesis des Leibes. 2004. S. 262.

15 Koschorke. Poiesis des Leibes. 2004. S. 262.

16 Michel Foucault. Die Geburt der Klinik: Eine Archäologie des ärztlichen Blicks. (Franz. Orig. 1963). Frankfurt am Main 1988.

Organfunktionen differenzierte Körpermodell führt nicht schlagartig zu einer funktionalistischen ‚Enträtselung' von Körpervorgängen. Durch die Autopsie des Leichnams wird das Unsichtbare zwar an die Oberfläche einer Sichtbarkeit gehoben, die Rückschlüsse zulässt.[17] Die jetzt wissenschaftlich im Vordergrund stehende Eigenlogik der leiblichen Selbstregulation, verschiebt die Frage nach dem Wie und Warum gewissermassen ins Innere des Körpers. Die ‚Merkwürdigkeit' von Körpervorgängen wird über zugrunde liegende ‚physiologische Merkwürdigkeit' erklärt. Ich illustriere das an einer Einleitungspassage in einem Beitrag aus dem „Archiv für die Physiologie" von 1807, bei dem es um die Funktion der „Pulsaderstämme" geht:

> Bayford war der erste, welcher den merkwürdigen Fall einer ein und sechzigjährigen Frau bekannt machte, die nach Jahre langem Leiden Hungers starb, weil die rechte Schlüsselbein-Arterie links am Ursprung der linken Schlüsselbein-Arterie aus der Aorte entsprang, und von da zwischen der Speiseröhre und der Luftröhre durchlief, um zum rechten Arm zu gelangen, auf diese Art aber durch ihren Lauf immer mehr mit zunehmenden Jahren das Schlingen beschwerlich, zugleich unmöglich machte.[18]

Der Paradigmenwechsel vom Gefäss- zum Systemkörper führt nicht einfach zu einem Verschwinden von „Spekulationen" und „Hypothesen", er führt vielmehr dazu, dass an die Stelle von mechanisch gesetzten Kausalitäten „Konzepte einer immanenten Steuerung des Körpergeschehens" (Koschorke S. 261) treten, „das mehr und mehr als eine eigenständige, gleichsam insuläre Welt aufgefasst wird". Vor dem Hintergrund dieses tief greifenden wissenschaftsgeschichtlichen Wandels sind die Forschungsergebnisse Emmerts zu lesen. Die Problemstellungen, die Emmert beschäftigen, sind durchgängig „organologisch-beobachtender" Natur: Wie steuern Nerven die Atmung? (E 1809). – Wie verteilt sich Gift im Körper und wie wirkt es auf die Organe? (E 1815). Zum ersten Mal in der Geschichte lassen sich um 1800 überhaupt Fragen zur ‚Steuerungslogik' des Organismus stellen – Emmert (und mit ihm seine im „Archiv für die Physiologie" sich austauschende Peergroup) erhoffen sich Erklärungen mittels ausführlicher Experimente an Tieren. Die Grundlage für eine solche Auffassung der ‚Steuerung' liegt, wie Koschorke schreibt, in einer den Einzelorganen zugesprochenen Funktionslogik innerhalb des gesamten Organismus:

> [...] die Menschen [werden] erstmals in ihrer Geschichte mit einem Organismus ausgestattet, innerhalb dessen ein vielfältiger Wechselverkehr zwischen den Ein-

---

[17] Nicht die Autopsie als Technik ist dabei Neuland, sondern das Interesse an systemisch-organologischen Zusammenhängen.

[18] Autenrieth/Pfleiderer. Dissertatio inauguralis: De Dysphagia lusoria. 1806. In: Archiv für die Physiologie. Band 7. Johann Christian Reil/Johann Heinrich Ferdinand von Autenrieth (Hrsg.). Halle 1807. S.145–188.

> zelorganen vor sich geht – Einzelorganen, die mit einer je spezifischen Aufgabe betraut sind und die jeweils ihrer eigenen Funktionslogik gehorchen. Das bedeutet zugleich, dass das reibungslose Zusammenspiel der Körperteile nicht durch hierarchische Abstufung gesichert werden kann, sondern komplexerer und beweglicherer Steuerungen bedarf.[19]

Vor diesem Hintergrund wird verständlich, welches Erkenntnisinteresse Emmert bei seiner Forschung antreibt. Wenn er etwa im ersten der hier zur Diskussion stehenden Texte (E 1802) beweist, dass der kleine Kreislauf unabhängig von der Atmung funktioniere, so arbeitet er indirekt am epistemologischen Umbruch in der Beurteilung der Funktionslogik der Organe mit.[20] Einerseits kreist das Interesse in allen Belegtexten um Fragen nach der „Selbstthätigkeit" von Organen (E 1809, 413), andererseits um „organologische" Strukturen, das heisst um ein Verständnis von Organfunktionen vor dem Hintergrund eines systematischen Zusammenspiels von Organen.

[2] Die Sprache der „Thatsachen" – wissenschaftliche Sprachpolitik

Gleichzeitig mit der begriffsgeschichtlichen Neufassung des Körperbegriffs im ausgehenden 18. und beginnenden 19. Jahrhundert vollzieht sich wie gesagt auch ein methodologisch-untersuchungspraktischer Umbruch. Etwas grob kann man mit Blick auf die Emmert-Texte sagen: Für die methodische Praxis ist nicht allein der Umstand zentral, dass Emmert reihenweise Versuchtiere Experimenten unterzieht – zum Teil unter expliziten Skrupeln [21] – sondern vielmehr der Umstand, dass er Sektionen vornimmt und die ‚Logik des Systems' *im Innern* der Versuchtiere zu ergründen sucht. Der Umbruch, das heisst die vollkommene Neubestimmung des Gegenstandes betrifft im Grunde nicht einzelne (oder nur naturwissenschaftliche) Forschungszweige, sondern er geschieht übergreifend. Wenn sich etwa um 1800 eine auf den ersten Blick zur Physiologie so komplementäre Disziplin wie die Kunstgeschichte auszudifferenzie-

---

[19] Koschorke. Poiesis des Leibes. 2004. S. 262.

[20] Der epistemologische Bruch mit der Vergangenheit kommt in manchen Vorreden Johann Christian Reils sehr deutlich zum Ausdruck. Er beschreibt den Zustand sein Disziplin als Kampf, „wo Nerven- und Humoral-Pathologen, Brownianer und Antibrownianer gegen einander zu Felde stehn, wo die gangbaren Theorien in der Medicin erschüttert sind, und der Physiologie und mit ihr der practischen Arzneykunde eine gänzliche, wahrscheinlich heilsame, Reform bevorsteht." Vgl. Johann Christian Reil. Ueber die Erkenntniss und Cur der Fieber. Erster Theil. Allgemeine Fieberlehre. Halle 1797. Vorrede S. V.

[21] Er kommentiert an manchen Stellen seine Praxis mit Bemerkungen wie: „[...] darüber fehlen bis jetzt die Untersuchungen. Auch möchte ich für meine Person keine über den letzteren Gegenstand anstellen, weil es mir als eine zu nichts führende Grausamkeit erscheint. [...]" (E 1809, 405).

ren beginnt, die bereits mit ihrem Namen präsupponiert, dass ‚Kunst' eine eigene ‚Geschichte' habe und sich der Systematik dieser Geschichte entsprechend beschreiben lasse, so ist die methodische Hinwendung zur materiellen Basis, zu den Quellen und dem faktischen, formensprachlichen Substrat dieser Geschichte ein die Forschung bestimmendes, bis heute zentral gebliebenes methodisches Motiv, um Erklärungen in der Form von Forschungsergebnissen zu präsentieren, die den präsumtiven Zusammenhang immer wieder bestätigen: ‚Kunst' hat eine eigene ‚Geschichte', die rekonstruierbar ist.

Während die Physiologen zu Beginn des Jahrhunderts mittels Autopsie die bis dahin ‚unsichtbare' Funktionslogik von Organen erforschen und das dem Körper zugrunde liegende System erkennen, rekonstruieren Altphilologen wie Christian Gottlob Heyne und Friedrich August Wolf das texthistorische System hinter dem homerischen Werk unter der These der multiplen Autorschaft.[22]

Eine methodische Praxis wie jene von Wolf, die es erlaubt, den Blick auf die rekonstruierbare ‚innere Gesetzmässigkeit' des Untersuchungsobjekts zu richten, wünscht sich Schelling 1802 auch für die Geologie.[23] Der Paradigmenwechsel verläuft querbeet. – Der Begriff des „Sprachbaus" bei Humboldt, die Vorstellungen von Sprachtypologie bei den Gebrüdern Schlegel, Jacob Grimms Lautgesetze, Franz Bopps „Ueber das Conjugationssystem der Sanskritsprache" – alle diese bahnbrechenden linguistischen Untersuchungen fussen – und darin sind sie den physiologisch-organologischen Arbeiten der ersten beiden Jahrzehnte des 19. Jahrhunderts unmittelbar verwandt – auf einem modernen, die Kombination von *phonetischen Elementen* erkennenden, das heisst die lautgesetzliche Strukturiertheit von Sprache fokussierenden Sprachbegriff. Nach dieser Zäsur ist es, wie Foucault es formuliert hat, unter Massgabe der einmal etablierten Erkenntnisse nicht mehr möglich, die „Sprachen des Nordens und die des Südens, die des Gefühls und die des Bedürfnisses, die der Freiheit und die der Sklaverei, die der Barbarei und die der Zivilisation, die der logischen Schlussfolgerung und die der rhetorischen Argumentation" zu unterscheiden.[24]

---

22 Vgl. hierzu: Anthony Grafton. Polyhistor into Philolog: Notes on the Transformation of German Classical Scholarship 1780–1850. In: History of Universities Vol. 3/1983. S. 159–192.

23 Grafton. Philolog. 1983. S. 182.

24 Foucault. Ordnung der Dinge. 1966/1991. S. 345. Den nahe liegenden Vergleich zwischen Sprachstruktur und der (zeitgenössischen) anatomischen Struktur strengt Friedrich Schlegel auch selber an. Er schreibt: „Jener entscheidende Punkt aber, der hier alles aufhellen wird, ist die innere Structur der Sprachen oder die vergleichende Grammatik, welche uns ganz neue Aufschlüsse über die Genealogie der Sprachen auf ähnliche Weise geben wird, wie die vergleichende Anatomie über die höhere Naturgeschichte Licht verbreitet hat." Friedrich Schlegel. Über die Sprache und

Damit, dass Sprache als etwas Lautliches, als ein physiologisches Erzeugnis aufgefasst und dass die „Eigenthümlichkeit der Sprache" nun darin gesehen wird, „vermittelnd, zwischen dem Menschen und den äusseren Gegenständen eine Gedankenwelt *an Töne*" zu heften (Humboldt [Hervorhebung F. S.]),[25] bahnen sich für die Gegenstandsbestimmung der Sprachwissenschaft grundsätzlich zwei Wege an: Sprache kann als Kulturform *und* als Erzeugnis eines menschlichen Organs gesehen werden.[26] Die letztere Richtungsbestimmung lässt einen wesentlichen Teil der Sprachwissenschaft im 19. Jahrhundert nicht nur in methodischer Hinsicht in die unmittelbare Nähe der Physiologen rücken. Joachim Gessinger weist in seinem Beitrag zur Verwandtschaft von Physiologie und Sprachwissenschaft im 19. Jahrhundert darauf hin, wie sehr das Bedürfnis nach einer ‚Sichtbarkeit' der Laute eine Art Vernaturwissenschaftlichung des Gegenstandes zur Folge hatte.[27]

Parallel zur disziplinübergreifenden Fokussierung auf „Thatsachen" und den systematischen Zusammenhang dieser „Thatsachen", setzt eine Art wissenschaftliche ‚Sprachpolitik' ein, die genau dieser Gegenstandscharakteristik Rechnung tragen will.[28] Das lässt sich sehr deutlich zeigen am Beispiel der Chemie. Als Friedrich Albrecht Carl Gren seinem, wie er im Titel sagt: „Entwurf einer neuen chemischen Nomenclatur, die auf keine Hypothesen gegründet ist", ein begründendes Vorwort voranstellt, erklärt er sich und dem Publikum den Übergang zu einer modernen Chemie als Bruch mit den traditionellen Bezeichnungskonventionen. Die Hinwendung zu dem, was eine Leitfigur wie

---

Weisheit der Indier. Heidelberg 1808. S. 28. Zit. in: Foucault. Ordnung der Dinge. 1966/1991. S. 342.

25 Wilhelm von Humboldt. Ueber die Buchstabenschrift und ihren Zusammenhang mit dem Sprachbau (1824). In: Ders. Schriften zur Sprachphilosophie. (1. Aufl. 1963). Stuttgart 1996. S. 82–112. Hier: S. 85.

26 Vgl. hierzu: Joachim Gessinger. Sprachlaut-Seher: Physiologie und Sprachwissenschaft im 19. Jahrhundert. In: Physiologie und industrielle Gesellschaft: Studien zur Verwissenschaftlichung des Körpers im 19. und 20. Jahrhundert. Philipp Sarasin/Jakob Tanner (Hrsg.). Frankfurt am Main 1998. S. 204–244.

27 Gessinger. Sprachlaut-Seher. 1998. S. 204–244.

28 Der Historiker Philipp Sarasin verweist im Kontext der Verwissenschaftlichung der Hygiene-Politik im 19. Jahrhundert sehr eindringlich auf die Gleichzeitigkeit von wissenschaftlicher und politischer Wirksamkeit einer „Sprache der Fakten". Vgl. Philipp Sarasin. Die „Sprache der Natur" und ihre literarischen Technologien. In: Ders. Reizbare Maschinen. 2001. S. 96–117. (Meines Erachtens entspricht allerdings die in der Kapitelüberschrift angesprochene „literarische Technologie" einer verunglückten Übersetzung der Begrifflichkeit bei Steven Shapin: Boyle's Literary Technology von 1984. Shapin geht es ja nicht in erster Linie darum, die persuasiven Strategien von Boyle als „literarische Technologie" zu denunzieren, sondern darum, generell auf die autorschaftliche Nutzung des Schriftmediums in diesem Zusammenhang aufmerksam zu machen!)

Gren als empirische Wissenschaft versteht, ist auf eine elementare Weise mit Kritik an traditionellen Bezeichnungskonventionen und einer intensiven ‚Politik des Bezeichnens' verbunden:

> Die grosse Menge von Thatsachen, welche dem gegenwärtigen Lehrgebäude der Chemie zum Grunde liegt, ist keinesweges durchaus das Resultat wissenschaftlicher Untersuchungen. Der grösseste und wichtigste Theil chemischer Producte ist erfunden worden, ehe es eine Chemie, als Wissenschaft gab. Man übte die grösseste Menge der chemischen Operationen in Künsten und Gewerben aus, ehe man Grundsätze daraus ableitete. Eine ansehnliche Zahl chemischer Zusammensetzungen und Producte verdankt alchemischen Arbeiten ihre Entdeckung [...]. Die ersten Erfinder der durch chemische Kunst darzustellenden einfacheren und zusammengesezten Substanzen waren um die Wahl der Nahmen für die leztern wenig bekümmert, und sie entlehnten sie entweder von der Aehnlichkeit und Uebereinstimmung in gewissen äussern Merkmalen, z.B. der Consistenz, der Farbe, dem Gewebe [...]; oder sie bezeichneten sie durch Ausdrücke, die ihren mystischen und alchemistischen Ideen angemessen zu seyn schienen, Ausdrücke, die oft das Gepräge des Hangs zum Wunderbaren und Geheimnissvollen und häufig genug das der Prahlerey deutlich an sich tragen.[29]

Die wissenschaftlich einsetzende „Entzauberung der Welt" (Max Weber) erfordert eine Sprache, die sich dem bei Gren angesprochenen Kampf gegen die „Hypothesen" anpasst.[30] Allerdings würde man die ‚empirische Wissenschaft', wie sie Gren vorschwebt, missverstehen, wenn man sie sich tatsächlich *unabhängig* von hypothetischem Denken vorstellte.[31] Der revolutionäre Paradig-

---

[29] Friedrich Albrecht Carl Gren. Prolegomena: Entwurf einer neuen chemischen Nomenclatur, die nicht auf Hypothesen gegründet ist. In: Neues Journal der Physik. 2. Band. Friedrich Albrecht Carl Gren (Hrsg.). Leipzig 1795. S. 173–191. Hier: S. 173f.

[30] In Sarasins Untersuchung findet sich die sehr bemerkenswerte Belegstelle für die Forderung nach einer „Sprache der Tatsachen": Jean-Noëll Hallé, der erster Professor für Hygiene in Paris war, formuliert 1798 für die „Encyclopédie Méthodique" die Grundlagen für diese Sprache: Er fordert für seine Disziplin eine „Sprache, deren Ausdrücke [...] die Tatsachen bezeichnen, die sich nicht ändern; deren zusammengesetzte Wörter [...] nicht mehr den unwiderstehlichen Effekt einer emblematischen, metaphorischen und ungenauen Sprache hätten; Wörter, die es verunmöglichen, die Ausdrücke der Konventionen für die Sprache der Natur zu halten". (Encyclopédie Méthodique, Médecine, par une société de médecins. Paris 1798. S. 373–437. Hier: S. 431. Zit. in: Sarasin. Reizbare Maschinen. 2001. S. 97.

[31] Rudolf Stichweh weist in seiner Untersuchung (1994) auf die um 1800 weit verbreitete Klage hin, dass die naturwissenschaftlichen Disziplinen vor allem dadurch beeinträchtigt würden, dass zuviel spekuliert, zuviele Hypothesen gebildet und zuwenig am ‚empirisch' beobachtbaren Substrat einer experimentellen Überprüfung unterzogen würde. Die von Leitfiguren wie Gren und Reil aufgestellte Forderung nach mehr Empirie trägt vielleicht auch dazu bei, dass man nur noch „glauben will,

menwechsel besteht in der Neudefinition des Untersuchungsobjekts. Wenn Gren sagt, dass die meisten „chemischen Producte" noch vor der Chemie als Wissenschaft „erfunden" worden seien, dann beklagt er die fragwürdigen Produktions- und Bezeichungsmethoden, denen sich die „grosse Menge von Thatsachen" verdankt. In der „Zuschrift" zum ersten Band des „Archivs für die Physiologie", die Johann Christian Reil im gleichen Jahr (1795) an die „Professoren Herrn Gren und Herrn Jakob in Halle" richtet, gibt er der Hoffnung Ausdruck, die „Philosophie" könnte der „Medicin" die begrifflichen, methodischen und sprachlichen Probleme der „Physiologie" lösen:

> Es ist in der That sonderbar, dass unter allen Wissenschaften die Physiologie [...] grösstenteils nichts anderes als einen Wust theils unbegründeter, theils sinnloser Hypothesen enthält. [...] Es fehlt an einem vorgezeichneten zweckmässigen Plan, und an richtigen Regeln, nach welchen wir in der Physiologie untersuchen müssen. Wir haben nicht Bestimmtheit und Ordnung genug in unseren Begriffen, streiten uns über Worte, untersuchen nach fehlerhaften Methoden [...]. In der That würde die Philosophie der Medicin einen grossen Dienst erweisen, wenn sie die Begriffe der Aerzte richtiger ordnete, ihr zweckmässige Methoden zu untersuchen vorzeichnete.[32]

Das Projekt, das hier mit Reils emphatischer „Zuschrift" angeschoben wird, gilt also nicht nur dem Wissenszuwachs und der organologischen Neukonzeption des Körpers, sondern es geht gleichzeitig offenbar auch um einen Umbau einer zugrunde liegenden begrifflichen Ordnung des Wissens, einem „zweckmässigen Plan" auf der methodischen Ebene. Wissenschaft wird hier mit dem Vorhaben der Zeitschrift auch zu einem medialen Projekt.

[3] Die Architektur der Texte um 1800

Der bis hier skizzierte Traditionsbruch hat weitreichende Konsequenzen für die Auffassung von *Text* in einem abstrakt-konzeptionellen und in einem konkret-performativen Sinn. Ähnlich, wie die klassifikatorisch-repräsentative Verortung von Vorgängen im Körper um 1800 einer die ‚innere' Ordnung registrierenden Praxis weicht, so weicht die vormals rhetorisch-repräsentative Textauffassung einem dynamischeren, dominant explikativ-argumentativen Textverständnis. Ich versuche zuerst in konzeptioneller, dann in möglichst konkreter Hinsicht zu umreissen, was damit gemeint ist.

---

was man sieht". Nur: Dieser wirkungsmächtige Glaube und die Kritik an der Spekulation lässt hypothetisches Denken nicht einfach verschwinden. Vgl. Stichweh. Wissenschaft. 1994. S. 58.

32 Johann Christian Reil. Zuschrift. In: Archiv für die Physiologie. Johann Christian Reil (Hrsg.). Ersten Bandes, Erstes Heft. Halle 1795. S. 3–7. Hier: S. 4f.

1. Die Auffassungen davon, was als Text begriffen wird, gehen historisch auseinander. Maximilian Scherner hat Wandlungen des Textbegriffs über einen weiten Zeitraum hinweg untersucht.[33] Interessant scheint im Hinblick auf die hier zur Diskussion gestellte Wendezeit vom 18. zum 19. Jahrhundert, dass mit Theoretikern wie Schleiermacher,[34] die „Struktur" einer „Schrift", das heisst Textteile-in-gegenseitiger-Relation, zum zentral gesetzten Begriff für das Textverstehen wird. Nicht (wie noch vor der Wende um 1800) bedürfen nach dieser Textauffassung nur einzelne, besonders schwierige Stellen einer „kunstgerechten Auslegung", sondern der Text muss als Sinn*einheit* verstanden werden. Der Regelfall, nicht die Ausnahme bei der Rezeption ist die „Auslegung" vor dem Hintergrund der „Struktur". Um den Kontrast zum Vorläuferparadigma zu beschreiben, schreibt Scherner: „Das Verstehen einer solchen strukturellen Ganzheit [...] gründet nun nicht mehr wie im Rationalismus in der Invarianz der allgemeinen Gesetze der Vernunft, sondern im historischen Bewusstsein der Kenntnis der jeweils besonderen Bedingungen des Denkhorizontes des jeweiligen Sprechers/Autors."[35] – Man könnte mit Blick auf wissenschaftliche Texte auch noch einen Schritt weiter gehen und sagen: Weil dem Text gar nicht mehr die Aufgabe zukommt, apriorische Wissensbestände (im Sinne des Gefässes!) zu *repräsentieren*, sondern vielmehr autorschaftliche Erkenntnis zu *diskutieren* und den argumentativen und explikativen Hintergrund dieser Erkenntnis ‚aufzuführen', wird es für den Text überhaupt erst zentrale Aufgabe, Teile, nicht unmittelbar im Hinblick auf eine dargestellte Wirklichkeit, sondern im Hinblick auf andere Teile zu funktionalisieren.

Mit dem schleiermacherschen Begriff der „Struktur" im Zusammenhang mit dem Verstehen von Texten rückt die Kohärenz der Teile zu einer Einheit ins Zentrum der begrifflichen Text-Konzeptionalisierung. Das heisst für die Textproduktion vor allem: Nicht mechanische Repräsentation im Sinne des blossen ‚Aufschreibens' ist das Ziel der Textproduktion, sondern die synergetische Stiftung einer ‚Sinnstruktur'. Die knappe Diskussion des Textbegriffs bei Scherner macht deutlich, dass sich um 1800 eine weitreichende Korrespondenz des Strukturkonzeptes über die Grenze zwischen dem wissenschaftlichen Diskurs, seiner Manifestation in den Texten und verschiedenen Formen der methodisch-diskursiven Praxis hinweg anbahnt.[36] Die hier damit verknüpfte Behauptung:

---

[33] Maximilian Scherner. „Text": Untersuchungen zur Begriffsgeschichte. In: Archiv für Begriffsgeschichte. 39/1996. S. 103–159.

[34] Friedrich Schleiermacher. Hermeneutik und Kritik. Manfred Frank (Hrsg.). Frankfurt am Main 1977.

[35] Scherner. „Text". 1996. S. 128.

[36] In der philologischen Tradition wird in diesem Zusammenhang der Versuch unter-

Nicht nur das organologische Denken in Funktionslogiken von Einzelteilen im Hinblick auf ein Ganzes berührt wesentlich die Gestaltung der funktionalen Einheit von Texten, auch das methodisch ‚strukturierte Vorgehen' zur Erkenntnisgewinnung entspricht ihm. Das heisst der Übergang von einem ‚rhetorischen' hin zu einem ‚hermeneutischen Paradigma' ist im Zeitraum um 1800 vor allem auch ein Umbruch in der performativen Struktur von Texten.[37]

2. Wenn sich die Inszenierung von Aussagewirklichkeit in Texten, wie das bis hier unterstellt wurde, vor allem durch einen darin zum Ausdruck gebrachten Geltungsanspruch geprägt ist, so müssen konkrete Textexemplare vor dem Hintergrund dieser Prägung beschrieben werden. Ich habe den Übergang um 1800 hin zu einem forschungsbasierten, konstruktivistischen Wissenschaftsbegriff bereits im 2. Kapitel beschrieben. Dieser Übergang ist nicht als eine totale Verabschiedung von ‚ontologischen Wahrheiten' zu verstehen. Die apodiktische Deklaration von Wissen verschwindet nicht gänzlich. In Lehrbüchern etwa wird Wissen nicht zwingend als konstruiertes Wissen dargestellt. Der wissenschaftliche Zeitschriftenaufsatz dagegen rückt die Herstellung und die argumentative Sicherung von Erkenntnis ins Zentrum der Aufmerksamkeit. Für Sybille Krämer präsentiert sich das zugrunde liegende, allgemeine Problem im Zusammenhang mit der Praxis des Argumentierens so: „Die Trennung zwischen der Wahrhaftigkeit der Person und der Wahrheit einer Aussage bedarf, um die wissenschaftliche Diskurspraktik zu fundieren, der Vergegenständlichung des fluiden Wortes im Medium von Wörtern und Sätzen eines Textes."[38] Mit andern Worten: Dadurch, dass der Anspruch auf Geltung ins ‚Innere' des Textes verlegt wird, ändert sich das gesamte Textgepräge. Der mit Wissenstexten einst ‚rituell' verbundene ‚Herrschaftsanspruch' wird um 1800 in einen ambulanten Anspruch trans-

---

nommen, die Linien der Beeinflussung zu rekonstruieren. Wenn – aus einer begriffs- und mentalitätsgeschichtlichen Optik – begriffliche Konzepte wie hier der Strukturbegriff in sehr unterschiedlichen disziplinären ‚Ecken' gleichzeitig konventionell werden, dann stellt sich die Frage, wieweit die Vorstellung überhaupt sinnvoll und angemessen ist, dass jemand wie Reil „idealistisches Systemdenken" auf die Medizin „appliziert"? (Vgl. Koschorke. Poiesis des Leibes. 2004. S. 267.) – Meines Erachtens geht etwa die Frage, ob die Gebrüder Schlegel den Strukturbegriff der vergleichenden Anatomie auf die Sprache „applizieren", zu stark von einem Modell der ‚sichtbaren', bzw. bloss punktuellen Beeinflussung aus und zu wenig von diskursgeschichtlich kollektiv verlaufenden Konventionalisierungsprozessen.

37 Vgl. hierzu etwa die ausgezeichnete mediologische Darstellung bei Koschorke. Schriftverkehr. 1999.

38 Sybille Krämer. Sprache – Stimme – Schrift: Sieben Gedanken über Performativität als Medialität. In: Performanz: Zwischen Sprachphilosophie und Kulturwissenschaften. Uwe Wirth (Hrsg.). S. 323–346. Hier: S. 344.

formiert, der mit dem Zeitschriftenaufsatz auf exemplarische Weise zum Vorschein gebracht und in eine Form der „textuellen Kohärenz“ (Jan Assmann) gebracht werden muss.[39]

Mit Blick auf die Konstruktion von „textueller Kohärenz“ fällt in den zu analysierenden Texten in diesem Zusammenhang ein unübersehbarer, gemeinsamer Nenner auf. Sie gehorchen alle ihrer Dramaturgie nach einem einfachen Schema. Sie formulieren zuerst ein Forschungsproblem, stellen Handlungen zur Lösung dieses Problems dar, um zum Schluss eine Lösung zu präsentieren.[40] Diese Texte zu verstehen heisst in einer bestimmten Weise auch, die Responsivität innerhalb dieses Schemas, das heisst das Problem als Frage und die Problemlösung als Antwort nachzuvollziehen: Als in hohem Masse kohärenzstiftend muss dabei der Umstand bewertet werden, dass in den Beispieltexten mit der Formulierung des Problems in der Regel auch Antizipationen der Problemlösung in der Form von Hypothesen (oder in der Form von ‚Abstracts‘, das heisst am Textanfang zusammengefasste Ergebnisse) bereits vorweggenommen werden, um diese Lösungen anschliessend Schritt für Schritt zu stützen oder durch Gegenargumente zu entkräften. Das ‚Hermeneutische‘ an dieser Form besteht weniger in einem entsprechenden Modus des ‚Interpretierens‘ als vielmehr in einem Textschema, das sehr stark auf *Ankündigung* (also auf Redundanz und auf Selbstreferenz) angelegt ist. In der so genannten Fragestellung kündigt sich die Problemlösung bereits an. Um 1800 wird es üblich, den Stand der Forschung als Anschlussbasis für Problemstellungen zu sehen. Ich will das an Emmerts Aufsatz von 1802 illustrieren, er schreibt:

> Fast allgemein nahm man bisher, und nimmt man noch gegenwärtig eine so gänzliche Abhängigkeit des kleinen Kreislaufs von dem Athmen an, dass man glaubt, er könne nicht ohne dasselbe stattfinden. (E 1802, 402).

Emmert erörtert den Forschungsstand kurz, um ihn als vorläufig und unzureichend zu taxieren. „Diese Gründe scheinen auf den ersten Anblick beweisend; bey näherer Betrachtung verlieren sie ganz ihr Gewicht; [...]“. Nach der Behebung des unterstellten epistemischen Mankos, also nach „näherer Betrachtung“, die mit dem Text aufgeführt wird, liefert Emmert den bis dahin bereits mehr-

---

[39] Jan Assmann spricht im Zusammenhang mit dem Übergang zwischen Mündlichkeits- und Schriftkultur von einem Übergang von ritueller zu „textueller Kohärenz“. Vgl. Jan Assmann. Das kulturelle Gedächtnis: Schrift, Erinnerung und politische Identität in frühen Hochkulturen. München 1992. S. 87f.

[40] Auf die Einfachheit des Schemas von „Problemstellung“ und „Lösung“ macht (1978) Teun van Dijk aufmerksam. Van Dijk nennt den Antagonismus von Problemstellung und Problemlösung „Basisstruktur“: Van Dijk. Die wissenschaftliche Abhandlung. In: Ders. Textwissenschaft. 1980. S. 150–152.

fach angekündigten Schluss: „Man darf daher schliessen, dass der kleine Kreislauf ohne die abwechselnde Ausdehnung und Zusammenpressung der Lungen stattfinden kann, und dass er folglich von dem Athmen nicht nothwendig abhängig ist.“ (E 1802, 409).

Das responsive Muster von Fragestellung und Antwort ist mit Blick auf die Instanz des Autors ein ausgesprochen produktives. Im Schema von Problem und Problemlösung wird zum Ausdruck gebracht, dass der Wissens*zuwachs* einer autorschaftlichen Leistung entspricht. Autorschaft (hier verstanden als Autorität des Autors) stellt sich erst in einer die Teilziele des Textes unter das globale Ziel der Problemlösung subordinierenden Dramaturgie des Textes her – die Figur startet sozusagen mit einer Lücke, mit einer Frage, unter die die gesamten Bemühungen im Text unterstellt werden, um sich als Instanz zum Schluss des Textes als Erneuererin einer epistemischen Positivität zu präsentieren. Das ‚Ganze' zu verstehen, heisst vor allem die Überführung des Problems in eine Problemlösung zu verstehen. Dieses Schema wird überdeutlich, wenn man sich Texte vergegenwärtigt, die dieser ‚hermeneutischen' Struktur gerade *nicht* entsprechen. Ich will das an einem Textbeispiel illustrieren. Es handelt sich dabei um einen Aufsatz von Carl Friedrich Gärtner, publiziert im „Archiv für die Physiologie“ (1797).[41] Gärtner befolgt in diesem Text ein Sequenzierungsmuster, das im deutschsprachigen Raum vor allem unter dem Einfluss von Kant ubiquitär wird und für die Texte des ausgehenden 18. Jahrhunderts gleichzeitig als ein in inhaltlicher wie formaler Hinsicht strukturierendes Mittel eingesetzt wird – die Ordnung in Paragraphen.

Die Paragraphenordnung bei Gärtner konfligiert mit der globalen Textfunktion: Gärtners Text erweist sich in der Lektüre als ein Forschungs*bericht*. Thematisch wird aber nicht die unter eine Forschungs*frage* subordinierte, schrittweise Erörterung des Erkenntniszuwachses aus Experimenten vermittelt, sondern vielmehr eine deskriptiv gefasste, unmittelbar ‚abschreitbare', generelle Ontologie des Gegenstandes.

Das heisst die Paragraphen-Ordnung suggeriert bei Gärtner die Koordination des in den einzelnen Paragraphen repräsentierten ‚Wissens zum Gegenstand' wie in einem Lehrbuch. Diese Darstellungsform hat den Nachteil, dass eine funktionale Bezugnahme von Textteilen im Sinne einer Klammer von Einleitung/Problemstellung, Mitte/Lösungsvorschläge und Schluss/Problemlösung praktisch verunmöglicht wird. In Gärtners Text erfährt man im letzten Paragraphen die „§.7. Schlussfolgen.“ eine Quintessenz aus Experimenten, deren Ausgangspunkt in der Form einer Ankündigung, unter die die folgenden Teile

[41] Carl Friedrich Gärtner. Einige Bemerkungen über die Natur des Urins. In: Archiv für die Physiologie. Johann Christian Reil (Hrsg.). Band 2. Halle 1797. S. 169–203.

subordiniert würden, wie man das zu Beginn des Textes erwarten könnte, fehlt. Die Forschungsfrage wird erst mit den „Schlussfolgen" evident. Ich zitiere:

> Aus dem, was ich bis jetzt gesagt habe, erhellt soviel, dass die Rolle der phosphorischen Säure und der Blasensteinsäure, wenigstens ihrer Grundlagen, in der Oekonomie des Kranken sowohl als des gesunden Körpers sehr wichtig sey [...]. Es ist sicher, dass die Blasensteinsäure sich im Körper erzeuge, und dass die Phosphorsäure so viele Veränderungen durch die Wirkungen des Thierkörpers erleide, dass es wohl der Mühe werth ist, dass die hiermit in Verbindung stehenden Zustände des Körpers, sowohl von Seiten seiner lebendigen als chemischen Kräfte, durch die gemeinschaftlichen Bemühungen der Aerzte und Chemisten vollständig aufgeklärt werden möchten.[42]

Die ‚Dramaturgie' dieses Texts folgt einem Muster vom Allgemeinen zum Speziellen. Nicht ein Forschungsproblem, das es zu lösen gilt, steht am Anfang, sondern eine hypotheselose, allgemeine Beschreibung des Gegenstandes ‚an sich' – „§. 1. Der Satz des Urins". Auch die Experimente in den Artikeln 2 bis 6 lassen nur sehr indirekte Annahmen über eine die Forschung leitende Frage zu.

Mit diesem Beispiel wird deutlich, dass das, was man im Zeitraum vor 1800 einen wissenschaftlichen Aufsatz nennen kann, nicht in dem Sinne einer verfestigten Textdramaturgie entspricht, dass über die Textgrenzen hinweg konventionell wäre, welchem Textgliederungsmuster Aufsätze zu entsprechen haben. Die im „Archiv" deutlich ablesbare Obligation *nach* 1800, dass Aufsätze von einer Forschungs*frage* auszugehen haben, ist *vor* der Jahrhundertwende noch nicht verfestigt. Die zuvor verbreitete Paragraphenordnung verschwindet nach 1800 aus den Aufsätzen des „Archivs"; in Lehrbüchern dagegen bleibt sie in unterschiedlicher Spielart bis weit ins 19. Jahrhundert hinein erhalten. Für die Emmert-Texte hat der Verzicht auf die Paragraphenordnung die Konsequenz, dass Gliederungssignale in der Form von Zwischentiteln gänzlich ausbleiben und damit die gesamte Textarchitektur im Text selbst mit sprachlichen Mitteln dargestellt werden muss. Selbst in längeren Aufsätzen von Emmert wie etwa jenem von 1807, der fast siebzig Druckseiten zählt, fehlen Zwischentitel. Bereits in den 1810er-Jahren scheint sich aber im „Archiv für die Physiologie" ein zunehmend die *Hierarchie* in den Vordergrund rückendes Gliederungsmuster zu etablieren. Ich möchte das an zwei Stichproben mit wiederum je 10 Jahren Abstand zu Gärtners (1797) und Emmerts (1807) Text illustrieren. Dr. A. C. Mayer, Prof. der Anatomie und Physiologie in Bern, gliedert 1817 seinen Beitrag „Ueber das Einsaugungsvermögen der Venen des grossen und kleinen Kreislaufsystems" folgendermassen:

---

[42] Gärtner. Einige Bemerkungen. 1797. S. 203.

Erster Abschnitt. [Problemstellung.]
Von der Einsaugung der Venen des kleinen Kreislaufes.
Zweiter Abschnitt. [Experimente/Ergebnisse]
Entdeckung der eingeflössten Stoffe in den flüssigen Theilen.
Entdeckung der eingeflössten Stoffe in den festen Theilen des Körpers.[43]

Der Text von 1827 weist eine sehr viel stärkere Hierarchisierung der Textarchitektur auf. Es ist nicht einfach zu sagen, inwiefern sich unter dieser Übertitelungspraxis das dargestellte Wissen auch inhaltlich verändert. Allerdings ist es nahe liegend anzunehmen, dass mit einer Ordnung wie der nachfolgend zitierten von 1827 – auch mit Blick auf die Wahrnehmung der Autorschaft – im Forschungsprozess generiertes Wissen als ‚beherrschteres' Wissen erscheint als zuvor. Der Beitrag von 1827 trägt den Titel „Ueber die Verrichtungen verschiedener Theile des Nervensystems" und stammt vom Candidaten der Medicin, C. G. Schoeps. Nach einer Einleitung ist dem Textverlauf folgende Titelhierarchie zu entnehmen, die ich hier als ‚Inhaltsverzeichnis' zusammengezogen wiedergebe:

Erster Theil.
Kurze Aufzählung der Experimente
I. Versuche über die grossen Hirnlappen.
A. An Säugetieren.
B. An Vögeln.
Zweites Experiment.
Drittes Experiment.
C. An Amphibien.
II. Versuche über das kleine Gehirn.
A. An Säugethieren.
B. An Vögeln.
C. An Amphibien.
III. Experimente über die Vierhügel
A. An Säugethieren.
B. [...]
Zweiter Theil.
Folgerungen.[44]

Ich will mit dieser bloss stichprobenartig skizzierten Illustration nicht nachweisen, dass es in den ersten Jahrzehnten des 19. Jahrhunderts zu einer wis-

[43] A. C. Mayer. Ueber das Einsaugungsvermögen der Venen des grossen und kleinen Kreislaufsystems. In: Deutsches Archiv für die Physiologie. Johann Friedrich Mekkel (Hrsg.). Halle/Berlin 1817. S. 485–503.

[44] C. G. Schoeps. Ueber die Verrichtungen verschiedener Theile des Nervensystems. In: Archiv für Anatomie und Physiologie. Johann Friedrich Meckel (Hrsg.). Leipzig 1827. S. 368–416.

senschaftlichen Verhierarchisierung der Textarchitektur kommt, obschon sich dieser Verdacht anhand der Beispiele durchaus einstellt. Ich bin vielmehr der Ansicht, dass sich hier eine Systematizität an der typographischen Oberfläche bemerkbar macht, die in nicht-graphischer Form auch schon um und vor 1800 das wissenschaftliche Ordnungsstreben in den Texten prägt: Die Überführung einer ihrem Wesen nach ungeordneten Erfahrung (Forschen, Denken, Experimentieren etc.) in eine ihrem Wesen nach systematische Ordnung des Textes, in der es etwa möglich und einleuchtend erscheint, die Erklärungen des Faktischen („Folgerungen") von den *Beschreibungen* und *Erzählungen* des Faktischen („Aufzählung der Experimente") zumindest dem Anschein nach zu trennen.[45] Die stark hierarchisierende Kapitelstruktur *verdeutlicht* dabei lediglich ein Ordnungsstreben, das die in wissenschaftlichen Texten insgesamt vollzogenen Grenzziehungen als eine dem Gegenstand ‚gerecht' werdende Ordnung begreifen lässt.

Es ging mir im Kapitel 4.1 vor allem darum, die Hauptfigur des 4. Kapitels, den ‚Normalwissenschaftler' August Gottfried Ferdinand Emmert, im Hinblick auf das Nachfolgende, einzuführen. Zuerst wurde der wissenschaftsgeschichtliche Kontext skizziert, in dem Emmert steht; in einem zweiten Schritt ging es darum, den textgeschichtlichen Kontext (ex negativo) aus unterschiedlichen Blickwinkeln zu beleuchten. Mir scheint dabei wichtig, dass das eine nicht völlig unabhängig vom andern zu verstehen ist: Der Übergang von einem ‚rhetorischen' hin zu einem ‚hermeneutischen Paradigma', wie er bereits im 2. Kapitel unter begriffsgeschichtlichen Annahmen Gegenstand der Auseinandersetzung war, ist im Zeitraum um 1800 vor allem als ein Umbruch in der dramaturgischen Struktur von Texten zu sehen. In dieser Struktur spielt die Autorfigur eine ausserordentlich zentrale Rolle. Sehr vereinfacht kann man sagen: Sie tritt mit einem Problem an, das sie im Text einer Lösung zuführt, wobei Problemlösen auch heisst, wie die Überlegungen am Schluss nahe legen, dass das beigebrachte Wissen als *geordnetes* Wissen dargestellt wird.

---

[45] Ich habe bereits weiter oben (vgl. Kapitel 3.3.2) am Beispiel von Boyle darauf hingewiesen, wie bei den englischen Experimentalisten des 17. Jahrhunderts die Trennung von „Tatsachen" und „Hypothesen" zu einem gängigen Texteinteilungskriterium wird.

4.2 Die Positionierung im Epistem – die Verantworterfigur

(Zur Notation: Wenn ich im Folgenden ein Wort wie MAN oder ICH in Majuskeln schreibe, so verstehe ich darunter nicht eine mit Konnotationen im Text assoziierbare Bedeutung von „man“ oder „ich“, sondern eine textunabhängige Figuration von ICH und MAN, die man sich als Koordinate vorstellen kann, von der Aussagen auszugehen scheinen.)

Dieses Kapitel beschreibt die epistemisch-disziplinäre Verortung des Autors. Es geht in erster Linie um die Konkretisierung der im Dreischichtenmodell des dritten Kapitels skizzierten Verantworterfigur (3.4.3). Die Verantworterfigur hat die Funktion einen autorschaftlichen Rahmen im Text zu etablieren, sodass die beiden andern Autorfiguren sich auf sie beziehen lassen. Ich will mit Blick auf die Konstruktion der Verantworterfigur drei Aspekte unterscheiden: Zuerst geht es um die Frage, wie sich ein Autor von andern Autoren innerhalb eines epistemischen Feldes abgrenzt: Um die Differenz zu andern Autoren zu betonen, verteidigt der Verantworter die eigene Position gegen im Text dargestellte Angriffe durch andere Autoren. Gleichzeitig versucht der Verantworter auch, Allianzen zu schmieden (4.2.1). Zweiter Aspekt: Die Verantworterfigur lässt sich in einem Kontrast lesen, sie konstituiert sich (mit ihrer Position) über das, was sie gerade *nicht* selber ist. Weder ist sie identisch mit andern Forschern, noch mit dem indefiniten/anonymen MAN. Eine vergleichbare ‚Immunisierung‘ von Aussagen, wie sie in der Abgrenzung zu oppositionellen autorschaftlichen Positionen stattfindet, ereignet sich in der Abgrenzung von einem disziplinären ‚Mainstream‘. Dabei spielt vor allem die Verbindung von Aussagen mit einer indefiniten MAN-Figur eine zentrale Rolle (4.2.2). Dritter Aspekt: Positiv lässt sich die Verantworterfigur vor allem bei der Zuschreibung unter einen Namen begreifen. Es ist auffallend und gleichzeitig trivial, dass sich die ‚Abgrenzungs- und Allianzrituale‘ bei Emmert mit der Zeit verändern. Ich verstehe diese Veränderung als eine Metamorphose des ‚wissenschaftlichen Selbstbewusstseins‘ (4.2.3).

4.2.1 „Magendie, Delile und ich“: ICH und die ANDERN

In den Emmert-Texten, die hier als Belege für die Konstruktion der Autorfigur dienen, springen mindestens drei verschiedene Konstellationen für die epistemologische ‚Selbstpositionierung‘ ins Auge: 1. Die Konstellation ICH GEGEN, 2. die Konstellation ICH GEMEINSAM MIT und 3. die Konstellation ICH UND ICH. Die Themen der Emmert-Texte werden auf dem Hintergrund einer mitaufgeführten disziplinären Situation, einem sozialen Positionen-Rahmen abgehandelt. Wobei sich die thematische Ordnung, wenn man so will, die *Erfahrung und Differenzierung* des Gegenstandes gewissermassen parallel mit der sozialen Ordnung stabilisiert: Am Anfang der Texte besteht eine Art Dynamik, ein Konflikt, eine Opposition zum ,disziplinären Mainstream' („Fast allgemein nahm man bisher an"), jedenfalls stehen die Grenzziehungen innerhalb der Scientific Community im Dienste einer im Text thematisierten Problemlösung, die als eine Wiederherstellung von Harmonie aufgefasst werden kann. Ellen L. Barton weist im Zusammenhang mit Problemstellungen am Textanfang darauf hin, dass dem Auftritt des Autors die Funktion zukomme, das zu behandelnde epistemologische Feld zu problematisieren, was überhaupt erst begründe, warum das *Thema* einer Behandlung bedürfe.[46] Am Schluss der Texte ist dieser Konflikt grosso modo behoben: „Endlich begreift man nach den bisherigen Betrachtungen [...]" (E 1802, 416). Ich werde im Folgenden die drei angesprochenen Konstellationen auf dem Hintergrund des Schemas von Problemstellung und -lösung getrennt voneinander skizzieren.

[1] ICH GEGEN

Das Netzwerk der Abgrenzung speist sich zunächst aus einem sehr einfachen Kontrast, der möglicherweise auch einer produktiven Überzeugungsbasis der denkenden Person entspricht, also nicht spezifisch wissenschaftlicher Natur ist.[47] Der Kontrast ICH GEGEN äussert sich in sehr verschiedenen Schattierungen. Bei Emmert geht die ,Ausdehnung' des Dissenses von *ICH GEGEN die gesamte Scientific Community* über *ICH GEGEN die Grossen des Fachs,* über *ICH GEGEN einen Exponenten des Fachs* bis hin zu sehr fein ausdifferenzierten Grenzziehungen. Es ist auch nicht so, dass die Figur *ICH GEGEN* nur am Textanfang explizit würde, sie erscheint dort allerdings als besonders dominant. Die Figur *ICH GEGEN* motiviert implizit die Forschungsbeiträge insgesamt. Unter den untersuchten Beispieltexten folgt der Text von 1809 am deutlichsten dem Motiv der Entkräftung eines konkurrierenden Beitrags. Auf eine kurze Formel gebracht kann man sagen: Dem Text von 1809 liegt die Figur *ICH GEGEN Dupuytren* zugrunde, dessen Name nicht weniger als 22 Mal fällt. Diese Oppositionsstellung bestimmt nicht nur das, was ich Aussagewirklichkeit nenne, sondern sie prägt indirekt auch den Eindruck der Autorfigur, die hier im Gegensatz zu den anderen Beispieltexten als eine eigentliche ,Showdown-Figur' inszeniert wird.

---

[46] Ellen L. Barton. Evidentials, Argumentation and Epistemological Stance. In: College English 55/1993. S. 745–769. Hier: S. 748.

[47] Vgl. hierzu Hector-Neri Castañeda. Selbstbewusstsein, Ich-Strukturen und Physiologie. (Orig. 1991). In: Analytische Theorien des Selbstbewusstseins. Manfred Frank (Hrsg.). Frankfurt am Main 1996. S. 210–245. Hier S. 229.

Der Kontrast ICH GEGEN wird in den Belegtexten immer in ähnlicher Weise aufgebaut: Eine bestimmte fachliche Erkenntnis wird als unzulänglich inkriminiert, um dann „nähere Untersuchungen" anzukündigen, die mit dem Text mitgeteilt werden.

> So annehmlich die Behauptung dem ersten Anblick nach erscheint, so viele Zweifel erheben sich dagegen bey näherer Untersuchung derselben. (E 1809, 381).

Nach „näherer Untersuchung [...] erhellt" dann die beigebrachte Evidenz, was zu „erklären" ist. Die argumentativen Kotexte lassen immer auf eine enge Verbindung zwischen *Autoren* und Aussagen schliessen. Wogegen Emmert anschreibt, das sind nicht die Aussagen selbst, sondern er schreibt, auch zur Verdeutlichung seiner eigenen Position, gegen autorschaftliche Positionen an. Im Text von 1809 wird die Diskussion um den Beitrag, an dem Emmert seine eigene Position abarbeitet, ausgesprochen ausführlich und en Detail geführt. Es fällt dabei auf, dass Emmerts Validierungen in der Regel bei der Interpretation („Folgerungen") von experimenteller Evidenz ansetzen und nicht beim experimentellen Geschehen selbst:

> Was die letzteren Folgerungen anbetrifft, so resultiren sie durchaus nicht aus den Versuchen, so wie sie in dem Bericht angegeben sind. Es folgt aus denselben in Beziehung auf die Respiration bloss, dass [...]. (E 1809, 387).

Es kommt allerdings auch vor, dass Emmert die Adäquatheit der *Beobachtungen* seiner Kontrahenten bezweifelt. In diesen Fällen markiert er das durch Modalkonstruktionen, welche die Zuverlässigkeit des Assertoren in Zweifel zieht:

> Bremond will deutlich gesehen haben, dass [...]. (E 1809, 412); Uebrigens will Herrissant gefunden haben (E 1816, 95); Dupuytren will über dieses noch mit Dupuy an Hunden beobachtet haben, dass [...] (E 1809, 386) etc.

Gleichzeitig fällt auf, dass oppositionelle Positionen generell dadurch als solche konturiert werden, dass sie als blosse Meinung, als Leugnen von Evidenz, als Trugschlüsse etc. attribuiert werden, das heisst wiederum die Leistungen von Assertoren marginalisieren.

> Die örtliche reizende Wirkung offenbaren die Gifte von allen belebten Theilen des thierischen Körpers aus, unter allen Umständen [...], eine Erscheinung, welche mehrere Naturforscher, namentlich Alexander, Monro, Fontana, Cumpe zu Trugschlüssen über die Wirkungsart des Opiums verleitet hat. (E 1816, 90 f.).

Generell zeigt sich im Zusammenhang mit der Figur *ICH GEGEN* mit Blick auf die Beispieltexte, dass das, was man die wissenschaftliche Reputation der Autorfigur nennen kann und was mit dem dargestellten Erkenntniszuwachs zusammenhängt, sehr stark aus der Oppositionsstellung zu anderen Autoren Kapital schlägt. Das heisst: Nicht nur die eigenen Forschungshandlungen (vgl.

Kapitel 4.3), sondern vor allem die validierenden Anschlüsse an disziplinäre, also bereits etablierte Positionen, prägen die Aussagewirklichkeit.

[2] ICH MIT/ICH UND

Ich bin im letzten Abschnitt davon ausgegangen, dass eine ICH-Position dadurch manifest und erfahrbar wird, dass sie als eine Position dargestellt wird, die sich von anderen Autorpositionen *abgrenzt*. Diese Form der Differenzbildung erscheint mit Blick auf wissenschaftliche Texte in ihrer Allgemeinheit fast trivial. Eine vergleichbare Abgrenzung von ICH und NICHT-ICH wird in wissenschaftlichen Texten manifest, wenn ein ICH sich nicht oppositionell, sondern affirmierend zu einer Autorposition stellt.

In den untersuchten Texten fallen in diesem Zusammenhang drei Aspekte ins Auge. Erstens: Textverweise im Sinne von *ICH UND* dienen häufig der Anreicherung/Ergänzung der eigenen Unternehmung. Zweitens: Die Figur *ICH MIT* dient auch (wie die Figur *ICH GEGEN*) der symbolischen Integration in das disziplinäre Epistem. Drittens: Die Figur *ICH MIT* ist in den Beispieltexten durchaus auch lebensweltlich zu verstehen, es geht dabei um Freundschaft und Teamarbeiten mit andern Forschern.

[1. Anreicherung]. Dass eine autorschaftliche Aussage als nicht weiter validiertes Lektüreprotokoll in die eigene Argumentation integriert würde, wie das in heutigen Wissenschaftstexten häufig geschieht, findet sich in den Beispieltexten selten. Was dagegen häufig vorkommt, sind Protokolle von experimentellen ‚Daten', in der Form von Einzelbeobachtungen („nach…"). Ich vermute, dass das weniger damit zu tun hat, dass Emmert sich nicht als Teil eines Kollektivs versteht, in welches er sich mit seinem Beitrag einreiht, sondern vielmehr in seiner Auffassung des Textmediums begründet ist. Emmert scheint über weite Strecken davon auszugehen, dass die vorliegende Fachliteratur, die mit seinen eigenen fachlichen Überzeugungen kongruiert, keiner ausführlichen Erwähnung bedarf. Das weitgehende Fehlen von neutralen Lektüreprotokollen beruht also nicht auf einem zugrunde liegenden Gestus der Informationsabweisung, sondern auf einem vorausgesetzten Lektüregedächnis, bzw. einer Adressatenerwartung, die das nicht-protokollierte Fachwissen beim Gegenüber als erinnertes voraussetzt. Es kommt noch etwas dazu: Emmerts Bemühen gilt insgesamt der Generierung neuer Erkenntnis ‚mit eigenen Mitteln'. Der eigene Beitrag erscheint vor allem dann in einem nützlichen Licht, wenn die Anschlussstelle „unvollständig" oder „wegen der Seltenheit der Abhandlung" schwer greifbar ist. Das jedenfalls legen entsprechende Hinweise in den Texten nahe:

> Denn die [...] Beobachtungen [...] des Chylus, welche Halé anstellte, sind zu unvollständig. Ich füge sie hier mit Fourcroy's Worten bey. [...] Dasselbe gilt von Autenrieth's und Doktor Werner's Beobachtungen, die sie gleichzeitig mit mir an

> demselben Pferde machten, an welchem ich mit Herrn Doktor Reuss, die in Scherners Journal bekannt gemachten Versuche anstellte. Ich füge sie wegen der Seltenheit der Abhandlung, in welcher sie aufgezeichnet sind, mit den Worten des Herrn Verfassers bey. (E 1807, 146f.).

Etwas zugespitzt könnte man sagen: Emmert nimmt bei der Erhebung von experimentellen Daten die textliche Beihilfe seiner Konkurrenten in Anspruch, nicht aber bei ihrer Auswertung. Der individuelle wissenschaftliche Auftrag zur Validierung von Aussagen wird in den Texten um 1800 allgemein sehr ernst genommen. Die Figur ICH GEGEN ist deswegen insgesamt präsenter als die Figur ICH MIT.

[2. Epistemische Integration]. Emmert verwendet die Figur *ICH MIT* als Integrationsfigur. Das heisst, er bestätigt oder erhöht indirekt die Glaubwürdigkeit seiner Beobachtungen dadurch, dass er sie als Beobachtungen *unter anderen* verstanden haben will. Das geschieht vor allem in der Form von ‚Sammelverweisen':

> Die Beobachtungen, welche *Magendie, Delile und ich* über das Upas Tieute und die bittere Angustura gemacht haben, sezen dieses ausser allen Zweifel, denn (E 1816, 94. Hervorhebung F. St.).

> Das Gehirn ist nämlich mehr eine innere Ausbreitung, als ein Centralpunkt des Nervensystems, und die Gifte äussern, nach den Beobachtungen von *Fontana, Magendie, Delille, Brodie, und meinen eigenen*, [...] (E 1816, 103. Hervorhebung F. St.)

[3. Lebenswelt]. Die Figur *ICH MIT/ICH UND* wird nicht nur mit Blick auf einen intertextuellen, sondern durchaus auch auf einen unmittelbar lebensweltlichen Rahmen verwendet. Wiederum im Bereich der Experimente sind „Freunde" dienlich. Die ‚Interpretationshoheit' dagegen ist in den Beispieltexten ausschliesslich dem Autor selber vorbehalten. Die mit den die ‚Laborwelt' darstellenden Textstellen enunzierte Wissenschaftlichkeit lässt sich auch in einem literaturwissenschaftlichen Sinne als ‚romantische Wissenschaft' verstehen. Ich werde auf die Spezifik der dargestellten lebensweltlichen *Beziehungen* weiter unten zurückkommen (Kapitel 4.2.3).

[3] ICH UND ICH

Als epistemische bzw. autorschaftliche Position, wie ich sie bis jetzt beschrieben habe, lässt sich eine mittels Argumentation im Text ausdifferenzierte, das heisst im Ergebnis relativ *sichere* ‚Gesamtbeziehung' zum unersuchten Gegenstand beschreiben. Aus einer solchen Position heraus lassen sich in der Regel die gestellten Fragen im Gegenstandsbereich erschöpfend beantworten. (Damit ist auch ein bestimmtes, autorschaftliches Selbst-Verhältnis angesprochen. Die Variationsbreite dieses Verhältnisses manifestiert sich im Zusammenhang mit der Darstellung von Sicherheit und Unsicherheit. Ich vermute, dass eine der sprachlich auffälligen Auszeichnungen dieses Selbst-Verhältnisses durch die Objektstellung des Personalpronomens markiert wird, z. B. in Ausdrücken mit scheinen: „Der Grund hievon *scheint mir* [...]" [E 1809, 419, 414 etc.]. Als epistemische *Position* ist aber gewissermassen das Ergebnis dieses in den Texten ausdifferenzierten Selbst-Verhältnisses zu verstehen.) Die Beziehung zwischen *ICH und ICH (bzw. ICH und MIR)* scheint dadurch bestimmt, dass sie in der Regel als responsive Beziehung dargestellt wird: *ICH* stellt eine Frage und *ICH* realisiert darauf eine passende Antwort. Die globale, implizite Responsivität von *ICH UND ICH* wird meines Erachtens in den Texten gerade dann besonders deutlich, wenn thematisiert wird, inwiefern Forschungsfragen zumindest teilweise unbeantwortet, offen oder anschlussfähig bleiben und Positionen vorläufige Erkenntnis fixieren. Eine ausgezeichnete Stelle in der Textarchitektur, um diese Thematisierung zu realisieren, ist der Schluss. In den Beispieltexten wird allerdings nur gerade in einem Text mit einer Art ‚Ausblick' geschlossen und damit der Fragehorizont mit dem Textanfang kurzgeschlossen wie auch als Anschlussstelle für weitere Forschung geöffnet:

> Warum endlich die Verletzung dieses Nervenpaars, nach den Beobachtungen von Arnemann für Hunde nicht immer tödtlich ist, (vorausgesetzt, dass die Zerschneidung desselben eine vollkommene war, woran ich wirklich zweifle,) das mag zwar einigermassen von der grösseren Lebenszähigkeit, die diese Thiere haben, herrühren, ist *mir* aber für jetzt nicht ganz erklärlich. Vielleicht werden wir durch eine sehr genaue vergleichende Anatomie der Thiere [...] mehrere Gründe zur Erklärung von der Verschiedenheit der Folgen [...] in dem besonderen Verlauf ihrer Nerven finden. (E 1809, 420. Hervorhebung F. St.).

Im Zitat wird deutlich gemacht, dass aus einer mit dem Text beigebrachten Position heraus nicht *alles* geklärt werden kann. Die mit Arnemanns Versuchsreihe verbundene Frage wird bereits am Textanfang aufgeworfen, das heisst, dass der beforschte Gegenstand trotz Problemlösungen problematisch bleibt. Gleichzeitig schränkt Emmert allerdings mit den Relativierungen in der Textstelle die Problematik stark ein, indem er auf die Zweifelhaftigkeit in der experimentellen Datenlage verweist und indem er den Aspekt der Zeitlichkeit von Erkenntnis ins Spiel bringt („für *jetzt* nicht ganz erklärlich"). Dadurch wird der Eindruck gefestigt, die Verantworterfigur Emmert sei als Experte lediglich in einem Spezialbereich noch nicht zu einem Schluss vorgedrungen, während die Forschungsfrage als solche doch grosso modo gelöst sei.

Neben dieser Thematisierung der Erweiterbarkeit einer Position werden in den Beispieltexten zwei Möglichkeiten realisiert, wie das Verhältnis von *ICH UND ICH* als intertextuelles Verhältnis dargestellt werden kann. Das heisst der Verantworter wird als eine Figur ins Spiel gebracht, die in einem Vorläufer-Text bereits eine Position formuliert hat ("Schon vor einigen Jahren habe ich [...] Untersuchungen [...] öffentlich bekannt gemacht" [E 1807, 145]), und als eine

Figur, die sich ein bestimmtes Forschungsthema für Anschlusstexte reserviert („Zugleich bemerke ich hier, dass ich in Zukunft die Untersuchungen über diesen Gegenstand fortsetzen werde“ [E 1807, 148]). Die Responsivität des Problemlösungsschemas wird also als intertextuell anschlussfähiges Schema verstanden. Dadurch wird nicht nur die Prozesshaftigkeit der Forschung thematisch, sondern auch der Verantworter als eine Figur instanziert, die als eine ‚Gesamtwerkfigur‘ eine Reichweite über den Einzelbeitrag hinaus hat.

4.2.2 Epistemischer Übergang: Vom ICH zum MAN

Die Konstruktion von Autorschaft auf der Ebene der Verantworterfigur, wie ich sie anhand der Emmert-Texte bis jetzt beschrieben habe, stiftet für die Lektüre von Journal-Aufsätzen insofern Anleitung für den Textgebrauch, als die Autorfigur eine Scharnierstelle zwischen Kontext und Text darstellt. Der Geltungsanspruch von Aussagen, der in Erklärungen im Text zum Ausdruck gebracht wird, wird nicht nur durch sie allein erhoben und verteidigt, sondern er wird gleichzeitig über den Eindruck eines ‚aussertextlichen Positionsanspruchs‘ auf einen Autor beziehbar, der innerhalb eines epistemischen Feldes mit andern Autoren konkurriert. Ich bin bis jetzt davon ausgegangen, dass Geltungsansprüche in den Beispieltexten forschungstypisch erhoben werden, das heisst, dass wissenschaftliche Positionen unter Massgabe einer für Forschungsergebnisse typischen Wissenskonsistenz als zwar autorschaftlich gesicherte, aber gleichzeitig anschlussfähige, durch das Fachpublikum (konkurrierende Autoren) zu validierende Positionen ausgezeichnet sind. Diese Wissenskonsistenz setzt in den Forschungsbeiträgen aus dem „Archiv für die Physiologie“ (E 1802–1815) ein reziprokes Verhältnis zwischen Textproduzent und -rezipient voraus.[48] Das Verhältnis wird in den Texten dadurch konturiert, dass die Autorfigur ‚nahe‘ mit der beigebrachten Forschungsposition verbunden erscheint.

Dieses Verhältnis ist allerdings nicht in allen untersuchten Texten auf diese Weise realisiert. Den 1816 publizierten Text, der in einer unmittelbaren zeitlichen Koinzidenz zu den „Bemerkungen über die Wirkungsart der Gifte“ von 1815 erscheint, charakterisiert Emmert bereits auf den ersten Zeilen als etwas textgattungsmässig anderes als einen Forschungsbericht: Was er „hier mittheile“, sei „Gegenstand einer Rede [gewesen], die ich bey meinem jüngst erfolgten Antritt der anatomischen Lehrstelle an der hiesigen Universität [Tübingen] gehalten habe“. Weil die „Untersuchungen“ Gegenstand der Antrittsvorlesung gewesen seien, bitte er darum, den „Mangel an Beweisen für manche darin aufgestellte Behauptungen“ zu entschuldigen (E 1816, 88). „Untersuchung“

48 Vgl. hierzu Graefen. Der Wissenschaftliche Artikel. 1997. S. 116.

meint hier nicht experimentelle Forschung, sondern es meint vielmehr die metaanalytische Validierung der Forschungsliteratur zum Thema.

Im Vergleich des Forschungsberichtes (1815) mit der Antrittsvorlesung (1816) ist die Differenz zwischen einem ‚eng' an die Verantworterfigur gebundenen und einem als disziplinär verstandenen, durch den Autor zwar perspektivierten, aber nicht unmittelbar auf ihn rekurrierenden Wissensbestand gut zu beobachten. Thematisch geht es zwar oberflächlich betrachtet in beiden Texten um Giftwirkung. Aber bei der Antrittsvorlesung (1816) rückt eine doketische Aussagekonsistenz in den Vordergrund, deren Aussageinstanz mehr einem MAN als einem ICH entspricht. Die Verantworterfigur ist hier weniger als Forscher, denn als wissenschaftlicher Lehrer konturiert. Man kann sich die Aussageinstanz als einen Zusammenschluss vorstellen aus ‚Emmert' und einem disziplinären, intertextuellen Konglomerat von Autorenpositionen, das einen mehrstimmigen, disziplinären ‚Chor' bildet. Die im Einzelnen dargestellten Positionen selbst divergieren und konvergieren zwar gegeneinander, aber gleichzeitig ist hinter diesen Positionen auch eine ‚Mainstream-Position' ablesbar, die im Text als MAN-Position apostrophiert wird und zu der sich Emmert (wie bereits weiter oben erwähnt) an manchen Stellen explizit dazugesellt – z. B. „Magendie, Delile und ich".

Während die „Bemerkungen" von 1815 extensiv Experimente und daraus abgeleitete Interpretationen darstellen, transponiert die Antrittsvorlesung von 1816 die gleichen Erkenntnisse in einen höheren Grad von Mittelbarkeit. Aus dem disponiblen Wissen des Forschungsbeitrags von 1815 wird 1816 toxikologisches Lehrwissen. Der augenfälligste Unterschied zwischen den beiden Texten liegt darin, dass in den „Bemerkungen" (E 1815) sich das Frequenz-Verhältnis zwischen den Pronomina der ersten Person „ich"/„wir" und dem indefiniten „man" als Verhältnis von 62.5 Prozent „ich"/„wir" zu 37.5 Prozent „man" präsentiert (vgl. Abb. ‚ICH-Text'), während sich im Text von 1816 genau umgekehrt 80.5 Prozent „man" zu 19.5 Prozent „ich"/„wir" gegenüberstehen (vgl. Abb. ‚MAN-Text'). Etwas verkürzt lässt sich sagen: Die Verantworterfigur in den „Bemerkungen" von 1815 ist als eine ICH-zentrierte Figur konstruiert, der Verantworter in der Antrittsvorlesung von 1816 als eine MAN-zentrierte.

„ICH-Text"

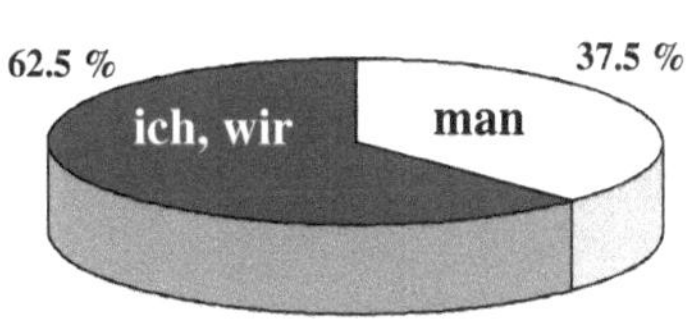

„MAN-Text"

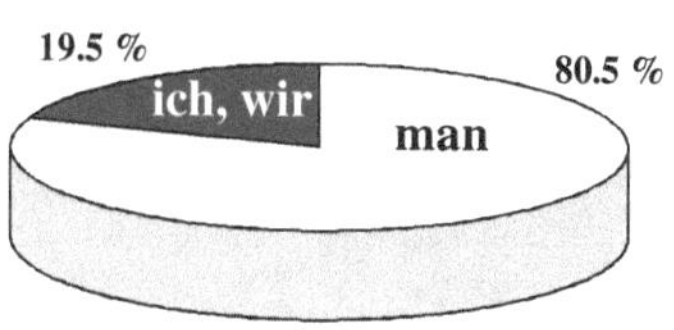

Es soll in den folgenden Überlegungen darum gehen, den mit der spezifischen Aussagekonsistenz verbundenen Geltungsanspruch, wie er in der Antrittsvorlesung von 1816 aufscheint, genauer zu charakterisieren:

- Es ist nicht so, dass der experimentelle Hintergrund für die Formulierung der Aussagen in E 1816 eine untergeordnete Rolle spielen würde. Das experimentelle Geschehen wird nur viel weniger narrativ als in E 1815 perspektiviert. Man kann generell sagen, dass in E 1816 experimentelles Geschehen in naturgesetzliche, physiologische Regeln transformiert wird. Während sich im Forschungsbericht die erzählerische Ankündigung „In meinen Versuchen fand ich, dass" als dominante, textstrukturierende Formulierung findet, wiederholen sich in der Antrittsvorlesung nicht-narrative, naturgesetzliche Regelformulierungen nach dem Muster „Wenn man... so/dann" sehr stark.
- Markierungen der Ausschliesslichkeit oder der ‚Totalität' wie „nie", „immer", „kein", „alle", „ohne", „nichts mehr" indizieren vor allem in ihrer hohen Frequenz in der Antrittsvorlesung einen deutlich allgemeineren Geltungsradius, als ihn der Forschungsbericht E 1815 indiziert. Die Aussagen des wissenschaftlichen Lehrers Emmert unterscheiden sich von jenen des Forschers Emmert nicht dadurch, dass der Spezialisierungsgrad des beigebrachten Wissens hier weniger hoch wäre oder dass mit dem Lehrcharakter des Textes E 1816 ein ‚Rückfall in eine gelehrte Ontologie' stattfinden würde,[49] sondern dadurch, dass nach einer Synthese des Wissensstandes im Hinblick auf die wissenschaftliche Lehre gesucht wird.
- Während in E 1815 mit textstrukturierenden Partikeln wie „überdies", „endlich", „ferner", „übrigens" experimentelle Episoden/Erkenntnisse in eine relativ lose koordinierte Ordnung gebracht wird, bemüht sich Emmert am Schluss seiner Antrittsvorlesung um eine Zusammenfassung nicht nur seiner eigenen, sondern „aller bisherigen Untersuchungen" – „Das Ende-Resultat aller bisherigen Untersuchungen ist somit: [...]" (E 1816, 104).
- Die Verantworterfigur der Antrittsvorlesung, die ich als MAN-zentrierte Figur bezeichnet habe, ist nicht als ‚unpersönliche' Figur aufzufassen. Die Kontur, die „man" in Emmerts Text erhält, deutet auf drei verschiedene Verwendungsarten hin:
  a) „Man" bezeichnet ein indefinites, tendenziell exklusives Kollektiv von Autoren: „Die Versuche von John Hunter und andern Physiologen, aus denen man folgert, dass..." (E 1816, 98).

---

[49] Bei Ludwig Fleck werden unter diesem Gesichtspunkt (wie bereits in den „Vorüberlegungen" angesprochen) Lehrtexte als ‚unwissenschaftliche Texte' apostrophiert. Fleck. Tatsache. 1935/1994. S. 160.

b) „Man“ bezeichnet einen tendenziell inklusiven Verbund zwischen Autor und Adressaten: „Allein wenn man bedenkt…“; „Man könnte deswegen glauben…“ (E 1816, 100). Diese Art der Verwendung ist eng verwandt und bei Emmert kotextuell mit dem inklusiv verwendeten „wir“ in Formulierungen wie „Denn wir haben gesehen, dass…“ (E 1816, 100).
c) „Man“ bezeichnet die Subjektposition, die einerseits über den Kotext als mit der Autorposition identische markiert ist, andererseits aber auch von einem Gegenüber eingenommen werden kann/soll: „Isoliert man den Fuss eines Frosches, dem man Opium beygebracht…“ (E 1816, 103).

Die Differenz zwischen ICH-Text und MAN-Text ist also nicht, wie man vermuten könnte, primär in der komplementären Organisationstypik von (zumindest gemäss der ursprünglichen Rezeptionssituation) konzeptionell dialogisch orientiertem Vortrag und konzeptionell monologisch orientiertem Forschungsbericht begründet.[50] Es ist nicht die ursprünglich „unzerdehnte“ (Ehlich), nicht-dissoziierte Situation des zunächst mündlich gehaltenen Vortrags, die den deiktischen Verweis auf die Autorinstanz weitgehend erübrigt und damit aus der publizierten Fassung fast zwingend einen ‚unpersönlichen‘ MAN-Text machen würde. Nicht primär die Gebundenheit des Textes *an* eine bestimmte aussertextuelle Situation wird durch die divergierende Pronomina-Frequenz thematisch, sondern – das war hier die leitende Behauptung – die Pronomina-Frequenz ist *ein* Indiz *unter anderen* Indizien für die Charakteristik der Autorkonstruktion und eines entsprechenden Geltungsanspruchs.

4.2.3 Verantworterfigur und wissenschaftliches Selbstbewusstsein

Der Begriff des ‚Selbstbewusstseins‘ ist im Zusammenhang mit der Konstruktion der Verantworterfigur leicht missverständlich. Hier soll es im Folgenden um ‚*wissenschaftliches* Selbstbewusstsein‘ gehen, das heisst nicht um eine innerpsychische Struktur, sondern vielmehr um ein dargestelltes Verhältnis in zwei Richtungen: Einerseits will ich ‚Selbstbewusstsein‘ als eine im Text dargestelltes Verhältnis zum Untersuchungsgegenstand auffassen, andererseits als eine damit verknüpfte, soziale Beziehung der Verantworterfigur zu ihrem disziplinären Umfeld. Ich unterscheide mit Blick auf die Beispieltexte drei verschiedene Stadien des ‚wissenschaftlichen Selbstbewusstseins‘: ‚Kamikaze-Stadium‘, ‚Show-down-Stadium‘ und ‚Konsolidierungsstadium‘.

---

[50] Vgl. zur zeitgenössischen Diskussion um die Dialogizität von Vorlesungen: Rudolf Stichweh. Vorlesung und Dialog. In: Ders. Wissenschaft, Universität, Professionen: Soziologische Analysen. Frankfurt am Main 1994. S. 236–238.

[1] Wissenschaftliches Kamikaze-Stadium (1802)

Emmert tritt 1802 mit einem geradezu titanischen Anspruch auf. Seine Behauptung: Die gesamte bisherige Physiologie irrt in einer wesentlichen Frage. Zu Unrecht habe man bisher angenommen, der kleine *und* der grosse Kreislauf seien abhängig von der Atmung. In Wahrheit funktioniere der kleine Kreislauf atmungsunabhängig. Emmert opponiert damit, wie das in der Eingangssequenz des Textes deutlich thematisiert wird, einerseits gegen den wissenschaftlichen Common Sense, andererseits zielt er mit seiner Opposition speziell auf die ‚Grossen des Fachs', den „grossen Haller" und den „grossen Hook" (E 1802, 402). Er arbeitet sich aber auch einzeln ab an den Positionen der deutschssprachigen Physiologen (Sömmerring, Pfaff, Schwamerdam und „mehrere andere" [S. 402]).

Emmert bringt bei seiner Unternehmung einen Verbündeten ins Spiel. Er habe die Experimente mit seinem „theuren Lehrer und Freunde, dem Professor Autenrieth" angestellt. Emmert nähert sich mit dem Beitrag von 1802 den Grossen des Fachs – am Schluss des Beitrags erscheint ein Forschungsproblem, das offenbar für den „grossen Haller" unlösbar war, durch Emmert „endlich" gelöst (E 1802, 416) – und gleichzeitig nimmt er mit dem titanischen Anspruch auch das Risiko einer beträchtlichen Fallhöhe in Kauf. Alles in allem trägt das ‚wissenschaftliche Selbstbewusstsein' in diesem ersten Beitrag radikale und kamikazehafte Züge.

[2] Das Show-down-Stadium: Prioritätsansprüche, Konkurrenz auf Augenhöhe, Themenreservationen (1807/1809)

Fünf Jahre nach seinem ersten Beitrag im „Archiv", inzwischen „Professor zu Bern" (E 1807, 145), äussert Emmert einen markant bescheideneren Anspruch: Er kündigt die Wiederholung einer Versuchsreihe zum Chylus („Speisesaft") von Pferden an, die er bereits im „Journal der Chemie von Scherer" publiziert habe. Diese erneute Untersuchung sei wichtig, selbst „wenn sie bloss jene älteren Beobachtungen bestätigte, um so mehr aber, wenn sie unsere Kenntnisse darüber erweitert." (E 1807, 147).

Mit den „Beyträgen" zum „Speisesaft" und dem Beitrag zu den „herumschweifenden Nerven" (1809) verändert sich die ‚Einbettung' in das disziplinäre Umfeld: Autenrieth etwa, inzwischen Mitherausgeber des „Archivs", ist nicht mehr der „theure Lehrer und Freund", sondern ein wissenschaftlicher Konkurrent. Autenrieth habe zwar vor Jahren an „demselben Pferde" wie er, Emmert, auch Beobachtungen zum Thema angestellt, aber sie seien „unvollständig". Emmert betont seinen eigenen Prioritätsanspruch nachdrücklich:

> Schon vor einigen Jahren habe ich mit dem Herrn Doktor Reuss, gegenwärtig Professor der Chemie zu Moskau, wiederholte Untersuchungen über die, in dem System der einsaugenden Gefässe der Pferde enthaltene Flüssigkeit angestellt, und sie

> öffentlich bekannt gemacht. Damals waren unsere Beobachtungen [...] ganz neu und die einzigen. Sie sind dieses auch, so viel mir bekannt ist, bis jetzt geblieben [...]. (E 1807, 145f.).

Den Prioritätsanspruch auf das Forschungsthema zu erheben heisst hier nicht nur, die Interpretationsmacht mittels Forschungsbeitrag für sich zu behaupten, es heisst in diesem Fall auch, dass Emmert sich als „Chylus"-Forscher für die Zukunft ankündigt. Er reserviert sich das Thema unter dem Hinweis, er verfüge über einen privilegierten Zugang zu Versuchstieren:

> Zugleich bemerke ich hier, dass ich in Zukunft die Untersuchungen über diesen Gegenstand fortsetzen werde, wozu mir die Anstellung meines Bruders, als Professor der Thier-Arzneykunde an der hiesigen Akademie die beste Gelegenheit giebt. (E 1807, 148).

Emmert sucht in dem Beitrag von 1807, wenn man so will, nicht mehr die Konkurrenz mit den ganz Grossen und die ‚Totalrevision' eines organologischen Gesamtzusammenhangs, sondern das Gegenstandsverhältnis zeichnet sich durch Pragmatik aus: Es ist vor allem der Hinweis auf seine Unnachgiebigkeit, die deutlich macht, dass der Chylus-Spezialist Emmert sich in wissenschaftlicher Kleinarbeit – und hier nicht mehr mit dem grossen Wurf – einen Namen machen will.

Die zunehmende Souveränität im ‚Verantworten' erweist sich auch darin, dass die eine oder andere Unzulänglichkeit der eigenen Forschung explizit eingestanden wird. Im Beitrag von 1807 entschuldigt Emmert das Fehlen von noch präziseren Untersuchungen nach immerhin fast fünfzig Druckseiten Experiment- und Ergebnisschilderung mit einem Hinweis auf seine Eingebundenheit: „Genauere Untersuchungen konnte ich wegen anderer Geschäfte nicht damit anstellen." (E 1807, S. 192).

Die Konstellation des ‚Personals' ähnelt sich in den Beiträgen von 1807 und 1809 stark: Auf der einen Seite gibt es die „Freunde", die bei den Experimenten helfen oder Hinweise auf aktuelle Forschungsliteratur liefern, auf der andern Seite „Herren", die in der Regel die (französische) Konkurrenz markieren und mit denen Emmert die wissenschaftliche Klinge kreuzt.[51] Vor allem der Text von 1809 ist von einem eigentlichen ‚Freund-Herr-Schema' geprägt. Dieser Kontrast wird zusätzlich dadurch pointiert, dass die „Freunde" in der Regel mit entsprechenden Titeln als „D.", „Doktor" oder „Professor" honoriert werden, während die „Herren" durchgängig unbetitelt bleiben. Emmert schreibt

[51] In den Beispieltexten findet sich nur gerade ein „Herr", den Emmert als „Herrn Doktor Reuss, gegenwärtig Professor der Chemie zu Moskau" in E 1807 als Mitarbeiter erwähnt. Die Verbindung von „Herr" und Titel vermeidet Emmert bei der Bezeichnung seiner Konkurrenten vollständig.

1809, nachdem er den Forschungsstand zum Thema ausführlich geschildert hat und nun zu den eigenen Experimenten/Ergebnissen übergeht, das heisst an einer wesentlichen Scharnierstelle des Textes:

> Das sind die Resultate, die sich aus den Versuchen ergeben [...]. Sie geben uns in gewisser Hinsicht mehr Aufschluss [...] als die von Herrn Dupuytren, aber sie unterrichten uns nicht hinlänglich über den Einfluss dieses Nervenpaars auf das Arteriöswerden des Blutes in den Lungen und über die Tödtlichkeit der angegebenen Verletzung. Ich stellte daher, um mehr Licht über diesen Gegenstand zu erhalten, folgende zwey Versuche in Verbindung mit meinem Freunde D. Hochstetter an. (E 1809, 398).

Die Konkurrenzkonstellation auf Augenhöhe (‚Freund-Herr-Schema') korrespondiert mit zunehmend eingeschränkteren Forschungsgegenständen. (Was man also als wachsendes Selbstbewusstsein als Verantworter bezeichnen kann, basiert möglicherweise einfach auf zunehmender Erfahrung als Spezialist. Jedenfalls schränkt Emmert seine Untersuchungen zunehmend ein, macht sie ‚praktikabler' hinsichtlich des angestrebten Erkenntnisgewinns.)

[3] Das Konsolidierungsstadium: Integration ins Epistem (1815/1816)

Im Forschungsbericht von 1815 fallen hinsichtlich des Gegenstandsverhältnisses zwei Umstände ins Auge. Emmert weist sehr nachdrücklich auf die eigenen, bereits vorliegenden Forschungsleistungen als *Resultate* hin – er schliesst ja bereits in E 1807 an einen eigenen, früheren Beitrag an, aber er betont dort vor allem dessen Originalität und Priorität. In E 1815 betont er die Richtigkeit im Ergebnis:

> Schon meine füheren Untersuchungen über die Wirkungsart der Gifte leiteten mich auf die zwei wichtigen Resultate, dass [...]. In neueren Zeiten habe ich [...] eine Reihe von Versuchen angestellt, welche dieses mit aller Bestimmtheit aussagen [...]. (E 1815, 176f.).

Und: Emmert verzichtet in E 1815 praktisch gänzlich auf Verweise auf die Fachliteratur. An den seltenen Stellen, an denen er verweist, ist er auffallend affirmativ („Herr Professor Pfaff in seiner *vortrefflichen* Materia medica"; „nach den *vortrefflichen* Untersuchungen von Magendie und Delile [...]" [Hervorhebung F. St.]). Die Emphase, mit der Emmert seine Konvergenz mit Magendie und Delile unterstreicht, wiederholt er in E 1816 fast wörtlich an einer resümierenden Textstelle:

> Die Beobachtungen, welche Magendie, Delile und ich über das Upas Tieute und die bittere Angustura gemacht haben, sezen dieses ausser allen Zweifel, denn [...]. (E 1816, 94).

Emmert bedient sich in den Beiträgen von 1815 und 1816 nicht mehr der Show-down-Konstellation, um sich als Figur selbstbewusst in Szene zu setzen. Die Verantworterfigur scheint hier einerseits auf ein ‚selbstversorgtes Selbstbewusstsein' abzustellen, andererseits scheint sie als Figur integriert in einen disziplinären Kontext, der auf ‚wissenschaftliche Etabliertheit' schliessen lässt.

Was ich mit der Differenzierung dreier Stadien des ‚wissenschaftlichen Selbstbewusstseins' aufzeigen möchte: Die Verantworterfigur ‚Emmert' wandelt sich im Laufe der Zeit deutlich. Die auf sie bezogenen Informationen (z.B. „hat einen Bruder, der Veterinär ist") nehmen über die Jahre eine ‚diskretere Gestalt' an. Während man in den Texten bis 1809 über „Freunde", „Lehrer" etc. ins Bild gesetzt wird, sind die figurenbezogenen Informationen in den Texten von 1815 und 1816 vergleichsweise ‚unpersönlich' (z. B. „Antritt der anatomischen Lehrstelle"). Gleichzeitig rückt, wie mir scheint, mit nachlassender Unmittelbarkeit die Zuverlässigkeit, die symbolische Integriertheit und die ‚Arriviertheit' ins Zentrum der Figurenkonstruktion.

4.3 Ordnen, erklären, erzählen – die Gestalterfigur

Ich unterscheide hier nachfolgend drei Handlungs*bereiche*, welche bei der Konstruktion der Rahmenwirklichkeit durch die Gestalterfigur zentrale Funktionen für die Textkonstitution abdecken. Mit der Unterscheidung dieser Bereiche verbinden sich grundlegende Probleme. Einerseits sind die Trennlinien zwischen den Handlungsbereichen nicht haarscharf zu ziehen, andererseits suggeriert die Trennung in Teilbereiche selbst, dass sich die beschriebenen Handlungen auf *einen* Kontext im Sinne einer Kontext*einheit* beziehen. Dieser Eindruck täuscht. Die dargestellten Handlungen, die hier zu beschreiben sind, gehören nur in dem Sinne zusammen, dass sie von *einer* Figur ausgehen, die als Autorfigur mit Blick auf die Aussagewirklichkeit Kohärenz stiftet. Wenn ich diese Autorfigur als Gestalterfigur bezeichne, so ist damit die Vorstellung verbunden, dass sie einerseits gestaltend handelt, ordnet, erklärt, erzählt, dass sie andererseits aber durch die Handlungsenunziation selbst als Figur indirekt eine bestimmte Kontur, eine bestimmte ‚Gestalter-Gestalt' annimmt.

Der erste Handlungsbereich umfasst ordnende Handlungen, das heisst den Bereich der Textorganisation, der Thematisierung der Textsequenzierung, der Relevanz, bzw. der so genannten Leserführung (vgl. Kapitel 4.3.1). Ich bezeichne diese Gestalterfigur als Ordner. Der zweite Bereich umfasst Handlungen, welchen mit Blick auf das Argumentationsgeschehen eine erklärende und das heisst auch den Geltungsanspruch explizierende Funktion zukommt.[52]

[52] Man könnte diese Figur auch Erklärerfigur nennen, allerdings müsste man in der

Erklärungshandlungen können als ‚Didaktisierungen' des kognitiven Prozessierens verstanden werden. Als Handlungen markieren Erklärungen den Übergang zwischen der Herstellung von Erkenntnis und der Darstellung (Kapitel 4.3.2). Ich bezeichne diese zweite Gestalterfigur als Erklärer. Der dritte Bereich umfasst erzählte, ‚meta-herstellerische' Handlungen („ich habe X getan"), also in der Regel Forschungshandlungen, die den Autor in der historischen Rolle des ‚Herstellers' zeigen (Kapitel 4.3.3). Diese Gestalterfigur bezeichne ich als Erzähler. Narrative Handlungen legitimieren die Autorfigur indirekt in ihrer Expertenrolle, indem sie den gesamten Bereich der Herstellung (Experimente, Beobachtungen, Schlussfolgerungen, Lektüre etc.) rationalisieren, so dass auf diesem Hintergrund Erklärungen des zweiten Handlungsbereichs als plausibel erscheinen. Vor allem die Enunziationen in diesem letzten Bereich haben mit Blick auf die Stiftung von Kohärenz eine zentrale Funktion, weil narrative Handlungen die Möglichkeit bieten, ein ‚tatsachenschaffendes Arrangement' in der Vergangenheit im Erzählvorgang zu wiederholen und mit den notwendigen Objektivationen auszustatten.[53]

4.3.1 Der Ordner

Eine der grundlegenden Möglichkeiten, in Texten autorschaftliche Anwesenheit zu signalisieren, besteht darin, die Ebene der Aussagewirklichkeitsdarstellung kurzfristig zu verlassen, um dem Adressaten Hinweise auf die Ordnung dieser Wirklichkeit zu geben. Durch solche *metatextuellen* Markierungen wird es dem Adressaten möglich, Text als strukturierte, kohäsive, autorschaftlich geplante und geordnete Einheit wahrzunehmen. Ordnungsindizierende Handlungen sind Bezugnahmen auf die Ordnung des Textes, etwa mit der Funktion den Beginn und das Ende eines Textes anzukündigen, die relative Relevanz einer Sequenz zu indizieren oder die Gliederung (explizierte Struktur) eines Textes anzuzeigen.[54]

Im Wesentlichen kann man unter ordnungsindizierenden Handlungen Thematisierungen des Textes verstehen, welchen die Funktion zukommt, vergleichsweise umfangreiche Textsegmente miteinander zu verbinden oder Aspekte der Textproduktion als Entscheidungshandlungen des Autors vorzu-

---

Konsequenz für jeden Handlungsbereich eine eigene Figur ansetzen, was das Modell unnötig verkomplizieren würde.

[53] Vgl. zu *sprachlich* präfigurierten Objektivationen und Erfahrungsmustern: Angelika Linke. Sprachkultur und Bürgertum: Zur Mentalitätsgeschichte des 19. Jahrhunderts. Stuttgart 1996. S. 286–288. (Sozialsemiotische Dimensionen).

[54] Vgl. dazu Helmut Feilke. Sprache als soziale Gestalt: Ausdruck, Prägung und die Ordnung der sprachlichen Typik. Frankfurt am Main 1996. S. 280–283.

führen und zu verdeutlichen – in der Funktion des Sequenzierens („ich unterscheide hier drei Aspekte"; „1., 2., 3."); in der Funktion der Ankündigung bzw. Erinnerung („im Folgenden"; „wie bereits gesagt"; „die bereits erwähnten X" etc.); in der Funktion des Ein- und Ausleitens („nachfolgend steht die Frage im Zentrum"; „das bisher Gesagte macht deutlich"; „zusammenfassend kann man sagen" etc.).[55]

Leserführung durch eine Deklaration der Sequenzierung wird in den Textbeispielen (E 1807, E 1809 und E 1815) zum Teil auch über weite Textstrecken hinweg mittels numerischen Gliederungsprinzips verfolgt. Im Gegensatz zu den angesprochenen Disgressionssignalen wie „übrigens" erscheinen diese numerischen Ordnungen zwingender. Sie lassen einen sachkundigen, das eigene Tun und die ‚Logik' des Gegenstandes beherrschenden Autor inferieren.

> 1. Der seröse Theil enthält:
>   a. Sehr viel Wasser. […]
>   b. Etwas kaustisches Mineralalkali. […]
>   c. Etwas Kochsalz, […]
>
> […]. (E 1807, 163ff.).

Die Frage, ob ein dergestalt verdeutlichter Textaufbau der ‚Sachlogik' überhaupt *ideal* entspricht, steht hier ausser Frage, möglicherweise stellt sie sich auch einem zeitgenössischen Rezipienten nicht unbedingt. ‚Wissensbaupläne' wie der hier zitierte repräsentieren Ordnungsmodelle des Wissens, die kaum zur Disposition gestellt werden. Der Ordner waltet in der Regel, ohne Einspruch gewähren zu müssen.

Dem Ziel, Ordnungsentscheidungen des Autors vorzuführen, kommen in den Beispieltexten bereits Titelformulierungen nach. Übertitelungen verdichten häufig Ordnungsindizierungen in der Form von eigentlichen „semiotischen Triggern" (Jannidis). Sie weisen voraus auf strukturelle/funktionale Eigenschaften des Textes. Die in den Textbeispielen über Verbalabstrakta geäusserten Gattungscharakterisierungen „Einige Bemerkungen über […]" (E 1815) oder „Beyträge" (E 1807) sind um 1800 häufige Etiketten. Wenn man sich im Zusammenhang mit der Enunziation von Handlungen die Frage nach dem Anweisungscharakter dieser Übertitelung stellt, so lässt „Einige Bemerkun-

---

[55] Vgl. William J. Vande Kopple. Some exploratory discourse on metadiscourse. In: College Composition and Communication 36/1985. S. 82–93. Ausführlich diskutiert in: Avon Crismore/Rodney Farnsworth. Metadiscourse in Popular and Professional Science Discourse. In: Walter Nash (Hrsg.). The Writing Scholar: Studies in Academic Discourse. (=Written Communication Annual: An International Survey of Research and Theory, Volume 3). Newbury Park, London, New Delhi 1990. S. 118–136. Hier v.a. S. 123.

gen" einen vergleichsweise unabgeschlossenen, relativ kurzen, koordinierenden Texttyp erwarten.

Mit Titelformulierungen („Einige Bemerkungen", „Ueber" etc.) lässt sich eine bestimmte Ordnungs- und Aussagetypik inferieren, das heisst eine gleichzeitig organisatorische und (wenn auch nur vage!) inhaltliche Strukturierung indizieren.[56] Dass dabei die Vorläufigkeit, der Fragmentcharakter, die Flüchtigkeit der Mitteilung fokussiert wird, ist in zeitgenössischen, naturwissenschaftlichen Aufsätzen die Regel, nicht die Ausnahme: „Nachricht von einigen Versuchen [...]", „Etwas über [...]", „Entwurf einer [...]", „Beobachtungen über [...]", „Merkwürdige [...]", „Aus einem Briefe [...]"[57] – Die Verbindung von Autornamen, Thema und ‚pragmatischer Sinnanzeige' schafft die Vorstellung eines Handlungsträgers für die entsprechenden Mitteilungshandlungen: „Einige Bemerkungen über [...] von Dr. Emmert, dem Aeltern".

Auf die mit dem Titel angekündigte Handlung des ‚Bemerkens' wird in E 1815 an auffällig vielen Stellen rekurriert, Emmert überzieht den Text mit einem ganzen Netz von Sprechhandlungsdeklarationen: „Ich füge die Bemerkung bei"; „zugleich bemerke ich hier"; „bemerkenswerth ist noch in dieser Hinsicht"; „bei dem letztern Versuche scheinen mir noch zwei Umstände bemerkenswerth [...]". – In eine ähnliche Richtung geht die Funktion der ordnungsindizierenden Partikeln. Emmert schliesst häufig im Sinne einer Disgression einen Abschnitt an die vorherigen Überlegungen an, indem er mit „übrigens" und „überdies" eingeleitet und zuweilen mit „ferner" und „endlich" Anfang, Mitte und Schluss einer bestimmten Sequenz als Etappen markiert. Interessant scheint an dieser Form der Explizierung von Textordnung, dass es zwischen einer inhaltlich motivierten Ordnung, welche die sachliche Logik des Erkenntnisobjekts nahe zu legen scheint („Bei diesen letztern Versuchen zeigten sich folgende merkwürdige Erscheinungen"), und einer Ordnung, welche eine autorschaftliche Entscheidungen in den Vordergrund rückt („Ehe ich [...] bekannt mache, bemerke ich zuvor"), hier eine dritte Form gibt, die weder durch die Sache ‚erzwungen', noch durch Betonung des autorschaftlichen Entscheidungswillen gerechtfertigt erscheint. „Übrigens" leitet ein Textsegment ein, das gerade nicht als zwingendes markiert wird, sondern gewissermassen dem Disgressionswillen des Autors geschuldet ist. In den Beispieltexten

---

56 Ich habe bereits weiter oben im Zusammenhang mit der Inferenz von Textordnungsmustern auf van Dijks Begriff der Super- bzw. der Makrostruktur hingewiesen. Als „semiotischen Trigger" für die Inferenz einer solchen Text- und entsprechender Aussagetypik verstehe ich ‚verfestigte Formeln', wie sie bereits in Kapitel 1.1.3 der vorliegenden Arbeit diskutiert wurden.

57 Die angeführten Beispiele sind dem Inhaltsverzeichnis des „Neuen Journals der Physik" entnommen: Zweyter Band. Friedrich Albrecht Carl Gren (Hrsg.). Leipzig 1795.

ist eine ausserordentliche Variationsbreite von solchen ‚kontingenzbetonenden' Anschlussformeln zu registrieren: „Hiezu kömmt nun noch"; „Auch sind"; „In neueren Zeiten"; „Auf der andern Seite"; etc. – Der Ordner, so kann man zusammenfassen, ist eine Gestalterfigur, die einerseits dem Text ein bestimmtes Gepräge verleiht, andererseits wird gerade durch die Indizierungen der zuletzt zitierten Ausdrücke deutlich, dass die Gestalterfigur als eine nach bestimmten Interessenlagen agierende Figur, das heisst als eine nach ihren eigenen Präferenzen Ordnung schaffende Figur selbst ‚sichtbar' wird.

4.3.2 Der Erklärer

Ich habe bereits weiter oben betont, dass der Eindruck von Wissenschaftlichkeit in den Beispieltexten vor allem dadurch bestätigt wird, dass etwas zunächst Problematisches, thesenhaft Unterstelltes in etwas ‚weniger Problematisches', das heisst schrittweise Erklärtes, Erhärtetes, Bewiesenes transformiert wird.[58] Eine zentrale Strategie zur Bewältigung dieses Transformationsproblems wird in den Beispieltexten darin gesucht, dass Argumentation in der Form von Erklärungshandlungen fortlaufend *expliziert* wird („hieraus folgt", „aus den angeführten Beobachtungen ergiebt sich folgendes als Resultat" [E 1807, S. 162] etc.). Die autorschaftliche Position und die damit einhergehenden Geltungsansprüche werden metakommunikativ thematisiert. Allerdings ist es ja nicht die Thematisierung des Erklärens, die wissenschaftliche Assertionen in unproblematische verkehren würde. Aber mit Blick auf die persuasive Absicht der Texte besteht die konventionelle, wissenschaftliche Strategie darin, nicht nur in einem schlichten Sinn Argumente aufzuführen, sondern gleichzeitig den Funktions*rahmen* der Argumention zu thematisieren, sodass Geltungsgründe auch als solche erkannt werden.

Im Grunde kann man die Thematisierung des argumentativen Rahmens als Fortsetzung der eben angesprochenen ordnenden Handlungen unter einer veränderten Absicht verstehen. In Zusammenhang mit Erklärungen geht es weniger um die Aufmerksamkeitslenkung auf Relevanz oder auf Sequenzierung, sondern um die gleichzeitig vor- und zurückverweisende Verdeutlichung einer argumentativen Struktur. Das heisst: Erklärungshandlungen zielen nicht auf den Aufbau einer Orientierungssituation in textorganisatorischer Hinsicht ab, sondern sie werden in der Absicht enunziert, die Bestandteile eines bestimmten Argumentations*verlaufs* zu explizieren, das heisst, dass eine „Behauptung"

---

[58] Van Dijk nennt die konventionelle Struktur von Problemstellung und Lösung die „Basisstruktur der wissenschaftlichen Abhandlung". (Van Dijk. Textwissenschaft. 1980. S. 150f.)

mit Blick auf die darauf folgenden Argumente als „sehr zweifelhafte" attribuiert wird oder eine „Frage" als etwas, was „zu beantworten übrig" bleibt (E 1809, 419).

Explizierungen argumentativer Intentionen in der Form von Erklärungshandlungen geschehen wie gesagt metakommunikativ. Die Ausdrücke „mit aller Bestimmtheit aussagen, [dass p]"; „Folgerungen, die [aus p] resultiren"; „[p ist] das Ende-Resultat aller bisherigen Untersuchungen", fungieren als Kommentare zu den entsprechenden Argumentationen. Indem Emmert einen solchen Kommentar äussert, rekurriert er innerhalb des argumentativen Verlaufs auf die ‚Dramaturgie' der Argumentation selbst. Die eigentliche Funktion von Erklärungshandlungen ergibt sich erst aus der Verbindung von Kommentar und Kommentiertem, also aus der Verknüpfung von Rahmenwirklichkeit und Aussagewirklichkeit. (Eine vordergründig *rein* performative Sprechhandlung wie „ich verspreche es", realisiert ein Versprechen. Die Sprecherinstanz baut mit einer solchen Sprechhandlung keine *offensichtliche* Trennung auf zwischen einer performativen und einer konstativen Dimension des Sprechakts. Bei Behauptungen verhält sich das anders – „ich behaupte es", realisiert keine ‚richtige' Behauptung. Der performative Aspekt, der sich bei der Sprechhandlung des Versprechens als so unmittelbar vordergründig erweist, wird bei Behauptungen erst durch den Aufbau eines Kontrasts, das heisst durch eine offensichtliche Trennung von konstativer und performativer Dimension deutlich.) Der Aufbau eines Rahmens, der die Differenz zwischen Rahmen- und Aussagewirklichkeit erst ‚erfahrbar' macht, bringt den Vorteil mit sich, dass durch Thematisierung des Behauptungsvorgangs überhaupt ein deutlich reflexives Verhältnis zum Behaupteten entsteht. Der Erklärungshandlung kommt in diesem Zusammenhang also die Funktion zu, den Aufführungsaspekt der Argumentation für den Leser so zu fokussieren, dass Argumente nicht nur in einem ganz schlichten Sinne als etwas Vorgeführtes erscheinen, sondern dass sie das spezifische Verhältnis einer Autorinstanz zum jeweils Behaupteten *erklären*. Speziell deutlich wird das in den Textbeispielen bei jenen Erklärungshandlungen, die den Geltungsanspruch mit einer bestimmten Einstellung prononcieren: „Nach diesen zwey Beobachtungen kann man *mit vollem Recht* behaupten: [...]" (E 1807, 193. Hervorhebung F. St.); oder „Woraus sich nun wohl *mit ziemlicher Gewissheit* ergiebt" (E 1815, 181. Hervorhebung F. St.).

Erklärungshandlungen erfüllen eine wesentliche Funktion beim Textaufbau. Vereinfacht gesagt besteht die erste Erklärungshandlung in allen fünf Beispieltexten darin, eine problemhafte Behauptung in einer Weise vorzuführen, dass für die Rezeption des Textes deutlich wird: Hier werden Begründungen ‚vorgeführt', in der Hauptsache experimentell gewonnene ‚Daten', die unter impliziter Bezugnahme auf die Schlussregel: „Was in Experimenten als ‚Datum' festgestellt wird, ist wahr", als schrittweise Problemlösung erscheinen.

Bei den Erklärungshandlungen am Textanfang scheint mir mit Blick auf die Gestalterfigur ein musterhafter Umstand besonders bemerkenswert: Während die im vorhergehenden Unterkapitel 4.3.1 angesprochenen ordnungsindizierenden Handlungen das ‚Bild' einer autorschaftlichen ‚Ordnungsmacht' enunzieren, steht im Zusammenhang mit der Erklärung von ‚Ausgangsproblemen' ein andere, wenn man so will: demiurgische Qualität der Gestalterfigur im Vordergrund: Der Autor als ‚Problemgenerator'. Ich möchte das stellvertretend am Beispiel von E 1809 verdeutlichen. Emmert schildert hier einleitend die generelle Analogie zwischen den Assimilationsprozessen beim Atmen versus Verdauen. Beide Prozesse würden durch den „Nervus Vagus" gesteuert, wie Forschungen gezeigt hätten. Bis hier, könnte man sagen, gibt es kein Problem. Die Hypothese entsteht erst durch Re-Problematisierung dieses Resultats durch den Autor. Emmert schreibt (ich habe diese Textstelle bereits im Zusammenhang mit der Figur *ICH GEGEN* zitiert):

> So annehmlich die Behauptung dem ersten Anblick nach erscheint, so viele Zweifel erheben sich dagegen bey näherer Untersuchung derselben. (E 1809, 381).

Argumentationen sind grundsätzlich darauf angewiesen, dass die Differenz von Problem und Problemlösung erfahrbar wird.[59] Um zu verdeutlichen, auf welcher Seite dieser Differenz man sich gerade befindet, muss die Behauptung als Behauptung, der Zweifel als Zweifel, ein Beweis als Beweis, eine Konklusion als Konklusion markiert werden. Eine sehr nahe liegende Möglichkeit, ein Problem zu einem Problem zu erklären und zu betonen, dass es sich dabei nicht schon um eine Lösung handelt, besteht darin, im Text Fragen zu stellen. Mit der Formulierung einer Frage wird eine eindeutig reproblematisierte Textsituation geschaffen.

> [...] Reizung der Haut war ungleich wirksamer, als die der Muskeln, ebenso Reizung des Rumpfes und der Extremitäten, als die der Ohren, jene Zufälle zu wecken. Spricht dieses nicht für die Behauptung, dass das Rückenmark alle consensuellen Erscheinungen vermittelt? (E 1815, 183).

Eine durchaus triviale Möglichkeit der Erklärungshandlung findet sich in den Textbeispielen darin, dass ein bestimmter Beweis als evidentieller *deklariert* wird. Dass dabei die implizite Schlussregel „was in Experimenten bewiesen werden kann, ist wahr", zur Anwendung kommt, entspricht in der Zeit um 1800 bereits einem tief verankerten, naturwissenschaftlichen Commonsense. Der Verweis auf Tatsachen, welche als Argumente fungieren, kann als argumentativer ‚Begründungstrick' schlechthin bezeichnet werden. Die zu beweisende ‚Naturgesetzlichkeit' gleicht ja ihrer Entstehung nach einer Interpretation von experimenteller Evidenz. Die Evidenz selbst wird zur Stützung der

---

[59] Vgl. hierzu: Luhmann. Die Wissenschaft. 1994. S. 419–428.

Richtigkeit des entsprechenden ‚Gesetzes' herangezogen. Und damit steht die ganze Argumentation auf zirkulären Beinen.[60] Die Besonderheit der Argumentation im nachfolgenden Beispiel liegt darin, dass der Wahrheitswert der Experimente speziell betont wird und dass damit im Grunde der implizite Teil der Schlussregel expliziert wird:

> [...] alle Vergiftungssymptome [sind] blosse Folgen von der Affection des Rückenmarks. [...] In neueren Zeiten habe ich vorzüglich mit der Angustura virosa eine Reihe von Versuchen angestellt, welche dieses mit aller Bestimmtheit aussagen und noch überdies wenigstens einige nähere Auskunft über die Natur der vegetabilischen Gifte geben. (E 1815, 176f.).

Als Erklärungshandlungen kann man also zusammenfassend alle Explizierungen des argumentativen Funktionsrahmens bezeichnen. Die Deklaration eines Beweises *als* Beweis trägt zwar tautologische, bzw. auch paradoxe Züge, weil durch blosse Deklaration die Beweiskraft nicht zunimmt. Aber gleichzeitig erhält die mit der zitierten Textstelle angekündigte, ausführliche Schilderung der evidentiellen Argumente in der Form von ‚experimentell gewonnenen Daten' erst durch die Betonung der Konklusion als Konklusion (="alle Vergiftungssymptome [sind] blosse Folgen von der Affection des Rückenmarks"), ihren pragmatischen Sinn.

Zirkularität ist ein auffälliger Zug vieler Thematisierungen des argumentativen Funktionsrahmens in den Beispieltexten: Manche Erklärungshandlungen führen die Kreisbewegung unmittelbar vor: Den „Erscheinungen nach *kann man nicht anders*, als [...] annehmen" (E 1815, 179f. Hervorhebung F. St.). Nicht den ‚nackten Tatsachen' allein kommt persuasive Funktion zu, sondern erst über die Verbindung von „Erscheinungen", das heisst Aussagewirklichkeit *und* ihrer reflexiven Thematisierung wird Argumentation als kohärentes Gebilde verdeutlicht.

Erklärungshandlungen bilden Scharnierstellen in der ‚Kausalitätsdarstellung'. Sie schaffen Übergänge zwischen deskriptiv orientierten und explikativen Textteilen: „Aus dem Bisherigen erhellt, dass man sich [...] folgendermassen zu erklären hat", „Hieraus folgt", „woraus sich nun mit ziemlicher Gewissheit ergiebt", „in diesen Versuchen zeigte sich [...]".

---

[60] Man könnte, wie Luhmann dies tut, diese zirkuläre Bauweise mit dem „Diallelus", dem kreisenden Argument, in Verbindung bringen: Vgl. Niklas Luhmann. Die Wissenschaft der Gesellschaft. Frankfurt am Main 1994. S. 445.

4.3.3 Der Erzähler

Unter einer narrativen Handlung („ich habe X getan") ist nicht die Enunziation eines temporal-konsekutiv strukturierten Zusammenhangs von Ereignisfolgen zu verstehen, sondern das, was seinem Ergebnis nach der Etablierung einer Erzählerfigur dient, von der das Geschehen ausgeht und in der literaturwissenschaftlichen Narratologie eine wichtige Bedeutung hat.[61] Das globale Thema aller, die wissenschaftliche Erzählerfigur konstituierenden Markierungen ist die Darstellung des agierenden Wissenschaftlers in seiner ‚Herstellerrolle'. Narrative Handlungen schildern gleichzeitig Handlungen des Autors in der Vergangenheit und tragen wie die ordnungsindizierenden und die erklärenden Handlungen auch zum Eindruck eines ‚Autorbilds' bei. Der so dargestellte Autor hat sowohl das experimentelle Geschehen dirigiert, als auch die beobachteten Vorgänge registriert. Narrative Handlungen („ich habe X getan") ‚verdoppeln' den Autor: Das ICH, das von sich erzählt, ‚es' habe etwas getan, ist Gegenstand und ‚Ausgangsort' seiner Erzählung.

Im Folgenden geht es darum, das Ineinander von narrativ dargestellten Handlungsrollen zu entflechten und zu differenzieren. Mit Blick auf die narrativen Handlungen erscheinen zwei interagierende ‚Teilrollen' als besonders zentral: Die technische Rolle des Experimentators und die registrierend-beobachtende Rolle.

[1] Der Experimentator-Erzähler

Meine These lautet mit Blick auf die vorliegenden Textbeispiele, dass der Autor als Ich-Erzähler sich vor allem durch seine Handlungsrolle als Experimentator als Experten instanziert, so dass die dabei geschilderten Erfahrungen gleichzeitig als *selbstverständliche* und als *exklusive* Erfahrungen erscheinen. Wie der Eindruck der Selbstverständlichkeit und der Exklusivität entsteht, ist allerdings nicht ohne weiteres zu sagen. In der Erzählsituation, die für die Schilderung von Experimenten in den Beispieltexten charakteristisch ist, besteht Exklusivität darin, dass der Autor eine adressatenseitige ‚Einsehbarkeit' der experimentellen Situation qua Schilderung herstellt und die Erfahrung selbst als ausserordentliche attribuiert. Die Kombination von Erzählhandlung der ersten Person und einem bestimmten Handlungs*erfolg* bewirkt den Eindruck von Expertenschaft. Ich will das an folgendem Textausschnitt illustrieren:

---

[61] Zur literaturwissenschaftlichen Diskussion der Erzählerfigur vgl. Klaus Weimar. Wo und was ist der Erzähler? In: MLN: Modern Language Notes 109/1994. S. 495–506. Und: Ansgar Nünning. Die Funktionen von Erzählinstanzen: Analysekategorien und Modelle zur Beschreibung des Erzählerverhaltens. In: Literatur in Wissenschaft und Unterricht. 30/1997. S. 323–349.

> Noch auffallender war die Permanenz des Lebens in einem andern Versuche der Art, welchen ich mit der Blausäure anstellte, denn hier kehrte, etwa 70 Stunden nach gänzlicher Unterbrechung des Kreislaufs in den hintern Extremitäten, als ich die Ligatur von der Aorta abdominalis wieder entfernte, die Wärme allmählig in die Füsse zurück, und etwa 1/2 Stunde nach Auflösung der Unterbindung stellten sich alle Zufälle der Blausäure ein, welche ich einige Zeit vorher in eine Wunde des Schenkels gegossen hatte. (E 1815, 179).

Narrative Handlungen wie „ich stellte einen Versuch an", „ich entfernte X", „ich hatte gegossen" und entsprechende Nominalisierungen wie „gänzliche Unterbrechung", „Auflösung der Unterbindung" sind hier kombiniert mit einem Handlungserfolg, der als „noch auffallender" apostrophiert wird: Der gesamte Versuch steht unter der Prämisse der Auffälligkeit, einer offensichtlich unerwarteten „Permanenz des Lebens". Die Perspektivierung der Handlungsrolle des Experimentators wird über die Kombination von nicht weiter begründeten technischen Handlungen und einem, mögliche Vorannahmen nicht ausschliesslich bestätigenden, also *überraschenden* Ausgang konstruiert. Die Deutungsrolle des Autors bleibt dabei vollständig mit der technischen Handlungsrolle gekoppelt – das Erstaunen über die „Permanenz des Lebens" ist dem gesamten Geschehen ja unterlegt. Etwas verkürzt kann man sagen, dass die Überkreuzung von technischer, beobachtender und interpretierender Rolle darauf abzielt, im Experiment gewonnene Erkenntnis nicht als Wiederholung von bloss bestätigten Vorannahmen darzustellen, sondern als antagonistisches Prozessieren zwischen experimentell provozierter Unvorhersehbarkeit und daran anschliessender Rationalisierung des Erstaunens durch Erklärungen.

Interessant scheint mir mit Blick auf das experimentelle Geschehen und die damit verbundenen autorschaftlichen Initiativen, dass die narrative Strukturierung des technischen Geschehens einerseits wie gesagt die Selbstverständlichkeit der Expertenschaft voraussetzt, gleichzeitig aber dadurch, dass das entsprechende Tun *erzählt* und in der Regel wenig *begründet* wird, auch der Eindruck eines ‚experimentellen Blindflugs' in Kauf genommen wird. Das wird vor allem in Textstellen evident, die über weite Strecken ausschliesslich auf die technischen Handlungsaspekte fokussieren. Das ‚Bild' der Gestalterfigur, das dabei entsteht, ist das des agilen Experimentators, der „Carotiden und Stimmnerven präpariert", „den Stimmnerven zerschneidet", „operiert", „kein anderer Theil verletzt", „das Thier auf den Rücken legt", „die Luftröhre zusammenpresst", „den Druck von der Luftröhre entfernt", „die Luftröhre der Quere nach durchschneidet", „einen Tubulus einbringt", „Luft in die Lungen einbläst", „die Röhre herausnimmt", „wartet", „die Carotis dann öffnet", „an dem Cadaver nichts ungewöhnliches bemerkt" und „sich bei der Section überzeugt, dass wir den Nervus Vagus wirklich zerschnitten und nicht bloss ihn verletzt hatten." (E 1809, 398–400).

Die Experimentschilderungen in den Textbeispielen legen die Vermutung nahe, dass im experimentellen Geschehen bei drastischen Handlungssequenzen indefinite und nominalisierte narrative Handlungen in der Regel favorisiert werden. Die narrative Handlung nimmt zwar in ihrer deagentivierten Form eine andere semantisch-perspektivische Qualität an als Handlungen der ersten Person in expliziter Täterrolle, aber das ändert nichts daran, dass der Abstand zwischen dem Erzähler, der sich Handlungen in aller Deutlichkeit zuschreibt, und nominalisierten Handlungen, die auch einem „verallgemeinerten Experimentator" zuschreibbar sind, nicht besonders gross ist. Die Gestalterfigur wird im Sinne der Rahmung auf den gesamten Handlungskontext inferenziell ausgedehnt:

> Gleich nach Zerschneidung des verlängerten Marks, unmittelbar unter dem Hinterhauptsbeine sterben das Auge und der grösste Theil des Kopfes für immer [...]. Eben so vermogte kein Theil des Kopfes, selbst wenn man die stärksten Reize an ihn applicierte, jene Zuckungen und Starrkrämpfe zu erwecken [...]. Alle Arten von mechanischer Verletzung der Lippen, der Zunge und der Haut des Gesichtes, heftiges Pressen der Augen, Kitzeln in der Nase, Applicierung von schwefligten Dämpfen und caustischem Salmiakgeist an die innere Nasenhaut, heftiges Schreien, Annähern einer Flamme an das Auge, selbst Zerschneiden der beiden untern Aeste des Gesichtsnerven (N. durus) waren unfähig, [...] eine Reaction hervorzubringen [...]. (E 1815, 182).

Die wesentliche Differenz zwischen einer Darstellungsperspektive, die wie die vorliegende wesentlich auf Verbalabstrakta (auf -ung: Zerschneidung, Verletzung, Applicierung), bzw. nominalisierten Infinitiven (Pressen, Kitzeln, Schreien, Annähern, Zerschneiden) aufbaut, und einer Darstellung in der ersten Person besteht darin, dass Ersteres die Gleichzeitigkeit von Handlungsenunziation und Handlungsbeobachtung zulässt, das heisst eine grössere Distanz zum Geschehen suggeriert als Zweiteres. Die Sprachmittel, wie sie der vorliegende Textausschnitt einsetzt, verschleiern die Täter-Rolle des Experimentators *nicht* – das „Annähern einer Flamme an das Auge" des Versuchstiers wird zweifelsohne durch den Experimentator verursacht – aber die Beschreibung des Geschehens soll von der bloss individuellen Seite des „Ich-Erzählers" abstrahieren, um mit Blick auf die experimentellen Daten eine allgemeinere Geltung anzustreben.

[2] Der Beobachter-Erzähler

Während die Handlungen des Experimentators in hohem Masse auf der unmittelbaren Involviertheit ins experimentelle Geschehen beruhen, ergänzt die Handlungsrolle des Beobachters diese Unmittelbarkeit komplementär. Der Beobachter setzt eine Initiativenlosigkeit gegenüber dem Geschehen voraus. Das heisst, dass ich Beobachten als eine Handlung ohne den für ‚normale

Handlungen' zentralen Aspekt des Eingreifens in Handlungszusammenhänge verstehe. Die Handlungsrolle des Beobachtens ist auf die Registrierung des Geschehens reduziert. Beobachtungen kommt die Funktion zu, Anschlusshandlungen des Begreifens und Erklärens vorzubereiten bzw. auszulösen. Die Erzählung der Beobachtungshandlung geschieht nicht losgelöst von dieser Auslöserfunktion, das heisst, dass man sie selbst als eine Spielart des Erklärens deuten kann.[62] Die Handlung des Beobachtens steht aber nicht unter dem direkten Situationsdruck des Begreifens, weil sie vom unmittelbaren Resultatsbeschaffungszwang entlastet ist.[63] Typische Explizierungen finden sich in den Wortfeldern des Sehens:

> In Ansehung des giftigen Bitterstoffs machte ich die Beobachtung, dass, wenn man […]. (E 1815, 185. Hervorhebung F. St.).

Die Beobachtungshandlungen ergänzen in dem Sinne die technischen Handlungen des Experimentators, dass hier sozusagen die ‚Reaktionsseite' des untersuchten ‚Objekts' geschildert wird. Dabei werden häufig auch ‚Nicht-Reaktionen' als bemerkenswerte Reaktionen registriert. Das Registrieren einer Reaktion impliziert die Perspektive des anwesenden Experimentators: „Die Respiration wurde etwas schwieriger", „sie erfolgte mit ungewöhnlich starker Oeffnung der Nasenlöcher, aber die Pulsation der fleischfarbigen Carotis zeigte sich nicht bemerklich verändert", „Das Thier athmete auf die beschriebene Art mit der grössten Anstrengung durch den Tubulus fort, und wir konnten dabey deutlich bemerken, wie die Luft aus- und eindringe". (E 1809, 398–400).

Das Untersuchungsobjekt erscheint in der Beobachterperspektive häufig als ein ‚Gegenüber', das sich dem Beobachter nicht nur „zeigt", sondern „sich" (als selbständiger Agent) „verhält". Emmert spricht etwa ausführlich vom „Verhalten der Gifte", wie „Gifte sich" unter bestimmten Umständen „verhalten" (E 1815), er erzählt aber auch, wie sein Versuchtier „traurig in einer Ecke des Zimmers" (E 1809) liegt, wie „Scheintodte sich wieder erholen" (E 1802) etc.

Mit diesem spezifischen „Verhalten" des Untersuchungsobjekts korrespondiert in den Beispieltexten der Umstand, dass die Experiment-Schilderungen immer mit einer Art ‚Porträt' des Versuchstiers eingeleitet werden. „Ein etwa sieben bis achtjähriges Pferd wurde wegen eines vierzehn Tage vorher erlittenen Beinbruchs durch einen Schlag auf den Kopf und durch einen Stich in die grossen Gefässe getödtet." (E 1807, 186). Die Rollenthematisierung des Beobachtens geschieht ebenfalls einleitend, die zugrunde liegenden Beobachtungs-

---

[62] Wolfgang Heinemann. Vertextungsmuster Deskription. In: Text- und Gesprächslinguistik. Klaus Brinker et al. (Hrsg.). (HSK 16.1). Berlin, New York 2000. S. 356–369. Hier: S. 362.

[63] Luhmann. Soziale Systeme. 1987. S. 407.

handlungen werden im Sinne einer pragmatischen Ökonomie zusammenfassend angekündigt: „Fand ich in Ansehung des Einflusses der Gifte auf das Rückenmark"; bei „diesen Versuchen zeigten sich folgende merkwürdige Erscheinungen"; „auffallend war"; „folgende Beobachtungen zeigen" etc.

4.3.4 Zusammenfassung: Ökonomie der Handlungen

In der textlinguistischen Literatur werden im Zusammenhang mit der komplexen Gestalt, welche RezipientInnen bei der Lektüre von Texten antreffen, vor allem strukturklärende Begriffe wie Kohäsion, Kohärenz, Gliederung, Textorganisation ins Spiel gebracht, wenn die Rahmenbedingungen für das Verstehen von Texten zur Diskussion stehen.[64] In der pragmatisch orientierten Textlinguistik werden in diesem Zusammenhang sprechakttheoretisch fundierte Performanzphänomene wie Deixis, Implikatur und Präsupposition stark betont.[65] Text wird dabei als koorientiertes sprachliches Handeln aufgefasst. Im Zusammenhang mit dem Begriff der Textsorte steht die sowohl strukturelle (Form, Inhalt) wie situative (Vor-)Geprägtheit von Text im Zentrum der Aufmerksamkeit. Die Typik von rekurrenten Oberflächensignalen ist allerdings für den Begriff der Textsorte kein ausreichendes Definiens.[66] Das hier vorgeschlagene Konzept der Handlungsenunziation geht auf dem Hintergrund einer Analyse von historischen Wissenschaftstexten davon aus, dass die Markierung von Autorschaft die entscheidende Emergenz für das Textverstehen darstellt. Primär begreift das Konzept der Handlungsenunziation Text als selbstthematisierendes, reflexives, „selbstversorgtes" Gebilde (Bühler), das einerseits wesentliche Aspekte seiner ‚inneren' Eigenschaften (Text als etwas Ordnungschaffendes), andererseits aber vor allem auch wesentliche kontextuelle Aspekte (Text als sozio-situative, funktionale Einheit) wie seine Geltungsansprüche thematisch ‚aufführen' muss. Nicht die *sprachliche* Handlung steht dabei im Zentrum der Aufmerksamkeit, sondern die sich mit sprachlichen Handlungen vollziehende, handlungsdarstellende „Selbstversorgung" des Sprachwerks. Die „Selbstversorgung" wird dabei als jederzeit herstellbare Verbindung zwischen den in der Rahmenwirklichkeit von Texten angelegten Autorfiguren gesehen: Die Handlungen der Gestalterfi-

---

64 Vgl. hierzu mit Blick auf wissenschaftliche Texte die zusammenfassenden Bemerkungen von Gabriele Graefen. Artikel. 1997. S. 114–122.

65 Helmut Feilke. Die pragmatische Wende in der Textlinguistik. In: Klaus Brinker et. al. (Hrsg.). Text- und Gesprächslinguistik: Ein internationales Handbuch zeitgenössischer Forschung. (HSK 16.1). Berlin, New York 2000. S. 64–81. Hier: S. 67.

66 Wolfgang Heinemann. Zur Diskussion um Basisklassen des Kommunizierens: Rückschau und Ausblick. In: Kirsten Adamzik (Hrsg.). Textsorten: Reflexionen und Analysen. Tübingen 2000. S. 9–29.

gur sind jederzeit auf die Verantworterfigur beziehbar. Das Konzept der Handlungsenunziation sieht dabei grundsätzlich keine Rangierung von Handlungen vor. Man kann im Hinblick auf die hier zur Diskussion gestellten wissenschaftlichen Aufsätze nicht davon ausgehen, dass die Aufführung von ordnungsindizierenden Handlungen, weil sie für die Textsequenzierung eine primäre Rolle spielen, für die Konstruktion des komplizierten Gesamtgeflechts wichtiger wären als Erklärungshandlungen oder die narrativen Handlungen im Kontext des experimentellen Geschehens. Vielmehr ist mit Blick auf den Begriff der Textsorte von einem erwartbaren ‚Mischverhältnis' von Handlungen auszugehen, welches in der Lektüre auf *eine* einzige, im Sinne ihrer Historizität domänentypische, im jeweiligen Einzeltext konkretisierte Verantworterfigur beziehbar sein muss. Das jeweilige Handlungsgemisch und die Handlungsdarstellung – die Gestalterfigur, wie sie etwa in den diskutierten Emmert-Texten in Erscheinung tritt – ist historisch geprägt. Die Verbindung zwischen der Gestalter- und der Verantworterfigur ist eine zeitunabhängige.

Diese Verbindung ist als eine Text-Kontext-Verbindung zu beschreiben. Für die Kohärenz wissenschaftlicher Texte, die man lesend im Sinne des Nachvollzugs einer autorschaftlichen ‚Handlungsarchitektur' begreift, ist generell gesprochen die Verbindung der Verantworter- und der Gestalterfigur zentral. Die erstere fungiert dabei als die Versetzungsinstanz, die ‚ausserhalb' des Textes Forschungshandlungen tätigt, Hypothesen aufstellt, Erkenntnisse und Tatsachen generiert, für die Authentizität von ‚Daten' bürgt etc. Die zweitere agiert als Gestalterfigur in der ‚Gegenwart des Textes', um eine ordnende und methodisch argumentierende Verhandlung des Geltungsanspruchs vorzuühren. Der Ordner und der Erklärer bestimmen die Textgegenwart im Sinne der *Darstellung*, der Erzähler schränkt den leserseitigen Deutungs*horizont* auf ein ‚objektgerichtetes' Geschehen ein im Sinne der forschungsbasierten *Herstellung* von Tatsachen. Die ineinandergreifende Dramaturgie von Ordnen, Erklären und Erzählen zielt insgesamt auf die Verhandlung und Begründung des autorschaftlich-positionalen Anspruchs auf Geltung, der die Verantworterfigur innehat. Die Dramaturgie basiert dabei auf einer ‚Rollenaufteilung', die nicht nur die Gestalterfigur in unterschiedlichen Handlungs*episoden* sozusagen alterisiert, das heisst etwa zwischen erklärender und beobachtender Teilrolle einen Antagonismus einführt, sondern dabei den Forschungsgegenstand auch zum ‚Mitspieler' erhebt. Die ‚Ökonomie der Handlungen' passt sich dem Operationsbewusstsein der Forschung an.[67] Die Gegenstände, Gift zum Bei-

---

[67] Vgl. hier Niklas Luhmann. Unverständliche Wissenschaft: Probleme einer theorieeigenen Sprache. In: Jahrbuch der Deutschen Akademie für Sprache und Dichtung. Heidelberg 1979. S. 34–44. Hier: S. 39.

spiel (E 1815), werden als experimentelle ‚Agenten' wahrgenommen und dargestellt. Ein Gift „verhält sich" wie die „übrigen Gifte", es „tödtet nicht allein von den Blutgefässen [...] aus", es „tödtet meistens in wenigen Minuten", es „erregt beschwerliches Athmen" etc. – Die jederzeit auf die Verantworterfigur beziehbare Gestalterfigur ist innerhalb dieser ‚Forschungsdramaturgie' auch die Instanz, die einen entsprechenden ‚Forschungsmotor' mitbringt, das ‚Verhalten des Gegenstandes' zu erforschen:

> Da diesem verpuffenden Körper eine der Blausäure ähnliche Mischung zukömmt, so war ich sehr begierig, seine Wirkung auf den thierischen Körper zu prüfen. (E 1815, 186).

Der Eindruck domänentypischer Geltungsansprüche in wissenschaftlichen Texten und ihre damit verbundene sozio-situative Einbettung – das war die auslösende Behauptung, die den Überlegungen in diesem Kapitel zugrunde lag – wird nicht durch deiktische Markiertheit ("Ich-Tabu") *allein* bestimmt, sondern durch die Enunziation von Handlungen, die das Bild einer Autorinstanz aufbauen, die für die Ordnung des Textes, für die Durchführung von technischen Handlungen, für die Beobachtung, für Erklärungen verantwortlich ist.

4.4 Modalisierungen von Aussagen – die Mittlerfigur

Dieses Unterkapitel befasst sich mit der Enunziation von wissenschaftstypischen Einstellungen, also mit dem, was ich als Rekurrenzphänomen zusammenfassend die Mittlerfigur nennen will. Damit sind wiederum domänentypische Aussageverhältnisse angesprochen, das heisst konventionelle Gattungsnormen, die bestimmte Einstellungstypen determinieren.[68] Als autorschaftliche Einstellung – das ist mit Blick auf das Autorschaftskonzept von zentraler Bedeutung – will ich die Summe von einerseits erwartbaren, im Sinne der institutionalisierten Norm *adäquaten* autorschaftlichen, die Mitteilung begleitenden Haltungen (wie Differenziertheit, Vorsicht etc.) *und andererseits* einer charakteristischen, als individuell erscheinenden Form der *Ausgestaltung dieser Norm* verstehen. Jeder Einzeltext erscheint hinsichtlich seiner autorschaftlichen Einstellungsökonomie gleichzeitig sowohl als eine *Bestätigung* der gattungsmässigen Restriktionen und Präfigurierungen, und auch als Gestaltung und Erweiterung dieser Norm. Ein Einstellungsbegriff also, der die einge-

[68] Vgl. hierzu die Ausführungen zum Begriff der ‚kommunikativen Gattung' in Kapitel 1.1.3.

spielte soziale Interaktion als ausschliesslich determinierender Präfigurator für die Enunziation von Einstellungen ansetzen würde, wäre in unserem Zusammenhang zu schematisch. Autorschaftliche Freiheit, um es etwas pathetisch zu sagen, ist vor allem wahrnehmbar als Kontrast zu der generell eingeschränkten Möglichkeit, innerhalb eines bestimmten diskursiven Rahmens Einstellungen zu enunzieren.

Autorschaftliche Einstellungen unterliegen domänentypischen Restriktionen: Man kann sagen, dass etwa eine humorvolle Einstellung im wissenschaftlichen Kontext vor allem deshalb nicht gebräuchlich ist, weil dadurch Wahrnehmungsperspektiven *auf den Gegenstand* eröffnet würden, die den ‚Ernst des Erklärens', das heisst auch Anschlüsse in der Form von Validierungen von Aussagen praktisch torpedierten. Etwas vereinfacht lässt sich jede institutionalisierte Entsprechung von *Was, Wozu* und *Wie* als prototypische Möglichkeit der Versetzung verstehen, die mit typischen autorschaftlichen Einstellungen korrespondiert. Bei der Versetzung einer prononciert rational generierten Erkenntnis aus der Sphäre des Autors in die ‚Wirklichkeit der Aussage' walten prototypische Einstellungen wie Vorsicht, Distanziertheit, Differenziertheit, Gewissheit etc.

Unter wissenschaftlichen Einstellungen sind in der Regel also schwer abgrenzbare Bereiche der Gegenstandsperspektivierung zu verstehen. Durch die Markierung von Einstellungen wird der Vorgang der Versetzung thematisch. Die Versetzung als Vorgang kann man verkürzt folgendermassen auffassen: Eine askribierte Eigenschaft des Gegenstandes wird zur inhärenten Perspektive innerhalb einer bestimmten Aussagewirklichkeit.

Ich will hier nachfolgend eine unabgeschlossene Reihe von Einstellungen gegeneinander abgrenzen. Einstellungen sind – das eine der Hauptschwierigkeiten im Hinblick auf ihre Abgrenzung – nicht diskret, sie bedingen und überlappen sich gegenseitig. Der Eindruck der Wissenschaftlichkeit in einem bestimmten Textexemplar basiert wesentlich auf der Mischung von enunzierten Einstellungen. Obschon nachfolgend immer die *Abgrenzung* einzelner Einstellungen angestrebt wird, ist gleichzeitig indirekt immer ein bestimmtes Mischverhältnis, das heisst eine bestimmte wissenschaftliche Einstellungssökonomie mitgemeint und mitangesprochen.

Ein weiteres Grundproblem bei der Beschreibung von Einstellungen besteht darin, dass ihre Markierung auf nicht *vollständig* identifizierbare Kontexte referiert. Eine bestimmte Qualität kann etwa *„mit aller Bestimmtheit"* assertiert werden. Die Enunziationsquelle für eine solche Modalisierung ist weder der Autor im Sinne einer personalen Instanz, noch sonst in einem streng abgrenzbaren Sinn, es ist vielmehr eine Figur, die sich im Sinne des fachlichen Jargons auf ein bestimmtes Rollenklischee und einen entsprechenden expertenschaftlichen Commonsense bezieht. Verkomplizierend wirkt dabei, dass bei Indizierungen, wo praktisch ein einzelner Ausdruck das Aufblitzen einer bestimmten Einstellung signalisiert, eine vergleichsweise eindeutige Einstellungsmarkierung vorliegt. Die Indizierung von Einstellungen kann aber, etwa über mehr oder weniger ‚unauffälligen' stilistischen Mitteleinsatz, auch indirekt und extensiv erfolgen, über den Zusammenzug einer diffusen Vielzahl von impliziten Hinweisen. Die Mittlerfigur ist insgesamt eine vagere und schwieriger zu fassende Figur als die Verantworter- und die Gestalterfigur.

4.4.1 „Wo nicht roth, so doch röthlich": Differenziertheit

Der Wissenschaftshistoriker Peter Dear hat Mitte der 80er Jahre die These aufgestellt, dass mit den Empiristen des 17. Jahrhunderts die *Einzelheit* als Primärform wissenschaftlicher Erfahrung aufkommt.[69] Damit ist auch die zugrunde liegende, differenzierende ‚Blicklenkungstechnik' in den Texten angesprochen. Einzelbeobachtungen werden nicht mehr in lange, systematische Abhandlungen integriert, sondern sie werden im Briefstil der neu gegründeten wissenschaftlichen Zeitschriften mitgeteilt. Diese moderne ‚Einzelheiten-Wissenschaft' ist in hohem Masse abhängig von autorschaftlichen Leistungen, wie ich sie bereits ausführlich geschildert habe. Steven Shapin vermutet in diesem Zusammenhang, dass das gegenseitig gepflegte Vertrauen und die Ehrenregeln der barocken Gentlemen-Wissenschaftler das Wort eines Autors selbst dann sanktionierten, wenn seine Angaben als unplausibel erscheinen mochten.[70] Mit Blick auf die modernen naturwissenschaftlichen Gepflogenheiten der Experimentalisten um 1800 kann man annehmen, dass ähnliche Gentlemen's Agreement weiter Geltung hatten: Das Vertrauen in die Aufrichtigkeit eines Autors ist letztlich eine relativ banale, aber praktisch unverzichtbare Voraussetzung für einen sinnvollen Nachvollzug von Einzelheiten. Aufrichtigkeit ist als wissenschaftliche ‚Grundeinstellung' allerdings nicht explizierbar, sondern nur indirekt über die Vermittlung von Eindrücken wie Ausführlichkeit, Differenziertheit etc. *indizierbar*. Kompensiert wird also die Unmöglichkeit zur direkten Markierung von Aufrichtigkeit möglicherweise durch die (in den Textbeispielen) stark wahrnehmbare Tendenz zur Detaillierung in der Tatsachenschilderung. Es geht, um es pointiert zu sagen, darum, mit ‚in sich differenzierten' Beschreibungen von Einzelbeobachtungen eine wesentliche Voraussetzung für die persuasive Darstellung zu schaffen. Gleichzeitig verbindet sich mit dieser Differenzierungs- und Detaillierungshaltung ein ‚Verhältnis zum Gegenstand',

---

[69] Peter Dear. Totius in verba: Rhetoric and Authority in the Early Royal Society. In: Isis 76/1985. S. 145–161. Vgl. auch: Lorrain Daston. Die moralischen Ökonomien der Wissenschaft. In: Diess. Wunder, Beweise und Tatsachen: Zur Geschichte der Rationalität. Frankfurt am Main 2001. S. 157–184.

[70] Vgl. Steven Shapin. The House of Experiment in Seventeenth-Century England. In: Isis Bd. 79 (1988). S. 373–404. Und. Daston. Ökonomien. 2001. S. 170f.

das vor allem die ‚Eigenlogik' des Gegenstandes ins Zentrum stellt und eine entsprechende Beschreibung anstrebt.

In der Fachsprachenforschung geht man im Zusammenhang mit ‚Bezeichnungsgenauigkeit' von sprachlichen Widerspiegelungs- oder Abbildbezügen aus.[71] Bei der sprachlichen Konstruktion des Gegenstandes sind verschiedene Grade von Differenziertheit möglich. Der mit diesem Unterkapitel angestrebte Vorschlag, bei Differenziertheit von einer sprachlich enunzierten, autorschaftlichen Einstellung auszugehen, zielt darauf ab, das Widerspiegelungsmodell zu vermeiden. Nicht eine ‚gegenständliche Realität' wird deskriptiv differenziert *abgebildet*, sondern mit Blick auf die persuasiven Absichten erweist sich die Enunziation von Differenziertheit als funktional angemessene autorschaftliche Einstellung. Differenziertheit ist auch keineswegs zwingend an ein deskriptives Vertextungsmuster gebunden. Die Enunziation von Einstellungen ist grundsätzlich nicht eingeschränkt auf Sequenzen, in denen Handlungen wie die des Erklärens oder Beobachtens enunziert werden. Der rezeptionsseitige Eindruck von Differenziertheit kommt weniger durch die Prädikationen selbst, als vielmehr durch eine auffallende Tendenz zustande, Prädikationen zu ‚unterbrechen', um sie *zusätzlich* zu differenzieren. Nicht bei der Zuschreibung einer Eigenschaft an ein Objekt wird Differenziertheit enunziert, sondern bei der Einschränkung dieser Eigenschaft, also beim Versuch der Eindämmung von semantischer Vagheit einer solchen Prädikation, zum Beispiel: „wo nicht roth, doch röthlich" (E 1807, 171). Ich werde auf dieses Beispiel zurückkommen.

Es ist anzunehmen, dass der Eindruck von fachlicher Differenziertheit auf unterschiedlichen Markierungsebenen enunziert wird: Denkbar wäre etwa, dass durch eine *auffällige Frequenz* präzisierender und spezifizierender Merkmale in Gestalt von typischerweise fachsprachlichen Attribuierungen eine ‚typisch fachliche' Einstellung zum Ausdruck gebracht wird oder dass durch die *Hervorgehobenheit* salienter, exklusiver, das heisst nicht-stereotyper, objektpräzisierender Merkmale eine ähnliche Wirkung angestrebt wird oder dass durch eine Tendenz zur *Variation* von bereits geäusserten Merkmalen eine Aspektualisierung angedeutet wird.

Die differenzierte Beschreibung der Giftwirkungen in E 1815 etwa stellt am Textanfang den Versuch dar, über eine aufzählende Beschreibung einen Begriff

---

71 Klaus-Dieter Baumann. Das Postulat der Exaktheit für den Fachsprachengebrauch. In: Lothar Hoffmann et al. (Hrsg.). Fachsprachen: Ein internationales Handbuch zur Fachsprachenforschung und Terminologiewissenschaft. (HSK 14.1). Berlin, New York 1998. S. 373–377. Hier: S. 373. Vgl. auch die Einführungsliteratur zur Fachsprachenproblematik: Hans-Rüdiger Fluck. Fachsprachen: Einführung und Bibliographie. (4. Aufl.). Tübingen 1991. Und: Lothar Hoffmann. Kommunikationsmittel Fachsprache: Eine Einführung. (2., überarbeitete Aufl.). Berlin 1984.

der Giftwirkung zu ermöglichen und gleichzeitig eine ‚fachlich differenzierte' Einstellung zum Untersuchungsgegenstand zu enunzieren:

> Dabey erregt sie [die ostindische Angustura, ein starkes Gift, Anm. F. St.] beschwerliches, anfangs beschleunigtes Athmen, häufigen, krampfhaften Puls, verminderte Willkür der Muskeln, besonders von den hintern Extremitäten, krampfhaftes Erstarren der Glieder, ein schreckhaftes Wesen, gleichsam eine Art von Pantaphobie, oder einen hohen Grad von hysterischem Zustand, welcher sich durch Zittern, ein der electrischen Erschütterung ähnliches Zucken und Zusammenfahren, vorzüglich längs der ganzen Wirbelsäule und Anfälle von Starrkrampf, meistens in Gestalt von Opisthotonus offenbart; (E 1815, 177).

Diese Schilderung der Giftwirkung auf Versuchstiere hat in Emmerts Text die Funktion, Handlungen des Erklärens vorzubereiten. Differenziertheit wird hier enunziert über eine koordinierte Kaskade von Merkmalen, die hinsichtlich ihrer Relevanz praktisch unabgewogen bleiben. In eine ähnliche Richtung geht die praktisch durchgängige Präzisierung durch attribuierende Adjektive. Die Fachlexik ist praktisch ausnahmslos unspezifisch. Das heisst der Eindruck der Differenziertheit kommt gerade nicht durch die Esoterik der Fachlexik zustande. Die oben geäusserte Vermutung, dass sich Differenziertheit in der Form von Salienz, als Hervorgehobenheit von besonders exklusiven, nicht-stereotypen Merkmalen zeigen würde, bestätigt sich an diesem Beispiel meines Erachtens nicht sehr prominent – am meisten noch repräsentiert vielleicht die fachlexikalisch markierte Analogie „gleichsam eine Art von Pantaphobie" innerhalb des gemeinsprachlichen Vokabulars hier als Spielart von expertenschaftlicher Exklusivität.

Die Tendenz zur wiederaufnehmenden Variation im Sinne der semantischen Kontiguität (krampfhafter Puls, krampfhaftes Erstarren, Anfälle von Starrkrampf /verminderte Willkür, hysterischer Zustand, Zittern, Zucken und Zusammenfahren etc.) scheint in dieser Textpassage sehr augenfällig. Die Beschreibung scheint hier praktisch die Realpräsenz des Untersuchungsobjekts für den Leser über *intensive* Beschreibung zu ‚simulieren'. Differenziertheit und Detaillierungsgrad der Beschreibung haben die Funktion, den Gegenstand als einen in sich aspektreich wahrnehmbaren ‚präsent' zu machen.

Der ‚Aufschein' von Differenziertheit beruht auf ‚doppelter Kontiguität' – einerseits wie eben beschrieben auf semantischer Kontiguität, andererseits auf so etwas wie ‚autorschaftlicher/kontextueller Kontiguität': Die Perspektive auf den Gegenstand wird so konstruiert, dass der ‚Blick des Autors' – dies in den Textbeispielen in erster Linie in narrativen, das experimentelle ‚Geschehen' wiedergebenden Sequenzen – die Objekteigenschaften sukzessive ‚berührt', bzw. sinnliche Wahrnehmung als unmittelbare ‚Autorwahrnehmung' wiedergibt. In E 1807 zum Beispiel zeigt sich, wie der Autor (in Ermangelung eines Mikroskops!), den Untersuchungsgegenstand ‚mit allen Sinnen testet'. Der Eindruck der fachlich differenzierenden Darstellung kommt dabei sowohl über die ‚multisensorische Wahrnehmung' als auch durch die Nuancierungen etwa bei Farben, Gerüchen etc. zustande:

> Der Speisesaft aus allen den angegebenen Stellen des einsaugenden Gefässsystems war dünnflüssig wie Blutwasser und fühlte sich etwas klebrig an. Die Farbe war verschieden bey den einzelnen angegebenen Arten. Der aus den kleinern Milchgefässen erschien ganz milchweiss; der aus den grössern Milchgefäss Stämmen und der Cisterne war weisslicht, spielte aber stark ins gelbliche; noch mehr tat dies der Chylus aus dem Brustgange, er hatte eine gelblich-graue Farbe. Beym Mangel an nöthigen Instrumenten unterblieb eine genaue mikroskopische Untersuchung; aber schon das blosse Auge entdeckte im Cisternen-Chylus eine Menge weisser, etwas ins gelbliche fallender Kügelchen.
>
> Der Geschmack war salzig, zeigte aber bey den einzelnen angegebenen Chylus-Arten keine bemerkliche Verschiedenheit. Der Geruch, den diese Flüssigkeit ausstiess, war ähnlich dem von dem männlichen Saamen. (E 1807, 150f.).

Die Mittlerfigur ist in dieser Textstelle (wie auch in der weiter oben zitierten) mit der Erzähler-Gestalterfigur eng verbunden. Der Hintergrund, auf dem der Gegenstand beschrieben wird, ist die temporale Ordnung des experimentellen Geschehens. Zuerst werden Eigenschaften benannt, die für alle Chylusarten gelten (dünnflüssig und klebrig), dann wird nach Farbe differenziert („ganz milchweiss" vs. „weisslicht/stark ins gelbliche" vs. „gelblich-grau"). Das „blosse Auge" erkennt im einen Sample „weisse Kügelchen". Die ‚Nicht-Differenzierbarkeit' in geschmacklicher und geruchlicher Hinsicht wird speziell herausgestrichen, was den autorschaftlichen Gestus der Differenziertheit genauso pointiert wie die nuancierte Unterscheidung nach Farben. Emmert spricht übrigens weiter unten in diesem Text explizit von einer „Zusammenstellung von allen bemerkten *Differenzen* der einzelnen Chylusarten" (E 1807, 177. Hervorhebung von mir, F. St.). Farbliche Differenzen haben im gesamten Text eine zentrale Bedeutung. In einem Ausdruck wie dem bereits erwähnten: „wo nicht roth, doch röthlich" (E 1807, 171), führt die zugrunde liegende fachliche Haltung meines Erachtens sehr gut im Sinne einer Zusammenfassung vor Augen: Sich als beobachtende Instanz im Text zu instanzieren bedeutet vor allem, Eindrücke als reflektierte Eindrücke darzustellen.

[Exkurs:] Der Bereich der autorschaftlichen Einstellungen ist im besprochenen Zeitraum auch immer wieder Gegenstand der Auseinandersetzung. Welches Mass an Differenziertheit ist adäquat, um die Präsenz eines Objekts im Text zu projizieren? – Kann auch ein Übergewicht an Differenziertheit entstehen? Goethe etwa weist mit Blick auf den vielleicht einflussreichsten ‚wissenschaftlichen Differenzierer' darauf hin, dass bei Linné die übertrieben extensive Präzisierung den Blick auf die „Idee" verstelle. Mit dieser ‚Haltungskritik' ist gleichzeitig eine Form der Wissenschaftskritik verbunden. Goethe schreibt:

> Sey es erlaubt zu sagen, dass gerade jene [...] mit bewunderswürdiger Genauigkeit durchgeführte Wortbeschreibung der Pflanze nach allen ihren Teilen [...] manchen Botaniker davon abhält, zur Idee zu gelangen. Denn da er, um zu beschreiben, das Organ fassen muss, wie es ist [...] so wird alles Wandelbare stationär, das Fliessende starr und dagegen das gesetzlich Fortschreitende sprunghaft, so dass endlich das aus sich selbst heraussteigende Leben als etwas Zusammengesetztes betrachtet wird.[72]

Ein Zuviel an Genauigkeit attestiert hier Goethe Linné. Die Schwierigkeit bei der Bestimmung eines solchen Überhangs an Differenziertheit liegt darin, dass aus pragmatischer Sicht die ‚Steuerungsgesetzlichkeit' für ein solches Phänomen nur sehr vage zu fassen ist. Was in einem bestimmten Text als im Sinne der Funktionalität noch für angemessen befunden wird, ist eine Frage der Stilkritik.

Die Möglichkeit eines ‚Zuviel' oder ‚Zuwenig' macht aber deutlich, dass das Berührungsverhältnis zwischen Objektreferenz, Darstellung und einer autorschaftlichen Instanz im Text möglicherweise gerade dann für einen Leser pointiert zum Ausdruck kommt, wenn ein schwierig bezifferbares, gleichzeitig konventionell in irgendeiner Weise festgelegtes Mass an darstellerischer Differenziertheit unter- oder überschritten wird. Je nachdem erweckt eine bestimmte Darstellung, bzw. damit verbunden auch „der Autor" den Eindruck „zu ungenau" zu sein oder, wie Goethe über Linné sagt: zu „stationär".

4.4.2 „Wahrscheinlich war dieses aber bloss scheinbar": Vorsichtigkeit, Unsicherheit

Mit den im wissenschaftlichen Diskurs usuellen Einschränkungsvorbehalten in der Form von festen, modalisierenden Fügungen, wie sie in den Beispieltexten häufig vorkommen: „unter den angegebenen Umständen", „ein gewisser Grad von", „diesen Erscheinungen nach", „bey näherer Betrachtung" etc. – wird einerseits eine Haltung sprachlich enunziert, die sich absichert gegen mögliche Einwände eines präsupponierten Gegenübers, andererseits macht ein textdeiktischer Verweis wie „unter den *angegebenen* Umständen" auch deutlich, dass ausser dem Text in der Regel keine weiteren ‚Ressourcen' für eine Prüfung der ‚Quelle' zur Verfügung stehen, das heisst der Leser wird damit vor allem aufgefordert, unter Rückgriff auf bereits vorausgesetzte Elemente, eine gemeinsame Fokussierung im Verweisraum herzustellen bzw. auch eine so vor-

---

[72] Johann Wolfgang Goethe. Nachlass. Sophienausgabe. (Abt. II: Naturwissenschaftliche Schriften). Bd. 13. Weimar 1887–1990. S. 58. Zit. in: Pörksen. Naturwissenschaftssprachen. 1986. S. 81.

geführte, argumentative Kohärenz als solche zu akzeptieren.[73] Dieses Angebot zur Kooperation mit ‚dem Autor' ist im Grunde ohne Alternative: Auf einem grundlegenden leserseitigen Zweifel an der Gegebenheit der „Umstände" kann keine konstruktive Diskussion der Schlussprozeduren aufbauen, vielmehr äussert man so einen (nicht nur im wissenschaftlichen Kontext) schwer wiegenden Unaufrichtigkeitsverdacht, was – zumindest unter lebenden AutorInnen – zu einigermassen erschütterten kommunikativen Verhältnissen führt.

Aber gerade dadurch, dass wissenschaftliche Beobachtung sich vor allem durch eine Haltung der vorsichtigen Distanznahme von alltäglichen Formen des Erklärens und Beobachtens unterscheidet, wird deutlich: Die Tatsächlichkeit der „Umstände" erscheint in der wissenschaftlichen Darstellung gar nicht als primäres Problem, sondern vielmehr die *Handlungen* des autorschaftlichen Erklärens und Beobachtens. Die oben erwähnten Vorsichtsmarkierungen beziehen sich auf eine versprachlichte Form der präsupponierten Zeugenschaft eines Autors, der Vorsicht und Unsicherheit als Belege für die Reflexion dieser Schwierigkeit einführt.

Unsicherheit ist zwar möglicherweise *die* zentrale Antriebsfeder wissenschaftlicher Erkenntnisfindung. Gleichzeitig lebt die dem Prozess zugrunde liegende Einstellung aber auch von einer Modellvorstellung, die zwingend die Überwindung von Unsicherheit vorsieht.[74] In den Beispieltexten ist Unsicherheit als reflexive Haltung zu verstehen, welche aus der Vorläufigkeit, ‚Anscheinlichkeit' oder ‚Vermutlichkeit' von Erkenntnissen zwar keinen Hehl macht, dabei aber auch implizit oder explizit auf mögliche Anschlüsse im Sinne des Erkenntnisgewinns hinweist. Einerseits sind domänentypische Konstruktionen mit „scheinen" häufig, andererseits auch umständliche indirekte Fragekonstruktionen mit „ob":

> Ob unter diesen Umständen die Umwandlung des venösen Blutes in arteriöses ganz so erfolgt, wie im natürlichen Zustand, darüber kann nicht entschieden werden, es lässt sich dieses aber nach der Farbe, Gerinnbarkeit und der Tauglichkeit des Blutes zur Erhaltung der Lebensthätigkeit vermuthen. (E 1807, 407).

Unsicherheit und Vorsichtigkeit liegen nahe beisammen. Die persuasive Strategie, welche mit einer vorsichtigen Haltung korrespondiert, basiert darauf, dass Geltungsbereiche für Behauptungen bezeichnet werden. Eine Konstruktion wie „es lässt sich dieses [...] vermuthen", bezeichnet einen Geltungsanspruch im Sinne einer ‚Zuverlässigkeitsangabe'. Unsicherheit ist dagegen eine Haltung, welche alternative Möglichkeiten ins Blickfeld rückt. Wenn Emmert sagt, dass

---

[73] Ehlich. *so* –. 1987. S. 285.

[74] Vgl. zu dieser Ambivalenz von Sicherheit und Unsicherheit: Trevor J. Pinch. The Sun-Set: The Presentation of Certainty in Scientific Life. In: Social Studies of Science 11/1981. S. 131–158.

„darüber […] nicht entschieden werden“ kann, dann impliziert das Unsicherheit im Sinne von Alternativen. Es scheint nicht ganz einfach, die diagnostisch-interpretatorische Unsicherheit von der eher technischen, welche sich aus der Unzulänglichkeit der experimentellen Anlagen speist, zu unterscheiden.[75] Die zugrunde liegende, erkennende Operation, welche die Unsicherheit durch das Denken von Alternativen erst schafft, macht das gesamte Terrain unsicher, wirkt aber für den Leser im Sinne einer Wissenschaftlichkeit, die unsicheres, weil neues Wissen vermittelt, authentischer, weil der Eindruck vermittelt wird, der Autor sei in einen suchenden Dialog mit seinem Gegenstand verwickelt. Der Antagonismus zwischen Sicherheit und Unsicherheit schafft systematisch neue Fragen.

4.4.3 „Nach diesen Beobachtungen kann man mit vollem Recht behaupten“: Gewissheit

Gewissheit hat innerhalb der bis dahin beschriebenen Palette wissenschaftlicher Einstellungen einen Sonderstatus – Gewissheit steht komplementär zu den bisherigen Einstellungen. Differenziertheit, Vorsicht und Unsicherheit sind vergleichsweise problemlos kommunikabel. Die Enunziation von Gewissheit ist isoliert im wissenschaftlichen Kontext also solche nicht üblich, weil damit der fachliche Dissens unweigerlich provoziert wäre. Gewissheit ist die mit Abstand riskanteste und gleichzeitig zentralste der bisher beschriebenen Haltungen.

Mit Blick auf die Textbeispiele sind drei Varianten zu unterscheiden: 1. Die Markierung der Umstands, dass durch Forschungshandlungen wie Beobachtung, Hypothesenbildung, Schlussfolgerung etc. und entsprechenden Begründungen dem Autor ein privilegierter Zugang zu (relativer) fachlicher Gewissheit zukommt.[76] 2. Man geht wissenschaftlich immer von einem gegebenen und zumindest zu Teilen stabilen Erkenntnisstand (das heisst einem zumindest für den Moment gesicherten, als „bekanntlich“ vorausgesetztes Wissen) aus, um partiell wiederum zu verunsichern und unter dem Aspekt der Verbesserung zu optimieren. Implizites Ziel von Forschung ist bei aller Unsicherheit, welche die Forschungshandlungen antreibt, kurzfristige Gewissheit. In den Textbeispielen wird in der Regel der Relation zwischen fachlicher Ungewissheit und Gewissheit indiziert. 3. Autorschaftlich ‚erlebte‘, das heisst experimentell konstituierte ‚Tatsachen‘ spielen mit Blick auf Gewissheit eine Sonderrolle. Etwas

[75] Zur Differenz von diagnostischer und technischer Unsicherheit vgl. Susan Leigh Star. Scientific Work and Uncertainty. In: Social Studies of Science 15/1985. S. 391–427.

[76] Vgl. Luhmann. Soziale Systeme. 1987. S. 616.

ohne jeden Zweifel Beobachtetes, Messbares gilt als gewiss. Die Schlüsse, die daraus gezogen werden, dagegen (wie bereits gesagt) als ungewiss.

Der wesentliche Kontrast, auf dem die in den Textbeispielen beigebrachte Erkenntnis etabliert wird, ist hergebrachtes Wissen, das als vorläufiges Wissen ausgegeben wird. In der Regel wird der Kontrast einleitend mittels Bezugnahmen auf den Forschungsstand vorbereitet. Ich habe bereits weiter oben darauf hingewiesen, dass Emmert in diesem Sinne auch Anschlüsse an eigene Beiträge macht:

> Schon meine früheren Untersuchungen über die Wirkungsart der Gifte leiteten mich auf die zwei wichtigen Resultate, dass [...] alle Vergiftungssymptome blosse Folgen von der Affection des Rückenmarks [...] sind. (E 1815, 176).

In einem deutlichen Gegensatz zur vorsichtigen Argumentation werden hier die eigenen, zeitlich zurückliegenden Forschungsergebnisse emphatisch als (wichtige!) „Resultate" apostrophiert. Vorausgreifend schreibt Emmert bereits am Textanfang:

> In neueren Zeiten habe ich [...] eine Reihe von Versuchen angestellt, welche dieses [die Vergiftungssymptome sind Folge der „Affection des Rückenmarks", F. St.] mit aller Bestimmtheit aussagen und noch überdies wenigstens einige nähere Auskunft über die Natur der vegetabilischen Gifte geben. (E 1815, 177).

Die „Resultate" sind „mit aller Bestimmtheit" bestätigt, also durch wiederholtes autorschaftliches Prozessieren im Experiment erreichte Gewissheit. Textbezüge auf Fachliteratur dienen in der Regel dazu, individuelle Gewissheit innerhalb eines institutionalisierten Handlungsraums zu kontextualisieren, im Sinne einer Rückkoppelung an Verantworterfiguren.[77] Dieser Handlungsraum ist hier in der Einleitungspassage auffallend kurzgeschlossen, indem eine autorschaftliche Gewissheit durch den Autor selbst bestätigt wird. Diese Art des ‚Selbstverweises' geschieht um 1800 meines Erachtens weder in der Absicht einer Profilierung noch aus Eitelkeit. Vielmehr ist die damit verbundene Emphase als Reaktion auf einen stark individuell empfundenen ‚Leistungsdruck' zu verstehen, der in einem kaum gefestigten Institutionalisierungsprozess von Wissenschaft begründet ist.

In der Regel wird mit den typischen, unterschiedliche Grade von Gewissheit indizierenden Ausdrücken textdeiktisch vor- oder zurückverwiesen, das heisst: entsprechende Textteile als mehr oder weniger sichere ‚Ergebnisse' apostrophiert:

---

[77] Vgl. Eva-Maria Jakobs. Der Handlungsraum Wissenschaft. In: Diess. Textvernetzung in den Wissenschaften: Zitat und Verweis als Ergebnis rezeptiven, reproduktiven und produktiven Handelns. Tübingen 1999. S. 234–257.

„aus dem Bisherigen erhellt"; „diese Umstände setzen es ganz ausser Zweifel"; „die Beobachtungen sezen diese ausser allen Zweifel"; „folgende Erscheinungen erweisen unwidersprechlich"; „womit vollkommen übereinstimmt"; „das Ende-Resultat aller bisherigen Untersuchungen ist somit"; „diesen Erscheinungen nach kann man nicht anders"; „woraus sich wohl mit ziemlicher Gewissheit ergiebt"; „es ergiebt sich ferner"; „aus den angeführten Beobachtungen ergiebt sich folgendes Resultat"; „mit vollem Recht behaupten" etc.

Ich habe weiter oben im Zusammenhang mit der Enunziation von Erklärungen darauf hingewiesen, dass Erklärungshandlungen auf Explizierungen des argumentativen Funktionsrahmens angewiesen sind. Die im zeitgenössischen Fachjargon domänentypisch bezeichneten Geltungsansprüche sind eine der wesentlichen Möglichkeiten, diesen Funktionsrahmen zu thematisieren.

4.4.4 Zusammenfassung: Das Mischverhältnis der Einstellungen

Einstellungen, wie ich sie hier beschrieben habe, werden sprachlich nicht unbedingt *deutlich* „aufgeführt", sie werden vielmehr angedeutet. Sie erlauben es, eine Brücke zwischen der ‚Eigenlogik des Gegenstandes' und der autorschaftlichen Erkenntnis zu schlagen. Aus dem permanenten Wechsel von Einstellungen ergibt sich erst der Eindruck autorschaftlicher Anwesenheit. Weder die einfache Aneinanderreihung von fachlichen Assertionen kennzeichnen das ‚Wesen' wissenschaftlicher Texte, noch die Stereotypie einer einzelnen Einstellung, sondern ihr permanenter Wechsel: Im einen Fall gilt „p" *mit aller Bestimmtheit* – im andern ergibt sich „p" nur mit *ziemlicher Gewissheit.* Dass der wissenschaftlichen Aussagedomäne zugrunde liegende Einstellungen wie Differenziertheit, Genauigkeit, Unsicherheit etc. angedeutet und nicht abgebildet werden, heisst keineswegs, dass es sich dabei um marginale Erscheinungen im Text handelt. Im Gegenteil. Die beschriebenen Einstellungen bewirken mit Blick auf die Typik einer mittels entsprechendem Sprachmitteleinsatz aufscheinenden Wissenschaftlichkeit die entscheidenden Differenzen gegenüber alltäglicher Erkenntniserörterung. Eine hinreichend befriedigende Antwort auf eine problematisierende Frage im Alltag bedarf nicht zwingend einer der beschriebenen Einstellungen, um akzeptiert zu werden. Wissenschaftlichkeit dagegen zeichnet sich gerade dadurch aus, dass eine Mischung von Einstellungen domänentypisch zu sein scheint, welche man als insgesamt reflexive bezeichnen könnte. Reflexivität ist in diesem Zusammenhang als Repräsentation eines komplexen Einstellungsgemischs im wissenschaftlichen Text zu verstehen, welches die jeweiligen Abstände zwischen der Autorinstanz und der Aussage festhält. Die Überpointierung einer einzelnen Einstellung hinterlässt hinsichtlich der persuasiven Wirkung einen nicht-idealen diskurstypischen Eindruck von Wissenschaftlichkeit. Die systematische Ausklammerung einer Einstellung führt bei der Rezeption möglicherweise zu stereotypen Rückprojektionen auf einen entsprechenden Autor:[78]

- Eine übertrieben ausschliessliche Enunziation von *Gewissheit* hinterlässt als Gesamthabitus den Eindruck von Zauberei. Ausschliessliche Gewissheit, unter Ausblendung von Unsicherheit – steht im Widerspruch zur schrittweisen Generierungsusanz wissenschaftlicher Erkenntnisse.
- Eine ausschliessliche Enunziation von *Differenziertheit* geht in die Richtung der blossen Inszenierung einer uneigentlichen, jargonesken Expertenschaft: Einstellungen müssen als Mittel zum Zweck erkennbar sein.
- Eine überbetonte Enunziation von *Vorsicht* verhindert den Eindruck von souveränen, autorschaftlichen Problemlösungen.
- Die Übergewichtung von *Gewissheit* scheint tendenziell dadurch verunmöglicht, dass wissenschaftliche Problemstellungen eine nichtvalidierte Aussage voraussetzen. Autor und Rezipient definieren dabei tendenziell komplementäre, aber symmetrisch austauschbare Rollen. Wenn Aussagen darauf angelegt sind, sich durch *übertriebene Vorsicht* einer Validierung zu entziehen, wird möglicherweise keine wissenschaftliche Debatte über den gegebenen Problemlösungsvorschlag stattfinden und die Ergebnisse erscheinen unherausgefordert.[79] Wenn die Aussagen eines Autors dahin tendieren, ausschliesslich Aussagen anderer Autoren zu validieren, so gehorcht sie dem Textmuster der wissenschaftlichen Kritik.[80]

Ein bestimmtes Naturphänomen – wie etwa die unterschiedliche Wirkung von Giften – ist nicht empirischer Sachverhalt mit apriori wissenschaftlicher Bedeutung, bis dass ihm ein Autor mittels experimenteller Kontextualisierung und daraus abgeleiteten Interpretationen zu diesem Status verhilft. Die Verwissenschaftlichung des Objekts ist dabei begleitet von einer spezifisch autorschaftlichen Ökonomie der wissenschaftlichen Haltungen: Vorsicht, Exaktheit, Unsicherheit und Gewissheit sind nicht „natürliche Eigenschaften" von Gegen-

---

[78] Die US-amerikanische Wissenschaftsforscherin Marcel LaFollette unterscheidet vier grundlegende Stereotypen des Wissenschaftlers in der Öffentlichkeit: Der Zauberer, der Experte, der Schöpfer/Zerstörer, der Held. Vgl. Marcel C. LaFollette. Making Science Our Own: Chicago – Public Images of Science 1910–1955. Chicago 1990. Vgl. hierzu auch: Mediale Träger, Vermittler und „Bilder" von Wissenschaft. In: Ulrike Felt, Helga Nowotny, Klaus Taschwer. Wissenschaftsforschung: Eine Einführung. Frankfurt am Main 1995. S. 253–261.

[79] Vgl. hierzu Charles Bazerman. Public Identities and Role Conflicts. In: Ders. Shaping Written Knowledge: The Genre and Activity of the Experimantal Article in Science. Madison/Wisconsin 1988. S. 134–136. Hier. S. 135.

[80] Als institutionalisierte Formen für diese Kritik sind wissenschaftliche Rezensionen oder Peer-Reviews zu verstehen.

ständen, es sind vielmehr autorschaftliche Haltungen, die einen Gegenstand in einem bestimmten Mischverhältnis affizieren, um ihm dadurch (rhetorisch) den Status der Wissenschaftlichkeit zu verleihen. Es versteht sich von selbst, dass eine Erklärung ebenso wenig wie ein Naturphänomen einfach per se als wissenschaftliche Erklärung erscheint. Formulierungen, welche die beschriebenen (und ähnliche) Haltungen enunzieren und die Komplementarität von Autorschaft und Rezeption im Sinne der Validierung von Erklärungen zulassen, ermöglichen wissenschaftliche Erklärungen. Diese Formulierungshaltungen sind Teil einer persuasiven Intention, die *konkurriernde Teilnahme* (Peter von Polenz) erlaubt, die Angreifbarkeit als Teil der persuasiven Logik begreift und die als zugrunde liegende Intention das Herz moderner Wissenschaftlichkeit ausmacht.[81]

---

[81] Vgl. Charles Bazerman. Rhetorical Self-Consciousness and the Invention of Science. In: Ders. Shaping Written Knowledge.1988. S. 320–321.

Fazit

Ziel der vorliegenden Untersuchung ist es gewesen, wissenschaftliche Autorschaft als ein mehrdimensionales Phänomen zu beschreiben. Ausgehend von sprachstilkritischen Befunden wie jenem des „Ich-Tabus“ (Kretzenbacher) wurde danach gefragt, wie man die Instanzierung wissenschaftlicher Aussagen unter pragma-linguistischen bzw. rhetorischen Kriterien charakterisieren könnte. Ein zentraler Anspruch an diese Charakterisierung lag darin, die damit verbundenen Phänomene nicht auf einen ihren Aspektreichtum verkennenden, reduktionistischen Nenner zu bringen. Weil es sich weder beim Begriff des Autors, noch dem der Autorschaft um Begriffe mit einer genuin textlinguistischen Tradition handelt, zielt ein wesentlicher Teil der erörterten Problemzusammenhänge in die Richtung, die Relevanz der Begriffskonzepte Autor und Autorschaft für eine pragmatische Textauffassung zu ermitteln und zu unterstreichen:

In einem ersten Schritt (Kapitel 1) hat die Diskussion des Autorbegriffs gezeigt, dass der Autor ganz allgemein mit Blick auf Aussagewirklichkeiten einen zentralen Kontext darstellt, speziell für die domänenspezifische Aussagewirklichkeit von Wissenschaft deshalb, weil wissenschaftliches Wissen nur als instanziertes, fachliches Wissen im Sinne einer *Autorposition* als verhandelbares, validierbares Wissen erscheint. Das auf Vorstellungen des Autors aufbauende Prinzip der Autorschaft, verstanden als textuelle Emergenz auf so unterschiedlichen Niveaus wie jener des Autornamens, der Deixis, des Autorstils, aber auch auf jenem der Modalitätsmarkierung ermöglicht Rekonstruktionen der Autorinstanz im Sinne einer basalen Bedingung für die Kontexualisierung von Aussagen. Der begriffliche Zusammenhang von Autor (im Sinne eines basalen Kontextes) und Autorschaft (im Sinne von Referenzen auf diesen Kontext) erlaubt einerseits eine globale Konzeptualisierung von Text als einem ‚rhetorischen Gebilde‘, das sich weder ausschliesslich auf strukturelle, noch ausschliesslich auf funktionale Kriterien beschränkt, andererseits ist mit diesem Zusammenhang überhaupt eine Möglichkeit gegeben, wie Kontext und Text unter pragmatischen Prämissen als „koevolvierende Einflussgrössen“ (Feilke) verstanden werden können, ohne dass dabei ‚Kontext‘ als bloss kontingente oder unkonturierte Grösse erschiene.

In einem zweiten Schritt (Kapitel 2) wurde auf eine tief greifende diskursive Verschiebung des Autorkontextes fokussiert. Um 1800 richtet sich Wissenschaft im deutschsprachigen Raum überhaupt erst auf einen modernen, das heisst fortschrittsbetonten Wissens- und Autorschaftsbegriff ein. Tritt jetzt ein „Wissenschaftler“ als Autor auf, bedient er sich eines zum Vorläuferparadigma des „Gelehrten“ völlig komplementären Wissens- und Textkonzepts. Mit dem

Übergang vom „Gelehrten" zum „Wissenschaftler" verbindet sich nicht nur eine umfassende Verschiebung in der Wissensgenerierung (Stichwort: ontologisches versus konstruktivistisches Wissen), sondern auch ein tief greifender Wandel in der zugrunde liegenden Informationskultur. Während für den Typus des „Gelehrten" die Akkumulation und Assimilation von überliefertem Wissen im Sinne des Aggregats zentral ist, produzieren „Wissenschaftler" forschungsbasiertes, konstruiertes Wissen. Für „Wissenschaftler" erscheinen deshalb die Abweisung von überliefertem Wissen und die Validierung eines nach systematischen Kriterien eingeschränkten, das heisst hoch spezialisierten ‚Forschungsstandes' als zentrale Aufgabenfelder. Dieser Paradigmenwechsel wirkt sich auf die gedankliche Architektur von wissenschaftlichen Texten entscheidend aus. Etwas salopp gesagt: Das thematische Sammelsurium gelehrter Texte mutiert um 1800 zu einer autorzentrierten Textordnung.

Ziel des dritten Schrittes (Kapitel 3) ist es gewesen, ein Beschreibungsmodell für die Enunziation von Autorschaft in wissenschaftlichen Texten zu finden. Mit den vorgeschlagenen Begriffen Autorfigur, autorschaftlicher Rahmen und Enunziation verbindet sich dabei nicht die Vorstellung einer *festen* Installation, sondern vielmehr die Absicht, ein bewegliches und offenes Modell zu entwickeln, mit dem sich die Konturierung von Aussagewirklichkeit beschreiben lässt. Ich verstehe die drei Ebenen als ineinander verwobene Ebenen:

- Die Verantworterfigur ist als soziale Figur zu verstehen. Wollte man zwischen ‚Innerem' und ‚Äusserem' der Figur unterscheiden, wären die Verantworter-Aspekte dem ‚Äusseren' der Figur zuzuordnen. Die wesentlichste ‚äussere' Verbindung besteht hier in der Zuschreibbarkeit einer epistemischen Position an einen Autornamen.
- Ich bezeichne die Gesamtheit der im Text dargestellten Handlungen als auf eine Gestalterfigur rekurrierende Handlungen. Diese Teilfigur zeichnet sich dadurch aus, dass sie die Heterogenität der Handlungsbereiche (ordnen, erklären, beobachten, experimentieren, validieren etc.) als Handlungsbereiche ein und derselben autorschaftlichen Figur erscheinen lässt. Diese Aspekte der Autorfigur sind weder generell dem ‚Äusseren', noch dem ‚Inneren' der Figur zuzuschreiben. Mentale Handlungen wie denken, begreifen etc. bilden sozusagen die ‚innere Sphäre', ‚handfeste' Handlungen, die mit Körperbewegungen oder mit sprachlicher Aktivität assoziiert werden wie experimentieren, beobachten oder erklären, mitteilen etc. die ‚äussere Sphäre'.
- Die Mittlerfigur ist die ‚innere Figur'. Ihr lassen sich mentale Zustände wie wissenschaftliche Unsicherheit etc. zuschreiben.

In einem vierten Schritt wurde das Beschreibungsmodell ‚Autorfigur' an konkreten Textexemplaren illustriert, weiterentwickelt und verfeinert. Die Textbeispiele haben gezeigt, dass die sprachliche Konstruktion der Autorfigur als bewegliche, konzeptuelle Einheit verstanden werden muss. Mit dieser Bestimmung ist es einerseits möglich, Autorfiguren als domänentypische, konventionelle Figuren zu beschreiben. Auf der andern Seite ist es aber auch möglich, Autorfiguren als Ausdruck eines *bestimmten* autorschaftlich-wissenschaftlichen ‚Selbst hinter dem Text' zu interpretieren. Ich habe im vierten Kapitel die Auffassung vertreten, dass vor allem die Verantworterfigur Aussagen zulässt über den Status des ‚wissenschaftlichen Selbstbewusstseins', das im Text enunziert wird. Insgesamt ist es mir im Zusammenhang mit der Einheit wissenschaftlicher Text darum gegangen, die Berührungen zwischen ‚Person' und ‚Aussage' aufzuzeigen. Das Kausalitätsprinzip, das den Argumentationen in den Textbeispielen zugrunde liegt, wird nicht einfach ‚nackt exekutiert', sondern vorgeführt. Ein Ausdruck wie „ich schliesse daraus", macht den Konnex von ‚Person' und ‚Aussage' emergent. In einer etwas anderen Form gilt das auch im Bereich der Modalisierungen von Aussagen. Der Ausdruck „mit vollem Recht behaupten" macht die Verbindung ebenfalls evident.

Die Ergebnisse der hier vorgelegten Untersuchung lassen sich in mehrfacher Hinsicht zum Ausgangspunkt für weitere Untersuchungen nehmen. Wichtig wäre es, das Modell der wissenschaftlichen Autorfigur auf seine Brauchbarkeit für eine Analyse von aktuellen, vielleicht auch von studentischen Wissenschaftstexten zu überprüfen. Das Modell liesse sich in diesem Zusammenhang zu einem stärker text*qualitäts*bezogenen Modell umfunktionieren. Gleichzeitig ist das Konzept der Autorfigur von schreibdidaktischer Relevanz. Die Frage: „Darf man in wissenschaftlichen Texten ‚ich sagen'?", erleben viele Studierende als besonders neuralgische Frage. Das zugrunde liegende autorschaftliche Problem lässt sich nicht nur durch Hinweise auf entsprechende Normen lösen. Um die Textsortengepflogenheiten zu *verstehen*, ist es zentral, einen praktischen Begriff von wissenschaftlicher Autorschaft zu entwickeln und dabei das Wissen um die Konventionalität des Ausdrucks mit diesem Begriff in Verbindung bringen und entsprechend ausbauen zu können.

Bibliographie

1 Quellen

Autenrieth/Pfleiderer. Dissertatio inauguralis: De Dysphagia lusoria. 1806. In: Archiv für die Physiologie. Band 7. Johann Christian Reil/Johann Heinrich Ferdinand Autenrieth (Hrsg.). Halle 1807. S.145–188.

Emmert, August Gottfried Ferdinand. Ueber die Unabhängigkeit des kleinen Kreislaufs von dem Athmen. In: Archiv für die Physiologie. Johann Christian Reil (Hrsg.). Halle 1802. S. 401–416. (= E 1802).

Emmert, August Gottfried Ferdinand. Beyträge zur nähern Kenntniss des Speisesaftes und dessen Bereitung. In: Archiv für die Physiologie. Johann Christian Reil/Johann Heinrich Ferdinand Autenrieth (Hrsg.). Halle 1807/1808. S. 145–212. (= E 1807).

Emmert, August Gottfried Ferdinand. Ueber den Einfluss der herumschweifenden Nerven auf das Athmen. In: Archiv für die Physiologie. Archiv für die Physiologie. Johann Christian Reil (Hrsg.). Halle 1809. S. 380–420. (= E 1809).

Emmert, August Gottfried Ferdinand. Einige Bemerkungen über die Wirkungsart und chemische Zusammensetzung der Gifte. In: Deutsches Archiv für die Physiologie. Johann Friedrich Meckel (Hrsg.). Halle/Berlin 1815. S. 176–187. (= E 1815).

Emmert, August Gottfried Ferdinand. Ueber die Wirkungsart der Gifte. In: Tübinger Blätter für Naturwissenschaften und Azneykunde. Autenrieth/Bohnenberger (Hrsg.). Tübingen 1816. S. 88–109. (= E 1816).

Fichte, Johann Gottlieb. Ueber das Wesen des Gelehrten und seine Erscheinungen im Gebiet der Freiheit: In öffentlichen Vorlesungen, gehalten zu Erlangen, im Sommer-Halbjahre 1805. (Berlin 1806). In: Johann Gottlieb Fichte. Werke 1801–1806. Reinhard Lauth, Hans Gliwitzky [Hrsg.]. Stuttgart-Bad Cannstatt 1991. S. 58–139.

Gall, Franz Joseph. Des Herrn Dr. F. J. Gall Schreiben über seinen geendigten Prodromus über die Verrichtungen des Gehirns der Menschen und der Thiere, an Herrn Jos. Fr. von Retzer (1798). In: Erna Lesky [Hrsg.]. Franz Joseph Gall: Naturforscher und Anthropologe. Bern 1979. S. 47–59.

Gärtner, Carl Friedrich. Einige Bemerkungen über die Natur des Urins. In: Archiv für die Physiologie. Johann Christian Reil (Hrsg.). Band 2. Halle 1797. S. 169–203.

Goethe, Johann Wolfgang. Der Versuch als Vermittler von Objekt und Subjekt. 1793. In: Ders. Sämtliche Werke. (Klassiker-Ausgabe, I. Abteilung Bd. 25: Schriften zur allgemeinen Naturlehre, Physik, Witterungslehre, Geologie, Mineralogie). Frankfurt am Main 1989. S. 26–36.

Greiling, Johann Christoph. Einige allgemeine Grundsätze zu einer Theorie der Recensionen. In: Archiv für die Physiologie. Johann Christian Reil [Hrsg.]. Bd. 3. Halle 1799. S. 349–385.

Gren, Friedrich Albrecht Carl. Prolegomena: Entwurf einer neuen chemischen Nomenclatur, die nicht auf Hypothesen gegründet ist. In: Neues Journal der Physik. 2. Band. Friedrich Albrecht Carl Gren (Hrsg.). Leipzig 1795. S. 173–191.

Haller, Albrecht von. Rede an dem Geburtstage Georg des Zweyten, Die Konigliche Gesellschaft der Wissenschaften sich zum erstenmale öffentlich versamlete, den

10 November 1751. In: Sammlung kleiner Hallerischer Schriften. Zweyter Theil. (2. Ausg.). Bern 1772. S. 175–206.

Haller, Albrecht von. Vorrede zu den Göttingischen Gelehrten Zeitungen, zum Jahrgange 1747. In: Ders. Sammlung Kleiner Hallerischer Schriften. Bern 1756. S. 135–145.

Haller, Albrecht von. Sammlung kleiner Hallerischen Schrifften. Bern 1756.

Mayer, A. C. Ueber das Einsaugungsvermögen der Venen des grossen und kleinen Kreislaufsystems. In: Deutsches Archiv für die Physiologie. Johann Friedrich Meckel (Hrsg.). Halle/Berlin 1817. S. 485–503.

Reil, Johann Christian/Hoffbauer, Johann Christoph. Ueber den Begriff der Medicin und ihre Verzweigungen besonders in Beziehung auf Berichtigung der Topik der Psychiaterie. In: Archiv für die Physiologie. Band 9. Halle 1809. S. 136–208.

Reil, Johann Christian. Ueber die Erkenntniss und Cur der Fieber. Erster Theil. Allgemeine Fieberlehre. Halle 1797.

Schoeps, C. G. Ueber die Verrichtungen verschiedener Theile des Nervensystems. In: Archiv für Anatomie und Physiologie. Johann Friedrich Meckel (Hrsg.). Leipzig 1827. S. 368–416.

2 Literatur

Adamzik, Kirsten/Antos Gerd/Jakobs, Eva-Maria (Hrsg.). Domänen- und kulturspezifisches Schreiben. Frankfurt am Main 1997.

Antos, Gerd. Formulieren als sprachliches Handeln: Ein Plädoyer für eine produktionsorientierte Textpragmatik. In: Amsterdamer Beiträge zur neueren Germanistik 13/1981. S. 403–440.

Antos, Gerd. Grundlagen einer Theorie des Formulierens: Textherstellung in geschriebener und gesprochener Sprache. (=RGL 39). Tübingen 1982.

Antos, Gerd/Krings, Hans P. Textproduktion: Ein interdisziplinärer Forschungsüberblick. (=Konzepte der Sprach- und Literaturwissenschaft 48). Tübingen 1989.

Antos, Gerd. Sprachliche Inszenierung von „Expertenschaft" am Beispiel wissenschaftlicher Abstracts: Vorüberlegungen zu einer systemtheoretischen Textproduktionsforschung. In: Eva-Maria Jakobs/Dagmar Knorr/Sylvie Molitor-Lübbert (Hrsg.). Wissenschaftliche Textproduktion: Mit und ohne Computer. Frankfurt am Main/u. a. O. 1995. S. 113–127.

Antos, Gerd (Hrsg.). Die Zukunft der Textlinguistik: Traditionen, Transformationen, Trends. (=RGL 188). Tübingen 1997.

Barthes, Roland. Der Tod des Autors. In: Fotis Jannidis/Gerhard Lauer/Matias Martinez/Simone Winko (Hrsg.). Texte zur Theorie der Autorschaft. Stuttgart 2000. S. 185–193.

Barton, Ellen L. Evidentials, Argumentation, and Epistemological Stance. In: College English 55/1993. S. 745–769.

Bateson, Gregory. Die Kybernetik des „Selbst": Eine Theorie des Alkoholismus. (1971). In: Ders. Ökologie des Geistes: Anthropologische, psychologische, biologische und epistemologische Perspektiven. Frankfurt am Main 1985. S. 400–437.

Bazerman, Charles. The informed writer. Boston 1981.

Bazerman, Charles. What Written Knowledge Does: Three Exmaples of Academic Discourse. In: Philosophy and Social Science 11/1981. S. 361–387.

Bazerman, Charles. Physicists reading physics: Schema-laden purposes and purpose-laden schema. Written Communication 2/1985. S. 3–23.

Bazerman, Charles. Shaping Written Knowledge: The Genre and Activity of the Experimental Article in Science. Madison (WI) 1988.

Bazerman, Charles/Paradis, James (Hrsg.). Textual Dynamics of the Professions: Historical and Contemporary Studies of Writing in Professional Communities. Madison (WI) 1991.

Becker, Howard S. Selbstpräsentation und Autorität. In: Ders. Die Kunst des professionellen Schreibens: Ein Leitfaden für Geistes- und Sozialwissenschaften. Frankfurt am Main 1994. S. 46–66.

Benveniste, Émile. Probleme der allgemeinen Sprachwissenschaft. (Franz. Orig. 1966). München 1974.

Biagioli, Mario/Galison, Peter Louis. Scientific authorship: Credit and intellectual property in science. New York 2003.

Booth, Wayne Clayson. Der implizite Autor. In: Fotis Jannidis/Gerhard Lauer/Matias Martinez/Simone Winko (Hrsg.). Texte zur Theorie der Autorschaft. Stuttgart 2000. S. 138–152.

Borsche, Tilman. Wer spricht, wenn wir sprechen? Überlegungen zum Problem der Autorschaft. In: Allgemeine Zeitschrift für Philosophie 13.3/1988. S. 37–50.

Bosse, Heinrich. Autorisieren: Ein Essay über Entwicklungen heute und seit dem 18. Jahrhundert. In: Zeitschrift für Literaturwissenschaft und Linguistik 11/1981. S. 120–134.

Bosse, Heinrich. Autorschaft ist Werkherrschaft: Über die Entstehung des Urheberrechts aus dem Geist der Goethezeit. Paderborn, München, Wien, Zürich 1981.

Bourdieu, Pierre. Der Habitus als Vermittlung zwischen Struktur und Praxis. In: Ders. Zur Soziologie der symbolischen Formen. Frankfurt am Main 1983. S. 125–158.

Bruner, Jerome/Kalmar, David A. Narrative and Metanarrative in the Construction of the Self. In: Michel Ferrari/Robert J. Sternberg (Hrsg.). Self-Awareness: Its Nature and Development. New York 1998. S. 308–331.

Broman, Thomas H. Johann Christian Reil and the „Journalization" of Physiology. In: Peter Dear (Hrsg.). The Literarary Structure of Scientific Argument: Historical Studies. Philadelphia 1991. S. 13–42.

Bühler, Karl. Sprachtheorie: Die Darstellungsfunktion der Sprache. (1. Aufl. Jena 1934). Stuttgart 1999.

Bumann, Waltraud. Der Begriff der Wissenschaft im deutschen Sprach- und Denkraum. In: Alwin Diemer (Hrsg.). Der Wissenschaftsbegriff: Historische und systematische Untersuchungen: Vorträge und Diskussionen im April 1968 in Düsseldorf und im Oktober 1968 in Fulda. Meisenheim am Glan 1970. S. 64–75.

Bungarten, Theo (Hrsg.). Wissenschaftssprache: Beiträge zur Methodologie, theoretischen Fundierung und Deskription. München 1981.

Burke, Seán. The Death and Return of the Author: Criticism and Subjectivity in Barthes, Foucault and Derrida. Edinburgh 1992.

Cahn, Michael. Die Rhetorik der Wissenschaft im Medium der Typographie: Zum Beispiel die Fussnote. In: Hans-Jörg Rheinberger/Bettina Wahrig-Schmidt/Michael Hagner (Hrsg.). Räume des Wissens: Repräsentation, Codierung, Spur. Berlin 1997. S. 91–109.

Cahn, Michael. Die Medien des Wissens: Sprache, Schrift und Druck. In: Ders. (Hrsg.). Der Druck des Wissens: Geschichte und Medium der wissenschaftlichen Publikation. Wiesbaden 1991. S. 31–64.

Cassirer, Ernst. Die Sprache und das Gebiet der „inneren Anschauung". – Die Phasen des Ichbegriffs. In: Ders. Philosophie der symbolischen Formen. (1. Ausg. Berlin 1923). Werke Bd. 11. Hamburg 2001. S. 212–248.

Castañeda, Hector-Neri. Selbstbewusstsein, Ich-Strukturen und Physiologie. (Orig. 1991). In: Manfred Frank (Hrsg.). Analytische Theorien des Selbstbewusstseins. Frankfurt am Main 1996. S. 210–245.

Chargaff, Erwin. How Scientific Papers Are Written. In: Special Language: International Journal of LSP: Research – Didactics – Terminology. (=Fachsprache: Internationale Zeitschrift für Fachsprachenforschung, -didaktik und Terminologie) 8/1986. S. 106–110.

Chisholm, Roderick. Die erste Person: Eine Theorie der Referenz und der Intentionalität. Frankfurt am Main 1992.

Clyne, Michael. Cultural Differences in the Organization of Academic Texts. In: Journal of Pragmatics 11/1987. S. 211–247.

Corti, Alessandra. Die gesellschaftliche Konstruktion von Autorschaft. Wiesbaden 1999.

Crismore, Avon/Farnsworth, Rodney. Metadiscourse in Popular and Professional Science Discourse. In: Walter Nash (Hrsg.). The writing Scholar: Studies in Academic Discourse. (=Written Communication Annual: An International Survey of Research and Theory 3). Newbury Park, London, New Delhi 1990. S. 118–136.

Danneberg, Lutz/Müller, Hans Harald. Der ‚intentionale Fehlschluss' – ein Dogma? Systematischer Forschungsbericht zur Kontroverse um eine intentionalistische Konzeption in den Textwissenschaften. In: Zeitschrift für allgemeine Wissenschaftstheorie 14/1983. S. 103–137 und S. 376–411.

Daston, Lorraine. Angst und Abscheu vor der Einbildungskraft in der Wissenschaft. In: Dies. Wunder, Beweise und Tatsachen: Zur Geschichte der Rationalität. Frankfurt am Main 2001. S. 99–125.

Davidson, Donald. Die Autorität der ersten Person. In: Manfred Frank (Hrsg.). Analytische Theorien des Selbstbewusstseins. Frankfurt am Main 1994. S. 635–649.

Dear, Peter. Totius in verba: Rhetoric and Authority in the Early Royal Society. In: Isis 76/1985. S. 145–161.

Derrida, Jacques. Dissemination. (Franz. Orig. 1972). Wien 1995.

Derrida, Jacques. Limited Inc. (Franz. Orig. 1990). Wien 2001.

Douglas, Mary. Wie Institutionen denken. (Engl. Orig. 1986). Frankfurt am Main 1991.

Eco, Umberto. Wie man eine wissenschaftliche Abschlussarbeit schreibt: Doktor-, Diplom- und Magisterarbeit in den Geistes- und Sozialwissenschaften. (Ital. Orig. 1977). Heidelberg 1988.

Eco, Umberto. Zwischen Autor und Text. In: Ders. Zwischen Autor und Text: Interpretation und Überinterpretation. München 1996. S. 75–98.

Ede, Lisa/Lunsford, Andrea A. Collaborative Authorship and the Teaching of Writing. In: Martha Woodmansee/Peter Jaszi (Hrsg.). The Construction of Authorship: Textual Appropriation in Law and Literature. Durham, London 1994. S. 417–438.

Egloff, Rainer (Hrsg.). Tatsache – Denkstil – Kontroverse: Auseinandersetzungen mit Ludwik Fleck. Zürich 2005.

Ehlich, Konrad. Text und sprachliches Handeln: Die Entstehung von Texten aus dem Bedürfnis nach Überlieferung. In: Aleida Assmann/Christof Hardmeier/Jan Assmann (Hrsg.). Schrift und Gedächtnis: Beiträge zur Archäologie der literarischen Kommunikation. München 1983. S. 24–43.

Ehlich, Konrad. *so* – Überlegungen zum Verhältnis sprachlicher Formen und sprachlichen Handelns, allgemein und an einem widerspenstigen Beispiel. In: Inger Rosengren (Hrsg.). Sprache und Pragmatik. Lunder Symposion 1986. Lund 1987. S. 279–298.

Ehlich, Konrad. Scientific texts and deictic structures. In: Dieter Stein (Hrsg.). Cooperating with Written Texts: The Pragmatics and Comprehension of Written Texts. Berlin, New York 1992. S. 201–229.

Ehlich, Konrad. Funktion und Struktur schriftlicher Kommunikation. In: Hartmut Günther/Otto Ludwig (Hrsg.). Schrift und Schriftlichkeit/Writing and Its Use: Ein interdisziplinäres Handbuch internationaler Forschung. (=HSK 10.1). Berlin, New York 1994. S. 18–41.

Elster, Jon (Hrsg.). The multiple self: Studies in Rationality and social change. Cambridge MA 1985.

Feilke, Helmut. Common sense-Kompetenz: Überlegungen zu einer Theorie des ‚sympathischen' und ‚natürlichen' Meinens und Verstehens. Frankfurt am Main 1994.

Feilke, Helmut. Sprache als soziale Gestalt: Ausdruck, Prägung und die Ordnung der sprachlichen Typik. Frankfurt am Main 1996.

Feilke, Helmut. Die pragmatische Wende in der Textlinguistik. In: Klaus Brinker et. al. (Hrsg.). Text- und Gesprächslinguistik: Ein internationales Handbuch zeitgenössischer Forschung. (=HSK 16.1). Berlin, New York 2000. S. 64–82.

Feilke, Helmut/Steinhoff, Torsten. Zur Modellierung der Entwicklung wissenschaftlicher Schreibfähigkeiten. In: Konrad Ehlich/Angelika Steets (Hrsg.). Wissenschaftlich schreiben – lehren und lernen. Berlin 2003. S. 112–128

Felt, Ulrike/Taschwer, Klaus/Nowotny, Helga. Wissenschaftsforschung: Eine Einführung. Frankfurt am Main 1995.

Fiehler, Reinhard. Kommunikation, Information und Sprache: Alltagsweltliche und wissenschaftliche Konzeptualisierungen und der Kampf um Begriffe. In: Rüdiger Weingarten (Hrsg.). Information ohne Kommunikation? Die Loslösung der Sprache vom Sprecher. Frankfurt am Main 1990. S. 99–128.

Fleck, Ludwig. Entstehung und Entwicklung einer wissenschaftlichen Tatsache: Einführung in die Lehre vom Denkstil und Denkkollektiv. (1. Ausg. 1935). Frankfurt am Main 1994.

Flower, Linda. The Construction of Negotiated Meaning: A Social Cognitive Theory of Writing. Carbondale, Edwardsville 1994.

Flower, Linda/Hayes, John R. Images, Plans, and Prose: The Representation of Meaning in Writing. In: Written Communication 1/1984. S. 120–160.

Foster, David. Writing with Authority: Students' Roles as Writers in Cross-National Perspective. Carbondale 2006.

Foucault, Michel. Was ist ein Autor? In: Fotis Jannidis/Gerhard Lauer/Matias Martinez/Simone Winko (Hrsg.). Texte zur Theorie der Autorschaft. Stuttgart 2000. S. 198–229.

Foucault, Michel. Was ist Aufklärung? In: Eva Erdmann, Rainer Forst, Axel Honneth (Hrsg.). Ethos der Moderne: Foucaults Kritik der Aufklärung. Frankfurt am Main, New York 1990. S. 35–54.

Foucault, Michel. Die Aussagefunktion. In: Ders. Archäologie des Wissens. (Franz. Orig. 1969). Frankfurt am Main 1992. S. 128–153.
Fox Keller, Evelyn. Das Leben neu denken: Metaphern der Biologie im 20. Jahrhundert. München 1998.
Fuhrmann, Manfred. Persona, ein römischer Rollenbegriff. In: Odo Marquard, Karlheinz Stierle (Hrsg.). Identität. München 1979. S. 83–106.
Gardt, Andreas. Die zwei Funktionen von Sprache: kommunikativ und sprecherzentriert. In: Zeitschrift für germanistische Linguistik 23/1995. S. 153–171.
Garman, Noreen B./Piantanida, Maria (Hrsg.). The authority to imagine: The struggle toward representation in dissertation writing. New York 2006.
Genette, Gérard. Paratexte: Das Buch vom Beiwerk des Buches. Frankfurt am Main 1989.
Gessinger, Joachim. Sprachlaut-Seher: Physiologie und Sprachwissenschaft im 19. Jahrhundert. In: Philipp Sarasin/Jakob Tanner (Hrsg.). Physiologie und industrielle Gesellschaft: Studien zur Verwissenschaftlichung des Körpers im 19. und 20. Jahrhundert. Frankfurt am Main 1998. S. 204–244.
Giesecke, Michael. Sinnenwandel, Sprachwandel, Kulturwandel: Studien zur Vorgeschichte der Informationsgesellschaft. Frankfurt 1992.
Goffman, Erving. The Lecture. In: Ders. Forms of Talk. Oxford 1981. S. 162–196.
Goffman, Erving. Redestatus. In: Ders. Rede-Weisen: Formen der Kommunikation in sozialen Situationen. (Orig. 1981). Hubert Knoblauch, Christine Leuenberger, Bernt Schnettler (Hrsg.). Konstanz 2005. S. 37–72.
Grafton, Anthony. Die tragischen Ursprünge der deutschen Fussnote. Berlin 1995.
Graefen, Gabriele. Wissenschaftstexte im Vergleich: Deutsche Autoren auf Abwegen? In: Brünner, Gisela/Graefen, Gabriele (Hrsg.). Texte und Diskurse: Methoden und Forschungsergebnisse der Funktionalen Pragmatik. Opladen 1994. S. 136–157.
Graefen, Gabriele. Reflexive Konstruktionen in wissenschaftlichen Texten. In: Jahrbuch Deutsch als Fremdsprache Bd. 21. München 1995. S. 149–169.
Graefen, Gabriele. Der wissenschaftliche Artikel – Textart und Textorganisation. Frankfurt am Main, Berlin, Bern, New York, Paris, Wien 1997.
Grafton, Anthony. Polyhistor into Philolog: Notes on the Transformation of German Classical Scholarship 1780–1850. In: History of Universities 3/1983. S. 159–192.
Gross, Alan G. The Form of the Experimental Paper: A Realization of the Myth of Induction. In: Journal of Technical Writing and Communication 15/1985. S. 15–26.
Gross, Alan G. The Rhetoric of Science. Cambridge MA 1990.
Gross, Alan G./Harmon, Joseph/Reidy, Michael. Communicating Science: The Scientific Article from the 17th Century to the Present. New York 2002.
Gross, Alan G. Starring the Text: The Place of Rhetoric in Science Studies. Carbondale 2006.
Gusfield, Joseph. The Literary Rhetoric of Science: Comedy and Pathos in Drinking Driver Research. In: American Sociological Review 41/1976. S. 16–34.
Hänlein, Heike. Studies in authorship recognition: A corpus-based approach. Frankfurt am Main, New York 1999.
Hamburger, Käte. Die Beschaffenheit des lyrischen Ich. In: Dies. Die Logik der Dichtung. (1. Ausg. 1957). Stuttgart 1994. S. 217–232.
Harweg, Roland. Textanfänge in geschriebener und gesprochener Sprache. In: Orbis 17/1968. S. 343–388.
Harweg, Roland. Pronomina und Textkonstitution. München 1968.

Hermanns, Fritz. Das ominöse Referat: Forschungsprobleme und Lernschwierigkeiten bei einer deutschen Textsorte. In: Alois Wierlacher (Hrsg.). Fremdsprache Deutsch: Grundlagen und Verfahren der Germanistik als Fremdsprachenphilologie. Band 2. München 1980. S. 593–607.

Hermanns, Fritz. Attitüde, Einstellung, Haltung: Empfehlung eines psychologischen Begriffs zu linguistischer Verwendung. In: Neue deutsche Sprachgeschichte: Mentalitäts-, kultur- und sozialgeschichtliche Zusammenhänge. Dieter Cherubim/Karlheinz Jakob/Angelika Linke (Hrsg.). Berlin, New York 2002. S. 65–89.

Humboldt, Wilhelm von. Ueber die Verwandtschaft der Ortsadverbien mit dem Pronomen in einigen Sprachen. (1829). Werke Bd. 6. Albert Leitzmann (Hrsg.). Berlin 1907. S. 304–330.

Humboldt, Wilhelm von. Ueber Denken und Sprechen. (1795/96). In: Ders. Werke Bd. 5. Andreas Flitner/Klaus Giel (Hrsg.). Darmstadt 1981. S. 97–99.

Humboldt, Wilhelm von. Ueber die Buchstabenschrift und ihren Zusammenhang mit dem Sprachbau (1824). In: Ders. Schriften zur Sprachphilosophie. (1. Aufl. 1963). Stuttgart 1996. S. 82–112.

Hundt, Markus. Zum Verhältnis von epistemischer und nicht-epistemischer Modalität im Deutschen: Forschungspositionen und Vorschlag zur Neuorientierung. In: Zeitschrift für germanistische Linguistik 31/2003. S. 343–381.

Jakobs, Eva-Maria. Textvernetzung in den Wissenschaften: Zitat und Verweis als Ergebnis rezeptiven, reproduktiven und produktiven Handelns. (=RGL 210). Tübingen 1999.

Jannidis, Fotis. Zwischen Autor und Erzähler. In: Heinrich Detering (Hrsg.). Autorschaft: Positionen und Revisonen. Stuttgart, Weimar 2002. S. 540–556.

Jannidis, Fotis/Lauer, Gerhard/Martinez, Matias/Winko, Simone (Hrsg.). Rückkehr des Autors: Zur Erneuerung eines umstrittenen Begriffs. Tübingen 1999.

Jannidis, Fotis. Figur und Person: Beitrag zu einer historischen Narratologie. Berlin, New York 2004.

Jäger, Ludwig. Medialität und Mentalität: Die Sprache als Medium des Geistes. In: Sybille Krämer/Ekkehard König (Hrsg.). Gibt es eine Sprache hinter dem Sprechen. Frankfurt am Main 2002. S. 45–75.

Japp, Uwe. Der Ort des Autors in der Ordnung des Diskurses. In: Jürgen Fohrmann/ Harro Müller (Hrsg.). Diskurstheorien und Literaturwissenschaft. Frankfurt am Main 1988. S. 223–234.

Kaplan, Robert B./Grabe, William. The Fiction in Science Writing. In: Hartmut Schröder (Hrsg.). Subject-oriented Texts. Berlin 1991. S. 199–218.

Keseling, Gisbert. Schreibprozess und Textstruktur: Empirische Untersuchungen zur Produktion von Zusammenfassungen. Tübingen 1993.

Klein, Joseph. Intertextualität, Geltungsmodus, Texthandlungsmuster: Drei vernachlässigte Kategorien der Textsortenforschung – exemplifiziert an politischen und medialen Textsorten. In: Kirsten Adamzik (Hrsg.). Textsorten: Reflexionen und Analysen. (= Textsorten Bd. 1). Tübingen 2000. S. 31–44.

Knorr-Cetina, Karin. Warum das Papier kein Forschungsbericht ist: Eine Kritik des Konzepts der *tacit information*. In: Dies. Die Fabrikation von Erkenntnis: Zur Anthropologie der Naturwissenschaft. Frankfurt am Main 1984. S. 234–239.

Knorr-Cetina, Karin. Wissenskulturen: Ein Vergleich naturwissenschaftlicher Wissensformen. Frankfurt am Main 2002.

Korhonen, Riitta/Kusch, Martin. The Rhetorical Function of the First Person in

Philosophical Texts – the Influence of Intellectual Style, Paradigm and Language. In: Kusch, Martin/Schröder, Hartmut (Hrsg.). Text – Interpretation – Argumentation. Hamburg 1989. S. 61–77.

Koschorke, Albrecht. Poiesis des Leibes: Johann Christian Reils romantische Medizin. In: Gabriele Brandstetter/Gerhard Neumann (Hrsg.). Romantische Wissenspoetik: Die Künste und die Wissenschaften um 1800. Würzburg 2004. S. 259–272.

Koschorke, Albrecht. Körperströme und Schriftverkehr: Mediologie des 18. Jahrhunderts. München 1999.

Krämer, Sibylle. Sprache – Stimme – Schrift: Sieben Gedanken über Performativität als Medialität. In: Uwe Wirth (Hrsg.). Performanz: Zwischen Sprachphilosophie und Kulturwissenschaften. Frankfurt am Main 2002. S. 323–346.

Kretzenbacher, Heinz L. Wie durchsichtig ist die Sprache der Wissenschaften? In: Ders./ Weinrich, Harald (Hrsg.). Linguistik der Wissenschaftssprache. Berlin 1994. S. 15–40.

Kuhn, Thomas S. Neue Überlegungen zum Begriff des Paradigma. In: Krüger, Lorenz (Hrsg.). Die Entstehung des Neuen: Studien zur Struktur der Wissenschaftsgeschichte. Frankfurt am Main 1977. S. 389–419.

LaFollette, Marcel C. Making Science Our Own: Public Images of Science 1910–1955. Chicago 1990.

LaFollette, Marcel C. Stealing into print: Fraud, plagiarism, and misconduct in scientific publishing. Berkeley 1992.

Latour, Bruno. The Politics of Explanation. In: Steve Woolgar (Hrsg.). Knowledge and Reflexivity: New Frontiers in the Sociology of Knowledge. London 1988. S. 155–176.

Lejeune, Philippe. Der autobiographische Pakt. Frankfurt am Main 1994.

Lepenies, Wolf. Von der Naturgeschichte zur Geschichte der Natur. In: Ders. Das Ende der Naturgeschichte: Wandel kultureller Selbstverständlichkeiten in den Wissenschaften des 18. und 19. Jahrhunderts. München 1976. S. 52–77.

Linke, Angelika: „Ich“: Zur kommunikativen Konstruktion von Individualität: Auch ein Beitrag zur kulturellen Selbsterfindung des ‚neuen‘ Bürgertums im 18. Jahrhundert. In: Hans-Edwin Friedrich/Fotis Jannidis/Marianne Willems (Hrsg.). Bürgerlichkeit im 18. Jahrhundert: Studien und Texte zur Sozialgeschichte der Literatur. Tübingen 2006. (Im Druck.)

Linke, Angelika/Nussbaumer, Markus. Intertextualität: Linguistische Bemerkungen zu einem literaturwissenschaftlichen Textkonzept. In: Gerd Antos/Heike Tietz (Hrsg.). Die Zukunft der Textlinguistik: Traditionen, Transformationen, Trends. Tübingen 1997. S. 109–126.

Linke, Angelika. Sprachkultur und Bürgertum: Zur Mentalitätsgeschichte des 19. Jahrhunderts. Stuttgart 1996.

Lipold, Günter. „… denn deine Sprache verrät dich“: Zur Autorenbestimmung in der forensischen Linguistik. In: Vielfalt der Sprachen 1999. S. 241–258.

Luhmann, Niklas. Die Ausdifferenzierung von Erkenntnisgewinn: Zur Genese von Wissenschaft. In: Nico Stehr, Volker Meja (Hrsg.). Wissenssoziologie. (=Sonderheft 22 Kölner Zeitschrift für Soziologie und Sozialpsychologie). Opladen 1981. S. 102–139.

Luhmann, Niklas. Unverständliche Wissenschaft: Probleme einer theorieeigenen Sprache. In: Jahrbuch der Deutschen Akademie für Sprache und Dichtung 1979. S. 34–44.

Luhmann, Niklas. Die Wissenschaft der Gesellschaft. Frankfurt am Main 1994.

Mandel, B. The Writer Writing is not at Home. In: College Composition and Communication 31/1980. S. 370–377.

Markkanen, Raja/Schröder, Hartmut (Hrsg.). Hedging and Discourse: Approaches to the Analysis of a Pragmatic Phenomenon in Academic Texts. Berlin, New York 1997.

Maturana, Humberto R. Wissenschaft und Alltagsleben. In: Ders. Biologie der Realität. Frankfurt am Main 1998. S. 320–360.

Menzel, Wolfgang Walter. Vernakuläre Wissenschaft: Christian Wolffs Bedeutung für die Herausbildung und Durchsetzung des Deutschen als Wissenschaftssprache. Tübingen 1996.

Merton, Robert K./Zuckerman, Harriet. Institutionalisierte Bewertungsstrukturen in der Wissenschaft. In: Dies. Entwicklung und Wandel von Forschungsinteressen: Aufsätze zur Wissenschaftssoziologie. (Engl. Orig. 1971). Frankfurt am Main 1985. S. 172–216.

Metz, Christian. Die unpersönliche Enunziation des Films. Münster 1997.

Müller, Jan-Dirk. Auctor – actor – author: Einige Anmerkungen zum Verständnis vom Autor in lateinischen Schriften des frühen und hohen Mittelalters. In: Felix Philipp Ingold/Werner Wunderlich (Hrsg.). Der Autor im Dialog: Beiträge zu Autorität und Autorschaft. St. Gallen 1995. S. 17–31.

Myers, Greg. The social construction of two biologists' proposals. In: Written Communication 2/1985. S. 219–245.

Myers, Greg. Texts as Knowledge Claims: The Social Construction of Two Biology Articles. In: Social Studies of Science 15/1985. S. 593–630.

Myers, Greg. Making a Discovery: Narratives of Split Genes. In: Christopher Nash (Hrsg.). Narrative in Culture: The Uses of Storytelling in the Sciences, Philosophy and Literature. London, New York 1990. S. 102–126.

Myers, Greg. The Pragmatics of Politeness in Scientific Articles. In: Applied Linguistics 10/1989. S. 1–35.

Myers, Greg. Writing Biology: Texts in the Social Construction of Scientific Knowledge. Madison (WI) 1990.

Nelson, John S./Megill, Allan/McCloskey, Donald (Hrsg.). The Rhetoric of the Human Sciences: Language and Argument in Scholarship and Public Affairs. Madison (WI) 1987.

Nünning, Ansgar. Die Funktionen von Erzählinstanzen: Analysekategorien und Modelle zur Beschreibung des Erzählerverhaltens. In: Literatur in Wissenschaft und Unterricht. 30/1997. S. 323–349.

Oksaar, Els. Das Postulat der Anonymität für Fachsprachengebrauch. In: Lothar Hoffmann et al. (Hrsg.). Fachsprachen: Ein internationales Handbuch zur Fachsprachenforschung und Terminologiewissenschaft. (=HSK 14.1). Berlin, New York 1998. S. 397–401.

Oksenberg Rorty, Amélie. Self-deception, *Akrasia* and Irrationality. In: Jon Elster (Hrsg.). The multiple self. Cambridge 1986. S. 115–131.

Oksenberg Rorty, Amélie. Characters, Persons, Selves, Individuals. In: Michael McKeons (Hrsg.). Theory of the Novel: A Historical Approach. Baltimore, London 2000. S. 537–553.

Paek, Solja. Die sprachliche Form hypothetischen Denkens in der Wissenschaftssprache. München 1993.

Panther, Klaus-Uwe. Einige typische indirekte sprachliche Handlungen im wissenschaftlichen Diskurs. In: Theo Bungarten (Hrsg.). Wissenschaftssprache: Beiträge zur Methodologie, theoretischen Fundierung und Deskription. München 1981. S. 231–260.

Peirce, Charles Sanders. Einige verstreute oder gestohlene Ideen über das wissenschaftliche Schreiben: Nr. 1. (MS 774, 1904). In: Ders. Semiotische Schriften: Bd. 2: 1903–1906. Christian J. W. Kloesel/Helmut Pape (Hrsg./Übers.). Frankfurt am Main 2000. S. 238–245.

Petöfi, Jànos S. Einige allgemeine Aspekte der Analyse und Beschreibung wissenschaftssprachlicher Texte. In: Theo Bungarten (Hrsg.). Wissenschaftssprache: Beiträge zur Methodologie, theoretische Fundierung und Deskription. München 1981. S. 140–168.

Pinch, Trevor J. The Sun-Set: The Presentation of Certainty in Scientific Life. In: Social Studies of Science 11/1981. S. 131–158.

Polenz, Peter von. Über die Jargonisierung der Wissenschaftssprache und wider die Deagentivierung. In: Theo Bungarten (Hrsg.). Wissenschaftssprache: Beiträge zur Methodologie, theoretische Fundierung und Deskription. München 1981. S. 85–110.

Polenz, Peter von. Sprache in Institutionen und von Fachexperten. In: Ders. Deutsche Sprachgeschichte vom Spätmittelalter bis zur Gegenwart. Band III: 19. und 20. Jahrhundert. Berlin, New York 1999. S. 485–503.

Pörksen, Uwe. Deutsche Sprachgeschichte und die Entwicklung der Naturwissenschaften: Aspekte einer Geschichte der Naturwissenschaftssprache und ihrer Wechselbeziehung zur Gemeinsprache. In: Werner Besch, Oskar Reichmann, Stefan Sonderegger (Hrsg.). Sprachgeschichte: Ein Handbuch der deutschen Sprache und ihrer Erforschung. (HSK 2.1). Berlin, New York 1984. S. 85–101.

Pörksen, Uwe. Deutsche Naturwissenschaftssprache: Historische und Kritische Studien. Tübingen 1986.

Pörksen, Uwe. Wissenschaftssprache und Sprachkritik. Tübingen 1994.

Pötschke, Hansjürgen. Zum Problem der Texttypologie: Das Vorwort – eine metakommunikative Textsorte? In: Acta Universitatis Nicolai Copernici. Filologia germánska (Torun) 16/1992. S. 21–36.

Raible, Wolfgang. Über das Entstehen der Gedanken beim Schreiben. In: Sybille Krämer (Hrsg.). Performativität und Medialität. München 2004. S. 191–214.

Redder, Angelika. Textdeixis. In: Klaus Brinker/Gerd Antos/Wolfgang Heinemann/Sven F. Sager (Hrsg.). Text- und Gesprächslinguistik: Ein internationales Handbuch zeitgenössischer Forschung. (=HSK 16.1). Berlin, New York 2000. S. 283–294.

Rheinfelder, Hans. Das Wort „persona“: Geschichte seiner Bedeutungen mit besonderer Berücksichtigung des französischen und italienischen Mittelalters. In: Alfons Hilka (Hrsg.). Beihefte zur Zeitschrift für romanische Philologie 77/1928.

Ricœur, Paul. Von der Handlung zum Handelnden. In: Ders. Das Selbst als ein Anderer. (Franz. Orig: Soi-même comme un autre. Paris 1990). München 2005. S. 111–139.

Ricœur, Paul. Was ist ein Text? (Franz. Orig. 1970). In: Ders. Vom Text zur Person: Hermeneutische Aufsätze (1970–1999). Peter Welsen (Übers./Hrsg.). Hamburg 2005. S. 79–108.

Riedel, Manfred. System, Struktur. In: Otto Brunner, Werner Conze, Reinhart Koselleck (Hrsg.). Geschichtliche Grundbegriffe: Historisches Lexikon zur politisch-sozialen Sprache in Deutschland. Bd. 6. Stuttgart 1990. S. 285–322.

Riedel, Manfred. Die Universalität der europäischen Wissenschaft als begriffs- und wissenschaftsgeschichtliches Problem. In: Alwin Diemer u.a. (Hrsg.). Zeitschrift für allgemeine Wissenschaftstheorie/Journal for General Philosophy of Science 10/1979. S. 267- 287.

Sapir, Edward. Speech as Personality Trait. In: The American Journal of Sociology 32/1926/27. S. 892–905.

Schabert, Ina/Schaff, Barbara (Hrsg.). Autorschaft: Genus und Genie in der Zeit um 1800. Berlin 1994.

Scherner, Maximilian. Diskursinstanzen als texttheoretische Grundkategorien. In: Ders. Sprache als Text: Ansätze zu einer sprachwissenschaftlich begründeten Theorie des Textverstehens: Forschungsgeschichte – Problemstellung – Beschreibung. Tübingen 1984. S. 98–114.

Scherner, Maximilian. Sprachkategoriale Ausprägungen einer textorientierten Personkonzeption. In: Ders. Sprache als Text: Ansätze zu einer sprachwissenschaftlich begründeten Theorie des Textverstehens: Forschungsgeschichte – Problemstellung – Beschreibung. (RGL 48). Tübingen 1984. S. 108–114.

Scherner, Maximilian. „Text“: Untersuchungen zur Begriffsgeschichte. In: Archiv für Be-griffsgeschichte 39/1996. S. 103–159.

Schlieben-Lange, Brigitte. Dialog und Aufklärung. In: Dies. (Hrsg.) Fachgespräche in Aufklärung und Revolution. Tübingen 1989. S. 1–16.

Schlieben-Lange, Brigitte. Stereotyper und internalisierter Dialog: Fachgespräche in der Spätaufklärung. In: Dies. (Hrsg.) Fachgespräche in Aufklärung und Revolution. Tübingen 1989. S. 241–255.

Schlieben-Lange, Brigitte. Metasprache und Metakommunikation: Zur Überführung eines sprachphilosophischen Problems in die Sprachtheorie und in die sprachwissenschaftliche Forschungspraxis. In: Dies. (Hrsg.). Sprachtheorie. Hamburg 1975. S. 189–205.

Schmidt, Siegfried J./Zurstiege, Guido. Institutionalisierte Makroformen der Kommunikation. In: Dies. Orientierung Kommunikationswissenschaft: Was sie kann, was sie will. Reinbek bei Hamburg 2000. S. 170–192.

Searle, John R. Intentionality. An essay in the philosophy of mind. Cambridge 1983.

Shapin, Steven. Pump and Circumstance: Robert Boyle's Literary Technology. In: Social Studies of Science 14/1984. S. 481–520.

Sitta, Horst. Pragmatisches Sprachverstehen und pragmatikorientierte Sprachgeschichte. In: Ders. (Hrsg.) Ansätze zu einer pragmatischen Sprachgeschichte. (Zürcher Kolloqui-um 1978.) Tübingen 1980. S. 23–33.

Stang, Harald. Einleitung – Fussnote – Kommentar: Fingierte Formen wissenschaftlicher Darstellung als Gestaltungselemente moderner Erzählkunst. Bielefeld 1992.

Star, Susan Leigh. Scientific Work and Uncertainty. In: Social Studies of Science 15/1985. S. 391–427.

Steiner, Felix. „Das Ganze unserer Wissenschaft ist noch gar jung“: Kunstgeschichtsschreibung am Anfang des 19. Jahrhunderts – eine neue Textsorte und ihre Modellbildungen. In: Georges-Bloch-Jahrbuch des kunstgeschichtlichen Seminars der Universität Zürich. Band 4. Zürich 1997. S. 123–132.

Steiner, Felix. „Der Schöpfung Grundriss übersehn“: Autorschaftsinszenierungen in literarischen und wissenschaftlichen Texten um 1750. In: Barbara Sabel/André Bucher (Hrsg.). Der unfeste Text: Perspektiven auf einen literatur- und kulturwissenschaftlichen Leitbegriff. Würzburg 2001. S. 200–220.

Steiner, Felix. „Die Maske mit dem Gesicht verwechseln“: Autorschaftsfiguren in naturwissenschaftlichen Texten um 1800. In: Dieter Cherubim/Karlheinz Jakob/

Angelika Linke (Hrsg.): Neue deutsche Sprachgeschichte: Mentalitäts-, kultur- und sozialgeschichtliche Zusammenhänge. Berlin/New York 2002. S. 91–110.

Steinhoff, Torsten. Wie entwickelt sich die wissenschaftliche Textkompetenz? In: Der Deutschunterricht 3/2003. S. 38–47.

Steinhoff, Torsten. Zum Ich-Gebrauch in Wissenschaftstexten. Erscheint in: ZGL.

Stengers, Isabelle. Die Erfindung der modernen Wissenschaften. (Franz. Orig. 1993). Frankfurt am Main 1997.

Stengers, Isabelle. La vie et l'artifice visages de l'émergence. Paris 1997.

Sternkopf, Jochen. Vorwort und Rezension: Nahe Textsorten für eine ferne Interaktion. In: Hartwig Kalverkämper, Klaus-Dieter Baumann (Hrsg.). Fachliche Textsorten: Komponenten – Relationen – Strategien. (=Forum für Fachsprachen-Forschung 25). Tübingen 1996. S. 468–477.

Stetter, Christian. Schrift und Sprache. Frankfurt am Main 1999.

Stichweh, Rudolf. Professionen und Disziplinen: Formen der Differenzierung zweier Systeme beruflichen Handelns in modernen Gesellschaften. In: Ders. Wissenschaft, Universität, Professionen: Soziologische Analysen. Frankfurt am Main 1994. S. 278–336.

Swales, John. Aspects of Article Introductions. Birmingham 1981.

Timm, Christian. Das Vorwort – eine ‚Textsorte-in-Relation'. In: Hartwig Kalverkämper, Klaus-Dieter Baumann (Hrsg.). Fachliche Textsorten: Komponenten – Relationen – Strategien. (=Forum für Fachsprachen-Forschung 25). Tübingen 1996. S. 458–467.

Vande Kopple, William J. Some exploratory discourse on metadiscourse. In: College Composition and Communication 36/1985. S. 82–93.

Vogt, Jochen. Aspekte erzählender Prosa: Eine Einführung in Erzähltechnik und Romantheorie. Opladen 1990.

Weimar, Klaus. Wo und was ist der Erzähler? In: MLN: Modern Language Notes 109/1994. S. 495–506.

Weimar, Klaus. Doppelte Autorschaft. In: Rückkehr des Autors: Zur Erneuerung eines umstrittenen Begriffs. Fotis Jannidis, Gerhard Lauer, Matias Martinez und Simone Winko (Hrsg.). Tübingen 1999. S. 123–133.

Weingarten, Rüdiger. Zur Stilistik der Wissenschaftssprache: Objektivitäts- und Handlungsstil. In: Brünner, Gisela/Graefen, Gabriele (Hrsg.). Texte und Diskurse. Opladen 1994. S. 115–135.

Weinrich, Harald. Formen der Wissenschaftssprache. In: Akademie der Wissenschaften zu Berlin (Hrsg.). Jahrbuch 1988. Berlin, New York 1989. S. 119–158.

Weinrich, Harald. Reflexivität. In: Ders. Textgrammatik der deutschen Sprache. Mannheim, Leipzig, Wien, Zürich 1993. S. 141–154.

Weinrich, Harald. Wissenschaftssprache, Sprachkultur und die Einheit der Wissenschaft. In: Heinz L. Kretzenbacher/Harald Weinrich (Hrsg.). Linguistik der Wissenschaftssprache. Berlin, New York 1995. S. 155–174.

Weinrich, Harald. Aufgeklärtes Vergessen. In: Ders. Lethe: Kunst und Kritik des Vergessens. München 1997. S. 79–105.

Wetzel, Michael. „Geschmack an Zeichen": Johann Georg Hamann als der letzte Denker des Buches und der erste Denker der Schrift. In: Bernhard Gajek (Hrsg.). Johann Georg Hamann: Autor und Autorschaft: Acta des sechsten Internationalen Hamann-Kolloquiums im Herder-Institut zu Marburg/Lahn 1992. Frankfurt am Main, Berlin, Bern, New York, Paris, Wien 1996. S. 13–24.

Wirth, Uwe. Performative Rahmung, parergorale Indexikalität: Verknüpfendes Schreiben zwischen Herausgeberschaft und Hypertextualität. In: Ders. (Hrsg.). Performanz: Zwischen Sprachphilosophie und Kulturwissenschaften. Frankfurt am Main 2002. S. 403–433.

Woodmansee, Martha/Jaszi, Peter (Hrsg.). The Construction of Authorship: Textual Appropriation in Law and Literature. Durham, London 1994.

Woodmansee, Martha. Der Autor-Effekt. Zur Wiederherstellung von Kollektivität. (Ursprünglich in: The Construction of Authorship. 1994). In: Fotis Jannidis/Gerhard Lauer/Matias Martinez/Simone Winko (Hrsg.). Texte zur Theorie der Autorschaft. Stuttgart 2000. S. 198–314.

Woolgar, Steve. Discovery: Logic and Sequence in a Scientific Text. In: Karin Knorr-Cetina/Roger G. Krohn/Richard Whitley (Hrsg.). The Social Process of Scientific Investigation. Dordrecht 1981. S. 239–268.

Wüest, Jakob. Textsorten kontrastiv betrachtet: Die Präsenz des Autors in linguistischen Publikationen. In: Gerd Wotjak (Hrsg.). Studien zur Sprachkonfrontation. (=Linguistische Studien A 176). Berlin 1988. S. 125–138.

Ylönen, Sabine. Zum „originären" Charakter von „Originalarbeiten": Entwicklung wissenschaftlichen Schreibens in der Deutschen Medizinischen Wochenschrift 1884–1989. In: Finlance: A Finnish Journal of Applied Linguistics: Diachrone Fachsprachenforschung 12/1993. S. 125–158.

Zalewski, Jan. The Self and Contexts of Knowing in Writing. In: Zeitschrift Schreiben: Schreiben in Schule, Hochschule und Beruf 12.6.2006. (=www.zeitschrift-schreiben.eu [PDF]). S. 1–9.

Zimmermann, Alexandra. Laudationes auf Wissenschaftler. In: Heinz L. Kretzenbacher/Harald Weinrich (Hrsg.). Linguistik der Wissenschaftssprache. Berlin, New York 1995. S. 217–245.

FSC
www.fsc.org
MIX
Papier | Fördert gute Waldnutzung
FSC® C083411

Kolibri 360 GmbH
Ferdinand-Jühlke-Straße 7
99095 Erfurt, Deutschland
produktsicherheit@kolibri360.de